国家科学技术学术著作出版基金资助出版

Big Data and AI-Driven Manufacturing Technologies
for Advanced Steels

大数据和人工智能驱动的先进钢铁材料制造技术

毛新平 汪水泽 等 编著

化学工业出版社

·北京·

内容简介

本书基于我国钢铁工业发展历程，结合新时期背景下国内外钢铁工业发展新趋势，系统介绍了钢铁工业智能制造的关键技术以及新一代信息技术在钢铁工业智能制造领域中的应用及发展。全书在对国内外典型钢铁企业智能制造优秀案例深刻剖析的同时，结合国内人工智能产业现状，提出了国内钢铁工业智能制造的发展蓝图，尤其是针对大数据、人工智能推动先进钢铁材料制造模式的变革进行了系统的总结和展望，为我国钢铁工业智能制造标准体系、实施路径及相关政策支持保障指明了新的方向。

本书可供钢铁材料、新材料领域有关研发人员、技术人员、管理人员阅读，也可供各级院校冶金工程、材料工程、人工智能、智能制造专业师生参考。

图书在版编目（CIP）数据

大数据和人工智能驱动的先进钢铁材料制造技术/
毛新平等编著. --北京：化学工业出版社，2024.4
ISBN 978-7-122-44664-0

Ⅰ.①大… Ⅱ.①毛… Ⅲ.①人工智能-应用-钢-
金属材料-制造-研究-中国 Ⅳ.①TG142-39

中国国家版本馆CIP数据核字(2024)第007451号

责任编辑：刘丽宏　李佳伶　　　　　文字编辑：吴开亮
责任校对：刘曦阳　　　　　　　　　装帧设计：刘丽华

出版发行：化学工业出版社
　　　　　（北京市东城区青年湖南街13号　邮政编码100011）
印　　装：河北尚唐印刷包装有限公司
787mm×1092mm　1/16　印张20½　字数376千字
2025年9月北京第1版第1次印刷

购书咨询：010-64518888　　　　　售后服务：010-64518899
网　　址：http://www.cip.com.cn
凡购买本书，如有缺损质量问题，本社销售中心负责调换。

定　　价：138.00元　　　　　　　　　　　版权所有　违者必究

钢铁是工业的粮食。如果把能源比作现代社会的血液，那么钢铁就是现代社会的骨骼。无论是过去、现在，还是将来相当长的时期内，钢铁工业的发展水平仍然是衡量一个国家工业化和现代化水平高低的重要标志之一。

2021年，我国粗钢产量10.33亿吨，占全球54%。钢铁工业的快速发展，有力支撑了国民经济、社会发展和国防建设。我国已经是名副其实的世界钢铁生产大国，但是距离真正意义上的世界钢铁强国还有差距。大数据和人工智能技术可为钢铁工业的绿色、高质量发展提供重要的技术支撑，注入强大的发展动力。提高钢铁工业全产业链活动的智能化水平，对增强国力、推动经济发展有直接的战略意义。钢铁工业智能制造将先进的制造技术与新一代信息技术深度融合，是中国钢铁工业创新发展的一个新机遇。

本书是在2022年度中国工程院重点咨询项目"新材料研发与制造应用智能化"支持下，对钢铁工业智能制造现状、问题与挑战、未来发展方向进行系统调研与分析的最新研究成果。本书立足于我国钢铁工业的长远发展，提出了钢铁工业智能制造的战略需求，系统调研分析了国内外钢铁工业智能制造的发展现状及发展路径。全书基于工业互联网、5G、大数据与云计算、人工智能、CPS与数字孪生、信息与网络安全等新一代信息技术，从装备智能化关键技术、生产智能化关键技术和产品智能化关键技术多个维度，系统介绍了钢铁工业智能制造的核心技术及最新进展，深入剖析了国内外典型钢铁企业的智能制造发展现状与钢铁工业智能制造标准体系。在此基础上明确指出了我国钢铁工业智能制造存在的问题与面临的挑战，提出了钢铁工业智能制造的技术路径、发展蓝图与重点任务实施建议。

参与本项目研究的单位主要有北京科技大学、东北大学、冶金工业规划研究院、冶金自动化研究院、上海宝信软件股份有限公司、钢研科技集团等。

本书的主要编写人员有：

第1章　姜晓东　周　翔　施灿涛　王　蕾　汪水泽

第2章　唐立新　周　翔　刘　畅　吴　剑　侯建新　王　坤　孙美佳　施灿涛
　　　　王　蕾　汪水泽

第3章　王健全　李　卫　孙　雷　王　曲　付美霞　张超一　马彰超　丛力群
　　　　王　奕

第4章　丛力群　王　奕　唐立新　刘英林　汪　晶　陈　添　陶　钧　龚敬群
　　　　刘　畅　吴　剑　王显鹏　杨　阳　宋相满

第5章　王　蕾　王　璇　杨　星　丛力群　王　奕

第6章　孙彦广　王海风　符鑫峰　欧阳劲松　栾绍峻　王　蕾　杨　星

第7章　杨　星　施灿涛　朱　涛　吴秀婷　汪水泽

本书可供钢铁材料、新材料领域有关研发人员、技术人员、管理人员阅读，也可供各级院校冶金工程、材料工程、人工智能、智能制造专业师生参考。

限于时间仓促，书中不当之处在所难免，恳请广大读者批评指正。

编著者

目录
CONTENTS

第3章　新一代信息技术　　085

大数据和人工智能驱动的先进钢铁材料制造技术

Big Data and AI-Driven
Manufacturing Technologies for
Advanced Steels

第1章 绪论

钢铁是国民经济发展、国防建设和人们日常生活中最重要、使用量最大的结构材料,是人类社会进步所依赖的重要的物质基础,为人类社会的工业化进程做出了突出的贡献。如果把能源比作现代社会的血液,那么钢铁就是现代社会的骨骼。无论是过去、现在,还是将来相当长的时期内,钢铁工业的发展水平都是衡量一个国家工业化和现代化水平高低的重要标志之一。

1.1 钢铁工业概况

1.1.1 中国现代钢铁工业发展历程

中国现代钢铁工业的发展始于1949年中华人民共和国成立，70多年来，伴随着新中国的成长、发展，中国现代钢铁工业经历了恢复、壮大、崛起的风雨历程，总体上分为四个阶段[1-2]。

（1）探索阶段，波动发展（1949—1978年） 这一时期，老一辈无产阶级革命家不断探索如何在中国建设社会主义，我国现代钢铁工业也处于萌芽阶段，呈现出非常明显的探索发展态势。在该阶段，我国累计钢产量3亿多吨，建设了鞍钢、武钢、包钢三个国家大型钢铁基地，以及太钢、攀钢、八钢、杭钢、柳钢、通钢、新钢等地方骨干钢铁厂。

（2）起步阶段，稳定发展（1978—1999年） 改革开放后，一方面，随着各项工作以经济建设为中心的确立，我国经济快速发展，钢铁需求持续增长；另一方面，改革破除了原有的一些体制机制障碍，计划经济体制逐渐向市场经济体制转轨，生产力逐步得到释放。这一时期，是我国钢铁工业的起步阶段，钢铁工业在长达二十多年的时间内呈现稳定发展局面。在该阶段，我国粗钢产量由1978年的3178万吨增长到2000年的12850万吨，增长了3.04倍，年均增速6.56%。其间，我国粗钢产量在1996年首破1亿吨大关，达到10124万吨，并跃升为世界第一产钢大国。在党和国家的关怀下，举全国之力建成了我国最现代化、最具竞争力的钢铁企业——宝钢，这也是我国真正意义上的第一个现代化钢铁基地。

（3）加速阶段，跨越发展 中国现代钢铁工业发展的第三阶段是从21世纪初到2014年，在亚洲金融危机影响逐渐消退后，伴随着国内居民消费结构的升级以及我国加入世贸组织，新一轮经济增长周期迎来了钢铁工业发展的黄金十年。尽管其间受到国际金融危机的冲击，但总体上我国粗钢产量保持快速增长态势，由2000年的12850万吨提高到2014年的82270万吨，品种、质量显著改善。这一阶段我国实现了由净进口大国向净出口大国的历史性转变，长期困扰我国经济发展的钢铁短缺问题一去不复返了。这一时期可以说是我国钢铁工业的加速阶段，实现了跨越式发展。

（4）减量阶段，跨越发展 在新常态下，我国经济增长从高速转为中高速，伴随着发展方式转变、经济结构调整和增长动力转换，我国单位GDP钢材消费强度明显下降。2015年，我国粗钢产量8.04亿吨，同比下降2.3%，自1982年以来首次下降，同年我国钢材实际消费量6.64亿吨，同比下降5.4%，自1996年以来首次下降。钢材消费量、粗钢产量的"双降"标志着我国钢铁行业进入了减量发展阶段，呈现出创新发展态势。总体判断，减量发展将经历较长时期的波动探底过程，其间行业发展将呈优胜劣汰、流程调整、多元并举、整合重组等特点，创新将成为这一时期企业发展的最强驱动力和生死成败的关键因素。

1.1.2　现代钢铁生产流程

钢铁的生产制造可以分为长流程和短流程。

长流程包括原料供应、炼铁、炼钢、轧钢等生产工序，原料入高炉经还原冶炼得到液态铁水，经铁水预处理（如脱硫、脱硅、脱碳）进入转炉，经吹炼去除杂质变为钢水，将钢水倒入钢水包中，经二次精炼，然后经连铸工序使钢水凝固成型为钢坯，再经轧制工序成为钢材。其特点是生产流程长，任何一个环节出现问题，都有可能影响整个生产的正常进行。

短流程是从炼钢开始，将回收再利用的废钢经破碎、分选加工后，经预热加入电弧炉中，利用电能熔化废钢，去除杂质后出钢，经二次精炼获得合格钢水，再经连铸、轧制等工序产出钢材。

（1）炼焦　炼焦是装炉煤经过高温干馏转化为焦炭、焦炉煤气和化学产品的工艺过程[3]。

现代炼焦生产在焦化厂炼焦车间进行。炼焦的主要热工设备是焦炉。装煤、推焦、熄焦和筛焦组成了焦炉操作的全过程，这些操作均由焦炉机械完成。

炼焦车间一般由一座或几座焦炉及其辅助设施组成。通常两座或四座焦炉布置在一条中心线上，在焦炉之间设置煤塔，焦炉端部设置炉端台，共同组成一个炉组。每个炉组都配备有装煤车、推焦机、拦焦机、熄焦车和电机车。在炉组中间或端部配有一套湿熄焦设施，包括熄焦塔、熄焦泵房、粉焦沉淀池等。如果采用干法熄焦则设置干熄焦站。在炉组中部或端部的焦侧还设有焦台和筛焦站。

由炼焦煤准备车间来的装炉煤用带式输送机送往煤塔储存，炼焦前将装炉煤从煤塔装入装煤车内，并进行称量。称量后的装煤车驶往待装煤的炭化室顶，将煤装入炭化室内进行炼焦。装炉煤经过炭化室内结焦过程转化为焦炭，焦炭成熟后，由推焦机和拦焦机打开炭化室的机、焦两侧（推焦机所在的一侧为机侧，出焦的一侧为焦侧）炉门，拦焦机将导焦栅对准待出焦的炭化室，推焦机将焦炭从炭化室内推出。红焦落入熄焦车后，送往熄焦塔内用水熄焦，或送往干熄焦站用惰性气体熄焦。焦炭经湿熄焦后送往焦台冷却，然后用带式输送机送往筛焦站筛分，筛分后的焦炭送往贮焦仓储存或直接送用户。炼焦过程中产生的粗煤气经上升管导出炉外，进入集气管。在上升管和集气管中，粗煤气被喷洒的循环氨水冷却后送往焦炉煤气净化车间处理，并制取焦化产品。

为了保持焦炉的稳产和长寿命，需适时进行焦炉砌体修理和焦炉热工调节。炼焦生产过程中产生多种有毒和有害物质，为了保护环境，需要进行焦炉逸散物控制。

（2）烧结　烧结是将粉状物料或其成型体加热至低于其主要组分熔点的温度，为提高强度而进行的固结过程[4]。烧结作业系统将粉铁矿、各类助熔剂及细焦炭经由混拌、造粒后，由布料系统加入烧结机，由点火炉点燃细焦炭，再经由抽气风车抽风完成烧结反应，高热的烧结矿经破碎冷却、筛选后，送往高炉作为冶炼铁水的主要原料。

① 原料准备

a. 含铁原料。含铁量较高、粒度小于5mm的矿粉，铁精粉，高炉炉尘，轧钢皮，钢渣等。

b. 溶剂。一般要求溶剂中有效CaO含量高，杂质少，成分稳定；在烧结料中加入一定量的白云石，使烧结矿含有适当的MgO，可提高烧结矿质量。

c. 燃料。一般为焦粉和无烟煤。要求固定含碳量高，灰分低，挥发分低，含硫量低，成分稳定，含水量小于10%，粒度小于3mm的占95%以上。

② 配料与混合

a. 配料。通过配料，获得化学成分和物理性质稳定的烧结矿，以满足高炉冶炼要求。常用配料方法有容积配料法和质量配料法。其中，容积配料法是基于物料堆积密度不变，原料质量与体积成比例的前提条件进行的，准确性较差；质量配料法是按照原料的质量进行配比，比容积配料法准确，且便于实现自动化。

b. 混合。通过混合，使烧结料的成分均匀，水分合适，易于造球，从而获得粒度组成良好的烧结混合料，以保证烧结矿的质量和提高产量。根据原料性质不同，可采用一次混合或两次混合流程。一次混合主要是润湿与混匀，当加热返矿时可使物料预热。两次混合主要是继续混匀，造球，以改善烧结料层透气性。我国烧结厂大多采用两次混合。

③ 烧结生产工艺

a. 布料。布料是将底料、混合料铺在烧结机台车上的作业。当采用铺底料工艺时，在布混合料之前，先铺一层粒度为10～25mm、厚度为20～25mm的小块烧结矿作为底料，其目的是保护炉箅，降低除尘负荷，延长风机转子寿命，减少或消除炉箅粘料。铺完底料后，随之进行布料。布料时要求混合料的粒度和化学成分等沿台车纵横方向均匀分布，并且有一定的松散性，表面平整。目前采用较多的是圆辊布料机布料。

b. 点火。点火操作是对台车上的料层表面进行点燃，使之燃烧。点火要求有足够的点火温度，适宜的高温保持时间，沿台车宽度点火均匀。点火温度取决于烧结生成物的熔化温度，常控制在（1250±50）℃。点火时间通常为40～60s。点火真空度为4～6kPa。点火深度为10～20mm。

c. 烧结。准确控制烧结的风量、真空度、料层厚度、机速和烧结终点。

烧结风量：平均每吨烧结料需风量为3200m³，按烧结面积计算为70～90m³/(cm²·min)。

真空度：取决于风机能力、抽风系统阻力、料层透气性和漏风损失情况。

料层厚度：合适的料层厚度应将高产和优质结合起来考虑。国内一般采用的料层厚度为250～500mm。

机速：合适的机速应保证烧结料在预定的烧结终点烧透烧好。实际生产中，机速一般控制在1.5～4m/min。

烧结终点的判断与控制：控制烧结终点，即控制烧结过程全部完成时台车所处的位置。中小型烧结机终点一般控制在倒数第二个风箱处，大型烧结机控制在倒数第三个风箱处。

带式烧结机抽风烧结过程是自上而下进行的，沿其料层高度温度变化的情况一般可分为5层。点火开始以后，依次出现烧结矿层、燃烧层、预热层、干燥层和过湿层。然后后四层又相继消失，最终只剩烧结矿层。

① 烧结矿层　经高温点火后，烧结料中燃料燃烧放出大量热量，使料层中矿物产生熔融，随着燃烧层下移和冷空气的通过，生成的熔融液相被冷却而再结晶（1000～1100℃），凝固成网孔结构的烧结矿。这层的主要变化是熔融物的凝固，伴随着结晶和析出新矿物，还有吸入的冷空气被预热，同时烧结矿被冷却，和空气接触时低价氧化物可能被再氧化。

② 燃烧层　燃料在该层燃烧，温度高达1350～1600℃，使矿物软化熔融黏结成块。该层除燃烧反应外，还发生固体物料的熔化、还原反应、氧化反应以及石灰石和硫化物的分解等。

③ 预热层　由燃烧层下来的高温废气，把下部混合料很快预热到着火温度，一般为400～800℃。此层内进行固相反应，结晶水及部分碳酸盐、硫酸盐分解，磁铁矿局部被氧化。

④ 干燥层　干燥层被预热层下来的废气加热，温度很快上升到100℃以上，混合料中的游离水大量蒸发，此层厚度一般为10～30mm。干燥层与预热层难以分开，可

以统称为干燥预热层。该层中料球被急剧加热，迅速干燥，易被破坏，恶化料层透气性。

⑤ 过湿层　从干燥层下来的热废气含有大量水分，料温低于水蒸气的露点温度时，废气中的水蒸气会重新凝结，使混合料中水分大量增加而形成过湿层。此层水分过多，使料层透气性变坏，降低烧结速度。

（3）球团　将准备好的原料（细磨精矿和添加剂等），按一定比例经过干配混匀后，进入造球系统造球，然后进入链箅机-回转窑-环冷机进行干燥、高温焙烧、冷却等，使其发生一系列物理和化学变化而硬化固结，这一过程就称为球团过程，得到的产品为球团矿。球团矿主要作为高炉炼铁的原料，也可以作为直接还原铁及熔融还原铁的原料，在炼钢过程中可作为氧化剂及冷却剂使用。

① 原料准备　球团矿生产的原料主要是精矿粉和若干添加剂。如果用固体燃料焙烧则还有煤粉或焦粉。这些原料需经过准备处理。

a. 原料细磨。精矿粉（或富矿粉）磨到 -200 目＞80%，上限＜0.2mm；膨润土磨到 -200 目＞98%，上限＜0.1mm；溶剂磨到 -200 目＞80%，上限＜1mm；固体燃料磨至 -0.5mm。

磨矿方式分为干磨和湿磨。当含铁原料以赤铁矿、褐铁矿或混合矿，或外购铁矿石为主时，易采用干磨；溶剂与燃料的磨矿采用专用干式磨矿设备；闭路磨矿流程用水力旋流器（湿磨）或风力分级机（干磨）进行磨后产物的分级。

b. 水分调整。磁铁矿和赤铁矿适宜水分范围为12%～15%；褐铁矿适宜水分范围高达17%；选矿后的铁精矿需要脱水处理，脱水后再经圆筒干燥机干燥。

c. 矿石中和。现代化球团厂多采用中和料场的堆取料机实现含铁原料的中和，以保证原料化学成分的稳定。

② 配料、混合和造球

a. 配料。将准备好的精矿和溶剂等在配料皮带上进行配料。

b. 混合。将配料后的混合料与磨碎的返矿一起，装入圆筒混合机内加水混合。

c. 造球。混合好的料再加到圆盘造球机上造球，造球时还要加适量的水。生球焙烧前要进行筛分，筛出的粉末返回造球盘上重新造球。用固体燃料焙烧时，生球加到焙烧机以前，其表面应滚附一层固体燃料。制成的生球用给料机加到焙烧设备上进行焙烧。焙烧好的球团要进行冷却，冷却后的球团矿经筛分分成成品矿（大于10mm）、垫底料（5～10mm）、返矿（小于5mm），垫底料直接加到焙烧机上，返矿磨碎（至小于0.5mm）后再参加混料和造球。

目前主要的几种球团焙烧方法：竖炉法、带式焙烧机法、链箅机-回转窑法。竖炉法采用最早，但由于这种方法本身固有的缺点而发展缓慢。目前采用最多的是带式焙烧机法，60%以上的球团矿是用带式焙烧机法焙烧的。链箅机-回转窑法出现较晚，但由于它具有一系列的优点，所以发展较快。

（4）炼铁　炼铁是用固体或气体还原剂从含铁原料中还原出铁的冶炼过程。通常炼铁方法分为高炉炼铁和直接还原炼铁（非高炉炼铁或称无焦炼铁）。高炉炼铁是现代炼铁的主要方法。

高炉炼铁是一个利用还原剂从铁矿石的氧化铁中夺取氧而提取金属铁的连续生产过程[4]。铁矿石、焦炭和熔剂等原料、燃料按规定配料比由炉顶装料设备分批装入高炉，并使炉喉料面保持一定高度。焦炭和铁矿石在炉内形成交替分层结构。鼓风机送出的冷风经热风炉加热到 $800 \sim 1350$℃以后从风口吹入炉缸，热风使风口前的焦炭和经风口喷入炉内的煤粉、重油、天然气等燃烧，产生 $2000 \sim 2350$℃炽热含CO和 H_2 的还原性煤气。这种高温煤气流在上升过程中与铁矿石、熔剂之间进行激烈的传热、传质、传递动量过程。铁矿石中的氧化铁在下降过程中逐步被CO、H_2 和固体炭还原成金属铁，经渗碳、熔化成为生铁。铁矿石中的杂质与熔剂结合成为炉渣。液态生铁和炉渣聚集在炉缸，定期或连续从铁口和渣口排出。上升的煤气逐渐冷却，从炉顶逸出，经除尘后作为燃料使用。炉料在下降过程中温度逐渐上升，当被加热到 $100 \sim 200$℃时，其中的水分即蒸发，褐铁矿和某些脉石中的结晶水要到 $500 \sim 800$℃才分解蒸发；熔剂石灰石和白云石以及其他碳酸盐和硫酸盐在炉中受热分解，石灰石中 $CaCO_3$ 和白云石中 $MgCO_3$ 的分解温度分别为 $900 \sim 1000$℃和 $740 \sim 900$℃；铁矿石在高炉中于400℃或稍低温度下开始还原，部分氧化铁是在下部高温区先熔于炉渣，然后再从渣中还原出铁。主要反应如下：

$$3Fe_2O_3+CO \longrightarrow 2Fe_3O_4+CO_2$$

$$Fe_3O_4+CO \longrightarrow 3FeO+CO_2$$

$$FeO+CO \longrightarrow Fe+CO_2$$

$$Fe_3O_4+4CO \longrightarrow 3Fe+4CO_2$$

$$FeO+C \longrightarrow Fe+CO$$

$$3Fe_2O_3+H_2 \longrightarrow 2Fe_3O_4+H_2O$$

$$Fe_3O_4+H_2 \longrightarrow 3FeO+H_2O$$

$$FeO+H_2 \longrightarrow Fe+H_2O$$

$$Fe_3O_4+4H_2 \longrightarrow 3Fe+4H_2O$$

焦炭在高炉中不熔化，少部分焦炭在下降过程中参与还原反应时生成CO，大部分是到风口前燃烧气化。铁矿石在部分还原并升温到1000～1100℃时开始软化，到1350～1400℃时完全熔化，超过1400℃就滴落。铁矿石在软化和熔化过程中已还原出来的铁经过渗碳变成液态生铁，其脉石则与熔剂结合形成液态炉渣。在铁矿石软熔以前，焦炭和铁矿石一直保持分层结构（混装例外）。由于高炉中的逆流热交换，形成了温度分布不同的几个区（带）（见图1-1）。图中①是铁矿石与焦炭分层的干区，称为块状带；②是从铁矿石开始软化到完全熔化，由软熔层和焦炭夹层组成的区域，称为软熔带；③是液态渣铁穿过固体焦炭夹层滴落的区域，称为滴落带；④是风口前一个袋形的风口回旋区。焦炭在这个区域内强烈回旋与燃烧，是炉内热量和还原剂的主要发源区。这部分和炉缸集聚渣铁区域一起称为风口炉缸带，此处铁水温度一般为1400～1550℃，渣水温度比铁水还要高30～70℃。

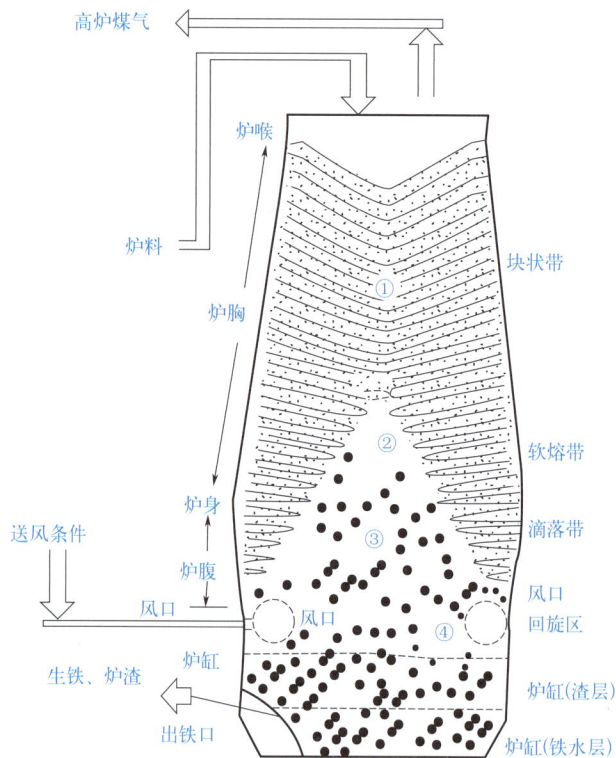

图1-1 高炉冶炼示意图

　　高炉冶炼的主要设备包括高炉本体、送风设备、上料设备、渣/铁处理设备、煤气除尘设备和检测控制设备等。

　　① 高炉本体呈竖式圆筒状，外壳用钢板制成，内砌耐火砖，砖与炉壳之间有冷却器。顶部有装料设备，分钟式和无钟式两种；下部炉缸有出铁口和出渣口（多铁口高炉没有出渣口，炉渣在出铁过程中从出铁口排出），炉缸上沿有风口。所用耐火砖按不同

部位有碳砖、高铝砖、碳化硅砖、铝碳砖和黏土砖等；冷却器有冷却壁、冷却板和冷却箱等几种形式。

② 送风设备包括鼓风机、热风炉及相关的各种阀门。送风系统和高炉之间用管道连接。鼓风机有蒸汽驱动和电力驱动两类。通常一座高炉需 3 或 4 座热风炉轮流加热和送风，其形状为立式圆筒状，外壳用钢板制成，内砌耐火砖。根据燃烧室设置的不同，热风炉分为内燃式、外燃式和顶燃式三种。

③ 上料设备主要有料仓（用以接纳从烧结或球团厂、炼焦厂和贮料场运来的原料和焦炭）、筛分设备、称量装置、炉顶装料设备、皮带运输机和有关闸门等。各设备之间主要靠皮带运输机连接。往炉顶上料的方式：小炉子一般用料车卷扬机经过斜桥运输，大炉子多用皮带运输机运输。

④ 渣/铁处理设备，在炉前有开出铁口用的开口机、堵出铁口用的泥炮和堵出渣口用的堵渣机；出铁场上有铁水流槽、冲水渣设备和出铁场用的吊车，还有运输铁水用的铁水罐、鱼雷车以及铸铁机等。

⑤ 煤气除尘设备包括重力除尘器、洗涤塔、文氏管、脱水器（如采用干法除尘，则在重力除尘器后接布袋除尘器或电除尘器）；此外，还有炉顶压力调节装置、余压发电设备以及有关阀门。炉顶与各除尘设备之间用管道连接。

⑥ 检测控制设备主要有炉体和炉内各部位的温度、压力、料线以及煤气和炉料分布状况方面的检测装置；鼓风的流量、压力、温度、湿度、富氧量和煤顶煤气的温度、压力等参数的检测和相关的控制设备；原料、燃料、生铁、炉渣和炉顶煤气成分的化学分析设备；上料系统和热风炉燃烧、换炉的程序控制设备等。所有检测到的数据都输入计算机进行存储、分析、推理，并由计算机发出指令直接进行调控或向操作人员提出建议。

（5）炼钢　炼钢是将生铁、废钢和海绵铁等原材料炼制成钢的冶金方法和过程。在钢铁冶金生产流程中，炼钢是中心环节。钢的化学成分和冶金质量，主要是靠炼钢来达到的。生铁是碳含量达到饱和的铁碳合金，并且含有较高的硅、锰、磷、硫等杂质元素，熔点低但凝固后性质脆而硬，除少量铸成铸铁件外，绝大部分作为炼钢原料通过氧化熔炼的方法除去杂质元素，使之成为具有高强度和高塑性的铁碳合金，即钢。废钢和海绵铁也可作为炼钢原料按一定比例配加，重新熔炼成性能符合需要的钢[4]。

1）转炉炼钢工艺

a. 铁水预处理。铁水预处理是在铁水进入炼钢炉冶炼前，除去其中某些有害成分或提取其中某些有益成分的工艺过程，可分为普通铁水预处理和特殊铁水预处理。前者有铁水预脱硫、铁水预脱硅、铁水预脱磷；后者有铁水提钒、铁水提铌、铁水脱铬等。铁水预处理可有效地提高铁水质量，减轻炼钢负担，为优化炼钢工艺和提高钢材质量创造良好条件；对特殊铁水，通过铁水预处理可有效地回收利用有益元素，实现综合利用。

b. 转炉炼钢。转炉炼钢以铁水和废钢为原料，向铁水内部吹入氧气，使铁水中杂质和碳元素氧化，并以吹入的高压气体带动铁水流动，起到夹杂物上浮、铁水脱碳等作用。转炉炼钢是脱碳的重要环节。空气或氧气的鼓吹方式可分为顶吹、底吹、侧吹、顶底复合吹等。

c. 炉外精炼。炉外精炼是将在转炉、平炉或电炉中初炼过的钢液移至另一个容器中进行精炼的冶金过程。精炼是将初炼的钢液在真空、惰性气体或还原性气氛的容器中进行脱气、脱氧、脱硫，去除夹杂物和成分微调等。实行炉外精炼可提高钢的质量，缩短冶炼时间，优化工艺过程并降低生产成本。炉外精炼适合冶炼超纯净钢、类纯净钢，具有简捷、高效等优势，能有效改善化学热力反应条件、增快熔传质速度、增加渣钢反应面积、精确各种反应条件，并可通过智能化实时控制，全面提升设备质量。

炉外精炼工艺主要分为以下4类[5]：

① LF。LF具有精炼功能强、热效率高、易于窄成分控制、设备简单、成本低等优势，适宜生产超低氧钢、超低硫钢。LF工艺主要包括3个方面：

a. 加热并合理控制温度。

b. 白渣精炼。该环节是保证钢水纯净度的重要环节，也是该技术的核心步骤。控制下渣量，钢包渣改质，保证脱硫脱氧效果、弱氧化性环境，适当搅拌是该步骤的关键操作点。

c. 合金微调，控制窄成分。该环节是保证冶炼成分稳定的重要步骤。应完善快速分析设备，响应时间低于3min，准确计算合金收得率，保证钢水良好脱氧，并通过计算机系统分析合金添加量，从而保证钢水的稳定性与准确性。

② CAS与气体搅拌。该工艺可以有效控制钢水温度，促使杂物上浮并提升钢水洁净程度，还能完成窄成分控制、均匀钢水温度与成分，同时能完成杂物变性处理。主要工艺操作：

a. 吹氧升温，控制终点温度。

b. 吹Ar工艺，并去除杂物。

c. 合金微调。

③ RH。即真空循环脱气法，具有反应速率快、反应效率高、处理温降低、可喷粉脱硫等优势。为了全面提高RH的工艺效率，目前，西方国家RH的发展趋势如下：

a. 全面提升真空泵抽气能力。

b. 提升钢水循环流量。

c. 提升容积反应速率。

d. 提升氟化钙配比到40%左右。

④ VD与VOD。作为真空脱气设备的VD炉，常与LF炉双联使用，适合冶炼低合金高强度钢、优质碳钢、合金结构钢等。顶吹供氧系统联合VD炉就组成了VOD炉，该设备能进行真空吹氧脱碳，适合冶炼不锈钢。

2）电炉炼钢工艺 电炉炼钢工艺主要利用电弧热，在电炉内全部或大部分加入冷废钢，经过长时间的熔化与提温，再进入氧化期，去除杂质后进行合金化得到钢水，进入下一步工序。

相比高炉-转炉长流程工艺，全废钢-电弧炉短流程工艺的绿色低碳优势更加突出，由于取消了高炉及烧结、焦化等工序，全废钢-电弧炉短流程工艺可减少97%的采矿废弃物、90%的原料消耗、86%的空气污染、70%的CO_2排放、50%的能源消耗和40%的用水，污染物排放量大大减少。科学引导电炉短流程发展，是我国钢铁行业以改革创新为动力，深化供给侧结构性改革的重要手段，也是构建以国内大循环为主体、国内国际双循环相互促进的新发展格局的必然要求。

（6）连续铸造 连续铸造是将高温液态钢液转变成固态钢坯的过程。上游生产的钢液用盛钢桶运送到转台，经由钢液分配器分成数股，分别注入特定形状的铸模内，冷却凝固成型，生成外为凝固壳、内为钢液的铸坯，接着铸坯被引拔到弧状铸道中，经二次冷却继续冷却到完全凝固。待铸坯完全凝固后，用氧气切割机或剪切机把铸坯切成一定尺寸的钢坯，钢坯视需要进行表面处理后，送轧钢厂轧延。

（7）轧钢

① 热轧 热轧是一种热加工方式[6]。热轧生产效率高，规模大，能量消耗少，成本低，机械化、自动化程度高，适于大批量连续生产，是最重要的金属压力加工方式。与冷轧相比，热轧因加工时金属的变形抗力低和塑性好而得到广泛的应用。但由于轧制时轧件温度不易均匀，表面有氧化铁皮存在等原因，产品的尺寸精度和表面粗糙度都不如冷轧产品。

热轧产品按断面形状特征可分为热轧板带、热轧无缝钢管、热轧型钢和热轧特殊钢材四类。热轧按轧制方式主要分为纵轧、斜轧和横轧三种。

热轧的主要设备是轧机。用于热轧的轧机种类很多，有二辊轧机、三辊轧机、三辊劳特式轧机、四辊轧机、45°轧机、Y型轧机、二辊斜轧机、三辊斜轧机、横轧机、万能轧机以及各类专用轧机等。根据生产的产品品种、产品的质量要求、产量、场地条件等因素，热轧车间的轧机布置有许多形式，如单机布置、单列或多列的横列式布置、跟踪式布置、连轧式布置、棋盘式布置等。热轧生产的工艺流程大体包括原料准备、加热、轧制、精整等几大工序。

②冷轧　金属塑性变形的温度低于回复温度的轧制过程[6]。冷轧生产规模大，生产效率高，机械化、自动化程度高，是一种最重要的冷加工方式。由于轧制前对原料表面进行了处理，轧制过程中又没有氧化铁皮的生成和轧件温度波动的影响，因此冷轧产品具有产品尺寸精度高、表面光洁，可以轧制出小规格尺寸的产品等优点。此外，冷轧造成材料的加工硬化，提高了加工材料的强度。冷轧材料与热处理工艺相结合可以提高产品的综合力学性能。与热轧生产相比，冷轧生产工序复杂，变形时的能量消耗大，生产成本高。冷轧产品按断面形状特征可分为冷轧板带材、冷轧管材和冷轧型材等[6]。

冷轧通常采用纵轧的方式。冷轧生产的工序一般包括原料准备、轧制、脱脂、退火（热处理）、精整等。冷轧可以以热轧产品为原料。冷轧前原料要除鳞，以保证冷轧产品的表面洁净。轧制是使材料变形的主要工序。脱脂的目的在于去除轧制时附在轧材上的润滑油脂，以免退火时污染钢材表面，对不锈钢也能防止增碳。退火包括中间退火和成品热处理：中间退火是通过再结晶消除冷变形时产生的加工硬化，以恢复材料的塑性及降低金属的变形抗力；成品热处理的目的除了通过再结晶消除硬化外，还在于根据产品的技术要求以获得所需要的组织（如各种织构等）和产品性能（如深冲、电磁性能等）。精整包括检查、剪切、矫直（平整）、打印、分类包装等内容。冷轧产品有很高的包装要求，以防止产品在运输过程中表面被刮伤。除上述工序外，在生产一些特殊产品时还有各自的特殊工序。如轧制硅钢板时，在冷轧前要进行脱碳退火，轧后要进行涂膜、高温退火、拉伸矫直与回火等。

用于冷轧带钢的轧机有二辊轧机、四辊轧机和多辊轧机。应用最多的是四辊轧机。轧制更薄的产品则要采用多辊轧机。

冷轧是获得高精度薄壁管、厚壁管和特厚壁管以及异形管、变断面管等的重要生产方式。冷轧钢管在各种轧管机组上生产，应用最广的是二辊和多辊周期式冷轧管机。尺寸精度或强度要求高的型材产品可用热轧产品为原料用冷轧方法生产。

1.1.3　钢铁工业发展趋势

2022年2月7日，工业和信息化部、国家发展和改革委员会、生态环境部三部委联合印发《关于促进钢铁工业高质量发展的指导意见》，提出主要目标是：力争到2025年，钢铁工业基本形成布局结构合理、资源供应稳定、技术装备先进、质量品牌突出、智能化水平高、全球竞争力强、绿色低碳可持续的高质量发展格局[7]。"十四五"期间，我国钢铁工业高质量发展将呈现以下七大趋势。

一是强化资源保障体系建设。针对原料供应链、供应保障体系建设中存在的突出问题，我国钢铁工业将以建设高质量资源保障体系为目标，形成国内国外双循环资源保障格局，建立多维度、多元化的资源保障渠道。

二是持续推动重组。规模是钢铁工业的最显著特征，也是钢铁工业的核心竞争力之一。中国宝武跨入"亿吨宝武"时代对于我国钢铁工业发展具有重大意义，这是世界钢铁工业格局变化的重要标志，是我国钢铁工业引领世界钢铁工业发展的重要体现，是我国钢铁工业有序推进联合重组的重要举措。下一步，我国钢铁工业兼并重组将以打造规模经济、发挥特色优势、创建世界一流钢铁企业为主要方向。

三是深入推进超低排放改造。钢铁工业深入推进实施超低排放与差异化停限产、差别水电价等差别化管理政策直接挂钩。首钢迁钢率先建成国内首家全流程超低排放企业，为全行业绿色发展树立了标杆。我国钢铁企业将通过"先进环保技术应用+卓越管理机制运行+智能决策系统支撑"，搭建全流程全方位智能环保信息系统，进一步提升环保综合绩效水平。

四是全面推进智能制造。先进制造技术与现代信息技术为钢铁工业竞争力重构创造了新机会。我国钢铁企业将全面推进钢铁智能制造基础体系搭建，全程跟踪追溯核心业务，力争实现产供销一体化、铁钢轧一体化、管控一体化，达到效益最大化、服务实时化、决策智能化、运营可视化。

五是布局低碳发展。我国低碳发展政策将趋向于碳排放总量控制、加快全国统一碳市场、强化监督考核、增加有效金融服务支撑。因此，我国钢铁工业将以推动绿色布局、节能及提升能效、优化用能及流程结构、构建循环经济产业链、应用突破性低碳技术为主要路径来推进深度脱碳，以制度建设和政策体系作为支撑，系统构建钢铁低碳发展全面支撑体系。

六是激发标准活力。顺应"十四五"标准化工作方向，我国钢铁工业将以标准引领创新发展，充分发挥市场在标准化工作中的能动性，紧紧围绕新产品、新技术发展方向，紧密结合下游需求，满足生产和应用的共同需要，并将强化标准对钢铁行业绿色发展、低碳发展的支撑作用，构建和完善绿色制造标准体系，开展行业绿色制造和低碳发展相关评价，加快绿色制造和低碳发展等标准的制定。

七是引领市场需求。"十四五"期间，我国钢铁行业将坚持扩大内需这个战略基点，通过品种结构优化、产品提质升级、创新能力提升、打造上下游高度协同的产业链等路径，巩固原有市场，并引导下游用钢方向，创造新的需求。

1.1.4 钢铁工业重点发展方向

（1）产品高质化 加快发展钢铁新材料，促进现有材料质量性能明显提高，发展优异性能、新功能和特殊功能的钢铁材料，发展绿色钢铁材料，是钢铁材料科技创新的重点方向。钢铁工业是典型的流程工业，最终产品质量的优劣是由全流程的各个环节共同决定的。要想获得稳定、优良的材料质量，必须针对每一个工艺环节进行全流程、一体化控制。而材料的"成分、工艺、组织、性能"四个要素构成了产品的质量要素。未来的绿色产品设计要做到"减量化、低成本、高性能、耐腐蚀、无污染、长寿命、易循环"。在钢铁材料开发过程中，要做到：

① 资源节约型的成分设计，尽量减少合金元素含量，或使用廉价元素代替昂贵元素；

② 采用节省资源和能源、减少排放、环境友好的减量化加工工艺方法；

③ 从市场中发现新的组织和性能需求，逆向倒推，促进工艺技术创新和新型材料的创制；

④ 量大面广产品的升级换代和高端产品的规模生产都要遵循绿色理念。

要加快推进产学研用协同创新，加快科技创新成果转化应用，促进研发投入、技术人才向优势企业集中，支持行业领军企业以及专精特新"小巨人"企业技术创新，逐步突破关键短板钢铁材料制约，实现自主保障；同时，应提高钢铁工业核心设备的设计制造水平，在低碳冶金、非高炉炼铁、洁净钢冶炼、无头轧制等前沿技术自主创新上取得突破性进展。

（2）工艺绿色化 钢铁工业持续通过清洁生产、技术创新来推进钢铁绿色发展。采用高效、绿色、可循环的新一代流程，同时改造传统生产流程为清洁生产流程，包括工艺及装备优化升级、能源高效利用和回收、污染减量化、废弃物资源化利用和无害化处理等。近年来，国际上以减少碳排放为目标，高炉开始由使用化石能源向富氢喷吹、应用生物质材料等转变。以碳还原为主的直接还原、熔融还原等非高炉炼铁技术，尽管可以大幅减少 SO_x、NO_x 的排放，但是只能在有限的程度上减排二氧化碳。由于近年减少碳排放的压力剧增，非高炉炼铁的新趋势是为适应减排需要而转向提高氢还原的比例，宝武、浦项、日本制铁、安米、SSAB 等国内外钢铁巨头都已将核能制氢或氢能冶金作为未来技术革新的重点研发方向。出于减排的需要，未来五到十年内，非高炉炼铁特别是以氢为原料的气基竖炉直接还原炼铁有望得到较大的发展。

（3）钢厂智能化 在新的互联网技术、工业大数据时代中，如何将钢铁工业转向以效益最大化为目标，实现大规模个性化定制的生产模式已经成为钢铁工业发展的重点方向。特别对于高端产品，面临着订单多样性及市场恶性竞争等复杂形势。随着全球范围内智能制造技术的快速发展，国内外大型钢铁企业将智能制造作为未来钢铁工业发展的重点方向，以期通过智能制造达到提质增效、减员增效、节能减排、转型升级、增强竞争力的目的，重点体现在以下三个方面。一是加快发展制造过程智能化。逐步完善基础自动化、生产过程控制、制造执行、企业管理四级信息化系统建设，在推进机器人、智能装备应用基础上，在全制造工序推广知识积累的数字化、网络化，建立大数据平台，实现跨工序的协调和互动，优化工艺流程，降低生产成本，提升劳动生产效率和效益。二是加快发展生产服务智能化。通过运用物联网、大数据、云计算等智能制造关键技术，实现从用户需求到研发、生产、销售、服务等全流程的信息集成。探索搭建钢铁工业互联网平台，汇聚生产企业、下游用户等各类资源，提升效率，促进企业向研发和服务转型。三是加快工业互联网发展应用。抓住5G发展机遇，大力发展"互联网+"模式，开展钢铁制造与工业互联网融合路径研究，创造商业新模式，为推动工业互联网在钢铁制造中的应用以及钢铁企业精准制造提供指导和服务。

（4）管理高效化　钢铁企业的高效化管理应做到钢铁生产全过程的一体化控制、钢铁生产各层次的协调优化、大规模定制下产品个性化与定制化以及装备、物流、能源的智能控制与优化协同等，这样才能大幅提高生产效率。高效化管理还应充分利用物联网、大数据、云计算、采集系统等，建立生产成本的精益管控系统。建立钢铁购销与制造供应链协同智能优化决策，包括基于数据解析的生产批调度、基于钢卷"基因"的钢铁全流程智能质量管控系统、轧制生产过程中轧辐动态管控技术、冶金工业全流程的智能优化决策的理论与技术等，通过应用先进信息技术提升企业的管理效能。

1.2　先进钢铁材料发展概况

1.2.1　钢铁材料的特点及分类

钢及钢材的分类有很多种，常见的包括按化学成分分类、按冶炼方法及质量水平分类、按用途分类、按品种分类等。

（1）按化学成分分类　《钢分类 第1部分 按化学成分分类》（GB/T 13304.1—2008）根据化学成分不同，将钢分为非合金钢、低合金钢、合金钢三类（表1-1）[8]，但是因为不锈钢在国民经济和社会生活中所处的重要地位，中国海关进出口统计和国际钢铁统计都将不锈钢作为一类特殊品种进行统计，因此将不锈钢从合金钢中分离出来作为单独的一类[9]。

表1-1   钢按化学成分分类

合金元素	合金元素规定含量界限值（质量分数）/%		
	非合金钢	低合金钢	合金钢
Al	＜0.10	—	≥0.10
B	＜0.0005	—	≥0.0005
Bi	＜0.10	—	≥0.10
Cr	＜0.30	0.30～＜0.50	≥0.50
Co	＜0.10	—	≥0.10
Cu	＜0.10	0.10～＜0.50	≥0.50
Mn	＜1.00	1.00～＜1.40	≥1.40
Mo	＜0.05	0.05～＜0.10	≥0.10
Ni	＜0.30	0.30～＜0.50	≥0.50
Nb	＜0.02	0.02～＜0.06	≥0.06
Pb	＜0.40	—	≥0.40
Se	＜0.10	—	≥0.10
Si	＜0.50	0.50～＜0.90	≥0.90
Te	＜0.10	—	≥0.10
Ti	＜0.05	0.05～＜0.13	≥0.13
W	＜0.10	—	≥0.10
V	＜0.04	0.04～＜0.12	≥0.12
Zr	＜0.05	0.05～＜0.12	≥0.12
La系（每一种元素）	＜0.02	0.02～＜0.05	≥0.05
其他规定元素（S、P、C、N除外）	＜0.05	—	≥0.05

① 非合金钢　非合金钢按照质量等级又可分为普通质量非合金钢、优质非合金钢和特殊质量非合金钢。

普通质量非合金钢包括一般用途碳素结构钢（如GB 700规定的A、B钢）、碳素钢筋钢（如GB 13031规定的Q235钢）、铁道用一般碳素钢（如GB 11246、GB 11265、GB 2826规定的轻轨和垫板用碳素钢）、一般钢板桩用钢等。

优质非合金钢是指除普通质量非合金钢和特殊质量非合金钢以外的非合金钢，在生产过程中需要特别控制质量（例如控制晶粒度，降低硫、磷含量，改善表面质量或增加工艺控制等），以达到比普通质量非合金特殊的质量要求高（例如良好的抗脆断性能、良好的冷成型性等），但生产控制不如特殊质量非合金钢严格（如不控制淬透性）。包括机器结构用体质碳素钢，工程结构用碳素钢，冲压薄板用低碳结构钢，镀层板、带用碳素钢，锅炉和压力容器用碳素钢，以及造船用碳素钢等。

特殊质量非合金钢是指在生产过程中需要特别严格控制质量和性能（例如控制淬透性和纯洁度）的非合金钢。包括保证淬透性非合金钢，保证厚度方向性能非合金钢，铁道用特殊非合金钢（如 GB 5068、GB 8601、GB 8602 规定的车轴坯、车轮、轮箍用非合金钢），特殊焊条用非合金钢，航空、兵器用非合金钢，核能用非合金钢，碳素弹簧钢，特殊盘条及钢丝用非合金钢，特殊易切削钢，碳素工具钢和中空钢，电磁纯铁以及原料纯铁等。

② 低合金钢　低合金钢按照质量等级可分为普通质量低合金钢、优质低合金钢和特殊质量低合金钢。

普通质量低合金钢包括一般用途低合金结构钢（屈服强度不大于 360MPa）、矿用一般低合金钢、低合金钢筋钢、铁道一般用低合金钢等。

优质低合金钢是指除普通质量低合金钢和特殊质量低合金钢以外的低合金钢，在生产过程中需要特别控制质量（例如降低硫、磷含量，控制晶粒度，改善表面质量，增加工艺控制等）以达到比普通质量低合金钢特殊的质量要求高（例如良好的抗脆断性能、良好的冷成型性等），但生产控制的质量要求不如特殊质量低合金钢严格。如可焊接的高强度结构钢（屈服强度大于 360MPa 而小于 420MPa），以及钢炉和压力容器用低合金钢等。

特殊质量低合金钢是指在生产过程中需要特别控制质量和性能（特别是严格控制硫、磷等杂质含量和纯洁度）的低合金钢。包括保证厚度方向性能的低合金钢，航船、兵器等专用特殊低合金钢，核能用低合金钢，铁道用特殊低合金钢，以及低温用低合金钢等。

③ 合金钢　合金钢按照质量等级可分为优质合金钢和特殊质量合金钢。

优质合金钢是指在生产过程中需要特别严格控制质量和性能，但其生产控制的质量要求不如特殊质量合金钢严格的合金钢。包括合金钢筋钢，地质、石油钻探用合金钢 [如 YB 235、YB 528 规定的地质、石油钻探用合金钢管用合金钢（但经调制处理的钢除外）]，以及硫、磷含量大于 0.035% 的耐磨钢和硅锰弹簧钢等。

特殊质量合金钢包括合金结构钢、压力容器用合金钢、经热处理的合金钢筋钢、高合金工具钢、精密合金钢等。

④ 不锈钢　不锈钢是指在大气，水，酸、碱和盐等溶液，或其他腐蚀介质中具有一定化学稳定性的钢的总称。不锈钢具有良好的耐腐蚀性能，是因为在铁碳合金中加入了铬。尽管铜、铝、锰、硅、镍、钼等元素也能够提高钢的耐腐蚀性能，但是如果没有铬的存在，这些元素的作用就会受到限制。所以说，铬是不锈钢中最重要也是必备的元素。铬在钢中的作用同其含量有很大关系，当钢中铬含量达到 12% 时，钢在氧化性介

质中和各种大气环境中的耐腐蚀性产生突变性提高，因此，我国将不锈钢的铬含量定为不小于12%。

（2）按冶炼方法分类　钢按冶炼炉型分为平炉钢、转炉钢、电炉钢（包含电弧炉、电渣炉、感应炉、真空炉等冶炼的钢）；按脱氧程度分为镇静钢、沸腾钢、半镇静钢。

① 镇静钢。属于全脱氧钢，是指在浇铸前采用沉淀脱氧和扩散脱氧等方法，将脱氧剂（如铝、硅）加入钢水中进行充分脱氧，使钢中的氧含量低到在凝固过程中不会与钢中的碳发生反应生成一氧化碳气泡的钢。这种钢在浇铸时钢液镇静，不呈现沸腾现象，所以叫镇静钢。镇静钢成分偏析少，质量均匀。

② 沸腾钢。属于不脱氧钢，是指在冶炼后期不加脱氧剂，浇铸前没有经过充分脱氧的钢。这种不脱氧的钢，钢水中还剩有相当量的氧，碳和氧起化学反应，放出一氧化碳气体，钢水在镇模内呈现沸腾现象，所以叫沸腾钢。钢锭凝固后，蜂窝气泡分布于钢锭中，加热轧制后，气泡焊合。沸腾钢含硅量低、收得率高、加工性能好、成本低，但成分偏析大、杂质多、质量不均匀、机器强度较差。

③ 半镇静钢。属于半脱氧钢，是指在脱氧程度上介于镇静钢和沸腾钢两者之间、浇铸时有沸腾现象但现象较沸腾钢弱的钢。半镇静钢的结构、成本和收得率也介于沸腾钢和镇静钢之间，只是在冶炼操作上较难掌握。

（3）按用途分类　根据用途的不同，可将钢材分为四大类：建筑及工程用钢、结构钢、工具钢和特殊性能钢。

① 建筑及工程用钢　建筑及工程用钢指的是基础设施、民用住房和工业厂房建设中所消耗的钢材，包括普通碳素钢、低合金钢和钢筋等。

② 结构钢　结构钢是目前生产最多、使用最广的钢种之一，包括碳素结构钢和合金结构钢，主要用于制造机器的结构零件及建筑工程中的金属结构等。碳素结构钢用途最广，主要用于厂房、桥梁、船舶等建筑结构和输送流体用的管道等。

③ 工具钢　工具钢包括碳素工具钢、合金工具钢及高速工具钢。合金工具钢不仅含碳量高，有的高达2.30%，而且含有较高的铬、钨、钼、钒等合金元素，主要用于制造各种模具。

④ 特殊性能钢　特殊性能钢是含有特意添加的合金元素的或者用特殊工艺方法生产的具有特殊的物理和化学性能的合金钢。其用来制造除要求具有一定的力学性能外，还要求具有特殊性能的零件，包括不锈耐酸钢、耐热钢、高温合金钢、耐磨钢、低温用钢、电工用钢等。其中，耐热钢是在高温环境中保持较高持久强度、长时间抗蠕变性和良好化学稳定性的合金钢。耐热钢常用于制造锅炉、汽轮机、动力机械、工业炉和航空、石油化工等工业领域中在高温下工作的零部件。高温合金钢指的是在

应力及高温同时作用下，具有长时间抗蠕变能力、高持久强度和高耐腐蚀性的金属材料。高温合金钢主要用于制造燃汽轮机、喷气式发动机等在高温下工作的零部件。

（4）按产量统计大类分类　我国自2004年后改为按新的统计指标体系对钢材产量进行统计。新统计指标体系将钢材产品分为22类，按照大类可以分为长材、扁平材、管材和其他钢材。

长材包括大型型钢、中小型型钢、棒材、钢筋和线材（盘条）；扁平材包括特厚板、厚板、中板、热轧薄板、冷轧薄板、中厚宽钢带、热轧薄宽钢带、冷轧薄宽钢带、热轧窄钢带、冷轧窄钢带、镀层板（带）、涂层板（带）、电工钢板（带）；管材包括无缝钢管和焊接钢管。

1.2.2　先进钢铁材料发展现状

钢铁材料具有资源相对丰富、生产规模庞大、加工制造容易、性能多样可靠、成本低廉稳定、回收利用方便等特点，是基础设施建设、工业设备制造和人民日常生活中广泛使用的材料。钢铁材料是最重要的材料，也是不断发展的新材料。目前和可预见的未来，钢铁材料仍然是占据主导地位的结构材料，是社会和经济发展的物质基础。

先进钢铁材料是在环境性、资源性和经济性的约束下，采用新制造技术生产的具有高洁净度、超细晶粒、高均匀度特征的钢材，其强度和韧性比常用钢材高，使用寿命更长，能满足国民经济、社会发展和国防建设的需求[10]。

先进钢铁材料的技术发展特征主要体现在4个方面，即高质量、高性能、环境性、低成本[11]，如表1-2所示。

表1-2　先进钢铁材料技术特征

高质量	高性能		环境性	低成本
高洁净度、高均匀度、超细晶粒、高尺寸精度、高表面质量	力学性能：强度和韧性 服役性能：抗疲劳、延迟断裂、腐蚀蠕变 工艺性能：冷热加工		生产、加工、应用稳定和可经济地回收利用	生产、加工、应用过程中成本低

1.2.3　钢铁材料存在的短板

根据钢协调查，我国依然存在尚需依赖进口的冶金技术装备和器件，在这些领域没有摆脱依赖引进、自主创新能力不足的局面。钢铁材料的短板主要有3类[12]：一是处在研发阶段，与国外有较大差距，短期实现应用难度较大的品种；二是已完成研制并得到用户实验验证，但尚未真正应用的关键品种；三是一致性、稳定性差，还不能完全满足用户需求实现进口替代的品种。梳理出的70项短板钢铁材料主要集中在8个领域：航空航天装备10项、先进轨道交通4项、海洋工程及高技术船舶29项、电力装备10项、节能与新能源汽车7项、石油石化4项、高档数控机床和机器人4项、新一代信息技术产业2项，年消耗量约220万吨，而其中56个特殊钢品种占80%，以轴承钢、齿轮钢、弹簧钢、高温合金为主，具有批量小、规格多的特点。

　　"卡脖子"情况的形成因素主要有三个[13]。一是路径依赖，钢铁行业材料自主创新能力尚未完全形成。二是有些领域下游企业不掌握核心装备的设计与制造技术，依赖于成套进口，造成钢铁材料生产者与使用者之间无法建立反馈改进机制。三是围绕钢铁材料的基础理论、科研、生产、应用4者之间尚未建立良好的闭环，创新功能定位不清。

1.2.4　先进钢铁材料未来发展方向

　　2021年12月31日，工业和信息化部发布《重点新材料首批次应用示范指导目录（2021年版）》[14]，共涉及先进基础材料198种、关键战略材料82种、前沿新材料24种。先进基础材料中涉及先进钢铁材料38种，包括高性能船舶用钢、海洋工程用钢、交通装备用钢、能源装备用钢、航空航天用钢、电子信息用钢等，如表1-3所示。

表1-3　《重点新材料首批次应用示范指导目录（2021年版）》（部分先进钢铁材料）

（一）		海洋工程用钢
1	高性能船舶用钢	① 油船货油舱用耐蚀钢：在模拟上甲板工况腐蚀条件下，25年后钢板的腐蚀损耗估算值ECL≤2mm，钢板母材和焊缝金属之间无不连续表面；在模拟内底板工况腐蚀条件下，钢板的腐蚀速率C.R.≤1mm/年，钢板母材和焊缝金属之间无不连续表面 ② 高强度止裂船板：屈服强度≥460MPa，抗拉强度570～720MPa，延伸（伸长）率≥17%，-40℃冲击功≥64J，止裂韧度K_{ca}≥8000N/mm$^{3/2}$
2	海洋工程用钢	① F级超低温韧性超高强度海洋工程用钢（厚度≥80mm）：屈服强度≥690MPa，抗拉强度≥770MPa，延伸（伸长）率≥14%；钢板1/4和1/2厚度处，-60℃横向冲击≥46J ② 大规格高等级海洋工程系泊链：等级R4S，直径150～200mm；屈服强度≥700MPa，抗拉强度R_m≥960MPa，断后伸长率A≥12%，断面收缩率Z≥50%，链体-20℃冲击吸收能量值（KCV）≥56J，焊缝-20℃冲击吸收能量值（KCV）≥40J，硬度≤HB330，心部和R/3处硬度相差不超过15%，氢脆试验Z_1/Z_2≥0.85 ③ 海洋工程用高断裂性高强钢厚板：厚度50～120mm，屈服强度≥414MPa，抗拉强度≥517MPa，-40℃心部横向冲击吸收能量值≥48J，Z向性能≥35%，API2Z可焊性试验-10℃粗晶区CTOD值≥0.46mm，现场施焊条件下-10℃接头CTOD值≥0.3mm ④ 海洋平台桩腿结构用大厚度高强齿条钢：厚度≥177.8mm的特厚钢板，屈服强度≥690MPa，-40℃低温冲击吸收能量值≥69J，Z向抗撕裂性能达到Z35级，以及低碳当量下的焊接性能（C_{eq}≤0.75%）

续表

（二）	交通装备用钢	
3	新型汽车轻量化材料变厚度钢板	厚度公差±0.05mm，累计长度公差±2mm，浪高≤12mm；过渡区测量点偏差≤10mm；差厚比>1∶2.1
4	弹簧用钢	① 高性能弹簧钢：夹杂物尺寸≤10μm，断面成分均匀，成分稳定，其余性能具体参照JISG3561标准 ② 高性能汽车悬架弹簧用钢：抗拉强度>2000MPa，疲劳寿命>100万次 ③ 电动汽车悬架弹簧钢：表面全脱碳为0，总脱碳≤0.6%·D；大尺寸夹杂物≤50μm；热处理后抗拉强度2050～2150MPa，面缩率≥40%；表面缺陷个数≤30个/卷
5	汽车用高强韧2GPa热成型钢板	① 热镀铝硅镀层钢板：热冲压态（GBP5拉伸试样）：屈服强度（$R_{p0.2}$）≥1200MPa，抗拉强度≥1900MPa，延伸率≥4%。170℃涂装回火后（最终零件使用状态，GBP5拉伸试样）：屈服强度（$R_{p0.2}$）≥1400MPa，抗拉强度≥1800MPa，延伸率≥5%，VDA最大弯曲角≥50°；氢脆敏感性：试样加载至弯曲应力100%材料屈服强度时，浸泡在0.1mol/L HCl水溶液中200h不开裂 ② 连退钢板：热冲压态（GBP5拉伸试样）：屈服强度（$R_{p0.2}$）≥1300MPa，抗拉强度≥2000MPa，延伸率≥5%。170℃涂装回火后（最终零件使用状态，GBP5试样）：屈服强度（$R_{p0.2}$）≥1400MPa，抗拉强度≥1900MPa，延伸率≥5%。VDA最大弯曲角≥50°；氢脆敏感性：试样加载至弯曲应力100%材料屈服强度时，浸泡在0.1mol/L HCl水溶液中200h不开裂
6	新型热成型钢	① 新型铝·硅镀层热成型钢：涂层厚度：10～30μm；屈服强度：950～1250MPa；抗拉强度：1300～1700MPa；断后延伸率≥5%；HV10≥400，HRC≥40 ② 新型锌基镀层热成型钢：力学性能：屈服强度≥950MPa，抗拉强度≥1300MPa，断裂延伸率≥5%，VDA极限冷弯折弯角度>50°。涂层厚度：10～30μm；HV10≥400，HRC≥40。液态金属致脆性（LME）裂纹扩展深度控制在10μm以内；高周疲劳：循环应力比R=-1，加载频率15Hz，疲劳极限强度>420MPa。耐腐蚀性能：中性盐雾50h，无基体腐蚀，切口无明显腐蚀，满足汽车厂的高耐蚀标准要求 ③ 低成本热成型钢：热成型前：抗拉强度480～800MPa，屈服强度320～630MPa，延伸率A_{80}≥15%。热成型后：抗拉强度1350～1650MPa，屈服强度950～1250MPa，延伸率A_{25}≥6%（A_{50}≥5%）
7	高性能轴承钢	表面硬度≥58HRC，耐温性能≥350℃，接触疲劳寿命提高100%
8	耐热钢	A286固溶时效处理，抗拉强度900～1150MPa，断后伸长率≥15%；晶粒度5～8级；高温持久寿命：试验温度=650℃、试验载荷≥385MPa下，寿命>100h，断后伸长率≥5%
9	渐变成型高安全性钢	抗拉强度≥1500MPa，屈服强度≥1200MPa，延伸率≥4%，极限弯曲角≥50°
（三）	能源装备用钢	
10	高燃耗乏燃料贮运容器外壳用厚壁钢	满足9m跌落、1m贯穿高燃耗乏燃料贮运容器要求，其T×T/4处取样室温拉伸性能$R_{p0.2}$≥260MPa，R_m：485～655MPa，A≥22%，Z≥35%；240℃拉伸性能$R_{p0.2}$≥214MPa，R_m≥439MPa；-101℃AKV≥27J（平均值），20（单个值）；TNDT≤-88℃；晶粒度≥5级
11	水电工程用1000MPa级高强度钢板	屈服强度≥885MPa，抗拉强度≥950MPa，断后伸长率≥14%，-60℃横向低温冲击吸收能量值≥47J
12	SA-508Gr.4NC1.1钢大锻件	抗拉强度725～895MPa，屈服强度≥585MPa，延伸率≥18%，面缩率≥45%；-29℃夏比V型冲击吸收能量值：一组三个试样平均值≥48J，一个试样的最低值为41J，一组内只能有一个低于平均值

续表

（三）		能源装备用钢
13	耐磨耐腐蚀双金属复合材料	① 热等静压工艺制备钴基合金覆层：密度≥8.0g/cm³，硬度≥41HRC，抗拉强度≥1000MPa；界面结合强度≥260MPa；基材热等静压后抗拉强度≥485MPa，屈服强度≥175MPa ② 热等静压工艺制备镍合金覆层：Co含量（wt）≤0.05%，抗拉强度≥1000MPa，抗压强度≥700MPa；界面结合强度≥260MPa；基材热等静压后抗拉强度≥485MPa，屈服强度≥175MPa
14	取向硅钢超/极薄带	薄带厚度≤0.10mm(0.08～0.05mm)；800A/m（峰值）时磁感应强度B800≥1.81T；在400Hz下磁感应强度为1.5T时最大比总损耗P1.5/400≤11.50W/kg
（四）		航空航天用钢
15	航空发动机高温合金叶片与叶盘材料	① 航空发动机用DD407单晶高温合金叶片：叶型公差±0.05mm；760℃拉伸性能：R_m≥980MPa，$R_{p0.2}$≥900MPa，A≥4%；持久性能：760℃/780MPa，τ≥250h；850℃/500MPa，τ≥260h；950℃/240MPa，τ≥260h；1050℃/140MPa，τ≥180h ② 粉末/铸造高温合金双合金整体叶盘：盘体760℃拉伸性能：R_m≥960MPa，$R_{p0.2}$≥720MPa，A≥15%，Z≥18%；盘体760℃/586MPa持久性能：τ≥15h，A≥8%；连接部位540℃拉伸性能：R_m≥760MPa，不断于连接界面；叶片环760℃/530MPa持久性能：τ≥50h，A≥2%
16	航空发动机用变形高温合金锻件	① GH4065A：盘件直径>600mm，晶粒度8级或者更细，允许个别4级；室温拉伸：R_m≥1520MPa，$R_{p0.2}$≥1100MPa，A≥14%，Z≥14%；650℃拉伸：R_m≥1365MPa，$R_{p0.2}$≥1025MPa，A≥11%，Z≥11%；700℃/690MPa，68h残余变形≤0.2%；650℃/950MPa持久寿命τ≥50h ② GH4169D：室温拉伸性能：R_m≥1390MPa，$R_{p0.2}$≥1050MPa，A≥15%，Z≥15%；704℃拉伸：R_m≥1014MPa，$R_{p0.2}$≥807MPa，A≥13%，Z≥15%；704℃/621MPa持久寿命τ≥39h，A≥8%，无缺口敏感性 ③ GH4720Li：平均晶粒度8级或更细；室温拉伸性能：R_m≥1530MPa，$R_{p0.2}$≥1100MPa，A≥9.0%，Z≥10.0%；650℃拉伸：R_m≥1350MPa，$R_{p0.2}$≥1025MPa，A≥10.0%，Z≥10.0%；730℃/530MPa持久寿命τ≥30h，A>5%；630℃/830MPa持久性能：τ≥30h，A≥5% ④ GH4096：室温拉伸性能：R_m≥1480MPa，$R_{p0.2}$≥1050MPa，A≥14%，Z≥16%；750℃拉伸性能，R_m≥1120MPa，$R_{p0.2}$≥890MPa，A≥10%，Z≥12%；704℃/690MPa蠕变性能，68h残余变形ε_p≤0.2%；水浸探伤不存在尺寸当量Φ>0.4～15dB的缺陷
17	航空航天用变形高温合金材料	① GH3230：棒材和锻件：室温拉伸性能：R_m≥758MPa，$R_{p0.2}$≥310MPa，A≥35%，硬度HBW≤241；950℃拉伸性能：R_m≥175MPa，A≥35%；927℃/62MPa持久寿命τ≥24h，A≥10%；板材：室温拉伸性能：R_m≥793MPa，$R_{p0.2}$≥345MPa，A≥40%，硬度HRC≤25，927℃/62MPa持久寿命τ≥36h，A≥10% ② GH4061：合金棒材-196℃拉伸性能：R_m≥1500MPa，A≥12%；室温拉伸性能R_m≥1300MPa，A≥20%；650℃拉伸性能R_m≥1000MPa，A≥12%；750℃拉伸性能R_m≥670MPa，A≥8%；750℃/100MPa持久寿命τ≥1h
（五）		电子信息用钢
18	集成电路用高品质铁镍合金带材	厚度：0.05～0.25mm；宽度：20～650mm；R_m：580～720MPa，A：5%～20%，HV180～220；Ra≤0.12μm，R_{max}≤1.10μm；波浪<0.1mm/m，横向弯曲≤0.15mm；悬垂翘曲：≤10mm/m；卷重：60～200kg
19	电子级镍级合金极薄带与超薄带	金属箔材厚度0.010～0.10mm，宽度100～600mm，不平度优于6mm/m，边/中浪优于0.015，表面粗糙度优于0.3μm，20～300℃平均热膨胀系数为0～5.5×10⁻⁶/℃

预计到 2035 年，我国钢铁材料将进入世界领先行列。在高牌号无取向和取向硅钢、高强度汽车板、高强高韧性板、发电用高压锅炉管、高性能齿轮钢和轴承钢、高速重载铁路用车轮和车轴钢等高附加值钢材方面的自给率能够提高到 90%；钢材品种能满足下游行业升级要求，产品质量总体达世界先进水平，高强度、长寿命、耐腐蚀、耐候钢材消费比例增加。

1.3　钢铁工业智能制造概念及发展需求

1.3.1　智能制造概述

当前，新一轮科技革命与产业变革风起云涌，以信息技术与制造业加速融合为主要特征的智能制造成为全球制造业发展的主要趋势。

（1）智能制造的概念　20 世纪 80 年代，人工智能在制造领域中开始应用，智能制造概念被正式提出；20 世纪 90 年代，智能制造技术、智能制造系统开始发展；21 世纪以来，新一代信息技术条件下的"智能制造（Smart Manufacturing）"正式登场[15]。

1998 年，美国赖特（Paul Kenneth Wright）、伯恩（David Alan Bourne）将智能制造定义为"通过集成知识工程、制造软件系统、机器人视觉和机器人控制来对制造技工们的技能与专家知识进行建模，以使智能机器能够在没有人工干预的情况下进行小批量生产"。《麦格劳-希尔英汉双解科技大词典》将智能制造定义为"采用自适应环境和工艺要求的生产技术，最大限度减少监督和操作，制造物品的活动"。

1991 年，日本、美国、欧盟共同发起实施的"智能制造国际合作研究计划"中提出：智能制造系统是一种在整个制造过程中贯穿智能活动，并将这种智能活动与智能机器有机融合，将整个制造过程从订货、产品设计、生产到市场销售等各个环节以柔性方式集成起来的能发挥最大生产力的先进生产系统。

2010 年 9 月，美国在华盛顿举办的"21 世纪智能制造研讨会"指出，智能制造是对先进智能系统的强化应用，使得新产品的快速制造、产品需求的动态响应以及对工业生产和供应链网络的实时优化成为可能。德国也推出了工业 4.0 战略，虽未明确提出智能制造概念，但包含了智能制造的内涵，即将企业的机器、存储系统和生产设施融入到虚拟网络-实体物理系统（CPS）。

总的来说，智能制造是基于新一代信息通信技术与先进制造技术深度融合，贯穿于设计、生产、管理、服务等制造活动的各个环节，具有自感知、自学习、自决策、自执行、自适应等功能的新型生产方式[16]。

（2）钢铁智能制造的内涵　钢铁智能制造是面向产品全生命周期，而不仅仅是生产流程的自动化。智能化和自动化的本质区别在于知识的含量，智能制造是基于科学而非仅凭经验的制造，科学知识是智能化的基础。智能制造是以客户产品数据、优化的制造工艺流程、协调的生产制造设备为核心，旨在高效、优质、清洁、安全、敏捷地制造产品和服务用户的一种新的制造模式。

钢铁智能制造应该利用智能制造系统（CPS），依托于传感器、工业软件、网络通信系统和新型人机交互方式，实现人、设备、产品等制造要素和资源的相互识别、实时联通和有效交流，促进钢铁研发、生产、管理、服务与互联网紧密结合，推动钢铁生产方式的定制化、柔性化、绿色化和网络化[14]，从而不断充实、提升和再造我国钢铁全球竞争新优势。钢铁智能制造实施的主攻方向包括智能工厂、智能生产和产业协同[17]。

① 智能工厂　重点研究智能化生产系统及过程，数字化、网络化分布式生产设施的实现。钢铁智能工厂建设，可以通过智能型PLC、智能装备等实现数据采集自动化，并对生产工艺数据、过程数据和供应商数据等进行集成，推进全流程产品质量管控与优化，实现生产过程跟踪、质量管控、能源优化、产销协同、订单承诺、订单排程、采购决策优化、投资策略优化和资源配置优化等功能，提升产品设计、生产排产、车间调度等方面自动化和智能化程度，支撑生产管理人员从简单而烦琐的信息处理和分析工作中解放出来，把精力集中在创新和增值业务上，优化企业生产组织，提升企业制造管理能力。智能工厂的重点建设环节是从虚拟仿真设计、网络化智能设备、模块化定制生产和大数据化精益管理等处着手，建设智能工厂，对制造过程的资源管理、生产组织和过程控制等不同层级的信息进行集成，以实现动态调整、全工序优化和大规模定制[18]。

② 智能生产　智能生产是指以智能制造系统为核心，以智能工厂为载体，通过在工厂和企业内部、企业之间以及产品全生命周期形成以数据互联互通为特征的制造网络，对生产过程进行实时管理和优化，实现大规模定制化生产。当前，钢铁行业主流程为"流程＋离散"的生产模式，纯粹的个性化定制不符合钢铁的生产要求，企业需要通过动态化、智能化的资源调度，在满足流水线式的生产基础上，提高个性化的生产能力，同时降低个性化生产的负面效应，最终实现企业与客户双方利益的最大化。

③ 产业协同　通过大数据、云计算、移动互联网和物联网等新技术的共同作用，充分把握新工业时代下信息资源带来的机遇，以数据洞察为核心驱动力，贯穿参与者、产品与生产，实现产业链互联互通的协同，形成集制造和服务为一体的价值网络。钢铁工业的协同需要钢铁企业对SCM、CRM、ERP、MES和EC等系统进行有效集成，打通

上下游产业链的原料供给与产品需求，利用大数据技术深度挖掘客户需求，形成以客户为中心、需求为导向的智能制造体系。

（3）钢铁智能制造的意义

① 通过智能改造，实现节能减排，提质增效。通过生产设备的自动化、集成化、智能化改造替代人工操作，以设备提升改造实现节能减排，提高资源利用效率（设备、材料、劳动生产率）、提高优质产品率；通过实现无人化作业、在线检测、高性能闭环控制，提高控制精度，提升产线质量。

② 通过智能工厂，实现对工厂的实时优化控制。通过实时的数据采集、全程协同的智能排产、质量全流程的智能管控、关键设备状态可视化及维修预测、能源环境精准管控、物流协同优化，实现管控集中化和扁平化；通过数据集成和共享，生产、物流、设备、能源等资源形成自主综合、联动平衡和优化调度，实现协同高效的柔性制造，提高产品质量，降低能耗与成本。

③ 整合产业链资源，实现供需精准匹配，助力供给侧改革。通过互联网与采购、销售、研发、服务的深度融合，打通产业链信息通道，整合产业资源，创新服务模式，实现从需求识别、产品研发到服务的全生命周期协同优化，精准对接供需两端。

1.3.2 先进钢铁材料智能制造战略需求

从《中国工程科技2035发展战略·化工、冶金与材料领域报告》来看，高性能先进钢铁材料将向高强度、优异的强韧性匹配、高均匀化、长寿命化等方向发展，以实现材料的绿色化、智能化及定制化生产制备[19]。传统超材或试错设计研发模式已难以满足上述需求。例如，航空航天、高技术船舶、轨道交通等高端装备制造用先进钢铁材料的疲劳、持久、蠕变、氢脆、腐蚀等使役性能研究，需要大量的数据样本和长期的数据积累；传统超高强度钢研发从原型设计到材料应用至少需要20年。因此，面对先进钢铁材料新的发展需求，基于材料基因组的先进钢铁材料设计研发技术将成为创新和引领材料设计研发的重大基础技术。美国、欧盟、俄罗斯、日本等发达国家和组织均出台了相应的发展规划和计划，以加速高性能钢铁材料的研发。

该技术将结合第一性原理、热/动力学、相场、有限元等计算方法与模型进行多因素模块化耦合，研发先进钢铁材料成分–工艺–组织–性能–使役行为多尺度集成化计算方法，探索先进钢铁材料电子–原子层次每个"基因"片段对钢铁材料各项性能的影响和相关机制（包括合金元素扩散迁移过程、固溶体和析出相驱动力、亚稳相和析出相的材料物理/化学性质等），实现合金设计、制备加工及服役行为全流程的高通量计算；发展高通量凝固及锻造基础理论；开发合金成分、微观组织、界面偏聚等多维、多尺度、多参量的高通量表征方法；为构建先进金属材料设计计算方法、高通量实验、高通量计算模拟和智能化数据库管理一体化集成计算创新平台，实现先进金属材料加速研发、综合性能提升及材料构件短流程、低成本和性能可控的高效制备提供理论支撑。结合先进钢铁材料的设计与研发需求，需要重点开展的工作如下[20]：

① 加速先进钢铁材料数据库的搭建。应根据不同领域关键钢铁材料的特点建立相应的数据库结构，迅速积累充实大数据，形成企业、行业、上下产业链共享的大数据系统。

② 推广关键钢铁材料的集成计算材料工程。应针对不同类型的关键钢铁材料实施不同尺度、维度的材料设计与制备的模拟、仿真。通过实验验证与工业验证，建立有针对性的集成计算材料工程体系。

③ 应在现代交通、能源装备、海洋工程等应用领域实现设备、装备、工程业主，建设、承建单位，关键钢铁材料研发与制造企业，规范、标准制定机构全产业链的基于集成计算材料工程和材料数据库的合作与实践，开展关键钢铁材料智慧研发的示范应用，建立完善的智慧研发体系，加速攻克关键钢铁材料的"卡脖子"问题和核心技术。

钢铁工业是典型的流程工业，最终产品都要经过全流程每一个环节的处理。所以，最终产品性能和质量的优劣，是由全流程的各个环节共同确定的。要想获得稳定、优良的材料质量，必须针对每一个工艺环节进行全流程、一体化控制。先进钢铁材料是关键基础材料的一个重要分支，要利用工业互联网、大数据、云计算等技术手段，大力发展先进钢铁材料智能化制造技术。

参考文献

[1] 李新创. 中国钢铁未来发展之路[M]. 北京：冶金工业出版社，2018.

[2] 张训毅. 中国的钢铁[M]. 北京：冶金工业出版社，2012.

[3] 中国冶金百科全书总编辑委员会《炼焦化工》卷编辑委员会，冶金工业出版社《中国冶金百科全书》编辑部. 中国冶金百科全书：炼焦化工[M]. 北京：冶金工业出版社，1992.

[4] 中国冶金百科全书总编辑委员会《钢铁冶金》卷编辑委员会，冶金工业出版社《中国冶金百科全书》编辑部. 中国冶金百科全书：钢铁冶金[M]. 北京：冶金工业出版社，2001.

[5] 李家通. 炉外精炼技术进展及发展趋势[J]. 中国新技术新产品，2016(20): 93-94.

[6] 中国冶金百科全书总编辑委员会《金属塑性加工》卷编辑委员会，冶金工业出版社《中国冶金百科全书》编辑部. 中国冶金百科全书：金属塑性加工[M]. 北京：冶金工业出版社，1999.

[7] 中华人民共和国国务院. 三部委关于促进钢铁工业高质量发展的指导意见[EB/OL]. [2022-01-20]. http://www.gov.cn/zhengce/zhengceku/2022-02/08/content_5672513.htm.

[8] 钢分类 第1部分 按化学成分分类 GB/T 13304.1—2008[S]. 北京：中国标准出版社，2008.

[9] 陈国康，国家冶金工业局. 中国钢铁工业生产统计指标体系·指标解释[M]. 北京：冶金工业出版社，2003.

[10] 干勇，董瀚. 先进钢铁材料技术的进展[J]. 中国冶金，2004(8): 3-8.

[11] 干勇，仇圣桃. 先进钢铁生产流程进展及先进钢铁材料生产制造技术 [J]. 中国有色金属学报，2004(S1): 25-29.

[12] 汪建华. 加强自律，构建钢铁供需适配有效的新格局 [N]. 中国冶金报，2022-05-11(19).

[13] 张丕军. 钢铁行业技术破局，需协同创新引路 [N]. 中国冶金报，2021-08-12(1).

[14] 中华人民共和国工业和信息化部. 重点新材料首批次应用示范指导目录（2021 年版）[EB/QL].[2021-12-23].https://www.miit.gov.cn/jgsj/ycls/gzdt/art/2021/art_1e6d58088f2a46aab0f594a9b9022155.html.

[15] 智能制造的内涵及其系统架构探究 [Z]. 赛迪智库.

[16] 齐二石，李天博，刘亮，等. 云制造理论、技术及相关应用研究综述 [J]. 工业工程与管理，2015, 20(1): 8-14.

[17] 李新创，施灿涛，赵峰. "工业 4.0" 与中国钢铁工业 [J]. 钢铁，2015, 50(11): 1-7+13.

[18] 李新创. 智能制造助力钢铁工业转型升级 [J]. 中国冶金，2017, 27(2): 1-5.

[19] 谢曼，干勇，王慧. 面向 2035 的新材料强国战略研究 [J]. 中国工程科学，2020, 22(5): 1-9.

[20] 尚成嘉，王华，黄松，等. 关键钢铁材料的智慧研发路线 [J]. 鞍钢技术，2021(2): 1-8.

大数据和人工智能驱动的先进钢铁材料制造技术

Big Data and AI-Driven
Manufacturing Technologies for
Advanced Steels

第 2 章　钢铁工业智能制造研究与发展现状

　　面对资源、能源与环境的多重约束，钢铁工业传统"经验＋规模"的发展模式已难以为继。智能制造以大数据、人工智能、工业互联网为核心，正在重塑钢铁制造的研发、生产、管理与服务全过程。本章系统梳理了欧、美、日、韩等发达经济体在智能工厂、低碳冶金、数字孪生等领域的战略布局与典型案例，对比分析了中国钢铁从自动化、信息化走向智能化的演进路径、阶段成果与现实瓶颈。通过国内外路线、技术、管理和减排四个维度的深度比较，揭示"数据驱动、模型优化、系统协同"正在成为钢铁工业迈向高质量、低碳发展的共同选择，为后续技术路径与政策建议奠定认知基础。

2.1   国外钢铁工业智能制造发展历程及现状

国外钢铁工业的信息化发展较早，如今已经逐渐成熟。企业投资重点已经向信息技术装备转移，信息基础设施建设也初具规模，越来越多的钢铁企业通过企业资源计划（ERP）、供应链管理（SCM）、商务智能（BI）等管理系统实现生产经营决策的科学化。

目前，国际先进的钢铁企业已经完成从生产现场到管理决策的纵向集成，增加了许多分布式信息系统，信息化建设的方向随产业环境的变化而调整，电子商务的建设、信息系统的应用扩大到与客户、供应商之间，甚至同业之间的整合。

钢铁企业的智能化的初始形态是信息化，这一阶段实质上并不算真正意义上的智能化，但是作为智能化的先导形态，却是智能化发展不可或缺的基础阶段。国际先进钢铁企业的信息化起源于20世纪70年代初，从降低成本、提高效率的目的出发，不断完善从生产现场到管理决策的纵向集成，以业务协同为核心的数字化工厂全面支撑着企业的生存与发展。我国钢铁工业的智能化建设相对发达国家起步要晚10～15年，但相对国内其他工业行业，钢铁工业的智能化与信息化整体水平在国内各工业行业中处于先进水平和领跑位置。

国外钢铁企业信息化的发展经历了以下阶段。

① 生产管理一体化   计算机技术开始应用于钢铁工业始于20世纪的60～70年代，随后美国、英国、日本等相继展开钢铁企业的信息化建设，从美国麦克劳思的热轧信息化，到英国钢铁的计算机分级管理系统，到日本住友鹿岛厂著名的生产管理一体化系统，再到日本新日铁先进的生产管理计算机系统，生产一体化系统信息化在钢铁工业的发展越来越成熟，逐步实现钢铁企业的生产转型，智能化在钢铁工业中也初见端倪。

② 经营管理一体化   随着计算机和信息技术的广泛应用，20世纪80年代，钢铁企业不断扩大生产范围，借助信息技术，更加侧重经营管理一体化。钢铁企业的信息化系统不再是传统的生产管理一体化系统，而是扩大范围，逐渐覆盖原来的钢铁企业的信息化系统，建设完成了集市场、经营、生产、销售、物流于一体的企业 ERP 系统，缩短了钢铁产品的生产周期，提高了钢铁交货完成率，实现了经营管理的一体化。例如日本住友金属建立了全公司的销售、生产、物流一体化管理系统，把总公司、各销售公司、各生产厂联结起来，统一计划管理。

③ 战略管理一体化   随着市场经济和社会化大生产的发展，钢铁企业必须从长远观点出发来谋求企业的生存和发展，同时，互联网技术的广泛应用以及钢铁企业信息化的快速发展，都促使钢铁企业信息系统之间的横向互联和纵向集成，催生了战略管

理系统以及智能商务的开发。20世纪90年代，国际上先进钢铁企业均致力于战略管理系统的开发，侧重于战略管理的一体化，如韩国浦项钢铁公司、日本住友金属等。钢铁工业的智能化雏形开始显现。

钢铁工业的信息化始于英、美，发扬光大于日、韩，其中的代表企业是新日铁和浦项钢铁。浦项钢铁和新日铁较成功的信息化建设及面向客户的制造系统展示了智能生产的雏形及可能性，其信息化路径基本一致——先纵向集成制造流程，再横向集成供给链信息，最终实现降本增效。为了适应市场环境的不断变化，提高客户满意度，国外发达国家的钢铁工业已基本实现了钢铁制造业的信息化，现在正朝向高度智能化和网络化的方向发展。

2.1.1　欧洲钢铁工业智能制造发展历程及现状

早在1982年欧洲制定的信息技术发展战略计划中，就强调了面向未来制造核心技术的开发。由德国、法国和英国发起的"未来的工厂"尤里卡项目将与制造业方面相关的研究与开发作为重点；欧洲国家在智能制造领域中的战略布局也非常早，其智能制造各环节均处于世界领先地位[2]。2008年全球金融危机之后，世界各国都在积极反思和调整，更加强调实体经济建设，重视新技术在制造业中的应用。2013年，德国提出了"工业4.0"，其目标是将新一代数字化技术与制造技术高度融合，实现信息世界与物理世界的深度互联与融合，产生出前所未有的新形态的智能高效制造业[3]，如图2-1所示。德国工业4.0战略的研究核心为智能工厂和智能生产[4]。

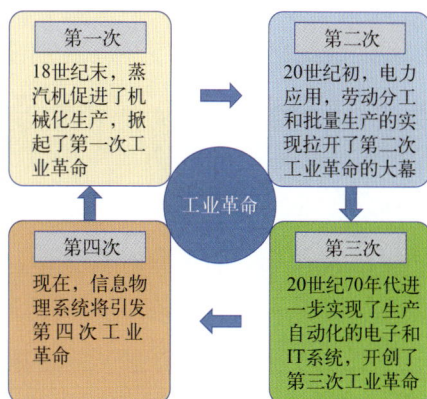

图2-1　欧洲工业革命

钢铁生产的智能制造是在第三次工业革命后，随着网络技术、数字技术成熟，对钢铁公司管理系统的进一步升级。事实上，2018年，针对钢铁工业"数字孪生"概念的生产车间已在沙勒罗伊投入运行。塔塔和安赛乐米塔尔等大型钢铁企业都参与了该项目。从20世纪90年代开始，欧洲钢铁工业对"工业4.0"之前的数字化领域就已经开展了系列研发项目并布局专利。当前，越来越多的欧洲钢铁企业投入到数字化转型浪潮中[5]。20世纪末，欧洲排名第一的钢铁企业蒂森克虏伯加大了智能制造投入，进入了高端化发展时期。

为塑造欧洲数字未来，2020年3月，欧盟发布《欧洲工业新战略》，明确了欧洲工业新战略的未来愿景："具有全球竞争力和世界领先地位的工业、为气候中和铺平道路的工业、塑造欧洲数字未来的工业"。数字化转型也是欧盟"绿色新政"的关键举措。同年9月，欧盟主席在欧洲议会全体会议上指出，必须推动"欧洲的数字化十年"转型变革，制定一个"欧洲数字化的共同计划"，并明确2030年的发展目标。她认为，未来5年，全球工业数据量将提高2倍，随之而来的机遇也将增加4倍。目前欧洲80%的工业数据从未被使用过，存在严重的浪费问题，而数据经济将是欧洲工业转型的强大引擎，这也是基于"Gaia-X"构建"欧洲云"增加欧洲数据主权的原因之一。欧盟工业界还将同时关注人工智能等技术的开发、数据连接等基础建设问题。值得关注的是，欧洲钢铁工业的"数字化转型"和"低碳冶金技术革命"两个主旋律是交织并存的。在零排放领域，数字技术也将发挥重要作用。如"氢基直接还原铁工艺技术"的领先者意大利特诺恩集团（Tenova）和微软在"工业4.0"方面展开合作，借助微软的Azure平台，针对钢铁工业创新解决方案，联手创新冶金行业[6]。

欧洲钢铁工业数字化转型面临的挑战：在数字化转型中，有4个重要的杠杆——数字化数据、自动化、连接性、数字客户访问。同时，数字化转型要面临以下4个维度的挑战，以实现所有系统和生产单元的集成："垂直集成"，即从传感器到ERP（企业资源计划）系统的经典自动化级别的系统集成；"水平集成"，即整个生产链中的系统集成；"生命周期集成"，即从基础工程到退役的整个工厂生命周期的集成；"横向集成"，即基于钢铁生产链的决策，涉及技术、经济和环境等方面。

欧洲工业数字化转型的框架：欧洲"工业4.0"中包含以下3种不同的制造模式。第一种，智能制造系统（IMS），采用先进的制造技术和信息技术优化产品和服务的生产过程。第二种，基于物联网的制造，它依赖于开发和利用智能制造对象（SMO）。第三种，云制造。笔者对欧洲钢铁工业"数字化转型"的相关概念解释如下："数字化"是指将交互通信、业务功能和业务模型转换为数字形式。"数字化"促进了将数字技术集成到业务领域中。"数字化转型"重要的不是从"模拟"到数字数据和文档的简单转换，而是创建业务流程之间的网络、高效率的界面、集成化的数据交换和管理。"工业4.0"是基于过程操作的新互联技术，涉及互操作性、信息去中心化、实时数据收集以及增加的灵活性，这4点也是第四次工业革命的主要方面。"工业4.0"一词在德国政府的"高科技2020战略"倡议中首次使用。与"工业3.0"相比，在"工业4.0"中，设备可自动运行而无需人工干预或只需非常有限的人工干预。特别是增强的自动化以及与信息物理系统（CPS）的连接性，包括能够自动交换信息、触发动作并相互独立控制的智能机、存储系统和生产设施。此外，物联网（IoT）可以交换由实时工作的传感器提供的信息，通过开发的预测模型进行数据分析，并将数据传输到本地服务器或云服务器。工业物联网可以在早期发现和预测系统运转过程中的异常情况，以及根据"预测性维护"范式用大数据预测关键部件的剩余寿命，最终实现对整个生产链中的产品的高质量管理。数字化转型是第四次工业革命的关键环节，大量新的使能技术（KETS）将得以应用，物联网（IoT）、大数据、云计算、机器学习（ML）、人工智能（AI）、服务互联网、新一代传感器、机电一体化和高级机器人技术、网络安全、3D打印、数字孪生、机器对机器（M2M）通信等均包括在内。通过这些技术的应用，以及更高层面的互联合作、资源共享，开拓新的商业模式。

支撑欧洲钢铁工业数字化转型的3类主要研究项目如下。第一类是研究活动数字化和使能技术的开发项目，包括物联网、大数据和云计算、自组织生产、生产线模拟、信息物理系统（CPS）、智能供应链网络、垂直和水平整合、预测性维护、网络安全、增强的工作维护和服务、物流车自动驾驶、知识管理的数字化。第二类是"煤炭和钢铁研究基金"资助的研究项目，最活跃的参与者包括德国BFI、瑞典MEFOS/KIMAB、意大利RINA CSM、圣安娜（Sant'Anna）、蒂森、安米、塔塔、盖尔道（Gerdau）、奥钢联、普锐特（PRIMETALS）、西马克（SMS Siemag）、达涅利。第三类为欧洲针对钢铁工业的数字化和低碳技术的其他资助计划，如"第七框架计划"（FP7）（2007—2013）及其后续版本"欧洲地平线计划"（Horizon 2020，2014—2020）。这些项目大多数是在2014年至2017年之间启动的。部分项目包括DISIRE、CoPro、FUDIPO、MORSE、RECOBA和COCOP等。在"工业4.0"概念提出之前，这些钢铁工业数字化转型的项目就已经开始运行。

2.1.2　美国钢铁工业智能制造发展历程及现状

（1）美国钢铁工业智能制造发展简述　智能制造技术是时代发展的产物，其直接将制造技术与智能技术、互联网技术、云计算技术、5G技术有效融合在了一起，可以直接贯穿到产品制造的整个过程中，是一种具有自感知、自学习、自决策、自执行的新型生产方式。在当前钢铁工业发展的过程中，存在着生产过剩、结构失衡、能源环境压力巨大等问题，急需对钢铁工业进行转型升级。钢铁工业目前正在面临着从高污染、高能耗到低排放、高质量的转型阶段，在这个阶段，智能制造模式发挥着非常重要的作用。

1988年，美国初次提出"智能制造"概念。美国是全球公认的钢铁强国，曾是钢产量居世界首位的国家，曾经以1亿吨左右粗钢消费量支撑了全球最大的经济体的科技、军事、航空航天等尖端工业。尽管美国钢铁企业装备水平并不高，但却能生产出众多高质尖端产品。比如美国能生产大单重特厚宽5m以上钢板轧机，以及世界上第一台5m以上的宽厚板轧机[7]。到目前为止，美国钢铁企业的智能装备制造水平提升非常快，各企业在智能制造环节中的投入力度不断增加，智能制造的成果也很显著。

① 对工业机器人的应用相对比较多。当前工业机器人技术发展非常快，技术的成熟度不断提升，如投料机器人、砌炉机器人、图像识别机器人、测温机器人、捞渣机器人、专用剪切机器人、自动去毛刺机器人等，在钢铁企业生产中的应用不断增加。通过对这些机器人的应用，可以将生产工人从危险的劳动中解放出来，避免相关人员在作业的过程中出现各种危险状况，工作效率也可以大大提升，避免各种人为因素导致的各种问题。

② 各种无人化智能车间。通过对无人仓储、智能车间的应用，可以让各种复杂的钢铁生产工序直接由自动控制系统完成，并对整个生产过程进行有效的监控，及时发现生产中出现的问题，然后及时采取措施进行解决，避免发生严重的生产事故，保证生产工艺流程的数字化。当前，对各种无人化智能车间的应用越来越多。在无人化智能车间运行的过程中，需要使用先进的传感器技术、PLC处理技术和物联网技术等，能够有效完成卷下线、包装、盘库、移库、发货等作业任务。员工在实际操作过程中，往往只需要通过电子显示屏就可以实现对整个生产流程的控制，能够进一步提升仓库和车间的无人化运行效果[8]。

③ 智能物料管理系统的实际应用。通过智能物料管理系统的应用，可以实现物料管理、原料取样、备品备件。通过先进物料管理系统的应用，可以实现来料信息自动采集和取样，整个过程实现了无纸化。

④ 智慧物流云管理平台。很多钢铁企业根据自身发展的需要，建立了属于自己的智慧云管理平台，通过该平台可以实现自动运输定位、物流管理、智能仓储管理、智慧金融服务等。通过在运行车辆上安装定位系统，能够有效实现对各种货物运输的实时管理，提升客户的服务体验。

⑤ 基于大数据和多种监控设施的生产智能化控制系统。在实际钢铁生产的过程中，往往是基于高炉、烧结智能化主控室才能实现一体化智能集控、对生产的智能化控制，及时掌握高炉和烧结炉的运行状态，并及时对生产进行调整，保证高炉处于正常的运行

状态，有效降低其运行能耗。通过对智能炼钢系统的应用，可以实现对钢铁生产工序的自动化控制，保证生产的效果和产品的质量。

⑥ 智能管理系统。很多钢铁企业为了进一步提升钢铁生产效率，往往会构建全覆盖的数据采集系统，能够有效实现智能质量、能源管理。在该系统实际运行的过程中，采用了新一代的物联网技术，能够实现生产计划、投料、能耗、工艺过程、产品质量、仓储物流的一体化管理，真正做到产品质量追溯，以及生产过程的全程控制，提升了钢铁生产效率和质量。

美国的热冷连轧带钢机大多是 20 世纪 70 年代之前建成，但能生产优质的汽车板、家电板、镀锡板。美国航空航天等尖端工业用钢也大都在中小型钢厂生产。值得一提的是，生产工艺技术优良、科技人员和工人掌握生产技术能力强是影响钢铁生产多品种和高质量的极重要因素。

全球普遍采用的超高功率电炉的概念，是由美国联合碳化物公司和西北钢线材公司首先提出，并率先建成两台 135 吨超高功率电炉。电炉短流程钢厂（从长材到板材）在美国领先发展。比如全球第一台薄板坯连铸连轧生产线在美国纽柯公司取得成功；第一台中等厚度的板坯连铸连轧生产线在美国阿姆科公司曼斯菲尔德厂成功投产；薄带连铸首先在美国纽柯公司两家工厂进行商业化生产；美国伊普斯科公司蒙特利埃厂建成投产了全球第一台成卷轧制中板生产线。尽管美国钢铁企业竞争力不强，但美国纽柯公司在世界钢动态公司的世界钢铁企业竞争力排名中仅次于韩国浦项和日本新日铁住金名列第三。

美国是一个钢铁积蓄量大的国家，广泛采用废钢 - 电炉法炼钢，其电炉钢占产钢总量的 50% 以上。采用废钢 - 电炉法炼钢是钢铁工业最大、最重要的循环经济，可以少用生铁，节省矿山采选矿、烧结或球团、焦化、炼铁等基建费用，特别是可少消耗能源，少排放污染环境的气体、液体和固体。

美国"钢铁大王"安德鲁·卡内基是全球第一个在钢铁加工中充分利用新技术的规模经济优势的企业家。1867 年，他在匹兹堡建立了一家庞大的一体化的贝斯麦钢轨用钢炼钢厂即埃德加·汤姆森炼钢厂，该厂在长达 10 年的时间里一直是世界上最大的炼钢厂。在 1935 年，至少有 44 家美国钢铁厂的生产能力超过 40 万吨，有 18 家企业的钢铁生产能力超过了 100 万吨。

美国钢铁企业在 20 世纪 60 年代以前，以其完善的公司组织结构、钢铁厂和单个生产设备的规模大、经济规模合理而著称，并在这方面长期保持了全球领先地位。但从 20 世纪 60 年代起，世界其他国家和美国在这方面的差距逐渐缩小，日本在某些方面开始超过美国（主要是在工资和基建成本方面）。

由于最近的进步，包括计算能力的提高、云技术以及工具和平台的标准化，人工智能正在EPI中受到关注。这为钢铁工业特定行业的人工智能应用的发展铺平了道路[9]。

构成炼钢行业的技术和任务众多，包括工艺技术、质量控制、现场管理和专业产品制造[10]。构成"一切照旧"的工艺技术包括碱性氧气炉、矿石预处理和熔融矿石的后处理。炼钢过程脱碳的选择包括通过电炉使用电力、生物质、氢气、碳捕获，以及提高供应链的工艺效率[11]。美国依阿华北极星钢厂等8座电炉都应用了神经网络智能控制系统。据估算，其经济效益为每吨钢45美元。

智能制造是以网络互联为支撑，以制造关键环节智能化为基础特征，显著提升生产效率、产品质量，降低企业运营成本的新型生产方式。钢铁生产流程具有工艺系统复杂、物料消耗量庞大及数据关联性大的特点。基于信息化技术，构建与建设适合钢铁企业生产经营、企业发展需求的包括计划、生产、调度、质量、检测、能源、设备、物流等在内的信息化综合管理体系是提升钢铁企业竞争力、实现可持续发展的根本途径。以达到工艺工序结构优化，提升生产效率、产品质量和价值，有效利用资源，提升管控能力和水平为目标，最终实现钢铁生产全流程"工艺上物流最佳，装备上信息化、智能化程度最高，成本最低"。

（2）美国纽柯钢厂智能制造发展历程　纽柯中厚板产品主要用于重型设备、轨道车辆、炼油厂油罐、船舶、风力发电塔架等的制造。2011年，纽柯启动了一项扩建项目，在北卡罗来纳州的厚板厂增加了一套热处理装置，经过热处理的厚板的强度、耐磨性、韧性更高。2012年，北卡罗来纳州的厚板厂还增加了一套真空脱气设备。这些举措都是为了增加中厚板产品的附加值[12]。

2010年9月，纽柯宣布在美国本土建设DRI厂。第一个项目建在路易斯安那州的圣詹姆斯教区，项目于2011年2月开工，计划于2013年年中建成投产，该项目投资7.5亿美元，新建第二座直接还原铁厂产能250万吨/年。

该厂采用达涅利Energiron ZR直接还原技术。Energiron ZR技术是由达涅利、Tenova HYL和Techint等公司组成的Energiron公司研发的。这种技术的最大特点是生产的高度灵活性并且不需煤气重整器，生产过程中产生的废气、废水不仅量少而且很容易控制，可以满足严格的环境排放标准。通过对DRI生产过程中产生的CO进行捕获和再利用，还可以获得稳定的经济效益。阿布扎比的阿联酋钢铁工业公司采用这项技术使产能达到200万吨/年。埃及Suez钢铁公司在2011年年底建成投产产能为190～220万吨/年的设备[13]。

（3）美国大河钢厂智能制造进展　大河钢厂以旧汽车及工业建筑钢铁冲压废料作为废钢原料，采用最新的电炉短流程和高效的CSP技术生产市场紧缺、利润率高的优质特种钢。大河钢厂的 Flex Mill 轧机可生产 HSLA 钢、API 管线钢、能源用 OCTG 钢、汽车用超深冲钢（EDDS）和先进高强钢、CRML（冷轧电机叠片钢）、NGO SP（无取向半工艺）电工钢等。二期投产后，大河钢厂具备了生产电力行业用高硅产品的能力。大河钢厂主要产品及应用情况如下。

① 顶级高强度特种钢：用于钻探设备、隧道钻井设备、汽车发动机等。

② 高效能电工钢：电路传输系统使用成本及电能损耗率低于铜，是现代电力设备必需钢材，并用于美国全国电网更新工程。

③ 能源管道特种钢：用于石油管道、化工品管道、加温加压耐腐蚀特种钢管道。

大河钢厂生产的特种钢产品市场认可度较高，该厂现已成为国际著名的特种钢生产企业，包括特斯拉、德国宝马、日本三菱、韩国现代等都是大河钢厂的首批客户。大河钢厂较宽的销售渠道和较强的产品竞争力，保证了其产品即产即售，无库存压力[14]。

① 数字化建设。西门子作为设备供应商为大河钢厂提供了目前世界上最先进的特种钢生产技术，并将大河钢厂打造成为全球首家 Flex Mill 短流程炼钢企业，使其兼具对传统综合钢厂和小型特种钢厂的双重优势。西马克以合作伙伴身份全方位助力美国大河厂数字化建设，通过一系列数字化解决方案，提升了 CSP 短流程钢铁厂的产品覆盖范围，在保持低成本优势的基础上，使产品盈利能力持续提高，实现了钢铁生产的高效化、智能化、洁净化。

② 智能化建设。大河钢厂将西马克最先进的数字化生产技术与 Noodle.ai 公司的人工智能技术相结合，实现了智能化工厂。Noodle.ai 人工智能公司，于 2016 年 3 月 14日成立于旧金山。该公司在大河钢厂建设了 1 个 BEAST 平台（beast enterprise AI super computing technology），包括感知引擎、预测引擎和推荐引擎 3 个主要部分，目的是提高能效和优化生产计划。大河钢厂的智能化生产主要体现在从原材料到成品生产过程的自适应性，将生产计划、产线状态和产品质量三个实时、交叉和独特的数据源相结合，通过数据模型实现生产和供货的自适应，实现了从数据收集到数据分析的学习型工厂。将 SMP、CSP、PLTCM、SPM、BAF 和 CAL/CGL 等各个产线数据通过一级和二级系统收集，再通过生产计划（MES4.0）、设备监控分析系统（Genus-CM）、产品质量分析（PQA）系统、生产状态分析（PCA）系统和综合维修管理系统（IMMS）进行数据分析并学习，实现预防性维护，对生产过程进行优化，帮助工厂在维护计划、生产调度、物流运营和环境保护等领域取得突破性进展。大河钢厂整个产线上分布了超过 5 万个数据采集传感器，对海量数据进行采集分析，数据被上传至云端，经过智能处理和分析，可以实现产线运行最优化。通过全面优化，实现了效率提升 10%、产品过渡减少 15%、运输成本降低、能源损耗减少 1.5%；质量控制方面，减少 75% 的产品性能波动，降低

8% ～ 10%的质量损失。大河钢厂通过大量引入AI技术（客户AI、销售AI、价格AI、产品AI、材料AI、生产AI、库存AI、物流AI等）实现全要素深度学习，使其真正成为综合效率全面提升的学习型钢厂。大河钢厂将人工智能应用于钢铁生产，使钢厂达到最现代化的水平，不仅大大提高了特种钢的比例和品质，还极大提高了生产效率。大河钢厂CEO大卫·斯蒂克勒说："40年前，钢铁行业人工成本占到总投入的80%，20%是靠技术；但现在完全变了，90%是技术和AI，只有10%是人的工作。技术成熟和AI是未来钢铁生产过程中提高产品质量的关键。"

图2-2所示为以AI技术为主线的钢厂扁平化架构。

图2-2 以AI技术为主线的钢厂扁平化架构

2.1.3 日本钢铁工业智能制造发展历程及现状

智能制造（Intelligent Manufacturing，IM）是以新一代信息技术为基础，配合新能源、新材料、新工艺，贯穿设计、生产、管理、服务等制造活动的各个环节，具有信息深度自感知、智慧优化自决策、精准控制自执行等功能的先进制造过程、系统与模式的总称。虚拟网络和实体生产的相互渗透是智能制造的本质：一方面，信息网络将彻底改变制造业的生产组织方式，大大提高制造效率；另一方面，生产制造将作为互联网的延伸和重要节点，扩大网络经济的范围和效应。以网络互联为支撑，以智能工厂为载体，构成了制造业的最新形态，即智能制造。这种模式可以有效缩短产品研制周期、降低运营成本、提高生产效率、提升产品质量、降低资源消耗。从软硬件结合的角度看，智能制造是一个"虚拟网络+实体物理"的制造系统[15]。

20世纪60年代，日本制造业依靠廉价劳动力的发展模式走到尽头，新兴产业智能制造的兴起，不仅有效解决了用工短缺问题，而且推动了日本制造业由低端向高端转型升级[16]。

日本钢铁工业率先将人工智能专家系统、人工神经网络、模式识别等新技术应用于原料场、烧结、高炉、转炉、电炉、冷热轧等炼铁、炼钢、轧钢生产过程，以及钢铁公司的生产管理、调度、优化等的智能建模、智能控制、智能管理、智能检测，取得了技术上的重大突破，仅日本五大钢铁公司在1990年就已取得70项应用成果，产生了巨大的经济效益。

从20世纪70年代开始，日本率先将人工智能专家系统技术应用于钢铁工业生产过程。80年代，日本开展了人工智能在钢铁工业生产中各方面的应用的研究、开发，从过程控制到企业管理，从原料、高炉到转炉、电炉、轧机等。其他许多国家也紧跟步伐加入了钢铁工业生产过程智能自动化的行列，呈现出相互竞争、你追我赶的信息革命热潮[17]。

由于钢铁企业是多流程联合过程，各个工序的效率、质量、能耗还取决于前工序。钢在很大程度上依赖于铁水，而铁与原料、烧结、焦灰有关，故目前在美、日等技术先进国家，专家系统已应用于钢铁工业生产各工序，采选、原料场、烧结、炼铁、炼钢、连铸、轧钢等全过程。在日本，已实现原料场作业管理专家系统，整粒机控制专家系统，运输机械知识工程系统，烧结的作业指导专家系统，横向均匀烧成专家系统，焦炉的煤混合、加热、成焦专家系统，高炉炉况预报等专家系统，转炉的冶炼专家系统，连铸的结晶器液面控制专家系统，最优加热专家系统，轧钢板带轧机板型控制专家系统等，并实现了钢铁工业生产过程的智能控制、现场生产调度与生产设备的故障诊断和维修，以及新技术、新设备的开发研究和系统配套[18]。

（1）高炉炼铁智能操作控制系统[19]　高炉人工智能技术的主要组成是：应用模糊理论对炉内温度的变化进行预测；应用神经网络理论对炉壁温度分布进行确认；应用专家系统使高炉作业智能化。

炼铁高炉是具有复杂反应的反应器，用数字模型表示很困难，在过去，主要是根据操作经验和工艺诀窍来进行控制的。目前，已成功开发出了人工智能系统，如新日铁君津厂3号、4号高炉的专家系统，其功能及数据处理见表2-1。

表2-1　新日铁君津厂高炉人工智能的应用状况

应用高炉及运行时间	3号高炉：1988年1月 4号高炉：1988年7月 5号高炉：1993年12月
系统构成	日立V90/50 一台3号、4号高炉在线用 一台开发调试用
规则数	约1500
可用数据	约14000

续表

画面数	39幅
系统规模 （传送＋数据处理＋画面关系）	约40K STEP
实际炉命中率	99.5%（1990年1月）
特征	广泛的规则支持， 运用启发式，易调整
规则支持范围	日常操作， 非常操作， 休风操作， 设备故障指导

高炉炉内温度变化的预测，对于作业稳定、适当地通过送风温度等调节手段维持炉温十分重要。由于炉内反应十分复杂，没有足够精度的物理和统计模型，只有把操作工艺诀窍进行规则化并库化，以建立推断、预测体系；为推断处理，应用了柔性和高速度的模糊理论。

应用神经网络技术对炉况判断模型进行确认，即根据炉顶煤气组成、温度和热风炉温度的计测数据，应用神经网络技术对数据分层后，判断预先学习的8个模型哪个是恰当的。

控制模型也和炉温预测、炉况判断系统相同，把操作经验和知识规则化，应用模糊理论，通过这些预测、推断和控制模型的组合，就构成了高炉炉温的专家系统，应用于日本大钢铁公司，使高炉作业稳定，经济效益显著[19]。

专家系统是人工智能学科中最活跃、最实用的分支，也是钢铁工业生产过程中应用最早、最广泛的人工智能技术。钢铁冶炼热传导复杂，参数呈分布式，特别是异常状态下，传统冶金建模理论无法适用，而需要应用熟练操作员经验。其中，高炉是钢铁工业生产的典型，因为它处于钢铁厂的咽喉位置，必须为炼钢提供合格的钢水，且能耗占钢铁厂总能耗60%以上，故其有效操作必不可少，但其内部反应复杂多变，三态（固态、液态、气态）并存，是人工智能技术应用最早、最多的典型对象。日、美、加、法、芬、韩等国已先后开发了各具特色的高炉控制专家系统。例如：1975年，日本研制的高炉炉况判断"GO-STOP"系统，已采用理论与经验知识相结合方法；到了1981年，日本钢管公司福山厂高炉正式建立了高炉操作专家系统，获得了巨大效果，以后日本各钢铁公司纷纷将人工智能技术应用在钢铁工业各个领域，用于进行高炉的炉况判断、操作指导，取得了显著效果[18]。

日本新日铁的8座高炉应用专家系统[18]的概况如表2-2所示。

表2-2　新日铁高炉AI的应用状况

项目	君津	大分	名古屋
应用高炉及运行时间	3号高炉：1988年1月 4号高炉：1988年7月 5号高炉：1993年12月	2号高炉：1988年12月 1号高炉：1992年12月	3号高炉：1990年2月 1号高炉：1991年1月
系统构成	日立V90/50 一台3号、4号高炉在线用 一台开发调试用	日立V90/50 日立ES330 （开发调试用）	日立ES330×2 一台在线用 一台开发调试用
规则数	约1500	约5000（短期、中长期操作诊断各一半）	约1100
可用数据	约14000	约28000	约12000
画面数	39幅	44幅	27幅
系统规模（传送+数据处理+画面关系）	约40K STEP	约50K STEP	约40K STEP
实际炉命中率	99.5%（1990年1月）	98.0%（1989年12月）	99%（1990年2月）
特征	广泛的规则支持，运用启发式，易调整	运用神经元方式判别，中长期操作诊断，推理过程详细指导	低成本紧凑化系统，推理过程详细指导，运用路况指数化和学习功能进行调整
规则支持范围	日常操作，非常操作，休风操作，设备故障指导	日常操作（短期操作诊断），中长期操作诊断，突发性异常预知	日常工作，异常操作预知，设备故障指导

　　2000年代，在高炉方面，随着计算科学技术的发展，日本炼铁行业应用了各种传感技术和模拟技术。为提高高炉的操作精度，开发了各种提高烧结矿质量的技术，同时，采用了各种降低还原剂比的技术，如装入含碳团矿降低高炉热保存带温度和在铁矿石中混合装入大量焦炭，并喷吹城市煤气。在高炉入炉原料方面，还使用了球团矿和还原铁等。在高炉风口喷吹技术方面，为提高粉煤喷吹量，推进了粉煤喷吹技术和喷吹设备的开发，还开发了喷吹转炉渣的技术。尤其是各种高炉长寿化技术的开发和应用取得进步。在原料和烧结方面，为提高资源应对能力和生产效率，应用了各种制粒技术和提高装料溜槽功能的技术。尤其是作为环保和节能的应对技术，开发和应用了向烧结机喷吹碳氢气体和使用CaO改质的粉焦减少NO_x排放等新技术。在炼焦方面，SCOPE炉已开始应用，除了进行焦炉的新建和改造外，还开发和应用了各种应对焦炉老化的观察、诊断、修补技术。

　　（2）副枪检测+炉气分析全自动吹炼控制技术[20]　炉气分析与副枪检测是检测转炉吹炼信息的两种手段，可实现优势互补。目前，日本和德国的做法是在大型转炉上同时采用副枪和质谱仪检测，由计算机采集数据并在线计算，将结果指令连续下达给控制系统，实现完全自动控制，吹炼结束直接出钢。

住友公司鹿岛厂基于副枪检测+炉气分析，开发出具有参数自整定功能的终点控制系统。该系统包括动态控制模型和反馈计算模型。其中，反馈计算模型基于副枪检测结果分析动态控制模型的误差趋势，并根据相应的规划确定反馈量，从而达到调整动态控制模型误差的目的。另外，为了避免不正常操作的影响，相应开发出一个专家系统，根据经验调整静态模型。

日本神户钢铁公司加古川厂采用全自动吹炼控制240t LD/OTB转炉，取得了很好的效果。其控制技术的主要特点是：

① 根据初始条件和终点目标，用静态模型制定吹炼方案；

② 采用氧枪加速度仪测量吹炼过程中的炉渣液位，判断化渣情况，动态调整枪位和氧流量，控制吹氧和造渣过程，避免喷溅；

③ 连续检测吹炼过程中的炉气成分，全程在线预报熔池C、Si、Mn、P、S等含量和熔池温度；

④ 接近吹炼终点时，用副枪测温，进行动态校正，确定吹炼终点。

采用全自动吹炼技术后，能得到理想的控制效果：

① 喷溅少，冶炼高碳钢喷溅率从40%下降到8%；

② 减少了补吹次数，冶炼高碳钢补吹率从1.4次/炉下降到1.1次/炉；

③ 冶炼高碳钢时缩短冶炼时间10min，提高了终点控制精度。

（3）连铸轧钢自动控制技术[21]   20世纪70年代两次能源危机的出现，推动了连铸技术发展。日本钢铁工业正是在20世纪70年代基本完成了连铸化过程，1976年，大部分钢铁企业已有5台以上连铸机，实现了全厂全连铸。

轧钢技术最早出现于1788年，当时亨利·考特发明了用蒸汽机驱动的轧钢机，开始大量生产钢板、型钢和钢轨。1960年以后，为了适应大高炉、大氧气转炉的发展，轧钢生产在大型化、高速化、连续化和自动化方面取得显著进展。在热轧、冷轧带钢轧机和线材轧机上普遍实现了连轧，还发展了连续式型钢轧机和连续式钢管轧机，出现了"无头轧制"的全连续式带钢冷轧机，连续酸洗、退火和精整作业线逐步推广，连铸连轧机组不断增加。各种高刚度轧机相继问世。自动化水平越来越高，许多轧钢车间实现了某个工序或几个工序的自动化。轧钢能耗不断下降，初轧机均热炉热能单耗降至2520万卡/吨钢（1卡=4.19J，日本神户钢铁公司加古川厂）；带钢热连轧机加热炉热能单耗达到9410万卡/吨钢（日本新日铁公司室兰厂）。成材率迅速提高，1981年日本综合成材率为90%。20世纪80年代初，轧钢生产技术的发展主要围绕着节能、提高成材率和改善质量、扩大品种，为此，积极发展了控制轧制和控制冷却的技术，改进了轧机设备，开发了节能新工艺。在新建轧机的同时，加速进行老轧机的改造[21]。

（4）基于模糊推理的热轧板厚控制系统[19]　在轧制尺寸控制与连铸液面水平控制等动态控制方面，应用人工智能控制系统可提高精度；对于非线性系统所造成的不稳定，人工智能技术可确保合适的应答性；对于连铸中间包塞棒控制的非线性，可应用神经网络技术来克服，并开发成功液面水平控制系统。

为了提高热轧板材的穿轧性和收得率，增加轧材端部的板厚控制精度十分重要。使用传统轧机调整模型来决定轧制前轧辊辊隙与轧制速度，存在参数的推理误差，在轧制过程中必须具备轧机调整精度的修正功能。这种轧机的动态调整精度的修正系统由模糊推理和学习模型组成。所谓模糊推理，即从中间轧机的模型预测轧制负荷且与实际值对比，应用模糊理论来预测精轧机座出口的板厚偏差，并且在线修正各机座的轧辊间隙，使偏差为零。所谓学习模型，即在机座出口有 X 射线板厚计，当板子端部经过该仪器时，就获得实际板厚偏差，根据该偏差，对轧辊间隙修正模型的参数进行逐次学习。通过该系统的应用，板厚的控制精度命中率改善了 6% ～ 14%。

（5）冷轧材的形状控制系统[19]　例如，对连轧机组的精轧机组（六机座）采用人工智能，应用神经网络和模糊推理方法，对工作辊弯矩和压下位置进行自动控制。

控制规则的基础就是操作者的操作方法，并且根据对冷轧材形状模型的判断计算出各执行器的操作量。首先，应用神经网络方法对轧制钢板的形状模型进行判断，判断设定哪种模型最恰当。然后，用该模型来决定现在的形状状态代表值的计算方法。例如，假使判定的形状模型是 M 型，可将 1/4 部位和边缘部位以及 1/4 部位和中心部位的延伸差作为形状的代表值，再求出代表值随时间的变化，以此作变量，应用模糊推理法，计算出各执行器的操作量。这种操作量运算机制，既考虑了各形状模型由规则控制，还考虑了由形状的时间变化来决定操作量，并且对操作量的过多与不足进行适当的形状修正。和过去的方法比较，利用人工智能可使冷轧板材的形状偏差改善 20%。

（6）铸坯精整物流的专家系统[19]　铸坯库精整线用于对轧制后铸坯进行检验、分类和修磨，它利用人工智能专家系统，得到了高速化的推理处理的结果。专家系统对各组铸坯批号、是合格品还是待修磨品，以及修磨开始、结束的状态进行判断，进行自动修磨，然后对搬运床发出控制信号等，效果很好。由于应用了专家系统，软件开发工时减少了 1/3。

（7）川崎千叶钢铁厂发货配车的专家系统[19]　根据发运产品信息和发运车辆运转情况来确定各车辆的调度计划。确定计划的前提数据有：

① 关于发运产品的主要特征，如交货地点、时间、包装形状、尺寸等，每天发运品种 400 ～ 800 个；

② 可使用车辆特征，如可载重量、车箱形状、车辆形状和尺寸等，每天计划车辆80～100台；

③ 用户指定的交货场所的限制，如接收时间范围、车辆限制、交货方式等。

专家系统在工作站上运行，与主干系统连接，由主干系统读取准备发运产品数据、车辆数据进行配车，将结果返回主系统，由计划人员最后确认。这一系统投入后，提高了车辆的平均装载率和装载作业率。

（8）钢铁企业管理专家系统[18]　人工智能技术在钢铁企业管理中应用，可以实现钢铁企业的智能管理，提高计算机管理的智能化水平，是钢铁企业大型化、现代化，生产过程高速化、连续化的先进科学技术条件。专家系统在钢铁企业计算机管理中应用，取得了重要的进展和巨大的经济效益。

1987年，日本钢管公司（NKK）开发了作业计划编制专家系统SCHEPLAN，用于炼钢连铸生产作业进度计划编制。其在京滨钢厂投入应用，效果显著。日进度计划的编制时间由过去的3h缩短为0.5h，生产设备等待时间由18min缩短为9min，每年可降低成本100万美元，提高年产量几个百分点。

1990年，日本川崎制铁所开发了"智能化新物流管理系统"，对于提高"钢铁工业效率宝库"物流过程的运行速度和效率具有重要价值。20世纪90年代以来，神经网络在钢铁工业生产过程中的应用研究和开发，效果显著。此外，神经网络还应用于转炉、连铸、高炉、轧机生产过程控制系统。

（9）其他人工智能系统[19]　日本住友开发了大口径钢管设计人工智能系统，可根据用户的订货规格（尺寸、成分、强度、韧性等），确定低成本、高质量的制造条件（轧制和热处理）。由于产品设计涉及很大的搜索空间，它采用了MARKS-1专家工具，由300条规则和图形输入输出处理、数据库管理、最优解搜索逻辑处理等组成。该系统操作简单，10～30min即可完成一件材质的设计。在过程诊断中，已经开发了热轧板卷、冷轧板卷、硅钢质量诊断专家系统（川崎、新日铁）；在设备诊断中，已开发了液压压下设备诊断专家系统（住友、川崎），高炉炉顶余压发电设备故障诊断专家系统（新日铁）。

近年来，物联网（IoT）、人工智能（AI）、传感器、生物识别认证和机器人等科学技术正在飞速发展，日本制造业目前正在加速利用这些成果进行技术开发。为了实现世界上第一个"超级智能社会"即"5.0社会"目标，日本的第五个科技基础计划，旨在通过确保科学技术成果渗透到所有领域和地区，来创造未来产业并实现社会转型。随着"信息空间"（网络）和"真实空间"（物理）的融合，其并将延伸到"心理空间"（大脑等），网络空间中信息和数据的获取、集成、分析和平台化已变得至关重要。在这样的背景下，各大钢铁企业都在利用人工智能技术，在生产现场开展设备维护及产品研发等工作。日本在信息技术方面以"人工智能"和"物联网"为代表取得了进展。

① 日本制铁公司　日本制铁公司 2018 年至 2020 年提出了利用信息通信技术与人工智能提升竞争力，"打造全球钢铁业最大规模和最高水准的研发中心"。其推出了具备超强计算能力、实施各种数据分析并应用 AI 的平台"NS-FIG"，在其供应链和工程链中部署了先进互联网技术。该平台采用先进 IT 技术，可对大量数据进行深度分析。

2020 年，日本制铁公司为数字化转型（DX）进行了重组和职能重构，包括于 2020 年 4 月成立"数字创新事业部"，积极利用数据和数字技术进一步增强业务竞争力。

日本制铁公司 2021 年 1 月开始在其东日本君津制铁所使用 NEC 的人工智能分析软件"系统不变量分析技术"（SIAT），对其设备运行状态开展在线监测的长期运行试验。日本制铁公司基于放置在各个生产过程中的 500 个物理传感器收集的 2000 多个测量项目（电流、温度、压力、控制信号等）的数据，通过人工智能学习，进行设备检查和运行监控，并对设备和设备的行为进行建模，提前预防故障并提高设备检查和运行监控的效率。

日本制铁公司开发出 LED 点阵投影法形状计用于高强度热轧钢板的高精度生产技术。作为这项技术的显著特征，新开发的形状计将高亮度 LED 光的点阵图案投射到温度近 1000℃的钢带表面上的明暗区域。尽管轧制会引起带材形状的瞬时变化，但开发的形状计可以处理该图案图像，以便在轧制过程中捕获带材的瞬时形状，从而可以高度精确地测量横向伸长率。与常规自动控制相比，相关缺陷减少了约 30%，并且提高了高强度钢板的生产率和质量。

2022 年，日本制铁公司宣布，为实现钢铁企业现场熟练作业的高效技能传承，该公司联合 ExaWizards 公司共同构筑了将熟练作业人员的作业状况可视化的数据分析基础。从 2023 年 2 月开始，在日本制铁东日本制铁所君津地区开始了实证实验。

② JFE 钢铁公司　JFE 钢铁公司对西日本制铁所仓敷厂 4 号高炉进行了停产改造，并在公司拥有的所有高炉中，引入高炉信息物理系统（BF CPS）。JFE 钢铁公司 2019 年完成了 8 座高炉的人工智能（AI）改造，使用 AI 进行分析并根据数据进行操作，从而实现提前 12h 预测高炉温度。

2020 年，JFE 钢铁公司成立了 JFE 数字化转型中心，旨在通过积极推动 DX，实现创新生产力提升和稳定运营。

JFE 钢铁公司开发并运行了燃料和电力管理指导系统，该系统的引进和运行效果已在西日本制铁所（仓敷区、福山区）得到验证，未来将引入其他工厂。该系统基于实时测量数据和生产计划对燃料和电力供需的高度准确预测，使得适当调整副产品气体的储运供需成为可能。与基于操作员经验和能力的常规操作相比，可以实现更高效的操作，并实现节能减排，降低燃料和电力成本。

JFE钢铁公司研发了卷材产品仓库钢卷智能起重机操作系统——自动吊顶起重机智能运行系统，并在全公司使用。通过引入该系统，运力大幅提升，实现了仓库收发货作业的效率化和自动化。此外，程序的"钢卷配置功能优化"功能使出入库的等待时间大幅削减，钢卷出库等待时间被消除。截至2020年10月，西日本制铁所福山地区钢卷仓库6台起重机引进了该系统。

JFE钢铁公司和KDDI公司从2020年4月开始，在JFE钢铁公司东日本制铁所（千叶地区）引入第五代移动通信系统——5G，并利用4K影像等技术，促进JFE钢铁公司的稳定生产和智能化工厂的建设。通过利用5G技术，可以一次性地收集来自各种传感器的大量数据，并对各设备实施统一控制，从而实现生产现场整体优化，有望在提高生产效率、应对厂内布局变化以及对设备和作业人员的协作支持等工厂的智能化、数字化转型的进一步推进方面发挥作用。

JFE钢铁公司在"通过创新的微结构控制开发高强度/高成型性钢板生产线"项目中，通过控制钢中碳原子的分布，成功开发了兼具高强度和高成型性的纳米级超细晶高强钢。

JFE钢铁公司开发了在线微小凹凸表面缺陷检测装置，该装置使用磁通量泄漏测试方法来检测由于轧辊缺陷而导致的钢板缺陷，以及由应变引起的磁特性变化。该方法在世界范围内首次实现了对钢带微小凹凸表面缺陷的自动化检测，从而实现了稳定生产并提高了高品质汽车钢板的生产率。

③ 神户制钢公司　神户制钢公司开发了人工智能高炉铁水预测系统，并于2020年8月在加古川厂2号高炉开始运行。该系统借助数学模型，可以提前5h自动、高精度地预测铁水温度，还可以通过人工智能搜索最佳参数，以极高的精度再现最近几个小时的炉温结果。

神户制钢公司开发出用于汽车框架的高强度热冲压镀锌钢板（淬火后强度达到1500MPa级），并已开始量产，此种材料通过镀锌处理，具有高耐腐蚀性，并提高了适用范围。

为应对全球气候变暖，日本铁钢联盟制定了一项关于2030年后的展望——"日本铁钢联盟减缓气候变化的长期愿景：对炼钢无碳排放的挑战"，旨在研究和开发革命性的新技术，而不是基于传统技术的改造。在此背景下，日本钢铁工业正稳步推进满足用户需求的产品，如具有高成型性的超高强度钢的开发，同时，也继续考虑追求以不同材料组合为基础的新材料的研发。

2.1.4　韩国钢铁工业智能制造发展历程及现状

韩国制造业在1962至1982年间，历经了以劳动密集型、资本密集型和技术密集型为标志的三次转型升级，逐步形成了以钢铁、电子和汽车等工业为代表的制造业体系。在这段时间的发展过程中，韩国政府陆续推出了"制造业创新1.0"战略和"制造业创新2.0"战略，通过承接发达国家转移产业，学习先进经验技术，利用后发优势缩短了本国制造业的发展时间。此外，韩国政府十分重视信息产业与制造业融合的潜在价值，长期以来在制造业领域推广应用信息技术。2009年，韩国政府启动实施"新增长动力规划及发展战略"，将高科技融合产业作为三大重点领域之一。2011年，韩国政府又投资1.8万亿韩元用于推动发展"融合技术"[22]。在上述战略和政策的推动下，韩国制造业的信息基础设施发展迅速，在信息化与工业化的融合方面积累了一定技术优势，为进一步推动以钢铁行业为代表的制造业向智能制造转型奠定了坚实基础。

进入21世纪以来，韩国制造业实行追赶型发展战略的弊端愈发凸显，缺乏核心竞争优势的弱点被不断放大，不断受到新兴工业国的冲击。面对挑战，韩国政府在2014年6月提出了"制造业创新3.0"战略。在2015年3月，其又公布了《制造业创新3.0战略实施方案》，力图通过实施新一轮转型升级，重塑本国制造业的竞争力。战略实施方案主要包括三部分。首先，推出了多项政府扶持计划。韩国政府设立了价值2万亿韩元的政府引导基金来吸引社会资本参与制造业重大项目建设、企业技术改造和未来新兴产业发展，此外又出资1万亿韩元用于缩小本国制造业在物联网、大数据和云计算等智能技术领域与领先国家的差距。在钢铁行业，韩国政府发布了"钢铁工业再飞跃项目"支持计划以及《制造业复兴发展战略蓝图》，不断追加向钢铁企业的投资金额，用于支持钢铁企业的技术创新以及"人工智能工厂"的建设[23]。其次，制定智能制造技术发展的路线图。2015年12月，韩国政府发布了涵盖物联网、云计算和节能等八大领域的"智能制造研发路线图"，并计划在5年内向这些技术领域注入约4161亿韩元的研发资金，来加速以钢铁工业为代表的制造业与智能制造技术相融合，进一步提高制造业生产力，减少能源损耗，缩小与制造业发达国家的差距。最后，为了缩小财团企业与中小企业的研发能力差距，带动全行业向智能化迈进，韩国政府推出了一系列政策以扶持中小企业进行智能化改造，其主要措施之一就是将大型企业集团与地区绑定，建立"创新经济中心"[22]。在钢铁工业中，以浦项钢铁公司为例，2017年，该公司与地方中小企业以及科研院校建立合作，共同开发智能工厂技术，参与研发的中小企业主要负责收集各工序运行所需的各种数据，进行专项课题项目研究，不断提升自身的研发创新能力，而科研院校则是依托企业生产数据，提出各工序的自动控制算法，并将其应用于实际生产过程[24]。

在合作过程中，大型企业、中小型企业以及科研院校互通有无，相互促进，构成良性循环，推动了行业整体的智能化进程。

在向智能制造转型的过程中，韩国钢铁工业主要是以智能工厂为抓手进行自身的智能化改造。智能工厂是指可以通过智能传感器和软件监控记录工厂运行情况，从而完全取代人的劳动的高度智能化的工厂[25]。自2014年韩国政府提出"制造业创新3.0"战略至今，韩国钢铁工业取得了一定成果，一些企业已经基本实现了钢铁生产全流程的智能化改造。图2-3所示为人工智能技术在韩国浦项钢铁公司生产流程中的应用。

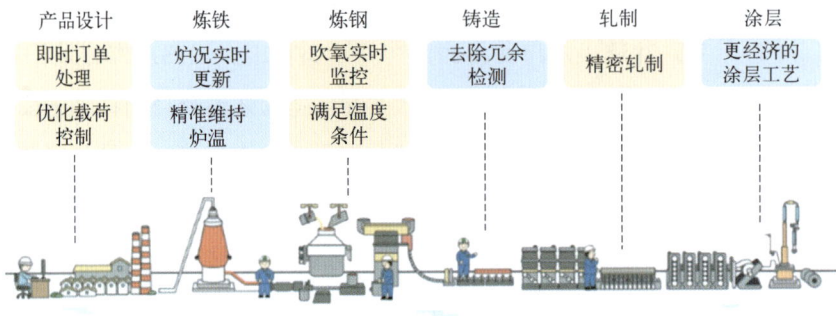

图2-3　人工智能技术在韩国浦项钢铁公司生产流程中的应用

浦项钢铁公司在2015年推出了其自主研发的"PosFrame"智能工厂平台（见图2-4），该平台是世界上第一个专门应用于连续制造的智能平台，可以通过分析和管理钢铁生产过程中的实际数据，在提升生产效率的同时，实现设备故障的预防以及质量预测。浦项钢铁计划在钢铁生产的全流程中都引入该平台，以加快智能工厂的构建[26]。

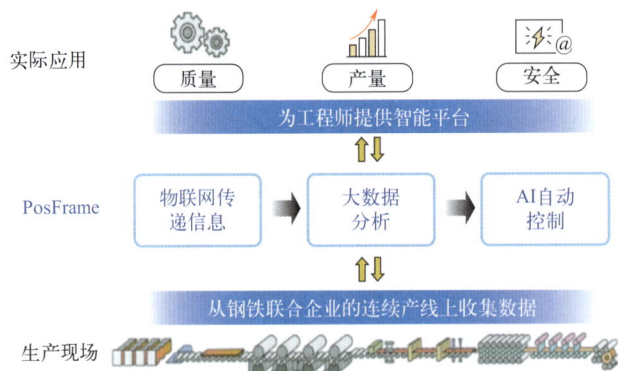

图2-4　浦项PosFrame平台功能

除此之外，浦项钢铁公司在单一生产工序中也大面积引入了智能技术。2017年，浦项钢铁针对镀层工序以及电工钢板生产中易于断带的问题，引入了人工智能技术对细微操作进行控制，效果十分显著[27]。2019年，浦项钢铁与蔚山科学技术院共同开发出了可以预测高炉操作的数字化模型，并提出了一项"以深度学习人工智能为基础的高炉操作自动控制技术"[28]。2020年，浦项钢铁针对烧结厂作业过程中，单纯依赖工人经验难以稳定地控制烧结矿质量的问题，利用智能传感器收集生产数据，并将深度学习技术应用于核心工艺，构建了烧结工艺的自动控制系统，大幅度提高了烧结工艺的稳定性[26]。截至目前，浦项钢铁公司已经在炼钢、轧钢以及烧结等多道工序中引入了人工智能技术，基本实现了钢铁生产各工序的智能化控制。如图2-5所示为浦项钢铁智能高炉结构布局。

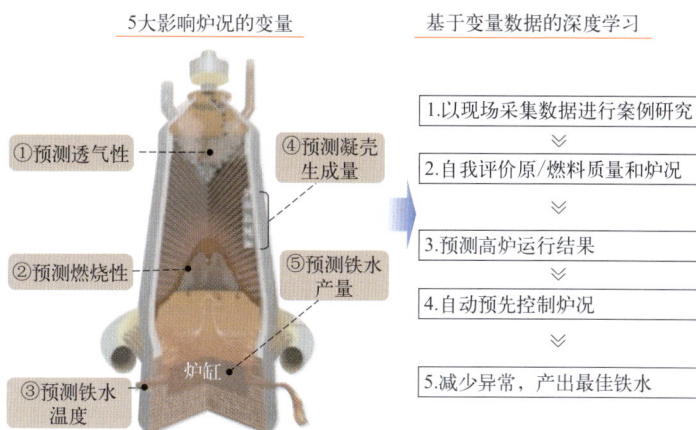

图2-5　浦项钢铁智能高炉结构布局

现代钢铁公司从2017年开始，对工厂进行智能化改造，旨在利用人工智能大数据技术改进钢铁厂的生产工艺，提升技术能力，积极推进"智能企业"建设，计划到2025年将智能技术覆盖钢铁生产的全流程中[26]。与此同时，现代钢铁公司从2016年开始在新产品研发领域也引入了机器学习技术，通过对钢种的成分、显微组织和相组成进行自动优化设计，减少了人工成本，提升了研发效率[29]。如图2-6所示为现代钢铁公司钢种检测及设计装置。

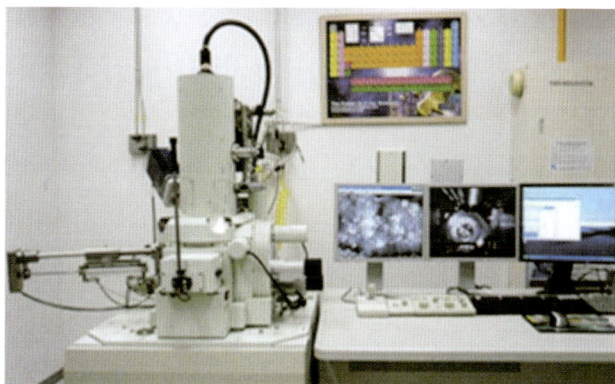

图2-6　现代钢铁公司钢种检测及设计装置

东国制钢公司从美国微软公司引入了大数据分析技术，并将其广泛应用于钢铁生产的全流程中。例如在其厚板生产线上构建了可以实时收集并分析数据的人工智能系统，该系统可以根据实际生产条件，提前预测板坯原料和产品的状况，同时还可以实时帮助销售人员制定订单决策，根据最终产品的规格得出最佳生产条件和原材料，从而实现智能生产。此外，东国制钢公司于2020年引入了智能电力管理解决方案（Factory LAB）和智能工厂能源管理系统（EMS），通过对能源、设备和生产的智能管理，在降低成本的同时提高了生产效率[30]。

世亚制钢公司在2020年构建了一种可以借助钢材摩擦时产生的火花自动判定钢材种类的人工智能系统。这一火花自动判定监测系统目前已经应用于小型轧制生产线上，借助摄像头实时分析机械手臂引发的火花，根据特钢的固有特性，自动区分钢种，从而提高了操作的便利性和准确度。借助该系统可以减少轧制和验收过程中出现的错误，从而提高生产效率和质量[26]。

2.2　我国钢铁工业智能制造发展历程及现状

2008年的国际金融危机让世界重新认识到，以制造业为核心的实体经济才是保持国家竞争力和经济健康发展的基础，美国、德国、英国、法国、日本等发达国家纷纷实施"再工业化"战略，如美国的先进制造业伙伴关系（AMP计划）、德国的"工业4.0"、法国的"新工业法国计划"、英国的"工业2050"、日本的"产业复兴计划"等。中国也于2015年提出了《中国制造2025》国家行动纲领，着力推进制造强国建设。

钢铁工业是国民经济的重要组成部分，智能制造是制造业实现转型升级的关键所在，大力发展钢铁智能制造，建设钢铁强国，是中国落实制造强国战略的重要举措。我国钢铁工业的智能化从自动化到信息化，再到智能化，经历了几十年的发展，到如今已经初具规模且取得了一定的成果，但从行业的角度看，智能化发展仍然存在不足，任重道远。

2.2.1　我国钢铁工业智能制造发展历程

加快发展智能制造，是培育我国经济增长新动能的必由之路，是抢占未来经济和科技发展制高点的战略选择，对于推动我国制造业供给侧结构性改革，打造我国制造业竞争新优势，实现制造强国具有重要战略意义[1]。

回顾我国钢铁行业智能制造的发展历程，冶金自动化从硬件对智能制造予以支持，设备信息化从软件及数据传输方面为智能制造提供了保证，自动化与信息化的钢厂才是智能制造的沃土，为智能制造的顺利实施奠定了坚实的基础。

2.2.1.1　自动化发展时期

智能制造的初级阶段是自动化发展时期，为智能制造的信息化与智能化奠定了基础。冶金自动化技术的发展主要表现在大量自主研发技术的出现、自动化程度的不断提升与各项工艺的紧密结合三个方面，如图2-7所示。

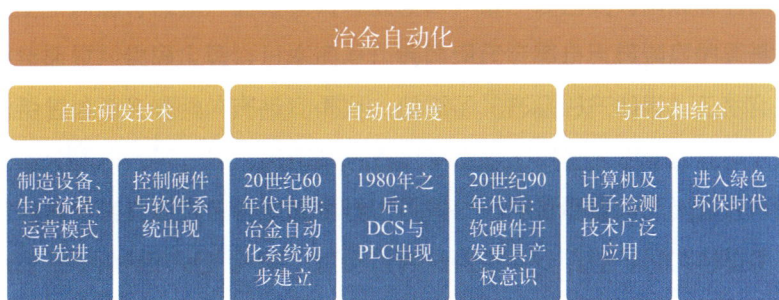

图2-7　冶金自动化发展的表现

冶金自动化技术发展首先表现在大量自主研发技术的出现。众所周知，冶金自动化技术是冶金行业发展的关键组成部分。这一技术发展过程中需要企业和管理人员秉承科学发展观指导思想，使技术的应用与冶金行业的发展过程相符合。其次，更多自主研发技术的应用使得冶金行业中的制造设备和生产流程以及运营模式都发生了改变，也使得冶金系统的各个体系间的联系更加密切。与此同时，大量硬件控制系统和软件控制系统的出现，为我国冶金自动化技术打下了基础[31]。

冶金自动化技术的发展主要表现为其自动化程度的不断提升。冶金自动化技术的应用始于20世纪60年代中期，在这一阶段中冶金自动化系统在我国得到了初步的建立。1980年之后，DCS和PLC的出现，很大程度上提升了冶金自动化设备的稳定性、可维护性以及实时性，从而能够在简化冶金操作的同时使得技术的应用获得了更高的性价比。20世纪90年代之后，冶金自动化技术在行业中得到了极快的发展，与此同时，对冶金方面的软硬件开发也具备了更强的知识产权意识，一部分系统摆脱了对国外技术的依赖，在这一阶段中还实现了部分先进自动化装置的国产化[31]。

冶金自动化技术发展使得各项工艺更加紧密的结合：一方面表现在计算机和电子以及检测技术在冶金行业中的广泛应用，在这一过程中促使了冶金自动化系统的进一步发展；另一方面表现在更先进技术理念的支持下，冶金自动化技术将会进入绿色环保时代，这集中体现在许多污染严重的冶金企业都遭到了市场的淘汰[31]。

就过程控制系统而言，冶金自动化技术是一个全面的控制系统，过程控制在其中发挥着重要作用。每个自动化系统的控制者都是计算机，所有系统程序都必须由计算机配制而成。利用计算机编辑制定冶金自动化操作系统，不仅可以有效提高冶金生产效率，还有利于获取精确的自动控制分析数据，彻底打破传统冶金过程复杂且数据记录不全面的局限，全面提高冶金自动化系统的控制准确性，便于人员在冶金作业过程中清楚观察到全部生产流程，分类记录每一生产过程的数据。我国冶金生产过程中应用过程控制系统，能精确计算高炉、电炉、轧机、转炉等的运行状态参数，但事实上我国的冶金行业数据库仍存在适应性差的问题，无法达到预期的目的，尽管有些企业引进了国外先进的技术设备，但仍难以充分发挥冶金过程控制系统的作用。在过程控制系统建模和优化方面，计算机系统的配置率和功能也得到了一定的提高，根据中国钢铁工业协会的调查，冶金的工序中，计算机配置率分别为高炉57.54%、转炉56.39%、电炉58.56%、连铸60.08%、轧机74.50%（图2-8）。在实际的冶金生产过程中，计算机在冶金生产全过程中仅仅起到的是数据汇总、报表绘制、过程监控三大方面的作用，由于冶金生产的过程本身就是一个复杂性的工程，使得目前冶金行业的数据模型在实际的生产过程中适应能力较弱，还达不到预期的目的，即使是从冶金自动化技术发达的国家引进的过程控制系统也很难发挥很大的作用[33]。

就生产管理控制系统而言，随着我国冶金行业的不断发展，我国冶金企业充分认识到生产管理的重要性，积极构建良好的生产管理控制系统，全面管理冶金生产流程，切实提升冶金生产质量。目前，我国绝大多数冶金项目会应用生产管理控制系统，对冶金生产的信息进行收集，对冶金生产的日常事务进行管理，在冶金生产过程中综合应用统筹分析学、专家系统、仿真生产等新技术，全面协调冶金生产线的各个环节，取得了

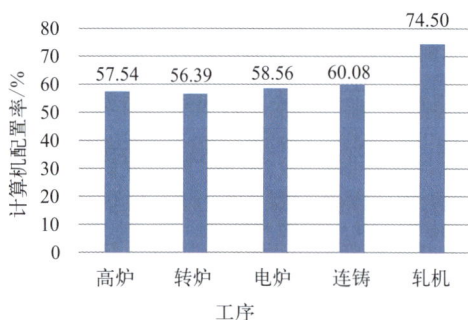

图2-8　过程控制与建模优化计算机配置率

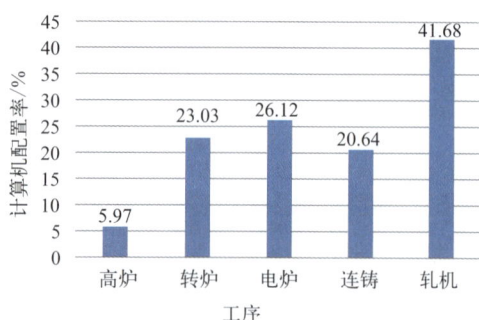

图2-9　生产管理控制系统计算机配置率

一定成效。但事实上，由于冶金自动化技术人员的操作技术尚未成熟，生产管理控制系统尚未完善，导致在实际的冶金自动化生产管理过程中还难以充分发挥其积极作用，生产管理控制系统的应用也与企业实际的生产发展不太适应，无法很好地提高生产效率，影响冶金生产工作的正常开展[32]。根据中国钢铁协会的调查，按照冶金的工序，生产管理控制系统中计算机的配置率分别为高炉5.97%、转炉23.03%、电炉26.12%、连铸20.64%、轧机41.68%（图2-9）。从当前市场上生产管理控制系统的功能上来看，信息收集和日常管理成为目前在冶金生产过程中使用最频繁的事项，为实际的生产过程制定的各项决策和管理制度都没有发挥实质性的作用。随着管理理念的不断深入，冶金行业开始逐渐重视制作执行系统，并在冶金生产工序、质量跟踪、流程仿真等多方面取得了很大的成就，但是在实际运行中应将生产管理的先进技术加以最大限度地发挥，并且结合企业自身的发展特点和需求将管理工作做到细致务实[33]。

就企业信息化系统而言，受计算机互联网的影响，冶金行业的生产、经营、管理过程也朝着信息化方向发展。我国绝大部分冶金企业会结合自身发展需求在冶金生产实际中应用信息化系统，通过建立完善的企业信息数据库，提高企业内部管理水平，促进整个冶金行业信息化管理水平的提升。例如，宝钢集团有限公司积极落实企业信息化管理，大力建设冶金生产经营数据库，及时收集、记录和分享冶金生产数据信息，同时积极研发应用综合数据挖掘系统、冶金数据质量分析系统等智能化信息数据系统，取得良好的企业信息化管理成效，为我国其他冶金行业提供了良好的参考[3]。随着当前冶金行业的发展，管理水平也得到了不同程度的提高，在冶金企业中达成了以信息自动化技术来带动企业的发展的共识，冶金自动化技术方兴未艾，在冶金行业中受到了极大的重视，并结合企业自身的发展情况建立与之相应的信息网，这为我国冶金行业全面地实现信息化奠定了基础。我国钢铁产量在500万吨以上的企业都已经全面实现了信息化系统，钢铁产量在50万吨以上的中型产业中，80%左右实现了信息化。从企业信息化系统的功能项目中可以看出，企业信息化成为了当前冶金行业发展研究的一个重要课题。现阶段冶金行业发展的过程中，很多企业都在定制系统的基础上找到了属于自己的落脚点。冶金自动化、信息化工作是企业管理过程的一次大变革，在变革的过程中需要对企业信息化的深刻意义进行了解，对企业的管理观念进行不断的创新，这是一条长远的路，并不是一时一刻能够完成的，在这个过程中需要极力地发挥信息化系统的经济效益[33]。

2.2.1.2　信息化发展时期

钢铁企业的智能化的初始形态是信息化，这一阶段实质上并不算真正意义上的智能化，但是作为智能化的先导形态，却是智能化发展不可或缺的基础阶段。

2017年12月7日，时任中国工程院院长周济在南京第三届世界智能制造大会上指出：数字化制造是智能制造的第一种基本范式，也可称为第一代智能制造。它是以计算机数字控制为代表的数字化技术广泛应用于制造业，形成了"数字一代"创新产品，覆盖全生命周期的制造系统，和以计算机集成制造系统（CIMS）为标志的集成解决方案。20世纪80年代以来，我国企业逐步推进应用数字化制造，取得了巨大的技术进步。数字化制造是智能制造的基础，其内涵不断发展，贯穿于智能制造的三个基本范式和全部发展历程。周济提出的智能制造的三个基本范式如图2-10所示。

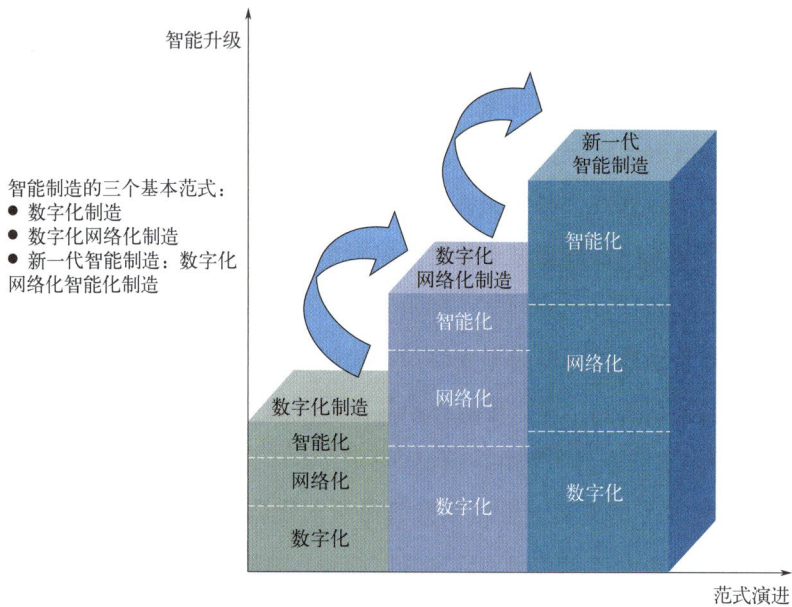

图2-10   智能制造的三个基本范式

自动化将人的手和脚从生产劳动中解放出来，但是还不能替代人进行相关的分析和决策。要想进一步将人从复杂的脑力劳动中解放出来，就需要在人和物理系统间构建一个类似于人脑的复杂信息系统，即数字化。数字化主要包含数据生产、数据传输、数据存储、数据分析、数据应用和数据集成（数字化工厂）这六个步骤。

作为大型复杂流程工业，钢铁工业全流程各工序均为具有多变量、强耦合、非线性和大滞后等特点的"黑箱"，实时信息极度缺乏；各单元为孤岛式控制，尚未做到单元间界面无缝、精准衔接。钢铁工业面临的质量、成本、环境、稳定性等方面的问题亟待解决，严重的"不确定性"是钢铁生产过程面临的重大挑战。但同时，钢铁工业也具有最为丰富的数字技术应用场景资源。经过长期的建设和发展，钢铁工业已经发展建设了先进的数据采集系统、自动控制系统和研发设施，可以为我们提供海量的数据资源。我们已经实现了全面的数据采集和丰富的数据积累。

钢铁工业从业者要将数字技术与钢铁工业深度融合，充分发挥钢铁工业海量数据和丰富的应用场景优势，在工业互联网、大数据、云计算、5G 网络等信息技术的支撑下，借助大数据与机器学习、深度学习等数据科学技术，快速解析海量数据中蕴含的企业生产过程中的规律，并利用这些规律解决流程工业普遍存在的不确定性等"黑箱"难题，发挥数据技术的放大、倍增、叠加作用，推进钢铁工业的数字化转型与高质量发展。

钢铁材料创新基础设施是以工业互联网为载体，以数字孪生为核心，提供数据全生命周期管理，支持数据治理、大数据存储、大数据分析引擎、大数据流动驱动等数据底座。它搭建了数据化业务基盘，并构建了面向未来的数字化创新应用，依托全流程、全场景数字化转型，软硬协同，发展了最新的工业信息通信技术，实现了钢铁工业的数字化转型。

钢铁工业必须与数字经济、数字技术相融合，发挥钢铁工业应用场景和数据资源的优势，以工业互联网为载体，以底层生产线的数据感知和精准执行为基础，以边缘过程设定模型的数字孪生化为核心，以数字驱动的云平台为支撑，建设数字技术与钢铁企业实体技术深度融合的数字化创新基础设施。钢铁材料创新基础设施是钢铁工业的核心竞争力。

钢铁材料创新基础设施的底层是企业实验室、中试基地、生产线组成的物理实体。在物理实体设备上安装的信息感知系统，采集数据并传送到边缘或云平台，对经过预处理的海量数据，进行数据分析，并在边缘建立数字孪生模型进行过程控制，或在云平台进行管理和操作指导。

钢铁工业要采用数字化技术，实现数字化转型，首要条件是钢铁生产线的各个基本单元具有完备、可靠、性能优良的数据采集系统，可以提供精准、齐全的现场有关材料成分和实时操作数据等输入数据，以及材料外形尺寸、组织性能、表面质量等输出数据。同时，各工序的基础自动化系统和执行机构必须以足够的响应性、实时性和控制精度实现过程控制系统与物理系统的实时交互，完成需要的自动控制任务。如图 2-11 所示为基于数据自动流动的闭环赋能体系。

尽管我国的多数钢厂是近年建设的，采用了先进的自动化技术，有较好的自动化基础，但是仍然有缺项和"短板"。因此必须填平补齐底层生产线的数据采集和执行机构的缺项，消除"短板"。由于钢铁工业作业条件和技术水平的限制，过去一些数据难以检测，甚至无法检测，比如炼钢过程中的下渣检测、连铸液面波动检测、复杂形状的测量等。现在利用机器视觉技术可以提供多维测量的信息，经过数据变换和分析，可以获得我们需要的尺寸、形状、分布等定量的表达。

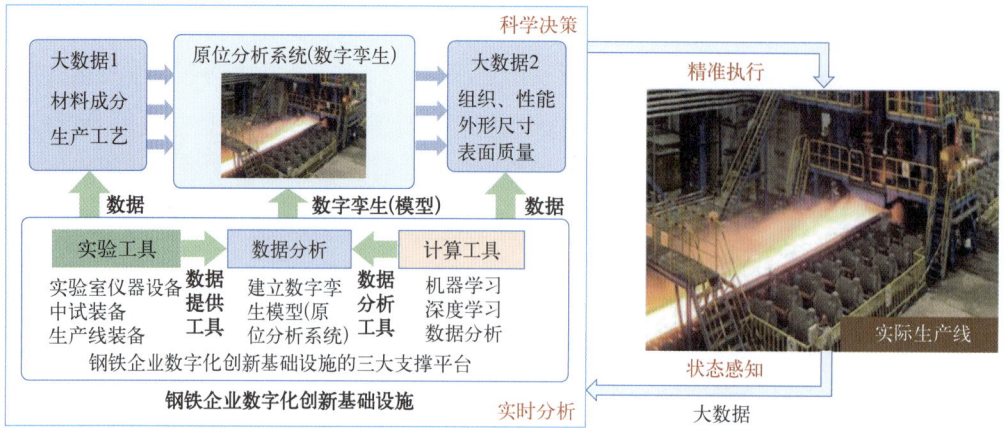

图2-11 基于数据自动流动的闭环赋能体系

钢铁工业的信息化发展大致可分为三个阶段：2000年以前是起步探索阶段，主要是钢铁企业的信息化初始阶段；2000—2010年是飞速发展阶段，钢铁企业的信息化向集成化发展；2010年至今是成熟转化阶段，钢铁企业信息化建设逐渐成熟，向智能化转变。

（1）部门信息化 基础设施建设和环境营造，信息技术应用到各关键业务环节。20世纪80年代至90年代初是尝试摸索阶段，信息系统在原有的人工作业流程之上进行电子记账，实现功能电子化。20世纪90年代后期，由于认识到管理信息化的重要性，部分钢铁企业（宝武集团、马钢等）加强生产自动化投资，开始考虑系统集成和产销、财务管理等业务需求，注重信息系统项目投资的效益回收和应用功能的建立，少数领先者开始引进外界咨询及技术转移，建设"产销一体化"的信息系统。

据中国钢铁工业协会统计，1996—2000年，钢铁企业用于信息化建设的投资达到1亿元的企业占5%，如包钢、珠钢、宝武集团等，达到5000万元至1亿元的企业占2%，达到2000万元～5000万元的企业占19%，达到1000万元至2000万元的企业占10%，达到500万元～1000万元的企业占14%，达到100万元～500万元的企业占35%；100万元以下的企业占15%，见图2-12。

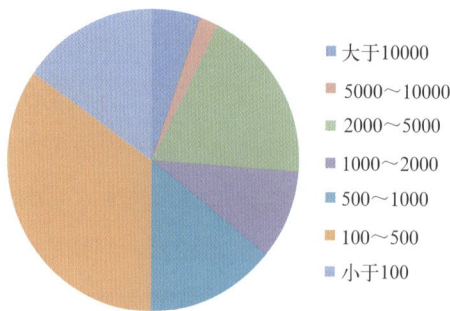

图2-12 1996—2000年国内钢铁企业信息化投入（单位：万元）

20世纪90年代后期，这一阶段的关键任务是信息技术与业务流程的结合，将计算机技术应用于关键业务环节，通过建立单项应用系统以及逐渐全面覆盖，提高钢铁企业生产和管理效率。钢铁企业的智能化建设发展阶段主要是加入管控一体化系统、集成制造系统（CIMS）及企业资源计划（ERP），管理扩大了范围，由原来覆盖生产的企业信息化系统发展到集市场、经营、开发、分配于一体的企业资源管理系统。

（2）企业信息化　集成提升——向综合集成应用发展，实现业务流程、生产经营模式等变革创新。进入21世纪，钢铁企业信息化建设的方向随钢铁工业环境的变化而调整。钢铁电子商务的建设、钢铁信息系统的应用扩大到与客户、供应商之间，甚至同业之间的应用开始整合。钢铁企业开始完善从生产现场到管理决策的纵向集成；在核心信息管理系统的基础上扩充开发新的应用功能；增加许多分布式信息系统；企业在信息系统建设上的投资增大，信息部门组织扩大，人员增多；信息管理系统成为企业运营不可或缺的支柱。

功能扩展阶段的重点是在产销系统的基础上，横向和纵向深度集合，加速企业内的客户导向战略落实，推动业务流程和各系统的集成，进一步完善ERP系统和MES中的部分功能模块，完成设备状态管理、自动仓储管理、生产计划编制等功能的建设，生产管理一体化向战略管理一体化转变，实现生产工序、经营管理和企业战略管理的一体化。

（3）深度信息化　智能制造——创新突破，关键业务环节及应用系统之间通过协同和集成实现智能化决策支持。深化提升是创新突破阶段。2010年以来，随着智能制造、两化融合以及"互联网＋"等政策的提出，钢铁企业将流程工业特点与现代互联网信息技术深度融合，借助智能化和定制化智能制造技术，努力打造钢铁企业的柔性生产。企业的集成信息化系统逐渐向以实现规模制造和定制生产为主要目标的钢铁智能制造系统转变。在这一阶段，钢铁企业不再把规模效益放在第一位，转而更加注重品质与质量效益，从粗放式经营向集约化经营转型升级。

2012年，工业和信息化部选定钢铁、有色金属等27个行业的218家企业作为国家级两化深度融合示范企业，钢铁行业中宝武集团、济钢等十家钢铁企业成功入选[2]。深化提升阶段的重要特点是制造智能和商务智能，表现为钢铁企业的智能化生产和智能化管理，打造的是一条集管理和生产的智能化路线。

2000年前后开始的以"产销一体、管控衔接、三流同步"为主要特征的钢铁工业信息化建设，从系统功能架构上逐渐形成了五级架构：一级为设备检测及控制级；二级为过程控制级；三级为车间及厂级制造执行系统（MES）；四级为企业资源计划（ERP）

系统；五级为企业管理和决策支持系统。但各企业在具体实践过程中，更多的是狭义制造基础上的"两化融合"，这里的"两化融合"即信息化与工业化融合，其中的信息化不仅不包括自动化，甚至是和自动化脱节的。因此，在这个阶段，虽然企业更注重内部制造能力和管理水平的建设与提升，但从信息系统安全角度上考虑并没有完全打通信息化和自动化，存在着两化融合的"最后一公里"瓶颈。随着市场变化，钢铁工业的市场行情从寒冬转为严冬，并持续低迷时，业内才越来越重视"市场为大"这个现实，广义制造的概念也被越来越多的人所关注和接受。而企业原有的信息自动化系统因架构设计带来的局限性也显得越来越突出。

特别需要注意的是，自动化或者信息化建设并不等同于智能制造。我国钢铁企业现状普遍是"工业2.0"水平，部分企业还处于"工业1.0"水平，少数企业达到了"工业3.0"水平，自动化和信息化的普及率还非常低，因此在智能制造转型升级的过程中，部分企业认为进行了自动化升级改造或者进行了工厂信息化建设就是智能制造，其实不然。自动化和信息化是智能制造必不可少的两个环节，但是不能以偏概全，否则将失去发展的机会。

2.2.1.3　智能化发展时期

1988年，美国初次提出"智能制造"概念。作为国家强国之基、立国之本的制造业，是保持经济持续增长的动力，是加快制造业技术创新、竞争的催化剂。

智能制造是基于新一代信息通信技术与先进制造技术深度融合，将大数据、互联网、云计算、5G等信息技术应用贯穿在制造的全生命周期（产品设计、生产、销售、仓储、物流、管理等），是具有自感知、自学习、自决策、自执行和自适应等功能的新型生产方式。钢铁工业目前面临着产能过剩、结构失衡、能源环境等巨大压力，急需进行转型升级。钢铁工业从高污染、高能耗到低排放、高质量的转型升级，智能制造模式的应用起到重要作用。智能制造是钢铁工业转型升级的现实需要，也是钢铁工业高质量发展的有力保障。钢铁工业在基础设备自动化、生产过程自动化和经营管理体系方面的快速发展，为钢铁工业智能制造奠定了较好基础[37]。

2015年初，新的《环境保护法》正式实施，提议通过环境保护消除和清理过剩产能，并建立第三方治理机制。同时，工信部发布了《钢铁工业调整升级规划（2016—2020年）》，从产能的决议、创新驱动、绿色循环、智能制造、质量多样化等五个方面着手，指导钢铁行业调整升级。时至今日，钢铁工业依然面临着从机械化到自动化、自动化到智能化的双重变革的特殊格局，两化深度融合的历史使命依然需要去奋力拼搏。两化融合不仅仅是技术融合，在制造技术之外，两拨人、两种思维、两种学术和两种路径等各方面融合更难。而工业化和信息化的两种智能的融合发展、变革创新、引领转型的结果，将助推智能制造加速发展[38]。

国内钢铁企业经过近几年的探索与实践，逐渐明晰了智能制造的概念，并总结出一条符合中国国情的智能制造实施路径："数据化—网络化—智能化"。无论是国有大型钢厂还是民营钢厂，均将智能制造作为企业转型升级的必由之路，从自己的实际出发，制定智能制造的发展规划与行动纲领，并取得了丰硕的成果。

以荣程、德龙、石横为代表的民营钢厂，在装备水平一般的情况下，仍然走在了智能制造发展的前列，提出了"强基—固本—提智"的发展理念，以"精准、高效、优质、低耗、安全、环保"为目标，围绕"计划、质量、物流、设备、能源、成本"6条主线实施智能制造。以荣程为例，仅实施的高级计划排程系统与铁前配料一体化优化系统，一年就可为企业节约成本近2亿元。

作为增强企业竞争力的一项重要手段，近几年来，沙钢大力实施智能化改造。从2011年开始，沙钢就启用了"机器换人"计划，目前已经上线100多台机器人。2019年，沙钢提出智能制造5年规划，计划投资22.65亿元，推动钢铁产品制造、服务全生命周期智能化升级，全力打造"智慧沙钢"。沙钢还成立智能制造项目办公室，专职负责组织协调智能化项目建设。目前，沙钢已获得6个省级示范智能车间。通过一系列智能制造项目的实施，沙钢目前合同兑现率提高到99.9%，热装率提高3%，产品不良率减少50%，生产成本降低10%，新产品开发周期缩短25%，库存周转率提高20%，产业链综合成本降低15%。

大型国企鞍钢提出《智慧鞍钢发展规划》，重点围绕"智能装备、智能单元、智能产线、智能工厂、智能企业"五个层级，分级推进智能制造建设，实现由生产型企业向服务型企业的转变，从模拟到产品开发，从生产工艺到智能装备，从轧制生产到增材制造都已经取得了丰硕的成果。例如智慧能源管控系统，实现了管理科学化、智能化，优化人员55%，降低吨钢能耗1.5%；轨梁物理信息系统，人力资源优化20人，数据采集覆盖率100%，数据利用率60%，产能提高0.4%，百米轨合格率提高0.4%，设备运行预警准确率达到80%。

智慧制造是近几年中国宝武一直在推进的工作，作为中国宝武引领中国钢铁高质量发展的一个手段，实现了多个智能车间及"黑灯工厂"。特别从2018年开始，中国宝武加大了智能制造的推进力度，现在中国宝武已经具有很多非常有代表性的无人制造或者智慧制造产线，比如宝钢股份的1580热轧线、镀锌"黑灯工厂"、无人库房等，劳动生产率有很大提高，无论对于安全还是效率都具有重要的意义。特别在极端的情况下，智慧制造发挥的作用将更大。

2.2.2 我国钢铁工业智能制造发展现状

2.2.2.1 智能制造发展取得的成果

（1）智能制造实现了多维度发展 人工智能、5G、大数据、云计算、物联网、区块链等新一代信息技术被引入钢铁工业，并实现与钢铁工业中的生产调度、运营管理、仓储物流、产品销售等各环节的融合发展，推动钢铁工业智能制造实现多维度发展。新一代信息技术与生产环节相融合，催生了"智慧车间""智慧工厂""黑灯工厂"，实现了"一键炼钢""不碰面生产"；与销售环节相融合，催生了C2M平台，实现了智慧营销；与仓储物流相融合，催生了智慧仓库和智慧物流；与矿山开采相融合，打造了勘查、采矿、配矿、选矿、冶炼等多环节集成平台，建成了智慧矿山；与运营管理环节相融合，出现了智慧运营看板、财务共享平台，实现了生产、经营、财务多类报表的数字化和平台可视化；与节能减排相融合，出现了智慧能源集中管理中心。智能化之花处处绽放，智能制造取得了多维度发展。

其中，工业机器人得到了广泛的应用。利用工业机器人大幅提升工业产品质量，实施更严格的生产和技术标准，这对改变和提升制造业非常有帮助。工业智能机器人能够提高工业生产管控效率，使产品生产的安全性更高，是钢铁工业智能制造应用中重点关注的对象。机器人可以应用于钢铁生产的多个环节，如投料、焊接、测温、图像识别等，并且在生产作业中，无论是生产环节还是监管环节，对机器人的应用已经逐渐趋于成熟，从而有效推动了工业机器人在基层生产中的普及应用。工业机器人应用于轧钢工序，或者粉尘较大、冶炼温度较高等极为恶劣的环境，取样工作、测温工作、喷涂工作等都可以用机器人，目前还研发出了可以砌炉拆炉的机器人。机器人不仅可以持久精准地工作，还可以完全代替工人在恶劣的环境中作业，彻底避免了高温、粉尘等不良因素对人体产生的危害，还有效节省了钢厂的用人成本。

无人智能化利用先进的传感技术，以物联网技术实现深度融合，借助精确定位、激光扫描等技术，实现协同作业，通过线上/下的包装、盘库、发货等方面的作业，充分满足各项需求。钢铁工业是我国重要的原材料工业，是上下游企业中比较靠前的典型中间企业，除铁轨以及少数金属网格等最终产品外，钢铁工业的产品基本上为中间产品，它为下游制造加工业提供原材料。信息化把生产过程中的物资流管理起来，实际上就是对物资流的追踪。从物联网的角度看，钢铁企业的生产过程就是一个行业内部的物流过程。物联网技术对生产过程中各个环节的追踪和优化安排，可以使得生产和销售的衔接更为准确，而且对能源、原材料的消耗以及使用效率的提高都有很大的影响。而钢铁工业作为重要的传统工业，在其生产过程中应用基于物联网的先进物流技术，对于实现物资的高效运输、提升钢铁工业的工作效率具有重要作用。

　　智能物流平台也是当下众多企业具备的智能化技术之一，如图2-13所示。例如，柳钢智慧物流平台的应用，借助智能化物流技术的运输定位、管理、结算等功能，构建了高效率、一体化的物流作业，充分满足平台作业的需求。在运输的车辆中安装北斗导航定位系统，可以有效突破货物管理和物流数据的实时监管，通过内部物流实施了全面化，结合客户需求，为客户提供充分的服务体验。

图2-13　智能物流平台

　　结合当前钢铁工业的生产来看，智能化的物料管理，以及原料取样、备货等相关的库管工作，已经实现了应用。例如，攀钢的物资数量计算集中值守系统，通过二维码扫描操作，利用互联网信息的传递，实现了远程的对讲，充分满足了实时交流的需求。通过红外定位来提升定位系统的准确性和效率，为作业提供保障。借助现场无人计量、视频、远程集中值守等多个智能化技术，实现样品自动采集和取样的智能化，还能独立完成自动扫码等工作，通过系统的计算就可以完成作业要求。钢铁工业在智能化发展中，不仅要求在存储、物流等方面实现智能一体化的建设，还要求在生产制造期间利用新技术来满足要求。例如，在炼铁工作中，要以大数据技术为支撑采用烧结、高炉等智能控制技术，构建一体化的智能分析、集控、决策工作模型。

　　钢铁企业围绕着生产和销售的环节，在自动化和信息化的基础上，实现了多维度发展，从硬件的机器人到软件的管理系统，在一些关键的生产节点上进行了智能化的改造和升级。由于资金投入和人力成本等优势，钢铁工业智能化已经走在前列，为其他行业智能化改造提供了范本。

　　（2）部分智能技术实现重大突破　中国钢铁工业推进智能制造可带来多方面价值。

从企业角度看，可帮助钢铁企业提升产品和服务的质量，提高劳动生产率和资源利用效率，实现节能、减排、降本，推进安全生产和劳动环境改善等。从社会发展角度看，可在保护自然环境、节约资源、应对人口老龄化等方面做出贡献。

众所周知，钢铁的合金成分以及后续的加工工艺共同决定了材料的微观结构，并进一步决定了其宏观力学性能。钢铁工业领域新产品的研发通常需要对合金成分与加工工艺进行调整，然而合金成分与加工工艺复杂多变，依赖于经验与试错法的研究模式研发效率低、研究周期长。钢铁工业长期的生产与制造积累了海量的数据，这为数据科学和人工智能技术在钢铁工业中的应用与突破带来了广阔的前景。利用机器学习技术以钢铁成分与加工工艺为输入，对钢铁材料各方面的性能进行准确预测仍然存在较大的挑战，也是钢铁工业发展的重要方向。研究者为此付出了诸多努力，也取得了丰硕的研究成果。例如，Xie等针对这一问题开展研究，基于实际钢铁生产数据，开发了一个深度神经网络模型（deep neural network）来预测热轧钢板的力学性能，其预测效果明显优于经典的机器学习算法，这一模型在钢厂生产的在线监控预测上也获得了应用[39]。事实上，钢铁工业作为典型的流程工业，其工艺流程极为复杂，各个工艺参数之间还会产生强烈的耦合作用，Reddy等将人工神经网络模型与遗传算法进行结合，对成分工艺与宏观性能的复杂关系进行了预测，优化了材料的成分与工艺参数，显著地减少了新钢种设计的实验量[40]。

智能技术在钢铁工业的应用实践也取得了诸多突破性进展，通过智能化手段实现钢铁工业的提质增效是迫切的现实需求和发展方向。2021年12月底，工业和信息化部、国家发展和改革委员会等8个部门联合印发的《"十四五"智能制造发展规划》明确指出，智能制造是制造强国建设的主攻方向，其内容和目标为钢铁工业智能化变革指明了方向。板带材生产过程迫切需要借助智能化手段解决生产过程质量稳定性差、成材率低、生产效率低等共性问题。

通过对国内近百条热连轧生产线的过程控制模型精度和产品质量指标研究发现，造成非稳态过程难以控制的原因，既有板带材轧制本身的工艺因素，又受制于热连轧自身的控制特点，长期面临如下突出问题：

① 热连轧各机架存在着弹性变形和塑性变形的交叉耦合作用；

② 非稳态过程难以建立高精度的热轧数学模型；

③ 受多工序间的过程控制参数波动的影响。

针对热连轧制造领域中过程精准控制科学问题和相关技术瓶颈，2019年河钢集团有限公司（简称河钢）、华为、东北大学在深圳举行联合组建的"工业互联网赋能钢铁智能制造联合创新中心"签约挂牌仪式。三方成立的联创中心将作为钢铁工业工业互联网与智能制造产学研用平台，以钢铁全流程产线为基点，着力实现网络化、数字化、智能化的新钢铁工业，促进钢铁工业转型升级、高质量发展。项目团队依托河钢邯钢公司邯宝2250mm热连轧生产线，基于现有自动化与信息化系统，深度融合数据驱动模型与机理模型，首次开发了热连轧过程动态数字孪生模型并建立了CPS平台，如图2-14所示，提高了轧制工艺对复杂多变工况的原位分析能力，改善了热连轧过程三维尺寸控制指标。

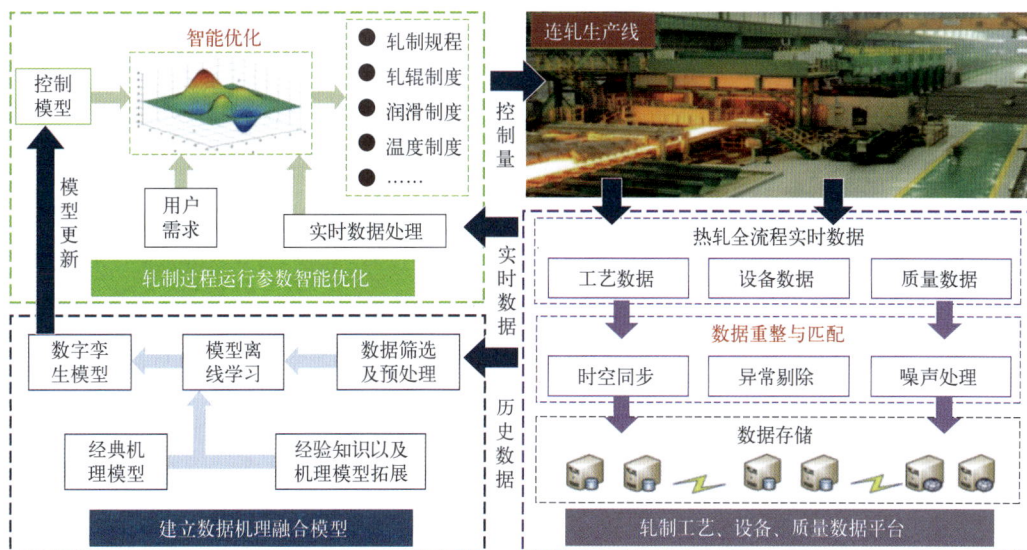

图2-14　热轧过程CPS框架

随着自动化技术、数据库技术、通信技术以及企业生产水平的提高，在热轧生产中能够获取大量的工业数据，这些数据为热轧产品工艺及性能分析奠定了基础。因此，基于钢铁工业大数据的数据分析和建模引起了人们的大量关注，也展现出很好的工业应用前景。目前，热轧带钢组织性能预测模型可以分为两类，即基于物理冶金学原理的唯象模型和基于工业数据的数据驱动模型。基于物理冶金学原理的唯象模型是以传统物理冶金学原理为基础，通过大量的实验室实验，建立热轧及冷却过程中的微观组织演变与组织性能对应关系模型。然而，此类模型对生产线环境适应性较差，难以应用于工业生产条件发生变化的情况。为了弥补以上不足，研究人员在符合传统物理冶金学规律的基因组模型基础上，引入遗传算法这一智能优化算法，围绕适者生存这一基本进化理论，通过选择、交叉和变异等运算操作，进行有组织但又随机的信息交换。对现有热轧钢材基因组关键参数进行自学习，基于性状较优的个体，进行交叉和变异操作，产生新一代子个体构成新一代种群。依据这个规则不断迭代进化，基因种群会进化出在全局解空间范围内性状最优的个体，即得到最优的基因参数，从而建立大数据驱动的热轧钢材基因组模型。此模型既保留了传统物理冶金学模型可以对热轧过程中组织演变定量描述的特点，同时又融入了数据驱动模型自学习、自适应的功能，实现动态高精度的组织性能预测。如图2-15所示为热轧钢材组织性能预测与优化系统架构。

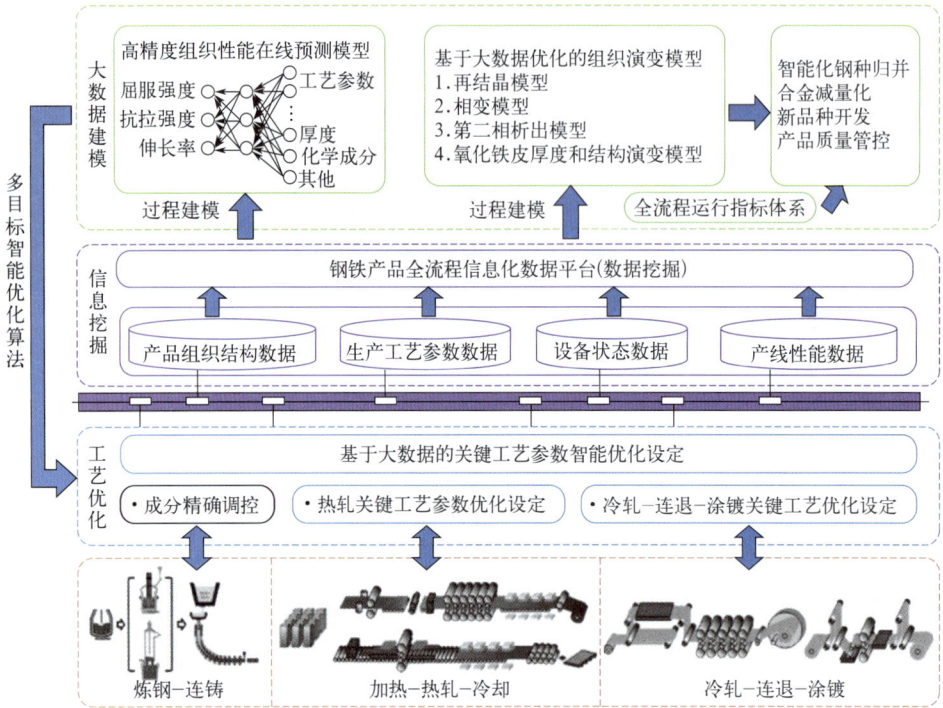

图2-15　热轧钢材组织性能预测与优化系统架构

除实现组织性能预报之外，智能技术在从性能到工艺的逆向优化设计过程中也发挥着极为关键的作用。新产品的研发往往需要多次的化学成分调整和较长的工艺调试周期，在不断试验摸索过程中，存在巨大的资源消耗。基于性能的工艺逆向优化模型是从下游产品性能需求出发，逆向预测并推荐合适的上游工艺。实际热轧中厚板生产是一个复杂多变、多因素耦合的过程，往往相同的产品性能所对应的生产过程工艺参数是不同的。这种现象在深度神经网络的训练中属于多标签回归问题，容易造成网络参数的不稳定并影响预测精度。研究者基于人工经验和生产期望，对训练集进行最优化工艺筛选，即确定得到某一性能所对应的工艺参数是最优且唯一的。通过训练DNN网络模型实现对中厚板性能的预测，并针对现场的需求开发出一套应用软件和设备。首先，从某中厚板厂数据库系统中初步筛选出27项基础数据，主要包含钢板的基础元素成分、规格、轧制过程和冷却过程等关键工艺参数。利用数据预处理，计算出各参数对性能影响的权重，基于深度神经网络，开发出在线工艺性能深度学习预测系统，系统主界面如图2-16所示。

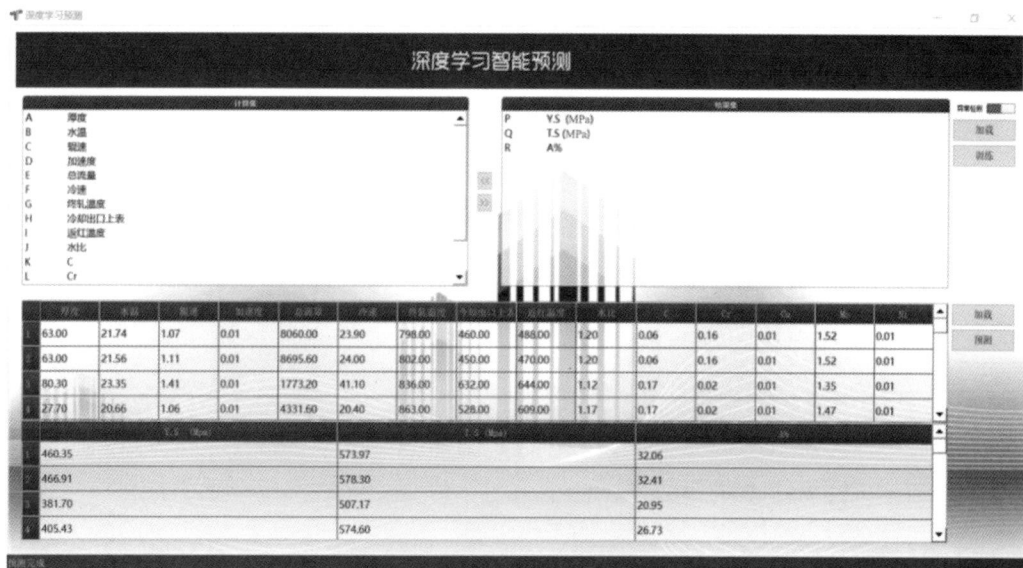

图2-16　深度学习预测系统

（3）形成了一批智能制造示范点

①"宝马武"（中国宝武及对马钢集团的重组）　宝钢股份智慧制造根植于中国宝武产业互联网，以"四个一律"（控制室一律集中、操作岗位一律用机器人、运维监测一律远程、服务环节一律上线）为准绳，以营销、采购、研发、制造、服务等公司核心业务作为数字化、智能化转型切入点，以精准、实时、高效的数据采集互联体系为纽带，旨在构建一个"全要素、全业务、全流程"的智能化动态运行系统，持续优化资源配置效率，以自动化提高工作效率，以智能化、智慧化提高决策准确性，实现"作业自动化、管理智能化、决策智慧化"的精细化深度运营。

宝钢股份智慧制造体系日趋完善，形成大数据服务能力、工业互联网体系架构，技术能力建设进入新的发展阶段，人工智能等新技术应用不断拓宽，实现了部分突破。宝钢股份以智能工厂为载体进行的智慧制造实践，最大化利用技术进步打通端到端的价值链，创建了全新的钢铁制造服务生态系统，更有利于在钢铁工业的优胜劣汰中快速获得规模效应、持续领跑行业高质量发展。

智慧制造是近几年中国宝武一直在推进的工作。作为引领中国钢铁工业高质量发展的一个手段，特别是从2018年开始，中国宝武加大了智慧制造的推进力度，已经在宝钢股份、韶关钢铁等各个钢铁基地全面推开并针对钢铁流程的智慧制造提出了"四个一律"的评价标准：

一是控制室一律集中。过去中国宝武每一条产线有十几个控制室，现在大部分产线都做到了只有一个控制室，甚至有的基地做到了从烧结到炼铁、炼钢、轧钢只有一个控制室，控制室全部离开现场。例如，湛江基地的高炉、热轧等控制室都可以在几千公里外的上海集中。将来，宝钢股份要将这项工作做到极致，争取让更多的员工离开现场，全部远程操作。

二是操作岗位一律用机器人。现在还未达到该目标，但是中国宝武正在推进这项工作，脏累差和危险岗位现在基本上都用机器人。比如，炼钢工序中的连铸浇铸工序是比较复杂的，宝山基地的连铸平台现在已经做到无人化了，都是机器人操作。这对于安全、环保等方面都是有利的。

三是运维监测一律远程。设备全部安装传感器，设备的实时工作状态、参数都可以通过平台集中监控，点检员可以通过手机等设备实时检查，平台甚至可以设在上海。现在在上海的运维中心可以看到所有的重要设备的实时参数，比如，在上海就可以看到武钢轧机实时参数，及时准确了解设备的工作状态。

四是服务环节一律上线。主要是针对销售和采购服务。

根据"四个一律"标准，中国宝武出台了一个智慧制造指数，对每个基地进行评价。另外，通过现场会交流的模式，形成"比学赶帮超"的氛围。中国宝武每半年组织一场智慧制造的现场会，已经在韶钢、宝山、湛江、鄂钢等基地召开，下一步准备在新疆八钢、安徽马钢召开。

② 中国首钢集团（简称首钢） 在智能工厂方面，首钢积极推进了冷轧硅钢智能工厂示范项目的建设。通过产品智能设计、工厂柔性化生产、面向客户价值的精准营销服务、全流程质量管控与溯源、关键装备服役质量预警与管控、能源管理智能决策及协同管控、绿色安全环境智能监控等10个方面建设，实现冷轧硅钢智能工厂数字化、智能化，实现产品研发、制造、营销、能源、质量、设备、绿色、安全等全生命周期所有环节的整体提升。核心的技术研发突破点包括基于知识库的产品智能设计技术、工艺流程及过程控制数字化仿真技术、融合工业大数据的新一代冷轧工艺及过程控制模型等12项。

在集团管控方面，成立智能制造应用部，积极推动集团级应用，加强各基地之间的协同共享。目前正在投运的钢铁产销一体化经营管理系统，通过引进、消化、吸收宝钢管理模式和信息化建设经验，结合首钢的实际业务特点和发展需求，引入了一贯制质量管理、一贯制合同管理、一贯制计划管理、一贯制物料管理等理念。系统主要包含销售管理、质量管理、生产管理、成本管理、财务管理、厂内物流、销售物流、采购管理、设备管理、工程项目管理、能源管理等功能。通过在股份公司、顺义公司、京唐公司实施，形成了符合首钢钢铁板块自身特点和发展需求的管理模式，确保了首钢钢铁板块一体化精细化管理目标的落地。

"首钢冷轧"是首钢整体搬迁、实现结构调整的重点工程之一，企业秉承智能、发展、绿色、环保的原则建造智能工厂，其是一座具有国际先进水平的现代化冷轧带钢生产厂。2018年，"首钢冷轧"获"智能制造标杆企业"称号。

a."首钢冷轧"在线表面缺陷检测系统，可实现表面检测数据信息化共享，产线利用该数据进行生产，管理人员利用该数据进行质量管理。该系统可以有效检测带钢表面缺陷，大大降低了缺陷产品流入市场的概率，提高了产品质量，降低了每月废钢产生量，年经济效益为717.72万元。

b. 捞渣机器人的使用不仅可以降低工人的劳动强度，而且在两条镀锌产线上应用后，可减少8名捞渣工人，每年降低人工成本80万元，每年减少锌液流失约400万元，累计年效益480万元。

c. 升级智能制造技术，提高生产制造水平。"首钢冷轧"高档汽车板高精度带头定位技术自投用以来，能使带头准确定位在10mm范围区域，精准度高，技术处于国内领先水平。

③ 河钢集团有限公司（简称河钢）　河钢以提升产品创效能力、加快企业转型升级为目标，以信息化和工业化深度融合为主线，积极推进冶金工艺装备的智能化改造，利用工业互联网、云计算、大数据、物联网等新一代信息技术在研发、制造、管理、服务等全流程的综合集成应用，提高钢铁产业的精准制造能力；同时积极打造数字化车间、智能化工厂，提高集团冶金工艺装备智能化水平。

a. 优化计划排程，提高产品交付业绩。河钢旗下唐钢实施了公司级高级排程系统（APS），实现了有限产能约束下的销产转换和钢轧一体化的优化排程；缩短产品生产制造周期10%；使交期承诺能够精确到周，周承诺资源量高于80%；通过最优的智能算法提升计划决策能力、制造效率和全流程协调能力，实现了全流程最佳的库存管理，降低了唐钢15%的库存水平；为唐钢实现智能制造打下了坚实的基础，最终达到提高客户服务水平、降低生产运营成本的目的。

b. 实施全过程质量管控，助力精品制造。集质量跟踪、质量监控、质量评价和判定、质量问题溯源、全过程质量控制、质量趋势分析于一体的闭环质量管理信息平台，提升了唐钢整体质量管控水平，实现了全工艺流程的全面质量管理。

c. 强化能源管控，成就绿色钢企。能源介质从生产到使用，全面实现闭环管理，产用差值控制在5%以内。目前唐钢的二次能源利用率达到了75%，其中公司本部余热余能自发电比例已达75%，固体废弃物综合利用能力达到100%。实现企业"零"购电、工业用新水"零"购入、废水"零"排放、废弃物"零"丢弃的四个"零"目标。

d. 搭建物流平台强化物流管控。通过对公司采购物流、企业内物流、销售物流、回收物流、废弃物流、第三方物流的业务梳理，并运用物联网及虚拟化技术，搭建起公司级物流管控平台和物流展示门户，该平台通过全面、完整、实时的物流信息汇聚，建立起自下而上的物流管控信息高速公路，实现了自上而下的物流业务全面管控。

e. 改造基础自动化，实现生产信息全面畅通。通过对热轧部14个项目的自动化改造，包括铁水预处理、转炉、精炼、连铸、加热炉、轧线、磨辊间、成品库等热轧部所有产线及库区的基础自动化改造，实现了生产计划、工艺作业指令的自动下达，生产过程、生产投料、产品质量等生产数据的自动采集，实现了全面信息贯通。

④ 鞍钢集团有限公司（简称鞍钢）　鞍钢从"矿山＋钢铁＋新业态"三个方面推进智能制造。在矿山方面，从数字化矿山发展到智慧矿山系统（AMS），其中矿山工业互联网智慧生产平台成为工业互联网平台集成创新应用试点示范项目；实施了智慧钢铁CIMS，包括钢铁全流程质量管控系统、智慧能源管控系统、轨梁物理信息系统、高炉在线数字孪生及智能监控优化系统等，并对5G进行了探索应用；在新业态方面，实施了德邻陆港供应链服务平台，积微物联CⅢ电子商务服务平台及天赋慧融DⅢ供应链金融服务平台等，取得了良好的效果。

智慧矿山项目实现了矿山监测监控、人员定位、紧急避险、压风自救、供水施救等，大大提高了生产的安全性；数据采掘，实现了智能车辆调度、轮机精准定位等，实现了生产管理透明化，大大提高了生产效率；境外管控模块，实现了远程运维及共享协同。

智慧能源管控系统，实现了管理科学化、智能化，优化人员55%，年创效825万元；降低吨钢能耗1.5%，年创效4500万元；年累计创效5325万元。

实施的轨梁物理信息系统，使物理世界与数字世界之间有机融合，实现了各层级系统融合，生产过程自动跟踪和生产数据自动匹配，全流程产品质量的溯源分析和质量优化，对设备实现了远程实时监控，人力资源优化20人，数据采集覆盖率100%，数据利用率60%，产能提高0.4%，百米轨合格率提高0.4%，设备运行预警准确率达到80%。

⑤ 包钢集团（简称包钢）　自2016年以来，包钢投入近2亿元实施了一系列智能制造相关项目，如钢材产品质量智能监控系统和能源管理系统（应用信息网络技术、大数据分析技术，对产品质量和能源消耗进行监控、管理和优化），钢铁产品生命周期生态设计评价系统，钢材智能化物流系统，以及冶金企业云服务平台。

近几年来，包钢智能制造水平不断提升，提升了产品质量、降低了成本，给包钢带来很大效益。钢材产品生命周期生态设计评价系统量化了钢铁产品生命周期全过程的资源消耗和环境排放，评价与产品相关的环境负荷和潜在的对资源、生态和人体健康的影响，并提出钢铁企业绿色转型方案，实现了减排增效。钢材智能化物流系统实现了物流环节的全程跟踪监控，并进行远程控制计量，与公司 ERP 系统互联互通，将各个点的数据实时上传、匹配、交换，提高物流的智能化水平，减少人员成本，提高物流效率。包钢冶金企业云服务平台，整合了包钢企业信息资源，统一运筹，为集团、分子公司、二级单位提供灵活、方便、可运营的 IT 支持系统。

⑥ 沙钢集团（简称沙钢）　沙钢的智能制造经过多年的持续推进，已取得了显著的成绩。一是实现了两化深度融合。公司系统分为运营执行层、公共应用层、管控层与决策层，子系统较多，覆盖面较广，基本实现了生产与业务的集成，财务、成本与业务的集成。二是部署了工业机器人等智能装置。2017 年末，沙钢已在线使用 70 多台工业机器人、200 多套智能装置。三是转炉特钢与棒线三车间"四化四要"智能产线项目建设取得一定成效，具备了向其他产线推广的基础。

通过互联网、大数据及人工智能等技术的应用，沙钢在智能制造方面取得以下成效：

一是以个性化市场需求为中心，提供个性化产品和全方位服务，实现大规模个性化定制，客户交货期应答时间缩短至 1min，合同兑现率提高到 99.9%。

二是以制造设备智能化为基础，实现柔性制造，热装率提高 3%，产品不良品率降低 50%。

三是以实时性数据分析为依据，提高企业运营效率，实现生产全流程的协同优化，生产成本降低 10%，新产品开发周期缩短 25%，库存周转率提高 20%。

四是以供应链系统集成为动力，促进相关产业融合，实现从需求识别、产品研发到服务全生命周期的协同，产业链综合成本降低 15%。

⑦ 中信泰富特钢集团（简称中特集团）　中特集团目前正按照《中特集团智能制造工作方案》稳步推进智能制造的实施，建立了集团智能制造领导小组以及项目推进小组，成立了推进办公室，目前在推进的智能制造相关项目有：高炉产线一体化智能制造系统，炼钢轧钢产线智能制造示范项目，特冶锻造产线智能制造示范项目，中特集团经营数据及决策看板项目，模型及机器人应用等。

根据项目目标，正在实施的智能制造项目完成后，生产效率将提高 52.02%，研制周期降低 33.33%，不良品率降低 47.77%，能源消耗降低 10.98%，运营成本降低 20.62%。

⑧ 建龙集团　2019 年以来，建龙集团先后成立智能制造研究所，节能环保研究所，固废资源综合利用研究所，智能设备、智能物流管理研究所，钢铁新材料研发及应用研究所等 10 个研究所。建龙集团分别与 ABB、达涅利、镭目科技、中冶赛迪、中冶京诚

签订战略合作协议，拟共同在冶金工业领域探索推进智能制造。

近几年来，建龙集团加大智能制造推进力度，打造"智造"模式，在基础自动化、过程自动化和企业经营管理系统方面取得一定效果，实现了"高产、达标、低耗、提效"目标。

在智能管理方面，报表自动生成率为84.48%，有效推动了生产数字化管理，大幅提升了报表生生效率。

在效率提升方面，开发的翻车机误工系统通过分析研究提升设备的有效运行时间，使翻车机卸料能力从12～13车/时提升至15～16车/时，转炉误工系统通过探寻整个周期8个环节的影响点及改善点，提高了冶炼效率，为实现30min/炉以内创造了条件。

在绿色节能方面，通过推进智能燃烧、变频控制优化、除尘节氮等，促进企业向节约、清洁、低碳、高效的生产方式转变，通过变频器远程控制专项攻关，年创效约190万元。

在可持续发展方面，通过系统功能扩展、中控室整合、皮带系统智能化推进等工作，从单一降低人员劳动强度向环境改善及专业联动方面延伸，实现了资源优化与共享。

冷轧数字化车间配套无人化库区及机器人等智能装备，通过过程精细管理、内外协同合作，并与ERP系统无缝衔接，实现了物流、信息流、资金流"三流同步"，产供销一体化及质量一贯到底。

2.2.2.2 智能制造发展遇到的瓶颈

（1）行业智能制造标准缺失，市场无序发展现象初显　标准的制定是智能制造实现互联互通和信息融合的必要前提。《国家智能制造标准体系建设指南》的发布标志着中国智能制造顶层框架的构建完成，但基于行业的智能制造标准制定工作尚未有序开展。钢铁工业自动化程度高、制造工序流程长，工业机器人、物联网等关键技术已有不同程度的应用，但在面向未来智能制造的发展过程中缺乏清晰路径，国内外的系统实施企业由于对智能制造理解的差异及构建产品竞争壁垒的需要，其系统兼容性及集成度方面较差。企业在智能化改造过程中经常面临系统无法集成而导致的资源浪费风险。标准的缺失给智能制造的互联互通带来巨大挑战，加大了行业智能制造示范推广的难度。

（2）智能制造投资过大，企业改造升级动力不足　钢铁工业属于长流程的资产密集型行业，在智能化改造过程中涉及众多装备的技术革新，全厂工业互联网的布局改造，过程控制系统的集成，MES、ERP等管理系统的互联互通，优化建模与仿真技术的应用等诸多方面整体投资过大。由于基础设备大多引进自国外厂商，在某些智能关键技术上必须配套引进国外系统，从而进一步提高投资成本。在企业投资意愿方面，国有钢铁企业基础设施较好，智能化改造热情较高；中小钢铁企业尤其是中小民营企业基础设施较差，人工作业比例较高，在钢铁去产能及环保监管的大背景下资金压力较大，智能化改造升级的动力不足。

（3）核心知识产权掌控不足，原始创新应用比例不高　我国钢铁行业在信息系统和物理系统的开发、管理、集成方面，创新能力仍然较弱。产品生产工艺设计与智能管理决策支持系统的综合集成、业务系统向产业链前端延伸，缺乏成熟的行业解决方案。目前，国内多数软件和集成技术处于产业价值链末端，技术水平、劳动生产率、工业增加值率、产品附加值都比较低。在研发方面尚未形成以产学研用为主的创新研发体系，原始创新研发积极性不高，政策扶持力度有待加强。

（4）低端机器人进入壁垒低，产能过剩风险加大　随着智能制造的兴起，机器人产业快速发展。然而钢铁工业属于长流程行业，在引进机器人方面更多地考虑生产节奏的匹配协同以及与上下游系统的无缝对接，单纯移植其他行业的机器人很难满足钢铁生产流程的需要，一些低端的且无钢铁工业属性的机器人将很快面临市场饱和及产能过剩。

（5）对智能制造体系认识不深，工业软件地位有待加强　智能制造的难点在建模，焦点在仿真。目前在钢铁工业的"新四基"中，即"一硬"（自动控制和感知）、"一软"（工业核心软件）、"一网"（工业互联网）、"一平台"（工业云和智能服务平台），硬件装备投入比例较大，中国宝武、沙钢等在自动化机器人上投入显著增加，但工业软件的投入相对较少，重视智能化硬件建设、轻视智能集成升级问题突出。

（6）钢铁工业智能制造人才紧缺　专业人才缺乏是钢铁工业推进智能制造绕不开的问题。钢铁工业推进智能制造，其要义是推进智能制造在钢铁工业中应用，包括生产装备的智能化升级、生产过程的平台化管理和智能化控制、工业软件的使用和维护、工业互联网和云平台构建等，这就要求相关岗位的人员不仅要懂装备、工艺和生产流程，还要具备工业软件、互联网、信息技术、人工智能、自动化系统集成等不同领域的知识。目前，人才短缺已经成为钢铁工业推进智能制造的突出问题，这或将成为制约发展的"卡脖子"难题。

钢铁生产流程复杂、工序繁多。从原料运输、储存、投料到焦化、冶炼、连铸、轧钢多达数十个工序，同时钢铁厂还有能源动力、环保处理、检验计量等设施设备，对诸多流程和设备的海量数据进行收集、分析困难重重。如一座中等规模的钢铁厂每天进出的运输车辆有数千台次，仅就保障车辆有序运输一项，就让不少钢铁厂头疼。

不同专业协同难、复合型人才缺乏。当前工业互联网平台多由互联网头部企业开发。由于工艺流程复杂，钢铁工业大数据、智能化的实现需要人工智能、物联网、冶金工艺等不同专业的协同，而相应的复合型人才十分紧缺，仅靠互联网企业难以胜任。此外，受传统钢铁工业管理理念、发展水平、重视程度的影响，钢铁工业智能制造在推进过程中，缺乏专业的人才，缺乏人才培训机制。

钢铁工业推进智能制造离不开专业人才的强力支撑。企业可根据自身发展规划，编制可实施的智能制造人才发展战略。在人才培养方面，制定相关培养制度，预留充足的培养经费，保障人才培养工作有序实施；开展相关知识讲座和技能培训，提升在职人员工作能力；同高校、科研院所、行业联盟等合作建立人才实训基地；积极鼓励优秀员工出门深造。在招聘方面，按时编制智能制造人才供需计划，引进智能制造领域高素质人才。

此外，在实践智能制造项目的过程中一定要注重和及时培养智能制造相关人才，清晰地定义企业需要什么样的智能制造人才，以及如何培养人才。企业实践智能制造项目的过程也是培养人才最好的时机，如果错失这个时机，人才培养将会事倍功半。应当引进和培训专业技术人才，针对企业的实际情况进行专项学习和研究，提高企业的学习创新能力，重点突破自主可控软件的研发，拉近我国与发达国家的差距。另外，企业需要加强对本土制造业技术人才的培养，创建专业人才和高科技人才团队，吸引更多国内外尖端科技人才加入企业信息化建设中。

2.3　国内外钢铁工业智能制造水平对比分析

当今时代，信息化与工业化呈现加速融合趋势，一些发达国家和发展中国家目前在加快智能制造的战略规划和布局（图2-17）。例如，美国智能制造领导联盟提出了实施21世纪"智能过程制造"的技术框架和路线，拟通过融合知识的生产过程优化实现工业的转型升级。德国提出了以智能制造为主导的第四次工业革命发展战略，即"工业4.0"，将信息和通信技术（ICT）与生产制造技术深度融合，实现产品、设备、人和组织之间的无缝集成及合作。在这一大背景下，为实现"新工业革命"时代下制造业模式创新与企业变革，中国发布了《中国制造2025》行动纲领，并提出了"创新、协调、绿色、开放、共享"五大发展理念。作为国民经济的重要组成部分，流程工业的发展正处于这样一个关键时期，亟须"运用信息网络等现代技术，推动生产、管理和营销模式变革，重塑产业链、供应链、价值链，改造提升传统动能，使之焕发新的生机与活力"。

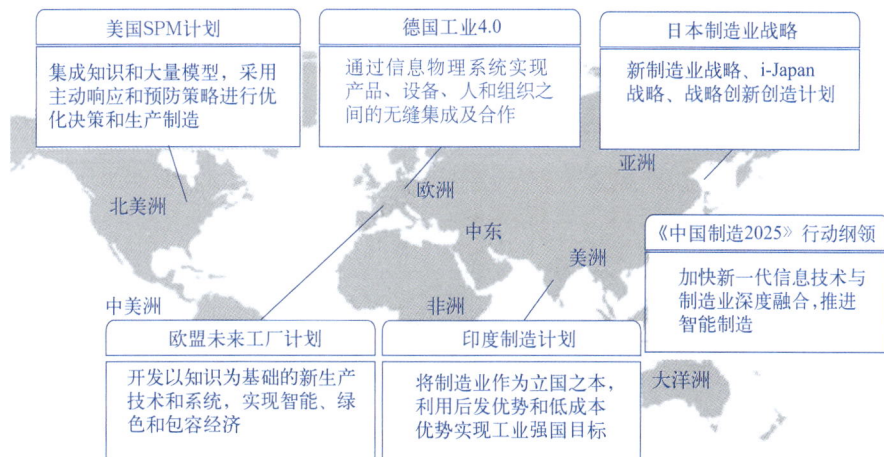

图2-17　部分发达国家和发展中国家智能制造战略规划和布局

2.3.1　国内外钢铁工业智能制造路线规划对比

（1）国内钢铁工业智能制造路线规划　随着《中国制造2025》的实施，中国的装备制造业逐步迈向中高端水平，这需要钢铁材料的强大支撑和品质保证。国家在2016年10月发布的《钢铁工业调整升级规划（2016—2020年）》也将"智能制造"列为行业重要任务，为钢铁工业转型升级指明了方向，未来钢铁工业要从数据化、信息化、网络化、智能化等多方面转型升级，最后达到智能化的高度。

夯实智能制造基础。加快推进钢铁工业信息化、数字化与制造技术融合发展，把智能制造作为两化深度融合的主攻方向。支持钢铁企业完善基础自动化、生产过程控制、制造执行、企业管理四级信息化系统建设。支持有条件的钢铁企业建立大数据平台，在全制造工序推广知识积累的数字化、网络化。支持钢铁企业在环境恶劣、安全风险大、操作一致性高等岗位实施机器人替代工程。全面开展钢铁企业两化融合管理体系贯标和评定工作，推进钢铁工业智能制造标准化工作。

全面推进智能制造。在全行业推进智能制造新模式行动，总结可推广、可复制经验。重点培育流程型智能制造、网络协同制造、大规模个性化定制、远程运维4种智能制造新模式的试点，提升企业品种高效研发、稳定产品质量、柔性化生产组织、成本综合控制等能力。充分利用"互联网+"，鼓励优势企业探索搭建钢铁工业互联网平台，汇聚钢铁生产企业、下游用户、物流配送商、贸易商、科研院校、金融机构等相关方，共同经营，提升效率。支持有条件的钢铁企业在汽车、船舶、家电等重点行业，以互联网订单为基础，满足客户多品种、小批量的个性化需求。鼓励优势钢铁企业建设关键装备智能检测体系，开展故障预测、自动诊断等远程运维新服务。总结试点经验和模式，提出钢铁工业智能制造的主要框架，如图2-18所示。

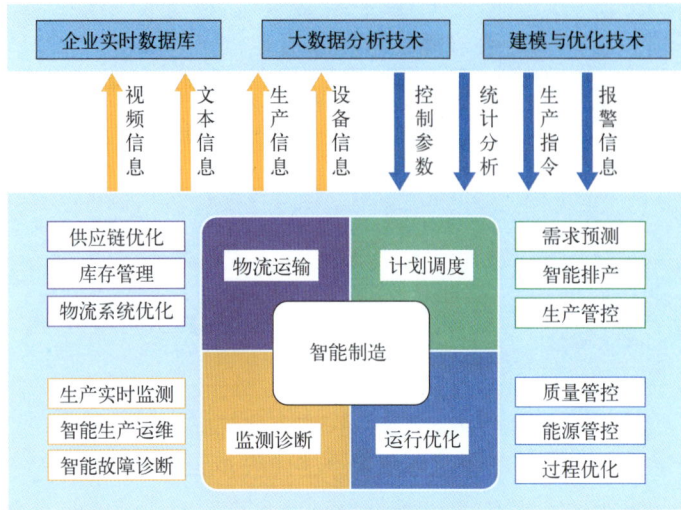

图2-18　钢铁工业智能制造主要框架

山东钢铁股份有限公司莱芜分公司炼钢厂投产于1984年，具备年产850万吨钢的能力。近年来，该厂紧盯智能制造前沿技术，加快智能化升级步伐，取得显著成效，为推动企业高质量发展提供了有力保障。其中，120吨转炉智能出钢、基于激光烟气分析的智能炼钢等技术达到世界先进水平，智能精炼填补了国内空白，为国内钢铁企业推进智能制造提供了有益借鉴[41]。该厂清晰地认识到，大力发展智能制造，建设智能工厂是大势所趋，该厂先后制定了《智能制造五年规划》《智能制造示范产线实施方案》，稳步推进智能工厂建设，见图2-19。

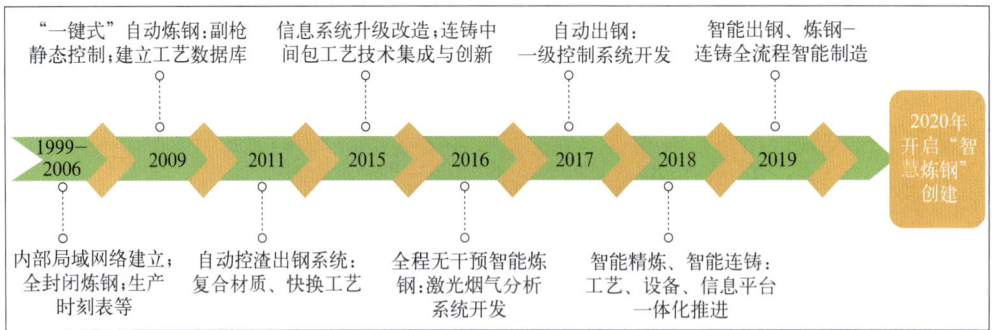

图2-19　山东钢铁有限公司莱芜分公司炼钢厂智能制造建设推进历程

2020年以来，莱芜分公司炼钢厂在集合众智、集采众长的基础上，制定了《"智慧炼钢"创建纲要》，主要是通过"三路并进"打造智慧钢厂。一是坚持以人为本的文化体系，把智慧理念融入企业文化，最终形成以先进的企业文化促进全员思维转变，推动智慧车间、智慧工序、智慧钢厂全面发展；二是坚持集约智能的生产体系，在所有生产环节综合运用5G、工业机器人等前沿技术，对日常生产经营的所有活动和需求进行智慧感知、互联、处理和协调；三是坚持科学高效的管理体系，将管理实际需求与先进技术充分结合，确保业务流程更加规范、便捷、高效，逐步实现管理业务自决策、自执行。

（2）国外钢铁工业智能制造路线规划　欧洲钢铁科技平台集成智能化生产工作组在2009年发布了第一版《欧洲钢铁制造业集成智能化生产路线图》，这是钢铁制造业的一个新兴概念。然而，信息通信技术领域的新概念、技术和科技的发展，日益活跃的全球化市场以及持续且不确定的全球经济，需要不断更新发展计划和实施计划。2016年，为了推动欧洲钢铁工业的发展，修订了智能化生产的战略目标，将此路线图延长至2040年。在新形势下，更新技术趋势，不断增加灵活性，更有效地应对变化，以推动钢铁工业智能制造的发展[42]。

为了维持欧洲在钢铁生产领域的领先地位，必须使其既具有竞争力，又具有可持续性，是当今乃至长期内绿色经济中不可缺少的一部分。以客户和社会为导向的政策是实现盈利和可持续发展的全球挑战中的一部分。与这些挑战相关的五大顶级需求将推动未来钢铁生产的变革：可持续性，质量，交货期，盈利能力和健康与安全。

钢铁工业智能制造统一了三个关键概念——纵向融合、横向融合和平面融合，并使之相互依存。大数据、物联网、云技术和信息物理系统（CPS）等颠覆性信息和通信技术（ICT）的兴起使这一变革成为可能。纵向融合是单座工厂或单台装置的所有信息技术和自动化组件的融合；横向融合是指整个钢铁产品链的融合；平面融合应对同时优化技术、经济和环境问题的局面。

这些以关键技术为导向的理念，能够促使实现智能钢厂这个最终目标，代表未来智能、灵活、动态的钢铁生产。这需要大量的努力，并通过工厂、企业和社会之间大量的联系来开发上述技术。这些技术和其他技术将对业务、运营和工厂管理产生巨大的影响，使得系统和机器的协作能力与人类相似，如学习能力和自我组织能力，这对劳动力的影响同样具有颠覆性和革命性。

美国CESMII发布了其2017年到2018年关于智能制造的短期建设路线图（Roadmap 2017—2018），如图2-20所示，该路线图清晰指出，智能制造是2030年左右可以实现的制造方式。CESMII在2017—2018年的路线图中给出了智能制造的定义：智能制造（SM）是一系列涉及业务、技术、基础设施及劳动力的实践活动，通过整合运营技术和信息技术（OT/IT）的工程系统实现制造的持续优化。智能制造使得正确的信息和正确的技术能够在正确的时间以正确的形式被正确的人访问到，以增强人们在工厂乃至整个价值链范围内做出明智决定的能力。

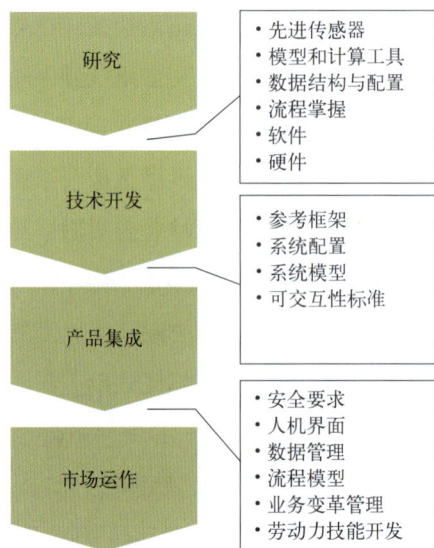

研究
- 先进传感器
- 模型和计算工具
- 数据结构与配置
- 流程掌握
- 软件
- 硬件

技术开发

产品集成
- 参考框架
- 系统配置
- 系统模型
- 可交互性标准

市场运作
- 安全要求
- 人机界面
- 数据管理
- 流程模型
- 业务变革管理
- 劳动力技能开发

图2-20　美国智能制造路线图

通过对美国、德国、日本三个发达国家智能制造战略思想的对比研究，可以看出智能制造战略的差异，这些不同理念主要由文化差异、市场竞争差异所导致。

① 美国重视数据　美国拥有着庞大的互联网体系，因此在美国智能制造理念中以工业互联网思想为主，重视数据的挖掘和利用，从生产数据、设备运行数据中挖掘潜在价值，通过数据分析获取知识，并通过知识的积累和运用进行颠覆式创新。

② 德国重视设备　德国在智能制造实施中，更关注产品的品质和装备的智能化，所以"工匠精神"在德国制造业体现得较为明显。德国提出"工业4.0"战略的重点是基于工业2.0/3.0的基础，以扎实的装备水平促进"工业4.0"的实现，对底层基础要求较高。要求在制造过程中尽量减少人的因素的干预，所以在智能制造实施过程中，主要是提升设备的精度，并把经验固化在边缘层，以此提升装备的智能化。

③ 日本重视人　日本智能制造的主要理念包含三个方面，即互联制造、松耦合、人员至上。其中，互联制造的主要思想包括三个维度，即企业的内部互联和企业上下游之间的外部互联以及生产制造企业之间的外部互联。内部互联主要围绕生产制造流程构建智能制造单元（SMU），每个制造现场作为一个单元。外部互联包括生产制造企业、设备供应商、系统集成商、客户，构成制造业联合体。人在制造过程中的地位在日本表现得最为突出，这和日本的经营文化有关。日本长期坚持精益生产的理念，人在过程中起到了关键的主导作用，这与德国、美国智能制造理念差别是比较大的。

④ 中国全面发展　一直以来，我国制造业普遍存在大而不强的现象。在智能装备方面与德国相比，中国制造业目前处于德国的工业2.0和工业3.0并行发展阶段，存在

巨大的差距。在互联网方面与美国相比，虽然在应用场景上我们已经处于领先地位，但是底层规则、协议均来自国外，如顶级域名、TCP、各种基础服务的规则等，因此在底层互联网标准方面差距较大。在人才方面与日本相比，我们的企业在人才重视方面还有一定的差距，用人体制、机制创新上还需要不断突破。当前，我国从智能装备、互联网基础设施建设、工业软件、系统集成、人才培养等方面与发达国家相比，都有一定的短板，需要"补课"的内容较多。"十四五"规划和2035远景目标中强调以推动高质量发展为主题，全面建设社会主义现代化国家的国家战略。从中可以看出，推进供给侧结构性改革，以高质量供给引领和创造新需求至关重要。因此，在智能制造发展过程中，我国强调"并行推进，分步实施"的指导思想，这与其他国家智能制造战略在理念上的差别较大[43]。

2.3.2　国内外钢铁工业智能制造过程优化对比

钢铁工业智能制造的研究与建设是复杂系统的工程，其核心是通过信息化、数字化、网络化等技术手段，对包括工艺生产及检测设备在内的现有制造流程系统、制造工艺过程进行创新优化，将流程系统和信息化融合成一个有机整体，实现生产的协同高效运行，最大限度发挥各生产要素的积极作用，达到工艺知识经验的显性化，实现计算机网络技术与传统生产工艺的无缝对接，从而实现生产管理的标准化、精细化和稳定化[44]。

钢铁工业属于混合型流程工业，兼有连续型和离散型流程工业的特点，实现整个钢铁生产流程运行管理的智能化是提升企业竞争力、可持续发展力的根本。相对于单一技术装备的进步与突破，智能制造的巨大功效主要体现在两个方面：从本质上实现了工业制造与信息技术的深度融合和集成创新；从模式上实现了生产组织、管理方式的变革。

（1）国内外钢铁工业智能制造工艺过程优化对比　　近年来，我国钢铁工业呈现总体经济效益下滑趋势，一定程度上存在的产业集约化程度低、能源和资源消耗大、自主创新能力弱等。和国外发达钢企相比，差距主要体现在生产工艺数据联动、流程信息化水平等方面。将快速发展的计算机、信息技术与传统钢铁生产工艺相结合，实现铁前工序智能化升级成为提升效率与产品质量、降低成本、增强竞争力的必经之路和有效途径之一。在国内众多学者和钢铁企业多年努力之下，无人化料场、无人化天车、自动烧炉、自动装泥等一批智能化新技术应用于生产实践并取得良好的安全、技术指标和社会、经济效益。尤其是不断通过新的技术和方法建立新的控制精度和实用性俱佳的高炉冶炼数学模型来揭示高炉本体内复杂的物理化学变化规律，为实现高炉冶炼过程、冶炼技术经济指标的持续优化、发挥产能规模效应奠定了坚实基础。

（2）国内外钢铁工业智能制造生产管理模式对比　钢铁工业产能大，钢铁产品市场竞争激烈，管理观念也相对落后，企业结构转型升级较慢。在制造环节表现为能源消耗大利用率低、资源浪费严重、原/燃料价格处于高位以及产品积压等情况，造成成本管控空间狭窄。钢铁企业可以将精益思想应用到生产管理上，通过全面精益运营和智能制造技术应用来增强企业竞争力。

国内钢厂通过精益管理加强非增值作业控制，成本控制精细化，追求极致效率。智能制造是将生产业务信息化、制造自动化和运行与决策智能化等融入生产的各个环节。丁大勇、张琳分析了精益生产管理模式和智能制造应用研究认为，智能制造是精益生产管理和物联网结合的产物，是制造业企业提质增效的需要，新一代信息技术，大数据、云平台以及人工智能技术将升级精益生产管理体系，企业组织形式、生产决策及执行环节都将扁平化[45]。戚聿东、肖旭认为产品被数字化为具体数据指标之后，具有数据特征的生产系统避免了人为主观意识造成的误差，计算机的数据驱动将代替人工的程序化业务运营，数字化工厂将引发企业管理变革[46]。新一代信息技术以及工业互联网的发展和其在制造业企业中的应用，通过专业化分工和细化整合，将产生新的生产组织结构形式[47]。精益生产在智能制造时代有更多的结合形式和应用变革，借助数字化、智能化技术提升效率，必将改善企业运营管理创新，为将来的竞争和发展奠定基础[48]。

1890年，法国成立第一家汽车制造厂，标志着生产管理的发展进入了一个新的阶段。钢铁材料是汽车行业的基础原料，汽车行业的发展也让生产管理在钢铁工业中的应用变得广泛。钢铁生产工艺和生产流程比较复杂，最初的生产管理理论很大一部分来自汽车制造业。20世纪初，首先由泰勒提出了科学管理法，包括生产作业标准化、岗位结构、时间研究、劳资关系以及如何提高单位时间的产量等内容。20世纪90年代以来，随着信息技术、设备自动化技术的发展突飞猛进，以及互联网、物联网和大数据的广泛应用和日渐成熟，还有人工智能技术的突破，企业管理迎来组织结构、管理模式、业务流程、生产流程和生产方式上的巨大变革与创新。在制造业企业生产管理中，利用新一代信息、网络技术结合设备自动化升级来改进企业的生产和运营管理。多种生产管理软件在企业得到广泛应用，构建了企业信息化平台，打通了各层级的阻隔，提升了企业的整体运行效率，如人力资源（HR）管理系统，面向生产车间层级的MES（生产执行系统），面向采购、销售以及财务和成本等企业管理层级的ERP（企业资源管理）系统。美国先进制造研究中心（Advanced Manufacturing Research，AMR）（1990年11月）提出了MES概念。生产层执行系统的构建让企业敏捷生产制造得以快速实施[49]。

随着"工业4.0"的诞生，新的生产模式和新的商业模式应运而生。乌尔里希·森德勒认为："工业4.0"本质上就是以机械化、自动化和信息化为基础建立智能化的新型生产模式与产业结构[50]。机械设备和电气自动化是"工业4.0"实现的基础，结合计算机软件系统达到数字化制造。德国专家Jerome Hull指出：集中化生产模式的转变的实现，是通过计算机系统创造生产程序，机器与人在生产流程中沟通，生产流程变革实现智能化生产，以及产品与智能服务的互联互通。美国GE（通用电气）提出工业互联网的实施途径是通过工业软件的使用，机器之间的互联，人与运行机器之间的信息交换，大数据分析，来改善生产效率，实现数字化工厂。"工业4.0"标准的基础是德国"工业4.0"的框架结构，主要分为三个部分：横向集成（增值体系一体化），是从原料到生产的资源优化配置；纵向集成（生产系统一体化），是指更具灵活性的生产优化；终端到终端的集成（工程与产品的全生命周期管理的有机结合），是指数据存储的一致性，减少了工程实施的时间成本，实现了一体化工程与数字化工厂[51]。

2.3.3　国内外钢铁工业智能制造低碳发展技术对比

（1）国内钢铁工业智能制造低碳发展技术　钢铁工业的低碳行动按照脱碳原理可分为五类，包括减少产量、节能技术、电炉工艺、新能源替代和末端脱碳技术。如表2-3所示，减少产量的措施包括延长钢材产品使用寿命、严控产能等，实现钢铁产量的下降。节能技术主要包括能效提升、余热回收和智能化管理等，最终通过减少钢铁生产过程中的化石能源消耗来减少碳排放。主要通过电炉短流程炼钢方式替代"高炉-转炉"长流程炼钢方式，避免炼铁环节中大量的能耗和碳排放。新能源替代主要通过用低碳或零碳属性的能源，例如氢能（主要是绿氢和蓝氢）或生物质能，替代钢铁生产过程中的焦炭等化石能源。末端脱碳技术主要是指碳捕获和封存（CCS）技术，将钢铁生产环节中释放出的CO_2进行封存或利用。不过，上述每类低碳行动都有约束条件，因此中国钢铁工业需要考虑多种低碳技术组合，以保障其在"双碳"目标下的顺利转型[52]。

表2-3　钢铁工业低碳行动汇总

原理分类	具体行动措施	约束条件
减少产量	延长钢材产品使用寿命、严控产能等	社会经济发展需求
节能技术	能效提升、余热回收、智能化管理等	理论节能最大潜力
电炉工艺	电炉短流程炼钢工艺	废钢供应量
新能源替代	氢能炼钢	技术研发成本及氢能源供应成本
	生物质燃料炼钢	技术研发成本及生物质资源供应量
末端脱碳技术	CCS技术	技术成熟度和成本

一些研究考虑了上述转型行动，探讨了中国钢铁工业未来低碳发展路径。表2-4汇总了近年来关于中国钢铁工业低碳发展路径的相关研究及其考虑的低碳行动类别。绝大多数研究均考虑了减少产量、电炉工艺和节能技术三类低碳行动，仅有少量研究考虑了CCS技术、氢能炼钢和生物质炼钢等零碳钢铁生产工艺。前者已经广泛体现在钢铁工业转型的实际应用中，涉及钢铁产量、废钢资源量约束和电炉比例、能耗强度等关键参数；后者在全国甚至全球范围内都还处于项目试点阶段，属于未来支撑钢铁工业迈向零碳的关键技术，仍存在较大的不确定性。

表2-4 中国钢铁工业低碳发展路径研究及考虑的低碳行动类别

研究	减少产量	节能技术	电炉工艺	CCS技术	新能源	
					氢能	生物质
Wang等，2007[53]	√	√	√			
Chen等，2014[54]	√	√	√			
Hasanbeigi等，2014[55]	√	√	√			
Wang，2014[56]	√		√			
Karali等，2016[57]		√	√			
Ma，2016[58]	√	√	√			
An等，2018[59]	√	√	√			
Zhang等，2018[60]	√	√	√			
Zhang等，2019[61]		√	√			
张琦等，2021[62]	√	√	√			
Ren等，2021[63]	√	√	√	√	√	

CCS技术、氢能炼钢技术和生物质炼钢技术均属于未来中国钢铁工业深度减排的支撑技术。这些技术目前仍处于试点研发阶段，因此大部分2020年前的研究均未设定这几类技术在钢铁工业中应用的具体潜力。随着我国提出2060年前实现碳中和的目标，上述关键技术的需求急剧上升，未来得到大幅度发展的可能性相较之前的低碳路径已显著提高。有必要加强这几类关键性技术的跟踪分析，考虑决定其未来应用的关键因子以及技术之间竞争关系的不确定性，研究不同情景下关键零碳钢铁技术的多种可能性。

（2）国外钢铁工业智能制造低碳发展技术　欧盟钢铁工业可以运用先进的技术，在钢铁生产方式和环境影响方面实现根本性变革，表现在整个欧洲钢铁工业都在努力减少其直接和间接的CO_2排放。整个转型将通过氢基炼钢、过程整合、调整化石燃料炼钢、捕获和利用废碳生产化学品以及增加废钢和钢铁副产品的回收利用等途径来实现。

欧盟钢铁工业主要包括2条生产路线：高炉/碱性氧气炉路线和电炉路线。前者以铁矿石为原材料，碳作还原剂，并在过程中添加废钢来炼制钢铁，产量占比约为60%。后者则基于废钢和电能，利用电弧的热效应加热炉料进行炼钢，产量占比约为40%。欧盟钢铁工业通过技术的优化和创新，已经实现了很高的资源效率，因此能源效率的进一

步提高和 CO_2 排放的进一步减少需要根本性的、突破性的技术。

钢铁工业的减排在传统技术路线下潜力已经不大，需要采取更大力度的减排新技术。为达到减排目标、实现循环经济，并有效控制成本和能源消耗，一般而言，钢铁工业的 CO_2 减排主要有两种技术途径：智能碳利用（SCU）和碳直接避免（CDA）。

欧盟减排技术路线图中智能碳利用（SCU）的第一条技术路径是通过工艺流程的集成来降低碳的使用。其中 HIsarna 项目的主要优势是采用了旋风转炉（CCF）和熔融还原炉（SRV）的组合，取消了现在高炉炼铁过程中所需的烧结/球团和炼焦这两大高耗能工序。如果该技术能够成功实现工业化生产，将有利于降低钢铁生产成本、减少能源消耗20%的 CO_2 排放。

智能碳利用的第二条技术路径是对于含碳原料的有效利用。2020年5月，欧洲投资银行（EIB）提供贷款支持开展极具开创性的 Steelanol（钢铁醇）碳减排项目。该项目总投资为1.65亿欧元，旨在有效捕获高炉中的废气并利用生物技术将其转化为可再生的生物乙醇。这些生物乙醇在混合后可作为液体燃料。

在欧盟的减排路线图中，碳直接避免（CDA）技术是在炼钢中使用可再生能源电力生产氢气代替高炉中的焦炭，直接还原过程（DR）按照不同的技术改革程度一共提出了6种转型方案。其中只有采用无 CO 的能源才能达到80%～95%的减排目标，显示出碳直接避免（CDA）技术路径的重要性。总体来看，该技术路径的实施离不开两方面的支持：一是绿色清洁的可再生电力，以保证持续的氢能供应；二是能够满足氢能炼钢的工艺流程和技术条件。

为了生产绿色氢气，欧盟"地平线2020"（Horizon 2020）项目已经投入了1200万欧元用于实施"H_2 Future"项目。利用质子交换膜（PEM）技术在电解槽中生产工业和电力存储专用的绿色氢气，项目总预算约1800万欧元，周期4.5年。该项目的合作方包括奥钢联、西门子、奥地利电力联盟（Verbund）。西门子公司是交换膜电解槽的技术提供方，Verbund 作为项目协调方，将利用可再生能源发电，同时负责电网相关服务的开发[64]。

（3）国内外钢铁智能制造碳中和对比 欧洲要实现2050年零碳排放目标，各方面的减排力度都必须加大。就钢铁工业而言，由上述讨论可以看到其技术路线图已经比较清晰。智能碳利用和碳直接避免两种主要技术途径将为钢铁工业二氧化碳减排带来新的机遇。

我国钢铁工业碳减排的实现路径，未来将主要是对粗钢产量的直接压减和对高炉炼铁环节的技术改造，以及氢冶金技术的示范推广。碳达峰、碳中和已经纳入国家未来经济工作重点范畴，需要加紧研究和制定我国钢铁工业减排技术路线图。一方面，可以借鉴 HIsarna 项目和 IGAR 项目，在国内大规模使用煤炭炼钢的背景下，先着手实现煤炭消耗的降低；另一方面，基于碳捕集与利用（CCUS）技术和氢基直接还原技术，设立系列科研项目，加快科研进程，并在相关部委支持下，尽快设立试点项目，着手试验、示范并推广无碳炼钢。

参考文献

[1] 中华人民共和国工业和信息化部、财政部. 智能制造发展规划（2016—2020年）[EB/QL]. [2016-12-08].http://www.miit.gov.cn/n1146295/n1652858/n1652930/n3757018/c5406111/content.html.

[2] 李鸿. 智能制造在钢铁领域中的应用与研究[J]. 设备管理与维修，2022(2): 85-87.

[3] 邹玉贤. 钢铁智慧制造实践与思考[J]. 宝钢技术，2022(1): 1-9.

[4] 林安川，阴树标，向艳霞，等. 近年钢铁主业智能制造发展综述（上篇）[J]. 云南冶金，2020, 49(3): 109-117.

[5] 刘献东. 欧洲钢铁业在工业4.0领域的探索概况[N]. 世界金属导报，2021-9-17(1).

[6] 刘献东. 欧洲钢铁行业数字化转型及其面临的挑战[N]. 中国冶金报，2020-12-25(2).

[7] 张锦. 美国电炉炼钢进入成长期的驱动因素分析[J]. 冶金经济与管理，2019(2): 35-39.

[8] 商凯涛. 钢铁行业智能制造的现状及发展途径[J]. 中国金属通报，2020(20): 3-4.

[9] Park C Y, Kim J W, Kim B, et al. Prediction for manufacturing factors in a steel plate rolling smart factory using data clustering-based machine learning[J]. IEEE Access, 2020, 8: 60890-60905.

[10] Roudier S, Sancho L D, Remus R, et al. Best available techniques (BAT) reference document for iron and steel production: industrial emissions directive 2010/75/EU: Integrated pollution prevention and control[J]. Institute for Prospective and Technological Studies, Joint Research Centre, 2013.

[11] Skoczkowski T, Verdolini E, Bielecki S, et al. Technology innovation system analysis of decarbonisation options in the EU steel industry[J]. Energy, 2020, 212: 118688.

[12] 朱婷婷，韩晓杰. 美国纽柯钢铁公司技术发展历程[J]. 世界钢铁，2013(5): 67-72.

[13] 佚名. 纽柯钢公司新建全球最大直接还原铁设备[J]. 烧结球团，2012, 37(1): 1.

[14] 曲余玲，邢娜，黄维，等. 美国大河特种钢铁厂竞争优势分析[J]. 冶金经济与管理，2020, (4): 54-56.

[15] 吕铁，韩娜. 智能制造：全球趋势与中国战略[J]. 人民论坛·学术前沿，2015(11): 6-17.

[16] 范剑. "取经"日本智能制造[J]. 浙江经济，2013(11): 48-49.

[17] 薛成. 战后日本钢铁产业转型升级研究[D]. 长春：吉林大学，2021.

[18] 涂序彦. 钢铁工业生产过程智能自动化[J]. 微计算机信息，1996(3): 7-10.

[19] 陈更生. 人工智能技术在日本钢铁工业的应用[J]. 冶金信息工作，1997(3): 27-30.

[20] 全红. 转炉炼钢动态控制技术[J]. 云南冶金，2006, 35(3): 31-34.

[21] 高毅. 国际钢铁产业转移与影响因素实证研究[D]. 上海：复旦大学，2007.

[22] 宋利芳，冀玥竹，朴敏淑. 韩国"制造业革新3.0"战略及启示[J]. 经济纵横，2016(12): 115-119.

[23] 罗晔. 韩国正式开启"钢铁工业再飞跃项目"[N]. 世界金属导报，2021-04-13（B01）.

[24] 文德. 浦项构建"产学研"合作体系持续推进智能工厂建设[N]. 世界金属导报，2020-03-17（F01）.

[25] 黄健，万勇. 德韩先进制造国家战略比较与分析[J]. 科技管理研究，2016, 36(4): 37-39.

[26] 文德. 韩国钢铁企业积极推广人工智能技术[N]. 世界金属导报，2020-10-13（F01）.

[27] 浦玉梅. 钢铁行业智能制造发展现状[J]. 安徽冶金，2018 (4): 52-54.

[28] 罗晔. POSCO智能工厂建设进展[J]. 冶金管理，2021(12): 51-55.

[29] 文德. 现代钢铁公司大力推广人工智能技术[N]. 世界金属导报，2017-08-29（B01）.

[30] 文德. 东国制钢积极构建智能工厂[N]. 世界金属导报，2021-01-19（A02）.

[31] 冯涛. 冶金自动化技术及其发展趋势[J]. 中小企业管理与科技（中旬刊），2017(5): 186-188.

[32] 王云波，李铁. 智能制造发展过程的阶段及其特征[J]. 冶金自动化，2020, 44(5): 1-7+55.

[33] 杨敏. 浅析冶金自动化技术的现状和发展趋势[J]. 中国高新技术企业，2016(34): 95-96.

[34] 王友发，周献中. 国内外智能制造研究热点与发展趋势[J]. 中国科技论坛，2016(4): 154-160. DOI:

10.13580/j.cnki.fstc.2016.04.025.

[35] 王小松，李丹，王兴艳. 德国钢铁工业发展策略分析 [J]. 冶金经济与管理，2017(4): 22-26.

[36] 殷宪哲，郑金星. 第四次产业革命下的我国钢铁工业发展的思考 [J]. 江西冶金，2019, 39(1): 45-48.

[37] 马寅. 智能制造技术在钢铁行业的应用 [J]. 冶金管理，2020(7): 95+97.

[38] 刘景钧. 践行两化融合 打造数字化、智能化钢铁企业——河钢唐钢两化融合做法成效及经验 [J]. 冶金管理，2015(12): 30-35.

[39] Xie Q, Suvarna M, Li J, et al. Online prediction of mechanical properties of hot rolled steel plate using machine learning[J]. Materials & Design, 2021, 197: 109201.

[40] Kim D, Lee J, Lee M S, et al. Artificial intelligence for the prediction of tensile properties by using microstructural parameters in high strength steels[J]. Materialia, 2020, 11: 100699.

[41] 邵健，何安瑞，董光德，等. 基于工业互联的钢铁全流程质量管控系统 [J]. 冶金自动化，2020(1): 8-16+43.

[42] 张梦琦.《钢铁行业集成智能化生产路线图》翻译项目报告 [D]. 南宁：广西大学，2018.

[43] 刘恒文. SG 钢铁公司智能制造战略研究 [D]. 济南：山东大学，2021.

[44] 林安川，阴树标，向艳霞，等. 近年钢铁主业智能制造发展综述（上篇）[J]. 云南冶金，2020, 49(3): 109-117.

[45] 丁大勇，张琳. 精益生产管理模式在智能制造时代的应用展望 [J]. 管理观察，2017(33): 17-18.

[46] 戚聿东，肖旭. 数字经济时代的企业管理变革 [J]. 管理世界，2020, 36(6): 135-152+250.

[47] 施炳展，李建桐. 互联网是否促进了分工：来自中国制造业企业的证据 [J]. 管理世界，2020, 36(4): 130-148.

[48] 陈剑，黄朔，刘运辉. 从赋能到使能——数字化环境下的企业运营管理 [J]. 管理世界，2020, 36(2): 117-128+222.

[49] 何轶超. MES 生产调度与控制系统设计与实现 [D]. 杭州：浙江理工大学，2016.

[50] 乌尔里希·森德勒. 工业 4.0：即将来袭的第四次工业革命 [M]. 北京：机械工业出版社，2014.

[51] 祖一峰. CG 公司炼铁厂生产管理优化策略研究 [D]. 桂林：桂林理工大学，2021.

[52] 李晋，谢璨阳，蔡闻佳，等. 碳中和背景下中国钢铁行业低碳发展路径 [J]. 中国环境管理，2022, 14(1): 48-53.

[53] Wang K, Wang C, Lu X, et al. Scenario analysis on CO_2 emissions reduction potential in China's iron and steel industry[J]. Energy Policy, 2007, 35(4): 2320-2335.

[54] Chen W, Yin X, Ma D. A bottom-up analysis of China's iron and steel industrial energy consumption and CO_2 emissions[J]. Applied Energy, 2014, 136: 1174-1183.

[55] Hasanbeigi A, Jiang Z, Price L. Retrospective and prospective analysis of the trends of energy use in Chinese iron and steel industry[J]. Journal of Cleaner Production, 2014, 74:105-118.

[56] Wang P, Jiang Z, Geng X, et al. Quantification of Chinese steel cycle flow: Historical status and future options[J]. Resources Conservation and Recycling, 2014, 87:191-199.

[57] Karali N, Xu T, Sathaye J, et al. Developing long-term strategies to reduce energy use and CO_2 emissions-analysis of three mitigation scenarios for iron and steel production in China[J]. Mitigation and Adaptation Strategies for Global Change, 2016, 21(5): 699-719.

[58] Ma D, Chen W, Yin X, et al. Quantifying the co-benefits of decarbonisation in China's steel sector: An integrated assessment approach[J]. Applied Energy, 2016, 162: 1225-1237.

[59] An R, Yu B, Ru L, et al. Potential of energy savings and CO_2 emission reduction in China's iron and steel industry[J]. Applied Energy, 2018, 226: 862-880.

[60] Zhang Q, Xu J, Wang Y, et al. Comprehensive assessment of energy conservation and CO_2 emissions mitigation in China's iron and steel industry based on dynamic material flows[J]. Applied energy, 2018, 209: 251-265.

[61] Zhang Q, Wang Y, Zhang W, et al. Energy and resource conservation and air pollution abatement in China's iron and steel industry[J]. Resources, Conservation and Recycling, 2019, 147: 67-84.

[62] 张琦，沈佳林，许立松. 中国钢铁工业碳达峰及低碳转型路径 [J]. 钢铁，2021, 56(10): 152-163.

[63] Ren M, Lu P, Liu X, et al. Decarbonizing China's iron and steel industry from the supply and demand sides for carbon neutrality[J]. Applied Energy, 2021, 298: 117209.

[64] 张紫琦，顾阿伦. 欧盟钢铁减排路线图及其启示 [J]. 科技导报，2022, 40(7): 65-71.

大数据和人工智能驱动的先进钢铁材料制造技术

Big Data and AI-Driven
Manufacturing Technologies for
Advanced Steels

第3章　新一代信息技术

　　智能制造的跃迁，离不开新一代信息技术的系统赋能。本章聚焦工业互联网、5G、大数据与云计算、人工智能、CPS与数字孪生、信息与网络安全六大关键技术，剖析其架构、标准、核心技术与未来趋势。从工业现场的实时连接到云端的海量算力，从数据的智能治理到虚实精准映射，再到全域安全防护，这些技术共同构成钢铁材料制造迈向高效、柔性、绿色、安全的数字底座。通过对国内外路线、案例与前沿动态的梳理，本章为钢铁工业智能制造的实现提供技术认知与路径参考。

3.1　工业互联网

3.1.1　工业互联网概述

工业互联网（industrial internet）是新一代信息技术与工业经济深度融合的新型基础设施、应用模式和工业生态，通过对人、机、物、系统等的全面连接，构建起覆盖全产业链、全价值链的全新制造和服务体系，为工业乃至产业数字化、网络化、智能化发展提供了实现途径，是第四次工业革命的重要基石[1]。

工业互联网包含终端及数据、网络、平台、安全四大体系，它既是工业数字化、网络化、智能化转型的基础设施，也是互联网、大数据、人工智能与实体经济深度融合的应用模式，同时也是一种新业态、新产业，将重塑企业形态、供应链和产业链。

工业互联网最开始由美国提出。2011年，美国围绕实体经济进行创新发展布局，制定了先进制造计划，积极打造制造业创新网络，加速技术成果的产业化。2014年，美国成立了工业互联网联盟（Industrial Internet Consortium，IIC），包含GE、AT&T、英特尔、思科等企业，在全球具有较大影响力。

工业互联网发展的大脉络有两个维度，一个维度是互联网技术的发展，也即信息通信技术的发展，另一个维度则是工业技术的发展。对于互联网技术而言，其技术发展是从消费互联网走向工业互联网，最大的转变在于利用互联网为实际的生产经营提供相关的服务支撑。对于工业技术而言，工业本身也经历了自动化、系统化的过程：最早是单机控制，然后走向多机器系统并进而产生了工控系统，随着生产环节向上下游环节的延伸，进而出现了ERP等工业管理系统，出现了工业和互联网初步融合的局面。2012年，工业互联网的概念正式提出，随着新技术、新发展理念的引入，工业系统正在从单点的信息技术应用向全面的数字化、网络化、智能化演进[2]。如图3-1所示为工业互联网发展进程。

然而，工业互联网并不是一个简单的网络或系统，而是面向工业制造场景，将先进信息技术与工业生产各环节、设备及系统进行深度融合的应用生态体系。工业互联网产业生态主要指制造体系中与数据采集、传送、处理、反馈等相关的产业环节，涉及制造环节中的设备智能化使能、系统集成、网络互联、工业互联网平台、应用、安全等方面。目前，全球工业互联网产业生态正在加快构建，随着跨系统、跨企业互联交互需求的增加，对工业互联网的标准化的需求也在不断提升[3]。

工业互联网是新一代信息技术与生产运营技术的深度融合，正成为制造业数字化转

图3-1　工业互联网发展进程

型的基本路径和新方法论。从技术视角看，工业互联网（包括终端及数据、网络、平台、安全）是大功能体系，构建形成数据驱动、工业机理与智能科技结合，数字空间与物理世界融合的智能化决策闭环，对决策优化、资源配置优化等方面起到关键作用，也催生出了很多新的数字化新模式。从产业视角看，工业互联网逐渐成为信息技术与制造业深度融合的重要基础设施、新型应用模式与全新生态体系，正在赋能制造业全要素、全产业链、全价值链的数字化、网络化、智能化发展[4]。

3.1.2　体系架构

工业互联网通常被视为信息物理系统（cyber-physical systems，CPS）的应用。由于目前工业互联网尚处于早期发展阶段，因此提出并设计一个合理、高效的工业互联网体系结构在工业系统设计以及规范化工业系统集成运作过程中起着非常重要的作用[5]。近年来，工业界和学术界已针对工业互联网体系结构提出了若干参考模型，如图3-2所示。

面向第四次工业革命与新一轮数字化浪潮，全球领先国家无不将制造业数字化作为强化本国未来产业竞争力的战略方向。主要国家在推进制造业数字化的过程中，不约而同把参考架构设计作为重要抓手，如德国推出"工业4.0"参考架构RAMI4.0、美国推出工业互联网参考架构IIRA、日本推出工业价值链参考架构IVRA，其核心目的是以参考架构来凝聚产业共识与各方力量，指导技术创新和产品解决方案研发，引导制造企业开展应用探索与实践，并组织标准体系建设与标准制定，从而推动一个创新型领域从概念走向落地[6]。

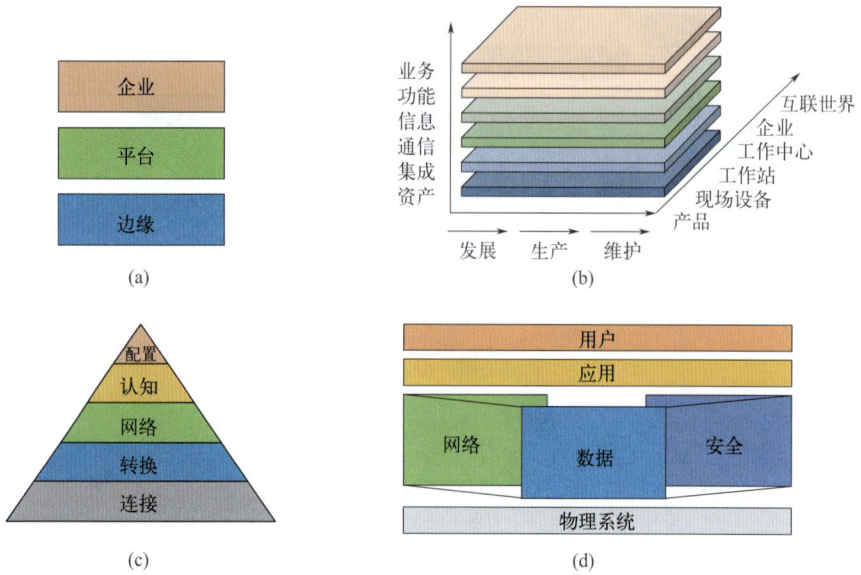

图3-2　现有工业互联网体系结构

目前，国内外研究主要从3种视角划分工业互联网的层次。一是"由端至云"的工业制造视角，典型代表是辛辛那提大学（University of Cincinnati）提出的"5C模型"和德国工程师协会的"工业4.0参考模型"；二是"由云至端"的互联网视角，典型代表为美国工业互联网联盟（IIC）的"工业互联网参考架构"；三是"网络、数据、安全"的三维视角，典型代表为中国工业互联网产业联盟（Alliance of Industrial Internet，AII）的"工业互联网体系架构"[7]。

ISO/IEC/IEEE 42010—2011是用于描述系统架构的一套标准，它定义了架构视图、架构描述及架构语言，用以指导一个具体系统架构的表述方式。工业互联网参考架构的定义遵循该标准。2015年6月，美国工业互联网联盟（IIC）发布了工业互联网参考架构（IIRA）1.0版本。按照ISO/IEC/IEEE 42010—2011关于架构描述的标准参考架构包括商业视角、使用视角、功能视角和实施视角四个层级，并论述了系统安全、信息安全、弹性、互操作性、连接性、数据管理、高级数据分析、智能控制、动态组合九大系统特性[8]。

2015年3月，德国工业4.0工作组正式发布了工业4.0参考架构模型（RAMI4.0），它是一个从架构、层级和产品生命周期/价值链等级三个维度，分别对"工业4.0"进行多角度描述的框架模型。RAMI4.0的第一个维度是在IEC 62264企业系统层级架构的标准基础之上，补充了产品或工件的内容，并由企业内部拓展至企业外部的互联，从而体现"工业4.0"针对产品服务和企业协同的要求。第二个维度是信息物理系统的核心功能，以各层级的功能来进行体现，分为业务层、功能层、信息层、通信层、集成层、资产层（机器、设备、零部件等）。第三个维度是产品生命周期/价值链，即从产品全生命周期视角出发，描述了以零部件、机器和工厂为典型代表的工业要素从虚拟原型到实物的全过程。

中国工业互联网产业联盟认为工业互联网的核心是基于全面互联而形成数据驱动的智能，在参考美国工业互联网参考架构IIRA、德国RAMI4.0、日本IVRA的基础上于2016年8月发布了工业互联网体系架构1.0[9]。工业互联网体系架构1.0提出以"网络""数据"和"安全"作为工业互联网共性基础和支撑的工业互联网体系架构，如图3-3所示。其中"网络"是工业数据传输交换和工业互联网发展的支撑，"数据"是工业智能化的核心驱动，"安全"是网络与数据在工业中应用的重要保障。基于三大体系，工业互联网重点构建了三大优化闭环，即面向机器设备运行优化的闭环，面向生产运营决策优化的闭环，以及面向企业协同、用户交互与产品服务优化的全产业链、全价值链的闭环，并进一步形成智能化生产、网络化协同、个性化定制、服务化延伸等四大应用模式。

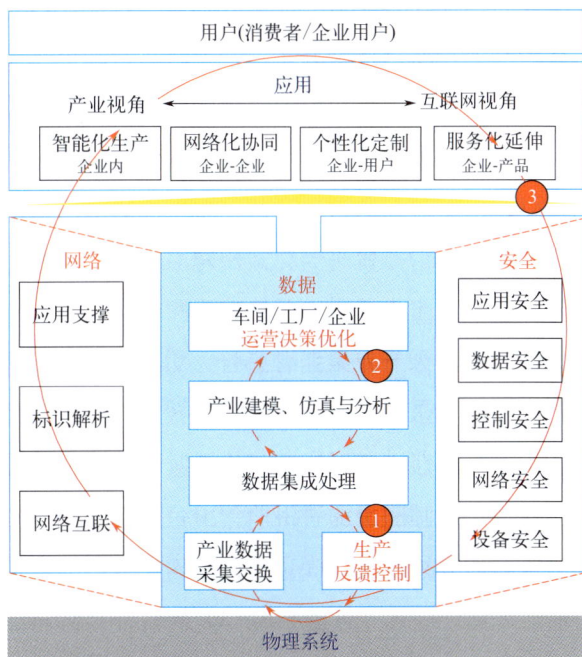

图3-3 工业互联网体系架构1.0

之后，经不断总结经验并修订完善，于2019年8月发布了工业互联网体系架构2.0[10]。在工业互联网体系架构2.0的研究设计中，一方面充分参考了主流的架构设计方法论，包括以ISO/IEC/IEEE 42010为代表的系统与软件工程架构方法论和以开放组体系结构框架（TOGAF）、美国国防部体系架构框架（DoDAF）为代表的架构方法论，以提升架构设计的科学性和体系性；另一方面借鉴现有相关参考架构的设计理念与关键要素，包括以工业互联网参考架构（IIRA）为代表的软件架构，以"工业4.0"架构（RAMI 4.0）和工业价值链参考架构（IVRA）为代表的工业架构，和以物联网参考架构（ISO/IEC 30141）为代表的通信架构[11]。

如图3-4所示，工业互联网体系架构2.0包括业务视图、功能架构、实施框架三大板块，形成以商业目标和业务需求为牵引，进而明确系统功能定义与实施部署方式的设计思路，自上而下层层细化和深入。

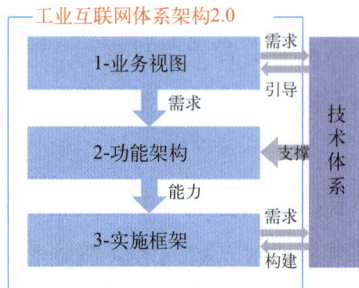

图3-4　工业互联网体系架构2.0

业务视图明确企业应用工业互联网实现数字化转型的目标、方向、业务场景及相应的数字化能力。业务视图首先提出了工业互联网驱动的产业数字化转型的总体目标和方向，以及这一趋势下企业应用工业互联网构建数字化竞争力的愿景、路径和举措。这在企业内部将会进一步细化为若干具体业务的数字化转型策略，以及企业实现数字化转型所需的一系列关键能力。业务视图主要用于指导企业在商业层面明确工业互联网的定位和作用，提出的业务需求和数字化能力需求对于后续功能架构设计是重要指引。

功能架构明确企业支撑业务实现所需的核心功能、基本原理和关键要素。功能架构首先提出了以数据驱动的工业互联网功能原理总体视图，形成物理实体与数字空间的全面连接、精准映射与协同优化，并明确这一机理作用于从设备到产业等各层级，覆盖制造、医疗等多行业领域的智能分析与决策优化。然后细化分解为网络、平台、安全三大体系的子功能视图，描述构建三大体系所需的功能要素与关系。功能架构主要用于指导企业构建工业互联网的支撑能力与核心功能，并为后续工业互联网实施框架的制定提供参考。

实施框架描述各项功能在企业落地实施的层级结构、软硬件系统和部署方式。实施框架结合当前制造系统与未来发展趋势，提出了由设备层、边缘层、企业层、产业层四层组成的实施框架层级划分，明确了各层级的网络、标识、平台、安全的系统架构、部署方式以及不同系统之间的关系。实施框架主要为企业提供工业互联网具体落地的统筹规划与建设方案，进一步可用于指导企业技术选型与系统搭建。

3.1.3 关键技术

3.1.3.1 工业互联网网络层

工业互联网网络体系由网络互联、数据互通和标识解析三部分组成。网络互联实现要素之间的数据传输，数据互通实现对要素之间传输信息的相互理解，标识解析实现要素的标记、管理和定位[12]。如图3-5所示为工业互联网功能视图网络体系框架。下面对网络互联和数据互通进行介绍。

图3-5 工业互联网功能视图网络体系框架

（1）网络互联 网络互联，即通过有线、无线方式，将工业互联网体系相关的人、机、料、法、环以及企业上下游、智能产品、用户等全要素连接，支撑业务发展的多要求数据转发，实现端到端数据传输。网络互联根据协议层次由底向上可以分为多方式接入、网络层转发和传输层端到端数据传输。

多方式接入包括有线接入和无线接入，通过现场总线、工业以太网、PON、TSN等有线方式，以及5G/4G、Wi-Fi/Wi-Fi6、WIA、WirelessHART、ISA100.11a等无线方式，将工厂内的各种要素接入工厂内网，包括人员（如生产人员、设计人员、外部人员）、机器（如装备、办公设备）、材料（如原材料、在制品、制成品）、环境（如仪表、监测设备）等；将工厂外的各要素接入工厂外网，包括用户、协作企业、智能产品、智能工厂以及公共基础支撑的工业互联网平台、安全系统、标识系统等。

网络层转发实现工业非实时数据转发、工业实时数据转发、网络控制、网络管理等功能。工业非实时数据转发功能主要完成无时延同步要求的采集信息和管理数据的传输。工业实时数据转发功能主要传输生产控制过程中有实时性要求的控制信息和需要实时处理的采集信息。网络控制主要完成路由表/流表生成、路径选择、路由协议互通、ACL配置、QoS配置等功能。网络管理功能包括层次化的QoS、拓扑管理、接入管理、资源管理等功能。

传输层端到端数据传输功能基于TCP、UDP等实现设备到系统的数据传输。管理功能实现传输层的端口管理、端到端连接管理、安全管理等。

（2）数据互通　数据互通实现数据和信息在各要素间、各系统间的无缝传递，使得异构系统在数据层面能相互"理解"，从而实现数据互操作与信息集成。数据互通包括应用层通信、信息模型和语义互操作等功能。

应用层通信通过OPC UA、MQTT、HTTP等协议，实现数据信息传输安全通道的建立、维持、关闭，以及对支持工业数据资源模型的装备、传感器、远程终端单元、服务器等的节点进行管理。

信息模型是通过OPC UA、MTConnect、YANG等协议，提供完备、统一的数据对象表达、描述和操作模型。

语义互操作通过PLCopen、AutoML等协议，实现工业数据信息的发现、采集、查询、存储、交互等功能，以及对工业数据信息的请求、响应、发布、订阅等功能。

3.1.3.2　工厂外网关键技术

工厂外网指以支撑工业全生命周期各项活动为目的，满足工厂数据、工业应用、工厂业务需要的工厂与云平台或者其他网络互联的需求，用于连接企业上下游、企业多分支机构、企业与云应用/云业务、企业与智能产品、企业与用户之间的网络。企业通过IT系统与互联网融合、OT系统与互联网融合、服务与互联网融合、企业专网与互联网融合四个模式上云。企业信息化典型场景对于工厂外网的技术需求，包含工业实体的互联网接入需求，跨区域之间的互联与隔离需求，工业网络与混合云互联的需求，工业互联网对广域承载网络的差异化需求（QoS、安全/保护等）[13]。

为实现网络多租户及用户资源定制能力，基础设施/设备需要支持网络功能虚拟化（NFV），从设备层面实现资源虚拟化；网络层面需要通过SDN技术理念，实现控制和承载分离；网络控制与编排层面需要支持通过API向用户开放网络能力。为支持海量设备接入（多为无线方式），需要5G和IPv6的部署。

软件定义网络（software defined network，SDN）将控制平面与数据平面分离，将逻辑集中在基于软件的控制器中。SDN能够随时监视网络的状态，以方便动态环境中的及时决策。

工业领域中业务场景复杂多样，需要具有海量连接、低时延的网络连接技术来实现人—机—物之间的互联互通。5G作为最新一代蜂窝移动技术，具有海量连接、高可靠、低时延等特点，是工业互联网实现全面连接的基础，能够应用于增强移动宽带（enhanced mobile broadband，eMBB）、海量机器类通信（massive machine type communication，mMTC）、超高可靠低时延通信（ultra reliable low latency communication，uRLLC）三大场景。目前，5G+基于SDN/NFV的骨干网络是工业互联网的发展方向。

目前的工业控制网络主要局限在局域网的范围，不能满足跨局域网、多实时边缘网络互连的确定性业务传输需求，而传统的MPLS VPN专线与基于OTN的光网专线仅仅能够满足一般性的业务需求。IETE的DetNet工作组目前正在解决这个问题。DetNet（确定性网络）目标是在第二层桥接和第三层路由段上，实现确定传输路径，这些路径可以提供时延、丢失分组和抖动的最坏情况界限，以此提供确定的时延。与TSN相比，DetNet的工作范围更加广泛，通过MPLS/IP技术，以期实现三层的确定性传输。如图3-6所示为工业互联网技术体系。

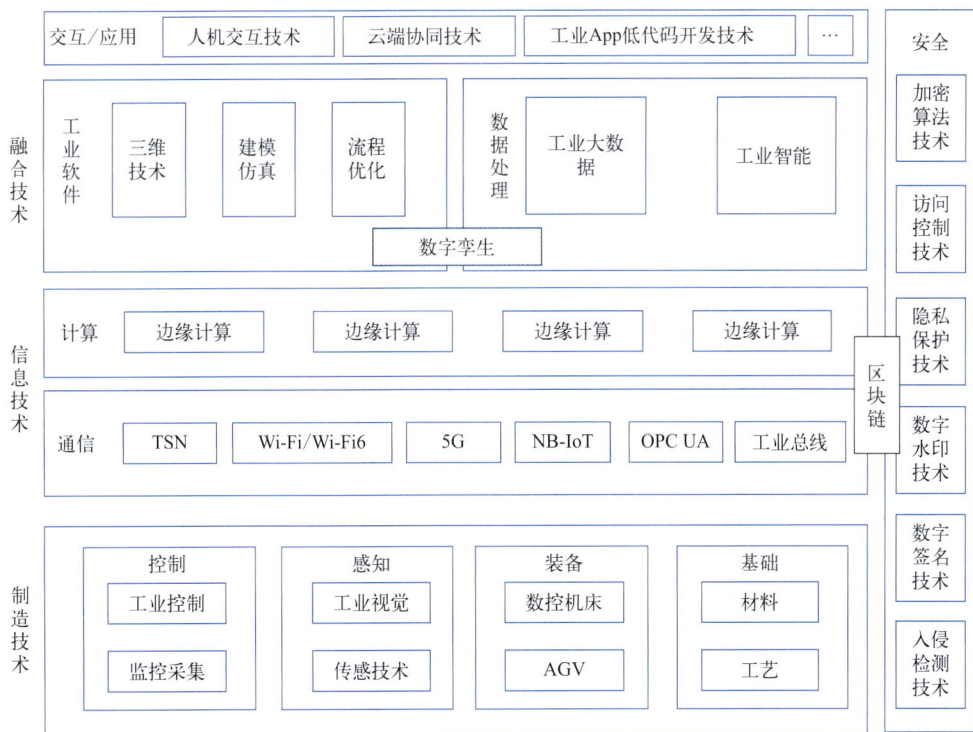

图3-6　工业互联网技术体系

3.1.3.3 工厂内网关键技术

工厂内网指在工厂或园区内部，满足工厂内部生产、办公、管理、安防等连接需求，用于生产要素互联以及企业IT管理系统之间连接的网络。"工业4.0"时代，网络层面为适应智能制造发展，应促使工厂内部网络呈现扁平化、IP化、无线化及灵活组网的特点。

作为统一工业以太网标准，TSN（时间敏感网络）是IEEE 802.1工作组正在研究制定的一系列标准。TSN成为业界共识的工控通信网络向1G接口演进的解决方案；由IEC制定多个工业以太网标准，转变为由IEEE-802制定唯一标准；IETF、IEC等多个标准组织基于TSN制定统一标准体系。同时，TSN改变了原有工业控制网络应用支撑能力差的弱点，实现了"网络+控制"向"网络+控制/应用"的转变。TSN具有有界低延时、低抖动、极低数据丢失率的能力。SDN与TSN具有显著改善工业互联网许多计算能力和网络应用场景的真正潜力，将SDN与TSN的发展与实际的服务需求保持一致至关重要。

工业领域的部分控制场景对计算能力的高效性有严格要求，需要将计算资源部署在工业现场附近以满足业务高效、实时的需求。边缘计算靠近数据源头或者物的网络边缘侧，融合了网络、应用核心能力、计算存储的开放平台，有低时延、高效、近端服务、低负载等优点，能够就近提供边缘智能服务，是工业互联网不可或缺的关键性环节。在实现工业生产过程的全流程优化的过程中，需要实现物理实体和虚拟模型间的虚实交互，以及保证工业生产安全。数字孪生技术通过算法模型对数据进行分析、认知，以达到对生产过程的优化，具有数据驱动、模型支撑、软件定义、精准映射及智能决策等优点。

工业PON采用先进的无源光纤通信技术，和工厂自动化融合构建新兴的网络平台，是构建未来智能工厂的基础，可以有效解决智能工厂和数字车间的通信交流，构建安全可靠的工厂内网，完成智能制造基础设备、工艺、物流、人员等各方面基础信息采集，解决困扰企业的工业协议繁多和异构网络互联问题，实现工业现场协议的灵活转换和统一格式，同时为企业上云做好基础网络和数据服务[14]。

工业PON基于广泛应用部署的公众PON，在技术成熟度、产业链可控性、规模成本等方面具备优势。同时，针对工业场景的环境指标、性能功能、物理接口、安全性、网络可用性等方面的个性化需求，对工业PON设备均进行了有针对性的研发和优化，可以全面满足工业场景中的各类能力要求，适用于承载不同规模的离散型、流程型制造业的各类工厂内网业务。通过工业PON终端设备提供工业场景中的不同类型的物理接口，可为工业控制、信号量监控、数据传输、语音通信、视频监控、无线网络承载等各种业务应用提供支持。

EPON 在工业互联网体系架构中处于车间级网络位置，通过工业级 ONU 设备实现光网络到设备层的连接，通过光分配网络（ODN）实现工业设备数据、生产数据等到 OLT 的汇聚，最终通过 OLT 与企业网络的对接，从而实现产线数据到工厂/企业 IT 系统的可靠有效传输。如图 3-7 所示为工业互联网分层架构。

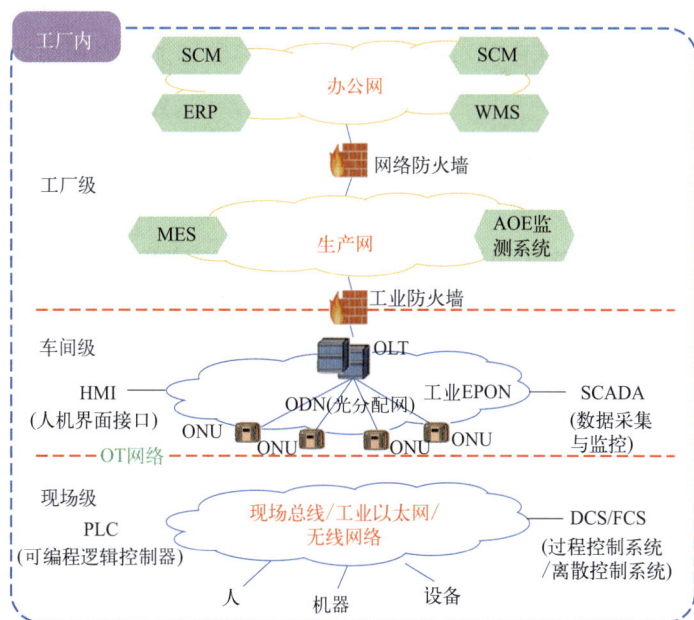

图3-7　工业互联网分层架构

3.1.4　工业互联网未来趋势

3.1.4.1　工业数据驱动的应用

工业数据包括企业信息化数据、工业物联网数据，以及外部跨界数据。而高端制造大数据不仅包含制造业领域信息化系统所管理的业务数据，还包括来自机器设备的监测数据以及跨产业链的外部数据。从工业大数据图解来看，现在的工业大数据已经超越了当年 GE 在 2012 年白皮书里所提到的定义和内涵。近年来由人产生的数据的规模比例正逐步降低，机器数据所占据的比例越来越大。

未来，工业大数据的显著特征就是多模态、高通量和强关联。在多模态里会围绕产品的全生命周期，把上下游的数据集成起来，然后在新的智能化联网设备中收集大量的传感器数据。

例如，在矿山的经营过程中（图3-8）存在大量装备，而且都是按计划生产。那么智慧矿山未来可以通过工业大数据直接感知市场需求，之后通过市场分析，了解哪一种铁矿石在市场上价格最高、需求量最大，然后实时将决策命令下达到工程装备上进行操作。这就是跨尺度的信息集成和优化，也就是将当前的市场需求通过数据挖掘出来，直接传达到设备上变成行为和操作。

图3-8　未来智慧矿山的场景图

3.1.4.2　工业数字孪生

在工业互联网中，通过生产设备之间的广泛连接获取生产数据，并对其进行整合、分析和决策，以达到生产过程的全流程优化。在此过程中，需要实现物理实体和虚拟模型间的虚实交互以及保证工业生产安全。数字孪生（DT）技术通过算法模型对数据进行分析、认知，以达到对生产过程的优化，具有数据驱动、模型支撑、软件定义、精准映射及智能决策等优点。

工业数字孪生是以数据与模型的集成融合为核心的新模式，通过在数字空间构建物理对象的精准数字化映射，基于分析预测形成最佳综合决策，实现工业全业务流程的闭环优化，如图3-9所示。但是，数字孪生目前仍是一个新兴的技术，在很多方面仍处于探索阶段，如建模工作量大、周期长，针对不同场景需要设计不同数据分析模型等。未来，工业互联网架构2.0的推广及应用将极大促进DT技术的发展，DT技术的应用也反过来推动工业互联网的发展，以此驱动工业互联网生产方式和制造模式的全新变革。

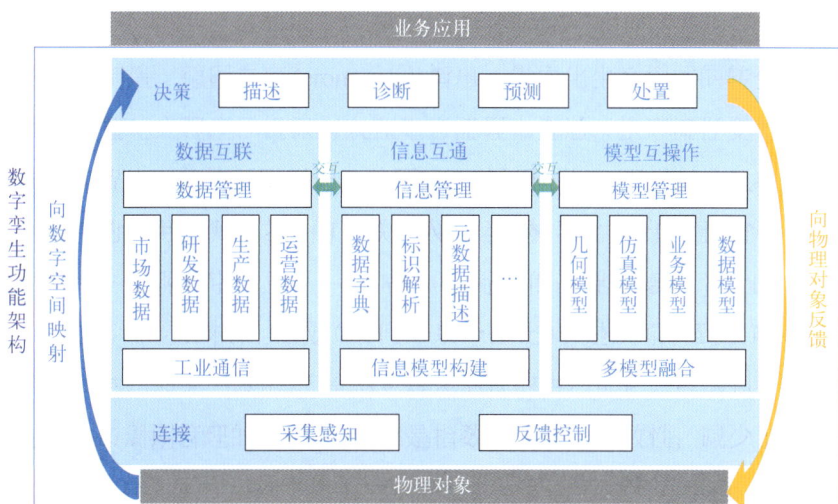

图3-9　工业数字孪生功能架构

3.1.4.3　网络化控制新模式

工业控制主要负责根据决策信息监控和控制生产过程中的机械和设备，同时对企业内部各工业制造系统（如ERP系统、MES或PLM系统等）进行逻辑上的智能控制，包括参数提交、决策执行、时间同步以及误差修正等，以实现整个工业生产过程的自动化执行。因此，工业控制系统在工业生产中发挥着非常重要的作用。近年来工业控制系统正在向智能化、柔性化发展，目前已在很多工业生产领域进行了初步应用，如无人驾驶系统、智能电网巡检等。现有面向物理控制对象的工业控制系统主要包括数据采集系统（SCADA）、分布式控制系统（DCS）、可编程逻辑控制器（PLC），以及其他控制系统等。

网络化控制系统（networked control system，NCS）近年来的发展解决了传统控制系统存在的一些典型问题，如点对点方式的信号传输、抵抗干扰能力很差、系统组装和后期保养不方便等，凸显了远距离控制、布线成本低、系统容易扩展、灵活性较高等优势，在诸如航空航天、智能化制造、远距离医疗、应对特殊环境等领域中得到了非常广泛的应用。

3.2　5G

5G作为新一代的移动通信技术，相比4G，在空口容量、传输时延及连接数量等方面都有了很大的提升，接下来我们从标准、技术及发展趋势方面分别进行介绍。

3.2.1　标准发展与现状

5G标准的第一个版本R15面向2020年大规模商用的目标，在2018年正式冻结。R15版本包含三个子版本，主要面向增强移动宽带（eMBB）、超高可靠低时延通信（uRLLC）及海量机器类通信（mMTC）场景。由于时间和认识的限制，R15不能完全满足所有未来可能出现的场景的业务需求，特别是一些极致可靠性的要求，需要后续标准不断增强、完善，以保证5G的竞争力[15]。

为进一步提升5G能力和拓展网络功能，在R15基础上，对原有功能（移动性、MIMO、UE节能、双连接合载波聚合等）进行增强。此外，在面向垂直行业应用方面进行了新功能（uRLLC增强、5G LAN、5G V2X、NR定位、NR-UD等）扩展[16]。R16主要包含三个方面的内容，增强网络性能和技术竞争力，为用户带来更优质的业务体验，支持更广阔的垂直行业应用。R16演进有助于进一步提升5G网络服务质量，继续拓展5G的应用场景。但同时，5G未来的大规模应用也需要解决频谱资源紧张、终端和基站功耗大、高移动性增多和远端基站干扰等问题。现有频谱资源将被用尽，如何挖掘更多的频谱，拓展新的频谱空间以满足业务对数据的要求，是切实需要解决的问题。3GPP 2020年7月发布R16完整版标准，标志着5G第一个演进版本标准完成，这也是第一个完整的5G标准版本，能够满足ITU提出的eMBB、uRLLC及mMTC三大场景对网络性能的需求[17]。近两年的5G行业级应用主要面向eMBB应用场景，面向uRLLC和mMTC工业物联网方向的R16版本的冻结，将进一步增强5G更好服务于行业应用的能力。

R17是针对前两个5G标准版本的持续推进，为5G系统的多项基础性技术带来更多增强特性，从多个方面推动技术发展，包括容量、覆盖、时延、能效和移动性[18]。首先，有更多更高频段可以使用。以前的毫米波频段FR2-1能够提供800MHz的带宽，现在FR2-2的带宽可以高达1.6GHz，甚至可以到2GHz。其次，可以利用子载波间隔（subcarrier spacing，SCS）的扩展，把子帧间隔从120kHz扩展到480kHz或者是960kHz，实现更大带宽的支持。再有，还可以利用同步信号块（SSB），在初始介入的时候就进行扩展。子帧间隔的扩展是能够直接帮助提高带宽的技术[19]。此外，60GHz是免许可频谱，需要先听后发（listen before talk，LBT）技术的支持。R17还引入了单向的先听后发，以及无先听后发，这样在某些特定的环境中可以不用先听后发，而是直接发。R17及之后的演进主要围绕垂直行业应用功能拓展进行研究。

在5G网络部署方面，根据GSA（全球移动供应商协会）统计，截至2022年9月中旬，全球44个国家和地区已有101家运营商推出了符合3GPP标准的商用5G服务。

全球129个国家和地区的397家运营商已宣布对5G进行投资，这些网络处于不同的状态，如规划、测试、试验、试点或实际部署。我国国家层面高度重视5G发展，国家"十三五"规划要求加快构建高速、移动、安全、泛在的新一代信息基础设施，积极推进5G商用。《国家信息化发展战略纲要》要求2020年我国5G研发和标准制定要有突破进展。《"十三五"国家信息化规划》中，十六次提到了"5G"。《国务院关于进一步扩大和升级信息消费持续释放内需潜力的指导意见》要求进一步扩大和升级信息消费。

3.2.2　5G的技术特征及应用部署方案

ITU为5G定义了增强移动宽带、海量机器类通信、超高可靠低时延通信三大应用场景。下面将详细介绍这三大场景的应用及部署方案。

3.2.2.1　增强移动宽带（eMBB）

（1）应用及要求标准　eMBB典型应用包括超高清视频、虚拟现实、增强现实等。这类场景首先对带宽要求极高，关键的性能指标包括100Mbit/s用户体验速率（热点场景可达1Gbit/s）、数十吉比特/秒峰值速率、每平方千米数十太比特/秒的流量密度、每小时500km以上的移动性等；其次，涉及交互类操作的应用还对时延敏感，例如虚拟现实沉浸体验对时延要求在10ms量级[20]。

3GPP的技术文档TR22.891和TR38.913对具体的业务指标进行了相关的描述：

① 对于慢速移动用户，用户的体验速率要达到1Gbit/s量级；

② 对于高速移动或者信噪比比较恶劣的场景，用户的体验速率至少要达到100Mbit/s；

③ 业务密度最高可达Tbit/s/km^{2}量级；

④ 对于高速移动用户，最高需要支持500km/h的移动速度；

⑤ 用户平面的延时需要控制在4ms。

（2）网络部署方案

① 网络性能要求　根据5G业务目标定义和应用场景，3GPP对5G网络关键性能指标（key performance indicators，KPI）进行了定义，并给出了明确的要求，该KPI指标为网络规划确定了目标。

② 终端支持情况　3GPP首先确定了5G eMBB场景的信道编码技术方案。其中，Polar码作为控制信道的编码方案；LDPC码作为数据信道的编码方案。因此，支持

eMBB应用的终端也成为5G初期的主要终端产品形态。如图3-10所示为eMBB网络架构。

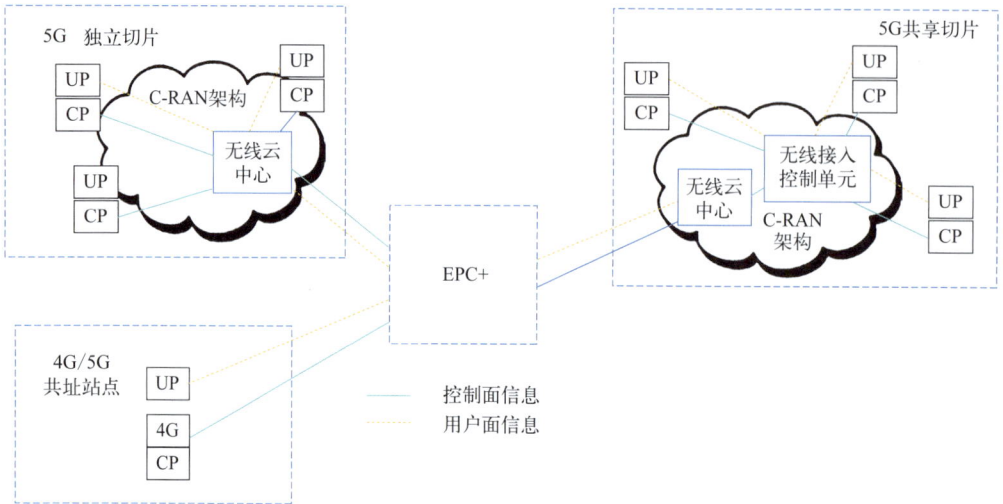

图3-10 eMBB网络架构

③ 频率部署方案　eMBB场景要满足流量增长和速率增长的发展需求，需要能提供超高速率，需要新增的频谱才能满足要求，为了兼顾覆盖和容量需求，需要在中低频段有所收获，尤其是6GHz以上较宽的连续频段。频率主要来自毫米波频段，希望可以获得1GHz以上的频段，在厘米波频段，希望可以获得几百兆赫兹频段。由于需要更多频谱提供容量，LAA、LSA等方式都可以作为专有频率的补充。

④ 网络部署方案　eMBB应用可以作为5G网络建设初期的试点应用，作为运营商探索和验证5G网络各项关键技术的切入点。在网络部署时，需要考虑与4G网络的融合，可采取4G网络逐步演进的部署方案，分步骤分阶段完成网络建设工作。4G网络将与5G网络长期共存，特别是在5G网络建设初期，需要实现5G和LTE技术互操作。在该阶段，控制面信息通过4G站点传输，5G站点主要提供用户面的容量提升。eMBB业务的接入由4G网络和5G网络共同承担。

3.2.2.2　海量机器类通信（mMTC）

（1）应用及要求标准　mMTC典型应用包括智慧城市、智能家居等。这类应用对连接密度要求较高，同时呈现行业多样性和差异化。智慧城市中的抄表应用要求终端低成本低功耗，网络支持海量连接的小数据包；视频监控不仅部署密度大，还要求终端和网络支持高速率；智能家居业务对时延要求相对不敏感，但终端可能需要适应高温、低温、振动、高速旋转等不同家居电器工作环境的变化。在3GPP技术文档TR22.891中，对于传感器类的 MTC 要求 100 万连接数 / 平方千米。

（2）网络部署方案　为了有效促进大规模以较低的数据传输速率零星地传输小数据包的传感器节点的应用，考虑采用新的物理层接入方式。由于在 mMTC 中主要涉及的通信场景大部分为上行链路传输，可以采用星型拓扑结构的传感器网络。如图 3-11 所示为具有多个接入用户和一个基站的上行链路通信场景，其中，用户为普通的传感器节点，仅负责将测量到的数据传送到中心节点（基站），中心节点再进行进一步的分析处理，根据检测算法求解得到用户数据和用户活动信息[21]。

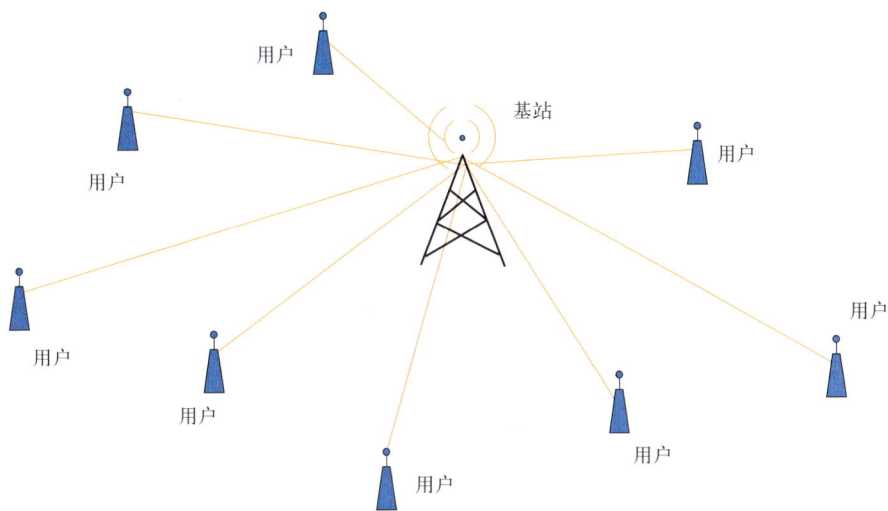

图 3-11　mMTC 星型拓扑结构

3.2.2.3　超高可靠低时延通信（uRLLC）

（1）应用及要求标准　uRLLC 典型应用包括工业控制、无人机控制、智能驾驶控制等。这类场景对时延极其敏感，如自动驾驶实时监测要求毫秒级的时延，汽车生产、工业机器设备加工制造时延要求为 10ms 级别。具体性能要求在 3GPP 技术文档 TR22.891 中进行了相关的描述：

① 低时延，小于 1ms；

② 超可靠，至少保证误包率 $<10^{-4}$；

③ 对于高速移动场景如无人机控制，需要保证在飞行速度为 300km/h 时能提供上行 20Mbit/s 的传输速率。

（2）网络架构　为满足 uRLLC 业务端到端 1ms 的时延（比如自动驾驶），必须将核心网元负责业务路由的功能下移，直接部署在接入侧。网络架构里必将引入网络切片、移动 / 多接入边缘计算（mobile/multi-access edge computing，MEC）、控制面和用户面分离及用户面网关用户面功能（user plane function，UPF）下沉等技术[22]（图3-12）。

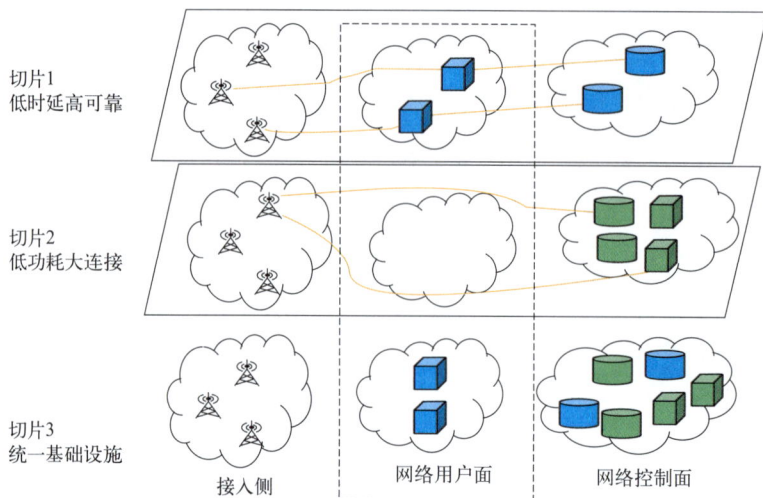

图3-12　uRLLC网络架构

① 网络切片　根据SA2对于网络切片的定义，网络切片是一个提供特定网络能力与网络特性的逻辑网络。网络切片包含核心网与接入网切片，范围涵盖切片架构、切片选择、切片漫游等。网络切片最重要的特性是按需定制网络，并实现端到端隔离，使得网络资源利用率最大化。

② MEC　MEC技术使得传统无线接入网具备了业务本地化、近距离部署的条件，无线接入网从而具备了低时延、高带宽的传输能力，有效缓解了未来移动网络对于传输带宽及时延的要求。同时，业务面下沉即本地化部署可有效降低网络负荷以及对网络回传带宽的需求，实现缩减网络运营成本的目的。除此之外，业务应用的本地化部署使得业务应用更靠近无线网络及用户本身，更易于实现对网络上下文信息（位置、网络负荷、无线资源利用率等）的感知和利用，从而可以有效提升用户的业务体验。更进一步，运营商可以通过MEC平台将无线网络能力开放给第三方业务应用以及软件开发商，为创新型业务的研发部署提供平台。

MEC对于5G网络架构的影响主要体现在用户面，包括业务的分流、连续性保障、UPF的选择和重选，此外对能力开放、QoS和计费等也有影响。对于uRLLC业务，通过在无线接入侧部署通用服务器，将原本的多跳通信控制在一跳以内，使得端到端1ms的时延成为可能[23]。

③ 控制与承载分离　控制与承载分离实现移动网络控制功能与转发功能的完全分离，构建高效聚合的控制面和灵活部署的分布式转发面。控制面集中，减少向上接口，增强向下接口可扩展性；承载面可分布式灵活部署，提高转发效率。靠近网络边缘部

署，实现本地流量分流，支持端到端毫秒级时延；靠近网络中心部署，支持广域移动性。通过控制与承载分离，可进一步实现用户面转发的扁平化，减少数据转发时延，提升网络转发性能，如图3-13所示。对于uRLLC业务，将转发面进一步下沉到基站侧，由通用的两层变一层转发进一步降低时延。

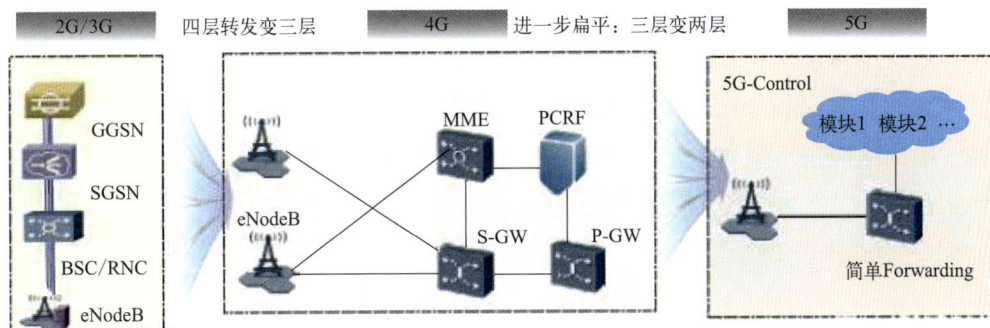

图3-13　控制与承载分离

3.2.3　5G关键技术发展趋势

5G通信技术不论是在智能化方面还是在灵活度方面，都比传统的网络技术使用的组网结构有很大的改进。但是想要真正赋能千行百业，还要面对关键技术突破和投资收益等诸多难题。

① 5G建设投入巨大且回收周期长。相关测算表明，为了达到理想的响应速率，5G基站数量将至少是4G的2倍，5G基站成本也将超过4G基站的2倍，功耗则是4G基站的3倍，单从基站建设角度看，5G投资大约是4G的1.5倍，全国总体投资规模将达到1.2万亿元，投资周期超过8年，巨大的投资对运营商的5G建设造成了不小的压力。一方面，截止到2019年，运营商4G累计投资达到8000亿元，至今未收回成本。另一方面，在ICT产业变革的大趋势下，电信运营商主营业务管道化趋势明显，增收困难。对于运营商来说，5G建设的资金缺口较大。此外，我国2G、3G网络仍在使用中，多代移动通信网络制式的存在增加了运营商的OPEX，亟待优化。

② 5G与垂直行业的融合、应用、创新面临挑战[24]。通信业与其他垂直行业之间缺乏有效的交流沟通平台。前几代移动通信系统主要是满足"人"的通信、上网、社交等需求，运营商与其他垂直行业鲜有深入交流，无法准确获知各垂直行业的需求，这是对未来5G有效赋能垂直行业的考验。同时，各垂直行业本身的需求千差万别，难以复制消费互联网时代的成功经验。例如铁路、电力、应急、安全等领域所需的通信系统性能和解决方案都不一样，难以在一个成功案例的基础上大规模复制和推广。此外，许多垂

直行业目前还看不到5G在其行业的应用价值，并且5G时代的商业模式也不明朗，这需要运营商与垂直行业一起去探讨和挖掘。

③ 5G融合应用商业盈利模式尚不明晰。打造适合5G应用的商业模式是5G成功的基础，当前我国5G商业盈利模式还未明晰。一是某些垂直行业对于5G网络建设及应用的认知不够全面，认为这是通信运营商的业务范畴，与自身关系不大，一定程度上造成通信业与垂直行业商业需求对接不够，收费体系的行业特征统计不全面[25]。二是各垂直行业相对独立和分散，5G融合应用的需求挖掘不足，5G需求呈现一定的碎片化状态，不同的应用场景的成本和效果差异较大，收费盈利模式、创新融合难度大，进展比较缓慢。三是当前5G网络主要面向行业应用，但垂直行业客户、主管部门、各地政府、产业园区及应用产业环节参与力度仍然有限，对于5G商业模式相关标准的制定提高了难度。

④ 关键技术仍需不断发展。主要表现在如下几个方面：

a. 标准虽然已经对uRLLC与mMTC做了完善的定义，但是支持其的芯片迟迟没有发布；

b. 5G终端模组，特别是与行业融合的终端模组严重不足，影响了5G在行业上的发展；

c. 行业除了大带宽、低时延的要求之外，传输的确定性与可靠性也是非常重要的指标，如何满足工业需求是不得不突破的关键技术；

d. 工业互联网中大量现有协议如总线、工业以太网等协议共存，5G赋能千行百业，必须实现与这些工业互联网的互通。

3.3　大数据与云计算

3.3.1　大数据

大数据是一种规模大到在获取、存储、管理、分析方面大大超出了传统数据库软件能力范围的数据集合，具有海量的数据规模、快速的数据流转、多样的数据类型和价值密度低四大特征。大数据技术的战略意义不在于掌握庞大的数据信息，而在于对这些含有意义的数据进行专业化处理。换言之，如果把大数据比作一种产业，那么这种产业实现盈利的关键，在于提高对数据的"加工能力"，通过"加工"实现数据的"增值"[26]。

当前，全球数据量仍处在飞速增长的阶段。如图3-14所示，根据国际权威机构

Statista的统计和预测，2020年全球数据产生量达到47ZB，而到2035年，这一数字将达到2142ZB，全球数据量即将迎来更大规模的爆发。随着数字经济在全球加速推进，以及5G、人工智能、物联网等相关技术的快速发展，数据已成为影响全球竞争的关键战略性资源。只有获取和掌握更多的数据资源，才能在新一轮的全球话语权竞争中占据主导地位。

图3-14　全球每年产生数据量估算图

3.3.1.1　大数据的特征

容量（volume）：数据的大小决定所考虑的数据的价值和潜在的信息。

种类（variety）：数据类型的多样性。

速度（velocity）：获得数据的速度。

可变性（variability）：妨碍了处理和有效地管理数据的过程。

真实性（veracity）：数据的质量。

复杂性（complexity）：数据量巨大，来源多渠道。

价值（value）：合理运用大数据，以低成本创造高价值。

3.3.1.2　我国大数据战略布局

如图3-15所示，自2014年以来，我国大数据战略的谋篇布局大致经历了四个不同阶段，正逐步从数据大国向数据强国迈进。

2014至2017年，国家大数据战略经历了最初的预热、起步后开始落地实施。2014年3月，"大数据"一词首次写入政府工作报告，大数据开始成为国内社会各界的热点。2015年8月，国务院印发的《促进大数据发展行动纲要》（国发〔2015〕50号）对大数据整体发展进行了顶层设计和统筹布局，产业发展开始起步。2016年3月，《中华人民共和国国民经济和社会发展第十三个五年规划纲要》（简称《十三五规划纲要》）正式提出"实施国家大数据战略"，国内大数据产业开始全面、快速发展。

预热阶段
"大数据"开始成为热点
★中国大数据政策元年
大数据首次写入政府工作报告

起步阶段
国家层面开始"大数据"顶层设计
国务院印发《促进大数据发展行动纲要》
★大数据上升国家战略

落地阶段
国家大数据战略
《十三五规划纲要》第二十七章"实施国家大数据战略"
工信部发布《大数据产业发展规划(2016-2020年)》

深化阶段
十九大报告提出推动大数据与实体经济深度融合
中央政治局就实施国家大数据战略进行集体学习
大数据连续6年写入政府工作报告

从"数据大国"迈向"数据强国"
《关于构建更加完善的要素市场化配置体制机制的意见》数据被正式列为新型生产要素
十九届四中全会首次公开提出数据可作为生产要素按贡献参与分配
★数据要素市场化配置上升为国家战略
《关于新时代加快完善社会主义市场经济体制的意见》提出加快培育发展数据要素市场

2014年3月　2015年8月　2016年3月　2016年12月　2017年10月　2017年12月　2019年3月　2019年10月　2020年4月　2020年5月

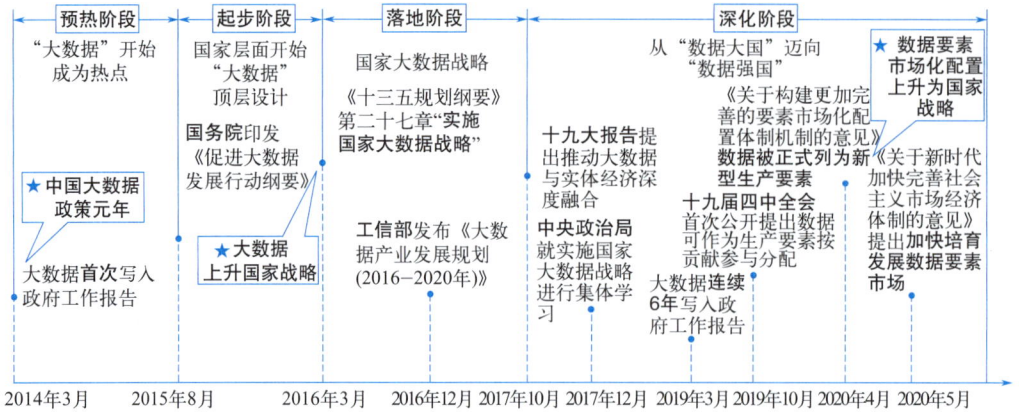

图3-15　我国数据战略的布局历程

随着国内大数据相关产业体系日渐完善，各类行业融合应用逐步深入，国家大数据战略走向深化阶段。2017年10月，党的十九大报告中提出推动大数据与实体经济深度融合，为大数据产业的未来发展指明了方向。2019年3月，政府工作报告第六次（连续6年）提到"大数据"，并且有多项任务与大数据密切相关。

进入2020年，数据正式成为生产要素，战略性地位进一步提升。4月9日，中共中央、国务院印发《关于构建更加完善的要素市场化配置体制机制的意见》，将"数据"与土地、劳动力、资本、技术并称为五种要素，提出"加快培育数据要素市场"。5月18日，中共中央和国务院在《关于新时代加快完善社会主义市场经济体制的意见》中进一步提出加快培育发展数据要素市场，这标志着数据要素市场化配置上升为国家战略，将进一步完善我国现代化治理体系，有望对未来经济社会发展产生深远影响。

3.3.1.3　大数据关键技术

大数据技术源于2000年前后互联网的高速发展。在时代背景下，数据特征的不断演变以及数据价值释放需求的不断增加，大数据技术已逐步演进为针对大数据的多重数据特征，围绕数据存储、处理计算的基础技术，同配套的数据治理、数据分析应用、数据安全流通等助力数据价值释放的周边技术组合起来，形成了整套技术生态。如今，大数据技术已经发展成为覆盖面庞大的技术体系，基础的技术包含数据的采集、数据预处理、分布式存储、NoSQL数据库、数据仓库、机器学习、并行计算、可视化等各种技术范畴和不同的技术层面。图3-16展示了大数据技术体系图谱及相关代表性的开源软件。

大数据时代，数据量大、数据源异构多样、数据实效性高等特征，催生了高效完成海量异构数据存储与计算的技术需求。在这样的需求下，面对迅速而庞大的数据量，传统集中式计算架构出现了难以突破的瓶颈，传统关系型数据库单机的存储及计算性能有

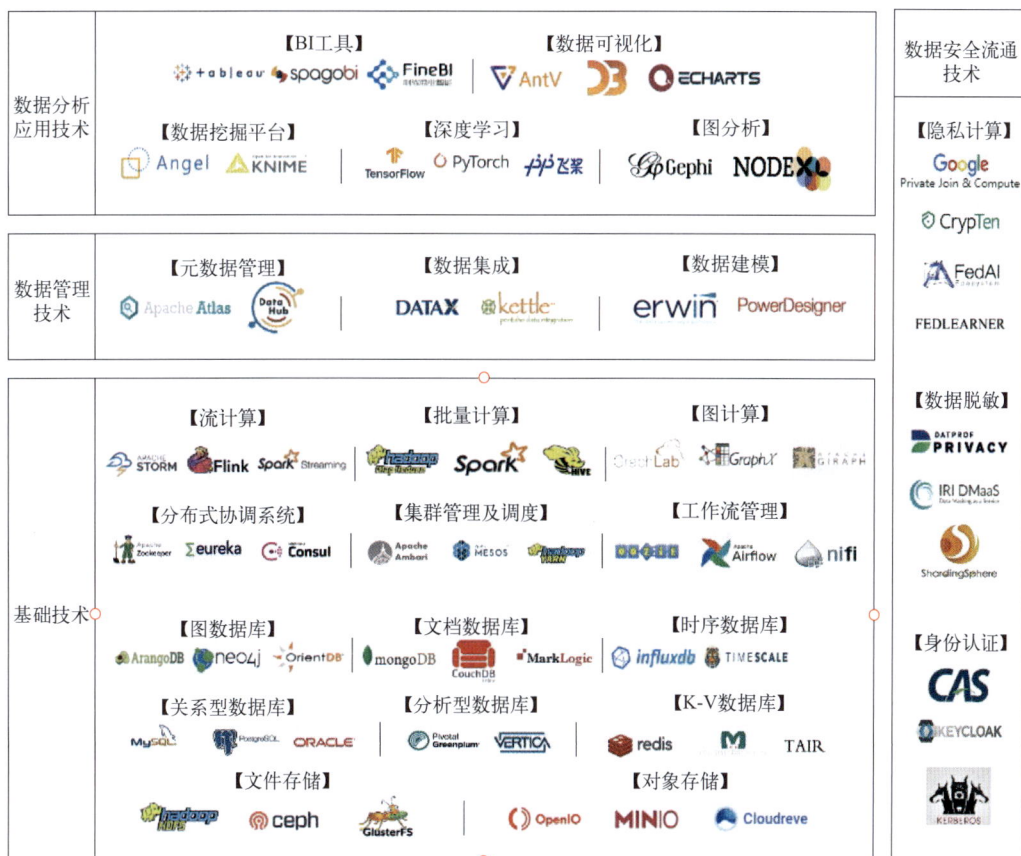

图3-16 大数据技术体系及主要开源软件

（来源：中国信息通信研究院）

限，出现了规模并行化处理（massively parallel processing，MPP）的分布式计算架构；面向海量网页内容及日志等非结构化数据，出现了基于Apache Hadoop和Spark生态体系的分布式批处理计算框架；面向对于时效性数据进行实时计算反馈的需求，出现了Apache Storm、Flink和Spark Streaming等分布式流处理计算框架。通用化的大数据处理框架主要分为以下几个方面：数据采集与预处理、数据存储、数据清洗、数据查询分析和数据可视化。

（1）数据采集与预处理　Flume-NG实时日志收集系统支持在日志系统中定制各类数据发送方，用于收集数据；Zookeeper是分布式的、开放源码的分布式应用程序协调服务，提供数据同步服务。

（2）数据存储　Hadoop作为一个开源的框架，专为离线和大规模数据分析而设计，HDFS作为其核心的存储引擎，已被广泛用于数据存储。HBase是一个分布式的、面向列的开源数据库，可以认为是HDFS的封装，本质是数据存储、NoSQL数据库。

（3）数据清洗　MapReduce作为Hadoop的查询引擎，用于大规模数据集的并行计算。

（4）数据查询分析　Hive的核心工作就是把SQL语句翻译成MR程序，可以将结构化的数据映射为一张数据库表，并提供HQL（Hive SQL）查询功能。Spark启用了内存分布数据集，除了能够提供交互式查询外，还可以优化迭代工作负载。

（5）数据可视化　对接一些BI平台，将分析得到的数据进行可视化，用于指导决策服务。

3.3.1.4　大数据的发展趋势

2020年以来，大数据技术环境发生了一些变化，一些新的技术趋势应运而生，重点呈现出以下几点趋势[27]。

（1）趋势一：数据的资源化　资源化，是指大数据成为企业和社会关注的重要战略资源，并已成为大家争相抢夺的新焦点。因而，企业必须要提前制定大数据营销战略计划，抢占市场先机。

（2）趋势二：与云计算的深度结合　大数据离不开云计算，云计算为大数据提供了弹性可拓展的基础设备，是产生大数据的平台之一。自2013年开始，大数据技术已开始和云计算技术紧密结合，预计未来两者关系将更为密切。除此之外，物联网、移动互联网等新兴计算形态也将一齐助力大数据革命，让大数据发挥出更大的影响力。

（3）趋势三：科学理论的突破　随着大数据的快速发展，就像计算机和互联网一样，大数据很有可能是新一轮的技术革命。随之兴起的数据挖掘、机器学习和人工智能等相关技术，可能会改变数据世界里的很多算法和基础理论，实现科学技术上的突破。

（4）趋势四：数据科学和数据联盟的成立　未来，数据科学将成为一门专门的学科，被越来越多的人所认知。各大高校将设立专门的数据科学类专业，也会催生一批与之相关的新的就业岗位。与此同时，基于数据这个基础平台，将建立起跨领域的数据共享平台，之后，数据共享平台将扩展到企业层面，并且成为未来产业的核心一环。

（5）趋势五：数据泄露泛滥　未来几年数据泄露事件的增长率也许会达到100%，除非数据在其源头就能够得到安全保障。可以说，在未来，很多企业都会面临数据攻击，无论其是否已经做好安全防范。而所有企业，无论规模大小，都需要重新审视当今的安全定义。在财富500强企业中，超过50%将会设置首席信息安全官这一职位。企业需要从新的角度来确保自身以及客户数据的安全，所有数据在创建之初便需要获得安全保障，而非在数据保存的最后一个环节，仅仅加强后者的安全措施已被证明是远远不够的。

（6）趋势六：数据管理成为核心竞争力　数据管理成为核心竞争力，直接影响财务表现。当"数据资产是企业核心资产"的概念深入人心之后，企业对于数据管理便有了更清晰的界定，将数据管理作为企业核心竞争力，持续发展、战略性规划与运用数据资产，成为企业数据管理的核心。数据资产管理效率与主营业务收入增长率、销售收入增长率显著正相关。此外，对于具有互联网思维的企业而言，数据资产竞争力所占比例为36.8%，数据资产的管理效果将直接影响企业的财务表现。

（7）趋势七：数据质量是商业智能（BI）成功的关键　采用自助式商业智能工具进行大数据处理的企业将会脱颖而出。其中要面临的一个挑战是，很多数据源会带来大量低质量数据。想要成功，企业需要理解原始数据与分析后的数据之间的差距，从而消除低质量数据并通过BI获得更佳决策。

（8）趋势八：数据生态系统复合化程度加强　大数据的世界不只是一个单一的、巨大的计算机网络，而且是一个由大量活动构件与多元参与者元素所构成的生态系统，是终端设备提供商、基础设施提供商、网络服务提供商、网络接入服务提供商、数据服务使能者、数据服务提供商、触点服务提供商、数据服务零售商等一系列的参与者共同构建的生态系统。如今，这样一个数据生态系统的基本雏形已然形成，接下来的发展将趋向于系统内部角色的细分，也就是市场的细分，系统机制的调整，也就是商业模式的创新，系统结构的调整，也就是竞争环境的调整等，从而使得数据生态系统复合化程度逐渐增强。

3.3.2　云计算

云计算是分布式计算的一种，指的是通过网络"云"将巨大的数据计算处理程序分解成无数个小程序，然后，通过多部服务器组成的系统处理和分析这些小程序，得到结果并返回给用户。早期云计算，简单地说，就是简单的分布式计算，解决任务分发，并进行计算结果的合并，因而云计算又称为网格计算。通过这项技术，可以在很短的时间内（几秒）完成对数以万计的数据的处理，从而提供强大的网络服务[28]。

现阶段所说的云计算已经不单单是一种分布式计算，而是分布式计算、效用计算、负载均衡、并行计算、网络存储、热备份冗杂和虚拟化等计算机技术混合演进并跃升的结果。

云计算从"十二五"开始成为国家新一代信息技术重点发展领域，其经历了从"十二五"的"平台建设"，到"十三五"的"夯实基础"，再到"十四五"时期"培育壮大产业"的阶段性发展。2021年发布的"十四五"规划中，数字中国建设被提到新的高度，云计算是重点产业之一，云计算软件将迎来新的发展。

3.3.2.1　云计算的优势与特点

云计算的可贵之处在于高灵活性、可扩展性和高性价比等。与传统的网络应用模式相比，云计算具有如下优势与特点。

（1）虚拟化技术　必须强调的是，虚拟化突破了时间、空间的界限，是云计算最为显著的特点。虚拟化技术包括应用虚拟和资源虚拟两种。众所周知，物理平台与应用部署的环境在空间上是没有任何联系的，是通过虚拟平台对相应终端进行操作完成数据备份、迁移和扩展等。

（2）动态扩展　云计算具有高效的计算能力，在原有服务器基础上增加云计算功能能够使计算速度迅速提高，最终实现动态扩展虚拟化的层次，以达到对应用进行扩展的目的。

（3）按需部署　计算机包含了许多应用，不同的应用对应的数据资源库不同，所以用户运行不同的应用需要不同的计算能力对资源进行部署，而云计算平台能够根据用户的需求快速部署计算能力及资源。

（4）灵活性高　目前市场上大多数IT资源、软硬件都支持虚拟化，比如存储网络、操作系统等。虚拟化要素统一放在云系统资源虚拟池当中进行管理，可见云计算的兼容性非常强，不仅可以兼容低配置机器、不同厂商的硬件产品，还能够通过外设获得更高的计算性能。

（5）可靠性高　服务器故障也不影响计算与应用的正常运行。因为单点服务器出现故障时，可以通过虚拟化技术将分布在不同物理服务器上面的应用进行恢复或利用动态扩展功能部署新的服务器进行计算。

（6）性价比高　将资源放在资源虚拟池中统一管理在一定程度上优化了物理资源，用户不再需要昂贵、存储空间大的主机，可以选择相对廉价的PC组成云，一方面减少了费用，另一方面计算性能不逊于大型主机。

（7）可扩展性　用户可以利用应用软件的快速部署条件来简单快捷地将自身所需的已有业务以及新业务进行扩展。例如，计算机云计算系统中出现设备故障，对于用户来说，无论是在计算机层面，亦或是在具体运用上均不会受到阻碍，可以利用计算机云计算具有的动态扩展功能来对其他服务器进行有效扩展。

3.3.2.2　我国云计算的战略布局

数字化转型和产业升级是大势所趋，云计算作为数字经济的基石，有望依托政策拐点，率先迎来行业景气度的新一轮提升。我国云计算的战略布局如图3-17所示。云计算被国家"十二五"规划列为重点扶持的战略新兴产业，将带来工作方式和商业模式的根本性改变，使信息技术基础设施和信息应用成为"即开即用"的资源，对人类社会的生产、生活方式将产生深远的影响。同时，加快云计算的发展对我国打破国外对我们建立的信息技术领域的壁垒、发展高新技术产业具有重要的战略意义。

近年来，云计算行业受到各级政府的高度重视和国家产业政策的重点支持。国家陆续出台了多项政策，鼓励云计算行业发展与创新，《中华人民共和国国民经济和社会发展第十四个五年规划和2035年远景目标纲要》《关于加快推进国有企业数字化转型工作的通知》《云计算发展三年行动计划（2017—2019年）》等产业政策为云计算行业的发展提供了明确、广阔的市场前景，为企业提供了良好的生产经营环境。

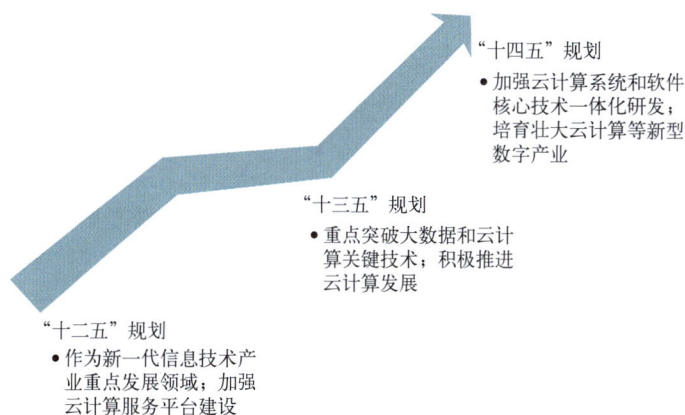

（资料来源：前瞻产业研究院）

图3-17　我国云计算战略布局

2007年以来，中国云计算的发展先后经历四个阶段：

第一阶段为市场引入阶段，云计算的概念刚刚在中国出现，客户对云计算认知度较低。企业围绕着办公效率提升，多选择用SaaS的模板建站，只需要极低配置的服务器。

第二阶段为成长阶段，用户对云计算已经比较了解，并且越来越多的厂商开始踏入这个行业。企业启用官网、小程序、App等，需求转到了云服务器和云数据上。用户数据的存储与管理，为了更安全、可用空间更大、可扩展性更好，以及降低运营成本，选用了云数据库。

第三阶段是成熟阶段，这个阶段云计算厂商竞争格局已经基本形成，厂商们开始从更加成熟优秀的解决方案入手，SaaS模式的应用逐渐成为主流。企业的C端用户为了更好的体验感，使用动静分离+静态加速的方案，需要将对象存储在COS上，并配置CDN服务。

第四个阶段是高速增长阶段，在这个阶段我国云计算市场整体规模偏小，落后全球云计算市场3～5年，且从细分领域来看，国内SaaS市场仍缺乏行业领军企业。企业对资产和用户数据的安全，Web应用防火墙、DDoS防护，以及业务的创新、产品人工智能（AI）和直播等的需求加大。

3.3.2.3　云计算关键技术

云计算是一种以数据和处理能力为中心的密集型计算模式，它融合了多项ICT技术，是传统技术"平滑演进"的产物。其中以虚拟化技术、分布式数据存储技术、编程模式、大规模数据管理技术、分布式资源管理技术、信息安全、云计算平台管理技术、绿色节能技术最为关键[29]。

（1）虚拟化技术　虚拟化技术是云计算最重要的核心技术之一，它为云计算服务提供基础架构层面的支撑，是ICT服务快速走向云计算的最主要驱动力。可以说，没有虚拟化技术也就没有云计算服务的落地与成功。随着云计算应用的持续升温，业内对虚拟化技术的重视也提到了一个新的高度。

从技术上讲，虚拟化是一种在软件中仿真计算机硬件，以虚拟资源为用户提供服务的计算形式，旨在合理调配计算机资源，使其更高效地提供服务。它把应用系统各硬件间的物理划分打破，从而实现架构的动态化，实现物理资源的集中管理和使用。虚拟化的最大好处是增强系统的弹性和灵活性，降低成本、改进服务、提高资源利用效率。从表现形式上看，虚拟化又分两种应用模式。一是将一台性能强大的服务器虚拟成多个独立的小服务器，服务不同的用户。二是将多个服务器虚拟成一个强大的服务器，完成特定的功能。这两种模式的核心都是统一管理，动态分配资源，提高资源利用率。在云计算中，这两种模式都有比较多的应用。

（2）分布式数据存储技术　云计算的另一大优势就是能够快速、高效地处理海量数据。在数据爆炸的今天，这一点至关重要。为了保证数据的高可靠性，云计算通常会采用分布式存储技术，将数据存储在不同的物理设备中。这种模式不仅摆脱了硬件设备的限制，同时扩展性更好，能够快速响应用户需求的变化。分布式数据存储与传统的网络存储并不完全一样，传统的网络存储系统采用集中的存储服务器存放所有数据，存储服务器成为系统性能的瓶颈，不能满足大规模存储的需要。分布式数据存储系统采用可扩展的系统结构，利用多台存储服务器分担存储负荷，利用位置服务器定位存储信息，不但提高了系统的可靠性、可用性和存取效率，还易于扩展。在当前的云计算领域中，Google的GFS和Hadoop开发的开源系统HDFS是比较流行的两种云计算分布式数据存储系统。GFS（Google file system）技术：谷歌的非开源的GFS云计算平台可以满足大量用户的需求，并行地为大量用户提供服务，使得云计算的数据存储技术具有了高吞吐率和高传输速率的特点。HDFS（Hadoop distributed file system）技术：大部分ICT厂商，包括Yahoo、Intel的"云"计划采用的都是HDFS技术。未来的发展将集中在超大规模的数据存储，数据加密和安全性保证，以及继续提高I/O速率等方面。

（3）编程模式　从本质上讲，云计算是一个多用户、多任务、支持并发处理的系统。高效、简捷、快速是其核心理念，它旨在通过网络把强大的服务器计算资源方便地分发到终端用户手中，同时保证低成本和良好的用户体验。在这个过程中，编程模式的选择至关重要。在云计算项目中，分布式并行编程模式将被广泛采用。分布式并行编程模式创立的初衷是更高效地利用软硬件资源，让用户更快速、更简单地使用应用或服务。在分布式并行编程模式中，后台复杂的任务处理和资源调度对于用户来说是透明的，这样用户体验能够大大提升。MapReduce是当前云计算的主流并行编程模式之一。MapReduce将任务自动分成多个子任务，通过Map和Reduce两步实现任务在大规模计算节点中的调度与分配。MapReduce是Google开发的Java、Python、C++编程模型，主要用于大规模数据集（大于1TB）的并行运算。MapReduce的思想是将要执行的问题分解成Map（映射）和Reduce（化简）方式，先通过Map程序将数据切割成不相关的区块，分配（调度）给大量计算机处理，达到分布式运算的效果，再通过Reduce程序将结果汇总输出。

（4）大规模数据管理技术　处理海量数据是云计算的一大优势。那么如何对海量数据进行处理则涉及很多层面，因此高效的数据处理技术也是云计算不可或缺的核心技术之一。对于云计算来说，数据管理面临巨大的挑战。云计算不仅要保证数据的存储和访问，还要能够对海量数据进行特定的检索和分析。由于云计算需要对海量的分布式数据进行处理、分析，因此，数据管理技术必须能够高效地管理大量的数据。Google的BT数据管理技术和Hadoop开发的开源数据管理模块HBase是业界比较典型的大规模数据管理技术。BT（big table）数据管理技术：BT是非关系的数据库，是一个分布式的、持久化存储的多维度排序Map。BT建立在GFS、Scheduler、Lock Service和MapReduce之上，与传统的关系数据库不同，它把所有数据都作为对象来处理，形成一个巨大的表格，用来分布存储大规模结构化数据。BT的设计目的是可靠地处理PB级别的数据，并且能够部署到上千台机器上。开源数据管理模块HBase是Apache的Hadoop项目的子项目，定位为分布式、面向列的开源数据库。HBase不同于一般的关系数据库，它是一个适合非结构化数据存储的数据库。另一个不同之处在于Hbase是基于列的而不是基于行的模式。作为高可靠性分布式存储系统，HBase在性能和可伸缩方面都有比较好的表现。利用HBase技术可在廉价PC Server上搭建起大规模结构化存储集群。

（5）分布式资源管理技术　云计算采用了分布式数据存储技术存储数据，那么自然要引入分布式资源管理技术。在多节点的并发执行环境中，各个节点的状态需要同步，并且在单个节点出现故障时，系统需要有效的机制保证其他节点不受影响。而分布式资源管理恰是这样的技术，它是保证系统状态的关键。另外，云计算系统所处理的资源往往非常庞大，少则几百台多则上万台服务器，可能同时跨跃多个地域。且云平台中运行的应用数以千计，有效地管理这批资源，保证它们正常提供服务，需要强大的技术支撑。因此，分布式资源管理技术的重要性可想而知。全球各大云计算方案/服务提供商们都在积极开展相关技术的研发工作。其中Google内部使用的Borg技术很受业内称道。另外，微软、IBM、Oracle/Sun等云计算巨头都有相应解决方案提出。

（6）信息安全　调查数据表明，安全已经成为阻碍云计算发展的最主要因素之一。数据显示，32%已经使用云计算的组织和45%尚未使用云计算的组织的ICT管理将云计算安全作为进一步部署云的最大障碍。因此，要想保证云计算能够长期稳定、快速发展，安全是首先需要解决的问题。事实上，云计算安全也不是新问题，传统互联网存在同样的问题，只是云计算出现以后，安全问题变得更加突出。在云计算体系中，安全涉及很多层面，包括网络安全、服务器安全、软件安全、系统安全等。因此，有分析师认为，云计算安全产业的发展，将把传统安全技术提升到一个新的阶段。现在，不管是软件安全厂商还是硬件安全厂商都在积极研发云计算安全产品和方案。包括传统杀毒软件厂商、软硬件防火墙厂商、IDS/IPS厂商在内的各个层面的安全供应商都已加入云计算安全领域。

（7）云计算平台管理技术　云计算资源规模庞大，服务器数量众多并分布在不同的地点，同时运行着数以千计的应用，有效地管理这些服务器，保证整个系统提供不间断的服务是巨大的挑战。云计算平台管理技术需要具有高效调配大量服务器资源，使其更好协同工作的能力。其中，方便地部署和开通新业务，快速发现并且恢复系统故障，通过自动化、智能化手段实现大规模系统可靠的运营，是云计算平台管理技术的关键。对于提供者而言，云计算可以有三种部署模式，即公共云、私有云和混合云。三种模式对平台管理的要求大不相同。对于用户而言，由于企业对于ICT资源共享的控制、对系统效率的要求以及ICT投入预算不尽相同，企业所需要的云计算系统的规模及可管理性能也大不相同，因此，云计算平台管理方案要更多地考虑到定制化需求，能够满足不同场景的应用需求。包括Google、IBM、微软、Oracle/Sun等在内的许多厂商都有云计算平台管理方案推出。这些方案能够帮助企业实现基础架构整合，实现企业硬件资源和软件资源的统一管理、统一分配、统一部署、统一监控和统一备份，打破应用对资源的独占，让企业云计算平台价值得以充分发挥。

（8）绿色节能技术　节能环保是现今时代的大主题。云计算具有巨大的规模经济效益，在提高资源利用效率的同时，节省了大量能源。绿色节能技术已经成为云计算必不可少的技术，未来越来越多的节能技术还会被引入云计算。总之，云计算服务提供商需要持续改善技术，让云计算更绿色。

3.3.2.4　云计算的发展趋势

云计算不仅是企业运营的数字化底座，也是经济发展、疫情防控、社会生活等的新型基础设施。云技术和应用模式变化与企业和个人生活息息相关，因此，我们必须持续关注未来发展趋势，寻求最适合自身条件的转型路径[30]。

（1）趋势一：云是连接现实与虚拟孪生世界的基础平台　数字孪生、元宇宙、软件定义一切等数字技术对物理世界进行模拟重构是一个必然趋势，云是连接现实与虚拟世界的重要基础环境。云计算与大数据、人工智能、物联网、5G网络、区块链等技术融合应用，实现对现实世界物质、关系和思维等元素的数据溯源和预测、场景再现和预演，打通了与虚拟孪生世界之间的联系通道，人们可以从"上帝的视角"洞察物质、组织、人以及制度、文化之间的相互关系和作用，随意"穿梭"于现实世界和虚拟孪生场景之中，进一步增强对整个世界的理解、洞察和控制。

孪生工厂已经呈现出这样的场景：生产设备、传感器和PLC（可编程控制器）的数据在ESB（企业服务总线）/SOA（面向服务架构）系统的支持下被采集到PLM（产品全生命周期研发）和MES（制造执行系统）等系统之中，构成智能制造平台，这些数据连同企业经营数据都纳入数据中台，通过数据治理、建模分析，输出各种数据应用，支持供应链计划、制造成本管理、生产优化、设备监控等具体管理领域。

（2）趋势二：企业应用系统从封装式向组装式（应用市场）转变　随着云计算技术发展和云应用理念的演进，云服务的使用门槛不断降低，云技术将由专业的技术部门、技术人员下沉到业务部门与普通用户。企业SaaS的核心价值在于提供战略落地能力、线上交易能力、流程协同能力、数据驱动能力，有经验的企业服务商将结合丰富的服务经验和最新的技术架构，把原来需要封装成一个大型系统软件的功能拆分成不同应用组件，以方便企业根据不同需求进行组装。

（3）趋势三：集中式算力向边缘计算动态平衡，引发新流量之争　技术进步推动性能提升、成本降低的云计算模式迅速普及，激发了数据量和计算需求的显著增加，打破了既有的成本与效益平衡，导致集中式云计算出现算力瓶颈。随着5G的普及应用、边缘计算能力的增强，尤其是面向客户端口功能（UPF）的增强，使得算力可以根据不同需求在IDC中心和边缘节点间进行合理分配、动态平衡。

随着SaaS应用逐步从企业管理的"边缘"应用向核心板块渗透，数据的计算课题上升到一个新的高度。离最终用户更近的边缘节点将成为未来云计算厂商话语权的决定性因素，云服务行业的竞争从云资源到云技术，最后走向云流量。

（4）趋势四：以混合云为底座加速推进企业数智化浪潮　单纯的私有云部署成本高昂，在应对需求变化上不够灵活。而在公有云上，企业缺乏对数据安全的控制，运营成本也随资源扩展而增加。混合云结合了两种或更多种类型的云环境，基于混合提供了强大的基础架构、最少的中断、更高的效率、更强的适应性和更好的安全性，以确保未来的应用程序和创新可以在混合云基础设施上得到快速的响应。云的解决方案的可扩展性、成本节约和易用性、安全性优势更加明显。

混合云可以拉动云服务调用、数据管理、AI模型训练及算法迭代等全链路资源，在底层让云资源调配更加灵活有弹性，在数据层与AI平台高效融合，在开发层实现敏捷式开发的质效提升，为企业提供从开发到部署、端到端的一站式大数据智能服务，达到资源节约、敏捷开发与高质效落地，开启企业的业务转型增长新时代。

（5）趋势五：低/无代码开发模式全面渗透，加速催化产业变革　低/无代码开发模式的升级带动产业分工和商业模式的极速变化。通用型低/无代码开发平台（PaaS）或者嵌入型低/无代码开发方式渗透到软件开发的各个领域，以满足供需双方需求，迎来了应用高峰。新的生产工具催化软件开发产业链条、IT厂商商业模式和企业数字化转型模式的巨大变革，走向更高效、更赋能、更创新的发展路线。

低代码平台提供了完备的应用设计、应用开发、应用发布、应用监控的能力。其重要价值不仅是赋能业务人员，利用平台能力，通过拼积木的方式完成轻量级应用的可视化开发，又能助力IT开发人员用平台丰富的开放API完成复杂场景的定制开发，且不断迭代优化，加快了交付速度，提升了敏捷生产能力。

（6）趋势六：云原生平台能力建设从先集成后交付转向一体化高效运营　已趋成熟的云原生技术已经成为众多厂商提供云服务的标配，"基建化"趋势日益明显。一方面，云原生技术将向下渗透当前的虚拟化层，成为新一代的操作系统层级的基础设施，表现为裸金属容器服务器的应用以及Kubernetes对传统虚拟机的替代；另一方面，云原生技术将向上深度融合数据库、开发、运维等云产品，提升这些产品的应用表现，带来实时性、敏捷性、低成本方面的产品创新，从云基础设施的层面推动IT敏捷化和易用化的浪潮。

以持续集成（CI）、持续交付（CD）为主要能力的云原生技术的发展重点将转移到一体化高效运营上。基于标准化、高度自动化的云服务的基础设施，应用开发者通过声明式API提供即服务交付模式、持续软件定义交付、松散耦合/独立服务等平台服务，确保平台运营的质量、速度和敏捷性。

（7）趋势七：共享协同的云应用架构提升组织扁平化敏捷运营　云技术为各类应用之间的协同共享提供了良好环境，混合云更加适合企业搭建扁平化的组织管理架构，提升运营效率。从产品需求到上市的集成开发 IPD，从线索到回款的市场营销，从问题到解决的售后服务，企业通过搭建灵活的应用平台，打通端到端的业务流程，实现各个业务板块之间的协同共享。

（8）趋势八：加速从关注客户资源到重视客户体验的转变　在基于云平台的漏斗模型、私域流量等传统营销手段中，客户更多地被看成是一种资源，只有统计视角，没有个体视角；只有工程视角，缺乏人文关怀；只看重局部的效果视角，而忽略对品牌的整体关注；只基于营销和销售视角，没有对售后客服等的整体关注。

客户体验是将传统的用户体验（功能、UI、交互等）和前期的品牌宣传、营销推广、售后的客服统一起来，为客户提供自始至终的一致体验，弥补传统营销模式的不足。

各种数字技术（电话、网络、手机 App、专业设备等）都可以触达客户和员工，企业从关注客户体验到关注员工等不同环节的多重体验，可以进一步丰富产品属性，提升服务意识和品牌形象。

（9）趋势九：云计算安全护城河推动企业 SaaS 普及应用　安全始终是企业上云、用云必须考虑的优先事项。云计算安全既是企业实现快速业务拓展的有效支撑，也是企业业务顺利推进的可靠保障，坚实的安全底座是助力企业更好发挥云服务能力的关键。在云计算发展早期，云计算安全发展相较云资源与云能力发展存在滞后性，且安全产品及安全服务提供者集中于云服务厂商。伴随产业互联网深化，云计算的广泛渗透带动云计算安全产品布局加快。一方面，"云+行业"推动云计算安全产品与时俱进，适用场景扩大、用户需求提升；另一方面，传统安全厂商陆续开始布局云计算安全领域。

3.3.3　大数据与云计算的关系

大数据和云计算在技术体系结构上都是以分布式存储和分布式计算为基础，所以二者之间的联系也比较紧密。

从技术上看，大数据与云计算的关系密不可分。大数据无法用单台计算机进行处理，必须采用分布式架构，它的特色在于对海量数据进行分布式挖掘，但必须依托云计算的分布式处理、分布式数据库和云存储、虚拟化技术。

从应用角度来看，大数据是云计算的应用案例之一，云计算是大数据的实现工具之一。

从应用目的来看，云计算是以虚拟化技术为核心来为一些小型企业提供计算资源。云计算就像我们用的自来水一样，我们只要有网络（管道）就可以租用（付费）和使用云计算（自来水）。而大数据更多的是寻找数据之间的关联性而非因果性。

从具体部署来看，大数据平台可以部署到云计算中，企业通过租用云计算的资源，可以快速部署大数据平台和数据中心。但大数据平台不一定要在云计算中部署，如果是一些小型的业务，完全可以购买便宜的计算机自己部署。

3.4 人工智能

3.4.1 人工智能背景

21世纪前两个十年，在大规模GPU服务器并行计算、大数据、深度学习算法和类脑芯片等技术的推动下，人类社会相继进入互联网时代、大数据时代和人工智能时代。新一轮产业变革席卷全球，人工智能（Artificial Intelligence，AI）成为产业变革的核心方向：科技巨头纷纷把人工智能作为后移动时代的战略支点，努力在云端建立人工智能服务的生态系统；传统制造业正在经历新旧动能转换，将人工智能作为发展新动力，不断创造出新的发展机遇。人工智能处于第四次工业革命的核心地位，在该领域的竞争意味着国家间未来综合国力的较量。近年来，我国政府高度重视人工智能的发展，相继出台多项战略规划，鼓励指引人工智能的发展。2015年，《国务院关于积极推进"互联网+"行动的指导意见》颁布，提出人工智能作为重点布局的11个领域之一；2016年，《国民经济和社会发展第十三个五年规划纲要（草案）》提出重点突破新兴领域人工智能技术；2017年，人工智能写入十九大报告，提出推动互联网、大数据、人工智能和实体经济深度融合；2018年，政府工作报告中再次谈及人工智能，提出"加强新一代人工智能研发应用"。2019年，中央全面深化改革委员会第七次会议审议通过了《关于促进人工智能和实体经济深度融合的指导意见》。2021年，国家发布了《中华人民共和国国民经济和社会发展第十四个五年规划和2035年远景目标纲要》，对"十四五"及未来十余年我国人工智能的发展目标、核心技术突破、智能化转型与应用，以及保障措施等多个方面都做出了部署。2035年"关键核心技术实现重大突破，进入创新型国家前列"相关要求，也为我国人工智能前沿理论、核心软硬件等关键短板领域指明了未来十余年的发展方向和目标[31-32]。

3.4.2　人工智能发展进程

人工智能[33]是一个以计算机科学（computer science）为基础，由计算机、心理学、哲学等多学科交叉融合的交叉学科、新兴学科，研究、开发用于模拟、延伸和扩展人的智能的理论、方法、技术及应用系统的一门新的技术科学，企图了解智能的实质，并生产出一种新的能以与人类智能相似的方式做出反应的智能机器。该领域的研究包括机器人、语言识别、图像识别、自然语言处理和专家系统等。人工智能发展历程如图3-18所示。

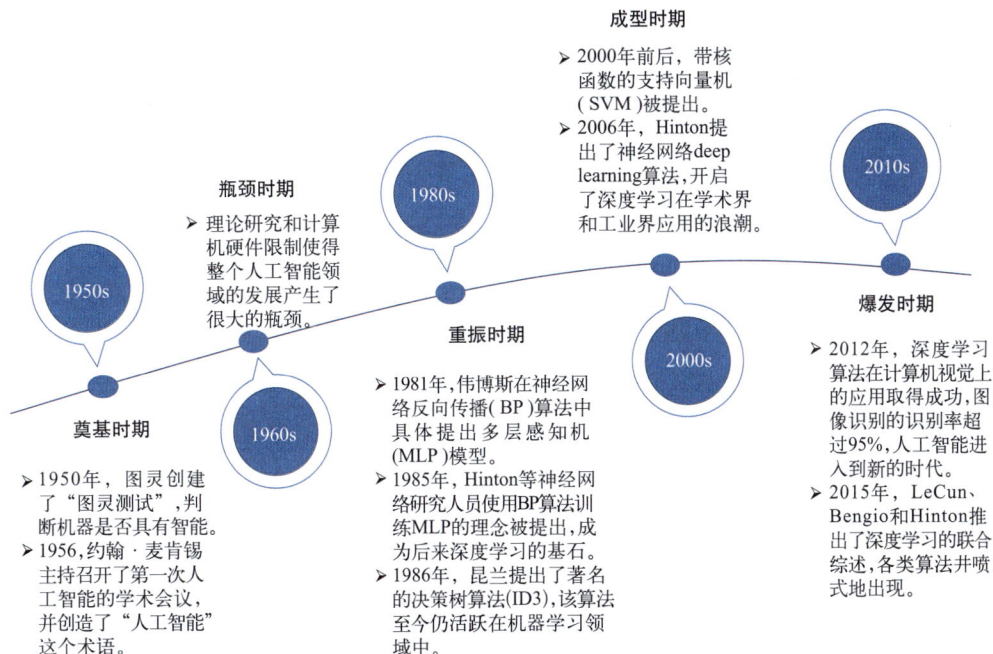

图3-18　人工智能发展历程

（1）奠基时期　1950年，阿兰·图灵创造了图灵测试来判定计算机是否具有智能。图灵测试认为，如果一台机器能够与人类展开对话（通过电传设备）而不被辨别出其机器身份，那么称这台机器具有智能。这一简化使得图灵能够令人信服地说明"思考的机器"是可能的。1956年，约翰·麦肯锡（John McCarthy）主持召开了第一次人工智能的学术会议，并创造了"人工智能"这个术语。

（2）瓶颈时期　从20世纪60年代中期到70年代末，人工智能的发展几乎处于停滞状态。无论是理论研究还是计算机硬件限制，都使得整个人工智能领域的发展产生了很大的瓶颈。虽然这个时期温斯顿（Winston）的结构学习系统和海斯·罗思（Hayes Roth）等的基于逻辑的归纳学习系统取得较大的进展，但只能学习单一概念，而且未能投入实际应用。而神经网络学习机因理论缺陷也未能达到预期效果而转入低潮。

（3）重振时期　伟博斯在1981年的神经网络反向传播（Back Propagation，BP）算法中具体提出多层感知机（MLP）模型。虽然BP算法早在1970年就已经以"自动微分的反向模型（reverse mode of automatic differentiation）"为名提出来了，但直到此时才真正发挥效用，并且直到今天BP算法仍然是神经网络架构的关键因素。有了这些新思想，神经网络的研究又加快了。在1985—1986年，神经网络研究人员相继提出了使用BP算法训练的多参数线性规划的理念，成为后来深度学习的基石。在另一个谱系中，昆兰在1986年提出了一种非常出名的机器学习算法，称之为"决策树"，更具体的说是ID3算法。在ID3算法提出来以后，研究社区已经探索了许多改进（如ID4、回归树、CART算法等），这些算法至今仍然活跃在机器学习领域中。

（4）成型时期　支持向量机（support vector machine，SVM）的出现是机器学习领域的另一大重要突破，算法具有非常强大的理论地位和实证结果。那一段时间的机器学习研究分为神经网络（neural network，NN）和SVM两派。然而，在2000年左右提出了带核函数的支持向量机后，SVM在许多以前由NN占优的任务中获得了更好的效果。此外，SVM相对于NN还能利用所有关于凸优化、泛化边际理论和核函数的深厚知识。因此，SVM可以从不同的学科大力推动理论和实践的改进。神经网络研究领域领军者Hinton在2006年提出了神经网络deep learning算法，使神经网络的能力大大提高，向支持向量机发出挑战。2006年，Hinton和他的学生Salakhutdinov在顶尖学术刊物 *Science* 上发表了一篇文章，开启了深度学习在学术界和工业界应用的浪潮。

（5）爆发时期　2012年，深度学习算法在计算机视觉上的应用取得成功，例如图像识别，识别率超过95%。2015年，为纪念人工智能概念提出60周年，LeCun、Bengio和Hinton推出了深度学习的联合综述。深度学习可以让那些拥有多个处理层的计算模型来学习具有多层次抽象数据的表示，给这些模型在许多方面都带来了显著的改善。深度学习的出现，让图像、语音等感知类问题取得了真正意义上的突破，离实际应用已经很近，将人工智能推进到一个新的时代。

3.4.3　人工智能关键技术

深度学习[34]模型的发展可以追溯到1958年的感知机（Perceptron）。1943年神经网络就已经出现雏形（源自神经科学）。1958年，研究认知的心理学家Frank发明了感知机，当时掀起一股热潮。后来Marvin Minsky（人工智能大师）和Seymour Papert发现了感知机的缺陷：不能处理异或回路等非线性问题，以及当时存在计算能力不足以处理大型神经网络的问题。于是，整个神经网络的研究进入停滞期。但最近30年来，取得了快速发展。总体来说，主要有四条发展脉络：

第一条发展脉络以计算机视觉和卷积网络[35]为主，如图3-19所示。这个脉络的进展可以追溯到1979年由Fukushima提出的Neocognitron模型，该研究给出了卷积和池化的思想。1986年，Hinton提出的BPNN/MLP（之前也有几个类似的研究），解决了感知机不能处理非线性学习的问题。1998年，以Yann LeCun为首的研究人员实现了一个七层的卷积神经网络LeNet以识别手写数字。现在普遍把Yann LeCun的这个研究作为卷积网络的源头，但其实在当时由于SVM的迅速崛起，这些神经网络的方法还没有引起广泛关注。真正使得卷积神经网络登上大雅之堂的事件是2012年Hinton团队的AlexNet在ImageNet上以巨大优势夺冠，这引发了深度学习的热潮。AlexNet在传统CNN的基础上加上了ReLU、Dropout等技巧，并且网络规模更大。这些技巧后来被证明非常有用，成为卷积神经网络的标配，被广泛发展，于是后来出现了VGG、GoogLeNet等新模型。2016年，青年计算机视觉科学家何恺明在层次之间加入跳跃连接，提出残差网络ResNet。ResNet极大增加了网络深度，效果有很大提升。一个将这个思路继续发展下去的成果是近年的CVPR

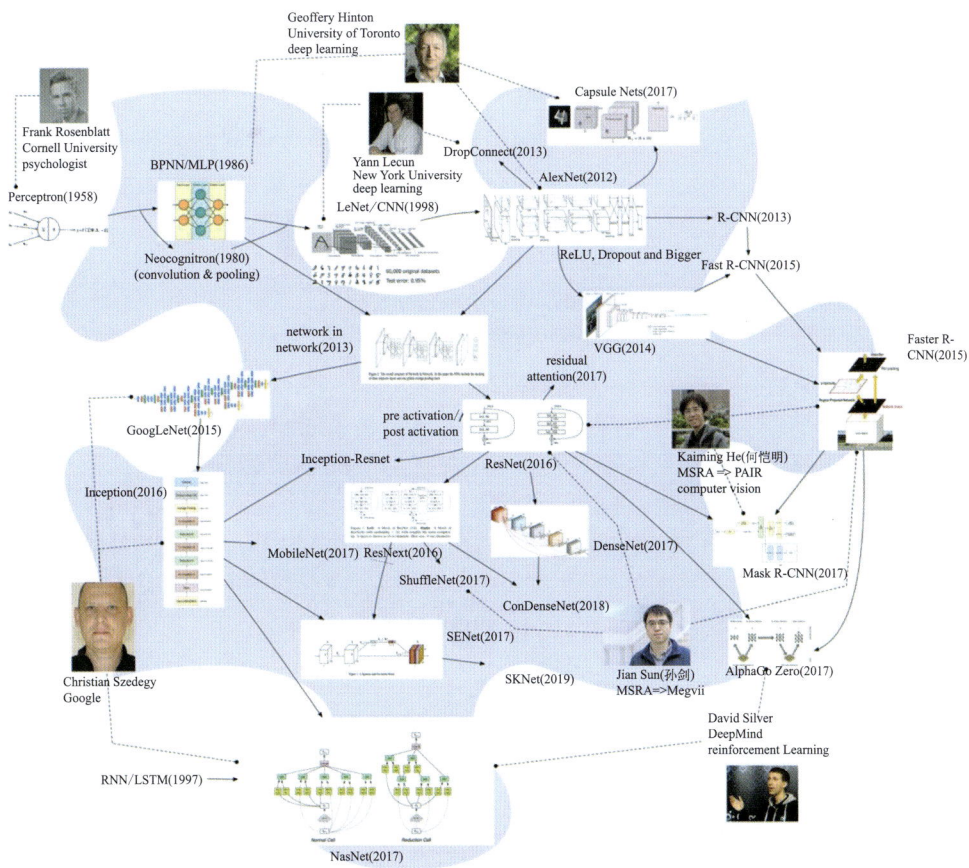

图3-19　卷积神经网络的重要进展

Best Paper中黄高提出的DenseNet。针对计算机视觉领域的特定任务出现了各种各样的模型（Faster R-CNN、Mask R-CNN等），这里不一一介绍。

第二条发展脉络以生成模型[36]为主，如图3-20所示。传统的生成模型是要预测联合概率分布$P(x, y)$。机器学习方法中生成模型一直占据着非常重要的地位，但基于神经网络的生成模型一直没有引起广泛关注。Hinton在2006年基于受限玻尔兹曼机（restricted Boltzmann machine，RBM）设计了一个机器学习的生成模型，并且将其堆叠成为deep belief network，使用逐层贪婪或者wake-sleep方法训练，当时模型的效果其实并没有那么好。但值得关注的是，正是基于RBM模型，Hinton等人开始设计深度框架，因此这也可以看作是深度学习的开端。Auto-Encoder是Hinton于20世纪80年代提出的模型，后来随着计算能力的进步也重新登上舞台。Bengio等又提出了Denoise Auto-Encoder，主要针对数据中可能存在的噪声问题。Max Welling等后来使用神经网络训练了一个有一层隐变量的图模型，由于使用了变分推断，并且最后与Auto-Encoder有点相似，被称为Variational Auto-Encoder。此模型中可以通过隐变量的分布采样，经过后面的Decoder网络直接生成样本。生成对抗模型（generative adversarial network，GAN）是2014年提出的非常火的模型，它是一个通过判别器和生成器进行对抗训练的生成模型。这个思路很有特色，模型直接使用神经网络G隐式建模样本整体的概率分布，每次运行相当于从分布中采样。其后来引起了大量跟随的研究，DCGAN是一个相当好的卷积神

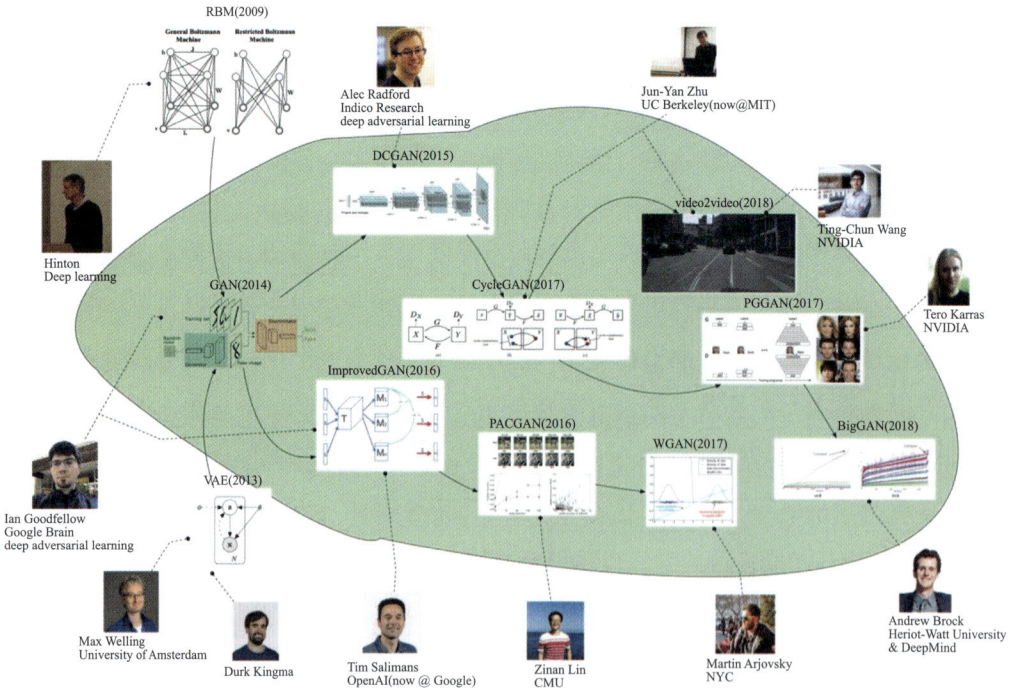

图3-20 生成模型的重要进展

经网络实现；WGAN是通过魏尔斯特拉斯距离替换原来的JS散度来度量分布之间的相似性而工作，使得训练稳定。

　　第三条发展脉络是序列模型[37]，如图3-21所示。序列模型不是因为深度学习才有的，而是很早以前就有相关研究，例如有向图模型中的隐马尔可夫模型（HMM）以及无向图模型中的条件随机场模型（CRF）都是非常成功的序列模型。即使在神经网络模型中，1982年就提出了Hopfield network，即在神经网络中加入了递归网络的思想。1997年，Jürgen Schmidhuber发明了长短期记忆模型（long short term memory，LSTM），是序列模型中的一个里程碑。当然，真正让序列神经网络模型得到广泛关注的还是2013年，Hinton组使用RNN做语音识别的工作，比传统方法高出一大截。在文本分析方面，另一个图灵奖获得者Yoshua Bengio在SVM很火的时期提出了一种基于神经网络的语言模型。2013年，Google提出的word2vec也有一些反向传播的思想，最重要的是给出了一个非常高效的实现，从而引发这方面的研究热潮。后来，在机器翻译等任务上

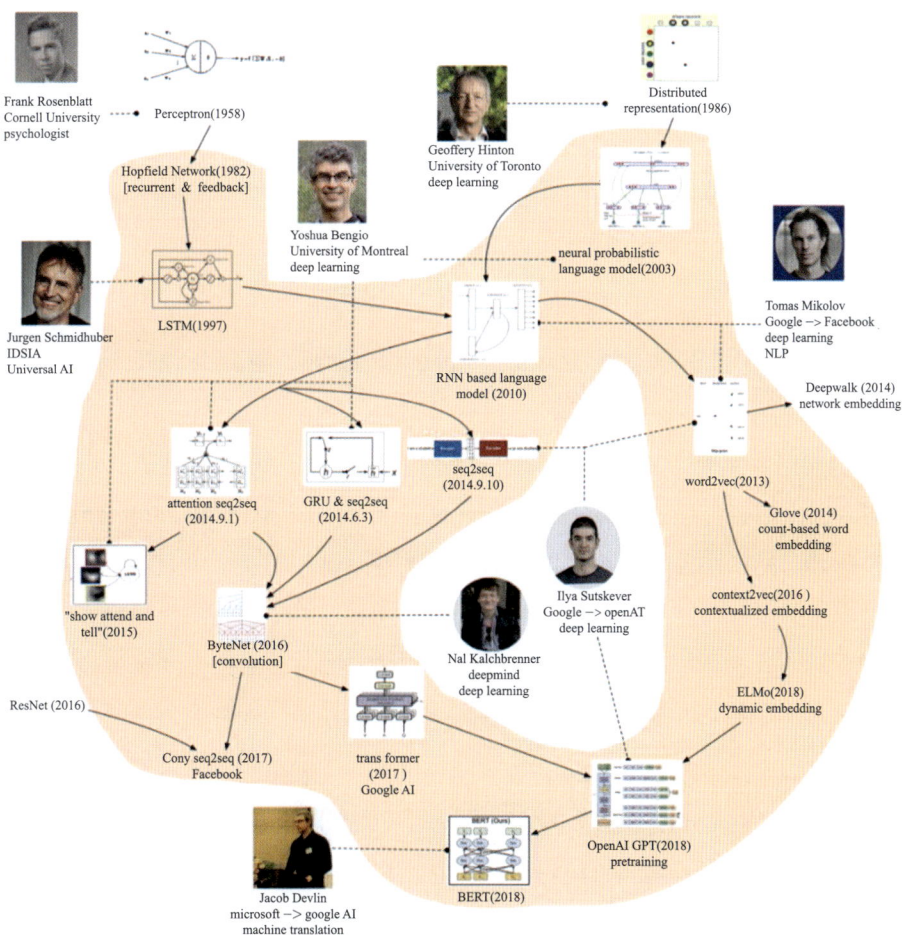

图3-21　序列模型的重要进展

逐渐出现了以RNN为基础的seq2seq模型，通过一个encoder把一句话的语义信息压成向量再通过decoder转换输出得到这句话的翻译结果，后来该方法被扩展到和注意力机制（Attention）相结合，大大扩展了模型的表示能力和实际效果。再后来，使用以字符为单位的CNN模型在很多语言任务上也有不俗的表现，而且时空消耗更少。

第四条发展脉络是强化学习[38]，如图3-22所示。这个领域最出名的当属Deep-Mind，图中标出的David Silver博士一直研究强化学习。Q-learning是很有名的传统RL算法，Deep Q-learning将原来的Q值表用神经网络代替，做了一个打砖块的任务，后来又应用在许多游戏场景中，其成果发表在 *Nature* 上。Double duelling对这个思路进行了一些扩展，主要是Q-Learning的权重更新时序上。DeepMind的其他工作如DDPG、A3C也非常有名，它们是基于policy gradient和神经网络结合的变种。大家都熟知的AlphaGo，里面其实既用了RL的方法也有传统的蒙特卡洛搜索技巧。DeepMind后来提出了一个用AlphaGo框架，但通过主学习来玩不同（棋类）游戏的新算法AlphaZero。

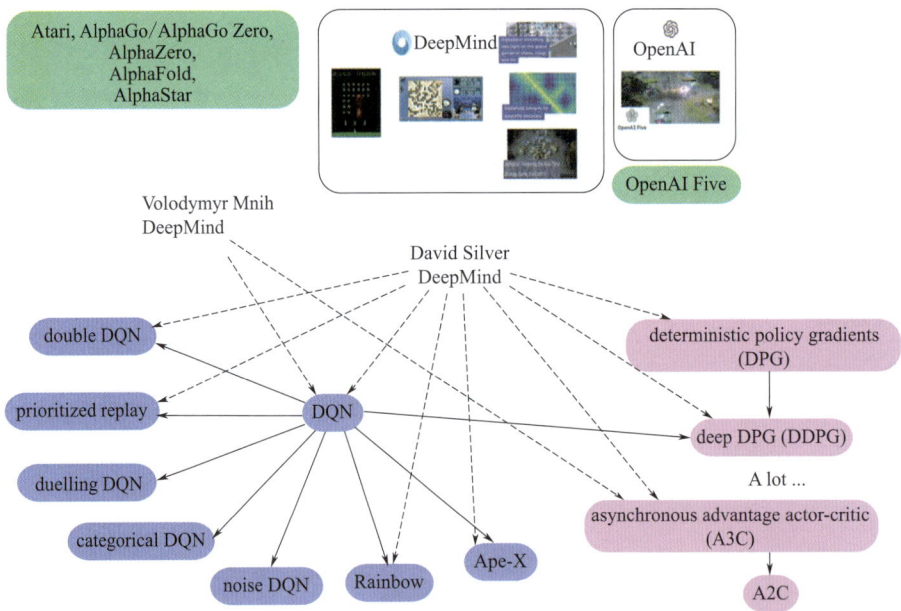

图3-22　强化学习的重要进展

3.4.4　人工智能未来发展方向

（1）加快AI基础原创技术的创新突破，打造融合创新生态系统　我国在基础理论、原创模型等颠覆型、阶跃型技术上仍缺乏引领能力。反向传播、人工神经网络等深度学习基础理论，以及知识工程、计算神经科学等其他分支的基础理论基本由他国引领，相关的统计学、认知科学等底层近现代学科早期创始人、重大贡献者鲜有我国学者身影。在人工智能发展的最近一次浪潮之中，我国虽已涌现出一批具有全球影响力的学者，在图像识别、机器翻译等领域不断发声，但深度学习理论体系、新型学习方式等颠覆型技术主导权几乎被全球几位巨头掌握；卷积神经网络、循环神经网络、生成对抗网络等阶跃型算法技术多数在原始创造团队各分支中产生，延续性较强；人工智能颠覆型、阶跃型技术的发展几乎是寡头垄断的格局。因此，我国应进一步构建人工智能基础理论与应用技术相结合的学科体系，重点布局一批企业级人工智能研究院，打造区域人工智能技术融合创新生态系统。

（2）协同发展AI基础核心生态，加快构建一批行业智能软件平台　我国已基本形成智能计算、数据服务、开源开发框架、核心平台和关键应用的全产业链布局。目前，我国已形成以少数领军企业为中心，一批科技企业加速跟进，大批创业型企业不断涌现的产业发展格局，人工智能企业数量占全球比例接近25%，初步形成国内大循环的发展基础。一方面，我国在数据和关键应用环节具备一定国际竞争力，已形成数据采集、清洗、标注、交易等较为完整的数据支撑体系，计算机视觉、自然语言处理等智能应用技术水平位居全球前列，并在公共安全、零售、交通、医疗等多个行业进行规模或试点应用；另一方面，在硬件芯片、开源开发框架等基础核心环节，我国已涌现出寒武纪、地平线等新兴智能芯片企业，并拥有百度飞桨（PaddlePaddle）、华为Mindspore、旷视天元等开源开发框架，持续完善硬件芯片与软件框架的基础生态体系。

（3）产业轴心从前沿技术向行业应用转变带来区域化发展机遇　当前，人工智能已从聚焦智能技术发展阶段向各行业应用落地阶段转变，这代表着人工智能产业不再仅是北京、上海、深圳等顶尖人才集聚区域的聚焦重点，也为具有特色传统产业优势的区域带来发展机会，我国人工智能产业有望形成各具产业应用特色的区域化发展格局。究其原因，一是为产业发展阶段所驱使，人工智能产业虽是技术密集型产业，但由于其强赋能特点，与行业场景的深度融合是人工智能产业发展非常关键的一步。当前，人工智能产业重心已从智能技术向行业融合应用转变，使得具有传统行业应用场景、行业知识的更多区域具备发展人工智能的条件和机会。这些区域拥有人工智能技术落地的试验田，从而吸引智能应用企业集聚发展。二是为企业发展周期所驱使，本轮人工智能产业的泡沫逐步破裂，企业面临从早期靠愿景融资到靠应用变现融资的转变，应用落地成为人工智能企业这一时期的聚焦重点，因此也驱使企业寻找更合适的区域进行落地发展。可以预计，未来我国更多的区域将会迎来人工智能产业发展的窗口期，逐步形成各具产业特色的区域化发展格局。

（4）加快人工智能和各产业深度融合，打造人工智能产业集群　结合各地区产业基础和资源禀赋，引导各地先行先试，不断汇聚力量、理念、方向，抓住几个亮点，在全国范围内形成标杆和规模效应。培育更多人工智能领军企业，引导相关行业的龙头企业加速智能化改造步伐。推动开展一批重点领域融合创新工程，培育一批标志性人工智能技术产品，提升重点领域人工智能产品智能化水平。加快推进人工智能与工业、交通、医疗、农业、能源、应急安全等领域深度融合，推动人工智能在智能制造、智能医疗、智慧城市、智慧农业等领域的广泛应用。发展一批人工智能产业园，按应用领域分门别类进行相关产业布局，培育建设人工智能产业创新集群。

（5）深化国际合作，主动融入全球人工智能治理框架　加强人工智能伦理治理研究力量，促进形成更多、更加开放、有国内外影响力的交流合作平台和组织，推动国内人工智能伦理治理规则、共识、中国方案的形成，把引导和规范人工智能发展不断推向深入。强化人工智能标准体系建设，推动形成"国家标准顶层架构引导，行业和团体标准指导，国际标准协同推进"的良好局面。坚持全球化道路，坚持国际视野和全球思维，以开放心态应对全球竞争，搭建全球化服务平台，促进国际交流，吸引全球创新要素资源参与我国人工智能技术及产业发展，同时鼓励中国人工智能企业加大"走出去"力度；充分利用"一带一路"倡议、G20等双/多边合作机制，主动融入全球人工智能治理体系，积极推动企业、联盟、行业组织等的更多专家参与全球人工智能规则制定，强化在国际标准组织中的协作，为全球人工智能发展贡献中国智慧。

3.5　CPS与数字孪生

3.5.1　CPS与数字孪生的研究背景

3.5.1.1　CPS与数字孪生的概念及区别

信息物理系统（cyber-physical systems，CPS）[39]是虚实融合。"实"是指人、机、物，而"虚"则指"数字孪生"。CPS是把人、机、物互联，实体与虚拟对象双向连接，以虚控实，虚实融合，以实现敏捷性和柔性、智能生产。CPS内涵中的虚实双向动态对接，有两个步骤：一是虚拟的实体化，如设计一件东西，先进行模拟、仿真，再制作出来；二是实体的虚拟化，实体在使用、运行的过程中，把状态反映到虚拟端，通过虚拟方式进行判断、分析、预测和优化。CPS可以视为数据输入+数字孪生承载对象+数据输出的一个有机整体，大体上与严格意义上的智能产品、智能设备等同。技术实现上，CPS是一种通过网络或接口实时采集物理世界对象的状态数据，并作为数据孪生承载对象的输入，经过数据孪生承载对象的加工处理，将结果通过网络或接口实时地直接作用到物理对象上的特殊的数字孪生承载体。

基于 CPS 的智能工厂如图 3-23 所示，通过各种感知方式，从现有的系统中获取数据并汇聚于大数据云平台，再利用各种先进技术，开展虚拟制造、生产过程模型优化和预测，实现工厂全程可视化，通过大数据云平台实现互联互通。

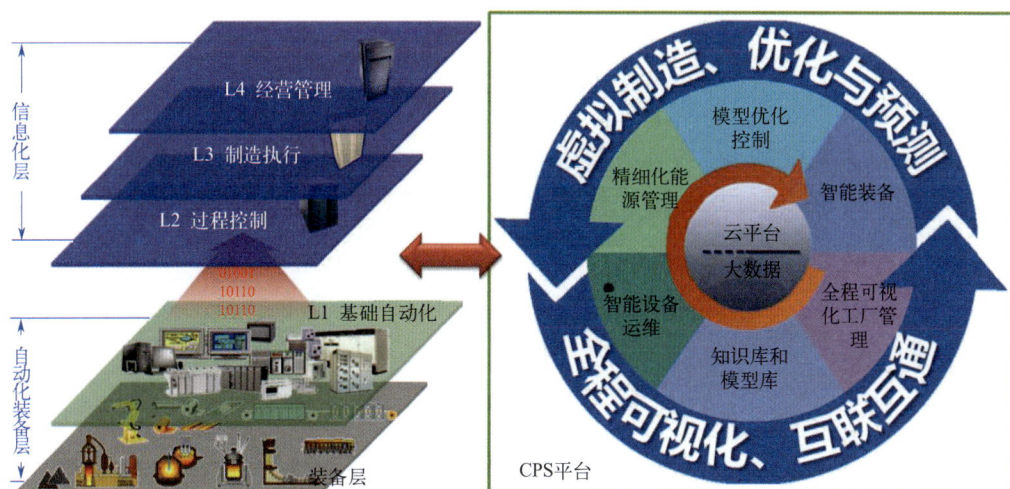

图 3-23　基于 CPS 的智能工厂

数字孪生（digital twin）[40]的核心是模型和数据，但虚拟模型创建和数据分析需要专业的知识，对于不具备相关知识的人员，构建和使用数字孪生任重道远。工业互联网恰恰可以解决上述问题，通过平台实现数据分析外包、模型共享等业务。2012 年，NASA 给出了数字孪生的概念描述：数字孪生是指充分利用物理模型、传感器、运行历史等数据，集成多学科、多尺度的仿真过程，它作为虚拟空间中对实体产品的"镜像"，可反映相对应物理实体产品的全生命周期过程。数字孪生概念框图如图 3-24 所示。

从功能上讲，数字孪生与 CPS 都是为了使企业能够更快、更准地预测和检测现实工厂的生产现场状况，并从中发现问题进而优化生产过程，以更好地生产和提升产品品质。CPS 被定义为计算过程和物理过程的集成，而数字孪生则需要更多地考虑使用物理系统的数字模型进行模拟分析，实施优化。

在制造场景中，CPS 与数字孪生都包括两个部分：真实物理世界和虚拟信息（数字）世界，真实的生产活动由物理世界来执行，而智能化的数据的管理、分析和计算，则是由虚拟信息世界中各种应用程序和服务来完成的。物理世界感知并收集数据，执行来自信息世界的决策指令，而信息世界分析和处理来自物理世界数据，作出预测和决定。物理世界和信息世界之间无处不在的 IoT 连接，是两个世界实现交互的基础。

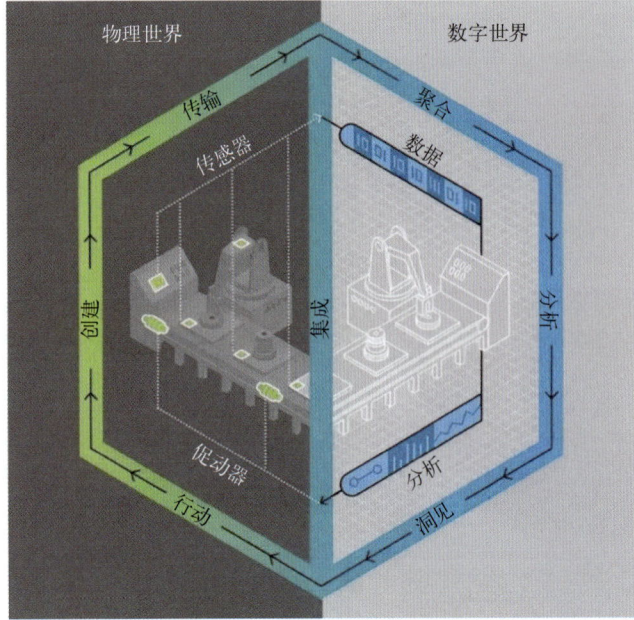

图3-24 数字孪生概念框图

具体比较，CPS和数字孪生各有侧重。CPS强调计算、通信和控制功能，传感器和控制器是CPS的核心组成部分。CPS面向的是工业物联网基础下的信息与物理世界融合的多对多连接管理；数字孪生则更多地关注虚拟模型，根据模型的输入和输出，解释和预测物理世界的行为，强调虚拟模型和显示对象的一对一映射关系。

3.5.1.2 数字孪生布局

当前，全球正积极布局数字孪生应用。2020年美、德两大制造强国分别成立了数字孪生联盟和工业数字孪生体协会，加快构建数字孪生产业协同和创新生态。市场研究公司 Global Industry Analysts 报告显示，2020年全球数字孪生市场规模为46亿美元，并将于2026年达到287亿美元。Garner也连续三年将数字孪生列为未来十大战略趋势。2022年新兴技术成熟度曲线如图3-25所示。

从国家层面，随着我国工业互联网创新发展工程的深入实施，涌现了大量数字化、网络化创新应用，但在智能化探索方面实践较少，推动我国工业互联网应用由数字化、网络化迈向智能化成为当前亟需解决的重大问题。而数字孪生为我国工业互联网智能化探索提供了基础方法，成为支撑我国制造业高质量发展的关键抓手。

从产业层面看，数字孪生有望带动我国工业软件产业快速发展，加快缩短与国外工业软件的差距。由于我国工业发展时间短，工业软件核心模型和算法一直与国外存在差距，成为国家的关键"卡脖子"短板。数字孪生能够充分发挥我国工业门类齐全、场景

2022年新兴技术成熟度曲线

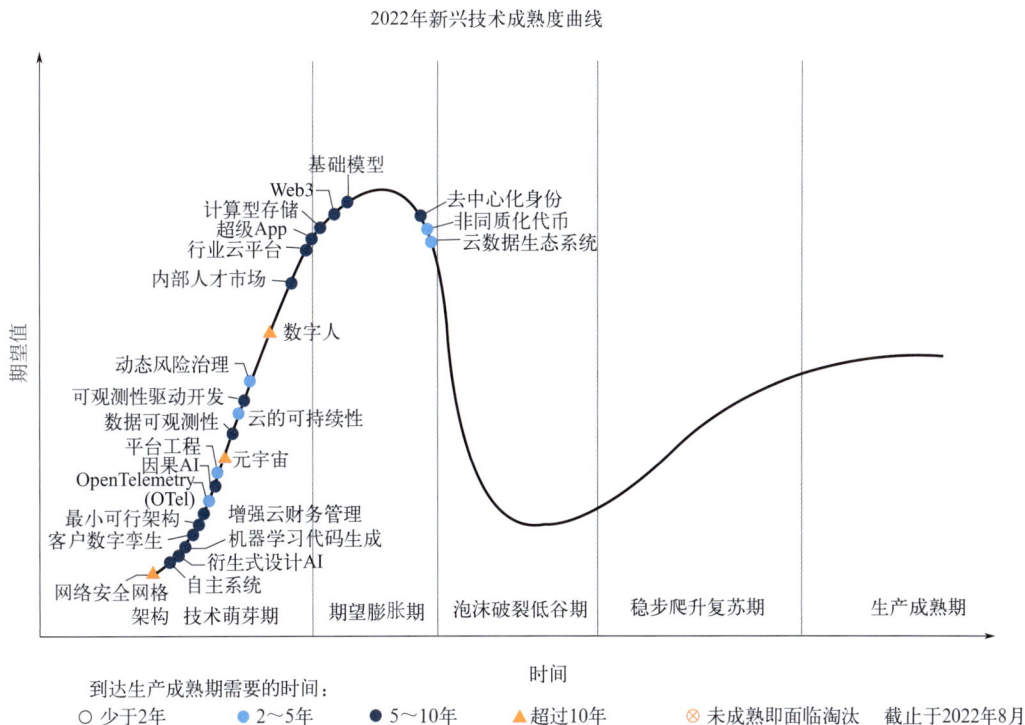

图3-25　Garner：2022年新兴技术成熟度曲线

众多的优势，释放我国工业数据红利，将人工智能技术与工业软件结合，通过数据科学优化机理模型性能，实现工业软件弯道超车。

从企业层面看，数字孪生在工业研发、生产、运维的全链条中均发挥重要作用。在研发阶段，数字孪生能够通过虚拟调试，加快产品研发（低成本试错）。在生产阶段，数字孪生能够构建实时联动的三维可视化工厂，提升工厂一体化管控水平。在运维阶段，数字孪生可以将仿真技术与大数据技术结合，极大提升运维的安全性和可靠性。

3.5.2　数字孪生基本架构

数字孪生模型基于跨一系列维度的大规模、累积、实时的真实物理世界的测量数据。数字孪生以数字化的方式，对物理世界中的实体进行多维、多物理量、多粒度的精准虚拟映射，形成"数据感知—实时分析—智能决策"的实时智能闭环。物理世界的实体可能是设备、传感器、机器人、工业生产流程或复杂的物理系统等。数字孪生可划分为"基础支撑""数据互动""模型构建""仿真分析""共性应用""行业应用"6大核心模块，对应从设备、数据到行业应用的全生命周期。国内外主要厂商的业务主要有建模业务、仿真业务、平台业务、行业服务业务四大类，数字孪生产业图谱如图3-26所示[41]。

图3-26　数字孪生产业图谱

为了构建数字化"镜像"，需要将IoT、建模、仿真等基础支撑技术通过平台化的架构进行融合，搭建从物理世界到孪生空间的信息交互闭环。整体来看，一个完整的数字孪生系统应包含以下四个实体层级，如图3-27所示。

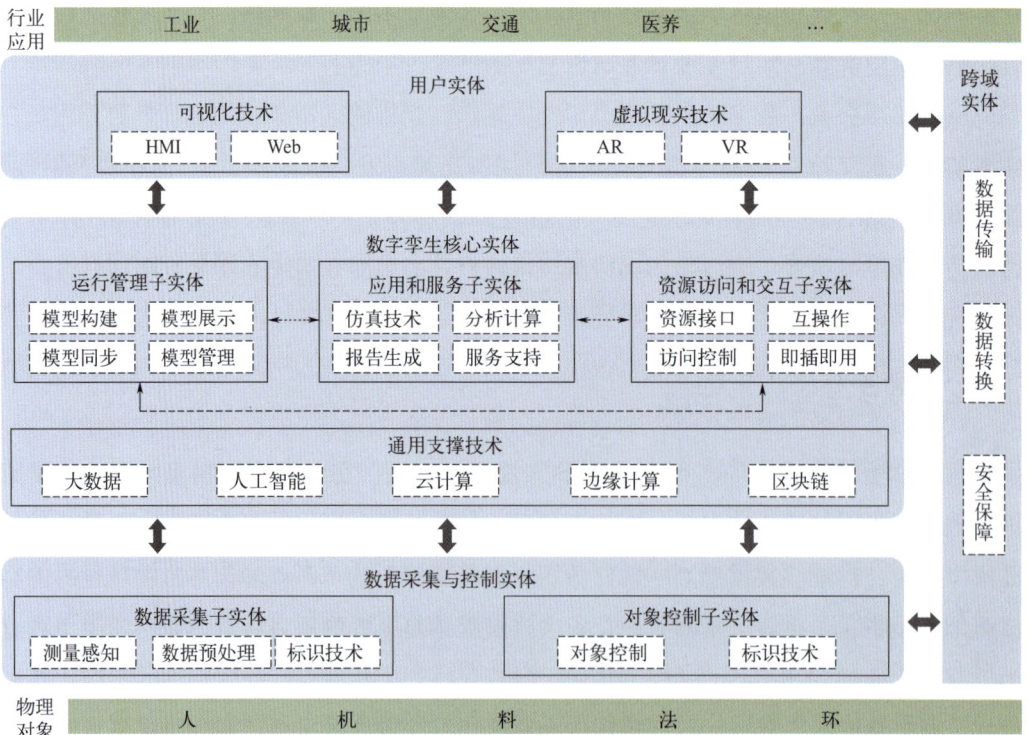

图3-27　数字孪生基本架构

第一层是数据采集与控制实体，主要涵盖感知、控制、标识等技术，承担数字孪生体与物理对象间上行感知数据的采集和下行控制指令的执行。

第二层是核心实体，依托通用支撑技术，实现模型构建与融合、数据集成、仿真分析、系统扩展等功能，是生成数字孪生体并拓展应用的主要载体。

第三层是用户实体，主要以可视化技术和虚拟现实技术为主，实现人机交互的功能。

第四层是跨域实体，实现各实体层级之间的数据互通和安全保障功能。

3.5.3　工业中数字孪生关键技术

工业数字孪生是多类数字化技术的集成融合和创新应用，基于建模工具在数字空间构建起精准物理对象模型，再利用实时IoT数据驱动模型运转，进而通过数据与模型集成融合构建起综合决策能力，推动工业全业务流程闭环优化。

工业数字孪生功能架构如图3-9所示，主要包括[42]：

第一层，连接层。具备采集感知和反馈控制两类功能，是数字孪生闭环优化的起始和终止环节。通过深层次的采集感知获取物理对象的全方位数据，利用高质量的反馈控制完成物理对象的最终执行。

第二层，映射层。具备数据互联、信息互通、模型互操作三类功能，同时数据、信息、模型三者间能够实时融合。其中，数据互联指通过工业通信实现物理对象市场数据、研发数据、生产数据、运营数据等全生命周期数据的集成；信息互通指利用数据字典、标识解析、元数据描述等功能，构建统一信息模型，实现物理对象信息的统一描述；模型互操作指通过多模型融合技术将几何模型、仿真模型、业务模型、数据模型等多类模型进行关联和集成融合。

第三层，决策层。在连接层和映射层的基础上，通过综合决策实现描述、诊断、预测、处置等不同深度的应用，并将最终决策指令反馈给物理对象，支撑实现闭环控制。

全生命周期实时映射、综合决策、闭环优化是数字孪生发展的三大典型特征：一是全生命周期实时映射，指孪生对象与物理对象能够在全生命周期实时映射，并持续通过实时数据修正完善孪生模型；二是综合决策，指通过数据、信息、模型的综合集成，构建起智能分析决策能力；三是闭环优化，指数字孪生能够实现对物理对象从采集感知、决策分析到反馈控制的全流程闭环应用。本质是设备可识别指令、工程师知识经验与管理者决策信息在操作流程中的闭环传递，最终实现智慧的累加和传承。

工业数字孪生技术不是近期诞生的一项新技术，它是一系列数字化技术的集成融合和创新应用，涵盖了数字支撑技术、数字线程技术、数字孪生体技术、人机交互技术四大类，其体系架构如图3-28所示。其中，数字线程技术和数字孪生体技术是核心技术，数字支撑技术和人机交互技术是基础技术。

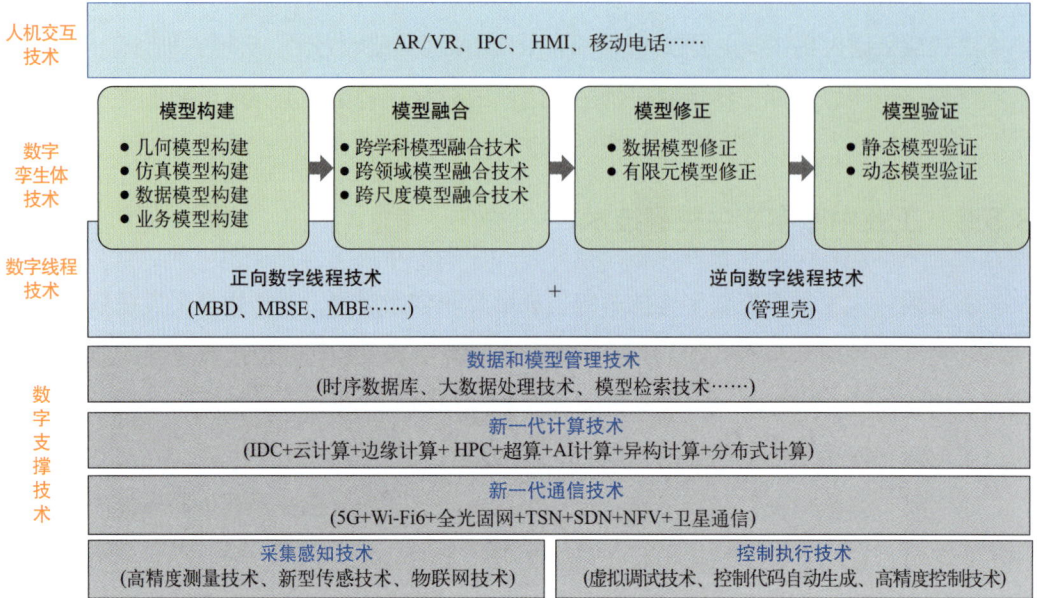

图3-28   工业数字孪生技术体系架构

（1）数字支撑技术   数字支撑技术具备数据获取、传输、计算、管理一体化能力，支撑数字孪生高质量开发利用全量数据，涵盖了采集感知、控制执行、新一代通信、新一代计算、数据和模型管理五大类技术。未来，集五类技术于一身的通用技术平台有望为数字孪生提供"基础底座"服务。

其中，采集感知技术的不断创新是数字孪生蓬勃发展的源动力，支撑数字孪生更深入地获取物理对象的数据。一方面，传感器向微型化发展，能够集成到智能产品中，实现更深层次的数据感知。如GE研发的嵌入式腐蚀传感器，嵌入到压缩机内部，能够实时显示腐蚀速率。另一方面，多传感融合技术不断发展，将多种传感能力集成至单个传感模块，支撑实现更丰富的数据获取。如第一款L3级自动驾驶汽车奥迪A8的自动驾驶模块搭载了7种传感器，包括毫米波雷达、激光雷达、超声波雷达等，以保证汽车决策的快速性和准确性。

（2）数字线程技术   数字线程技术是数字孪生技术体系中最为关键的核心技术，能够屏蔽不同类型数据、模型格式，支撑全量数据和模型的快速流转和无缝集成，主要包括正向数字线程技术和逆向数字线程技术两大类型。

其中，正向数字线程技术以基于模型的系统工程（MBSE）为代表，如图3-29所示，在用户需求阶段就基于统一建模语言（UML）定义好各类数据和模型的规范，为后期全量数据和模型在全生命周期集成融合提供基础支撑。当前，基于模型的系统工程技术正加快与工业互联网平台集成融合，未来有望构建"工业互联网平台+MBSE"技术体系。如达索公司已经将MBSE工具迁移至3DEXPERIENCE平台，一方面基于MBSE工具统一了异构模型语法语义，另一方面可以与平台采集的IoT数据相结合，充分释放数据与模型集成融合的应用价值。

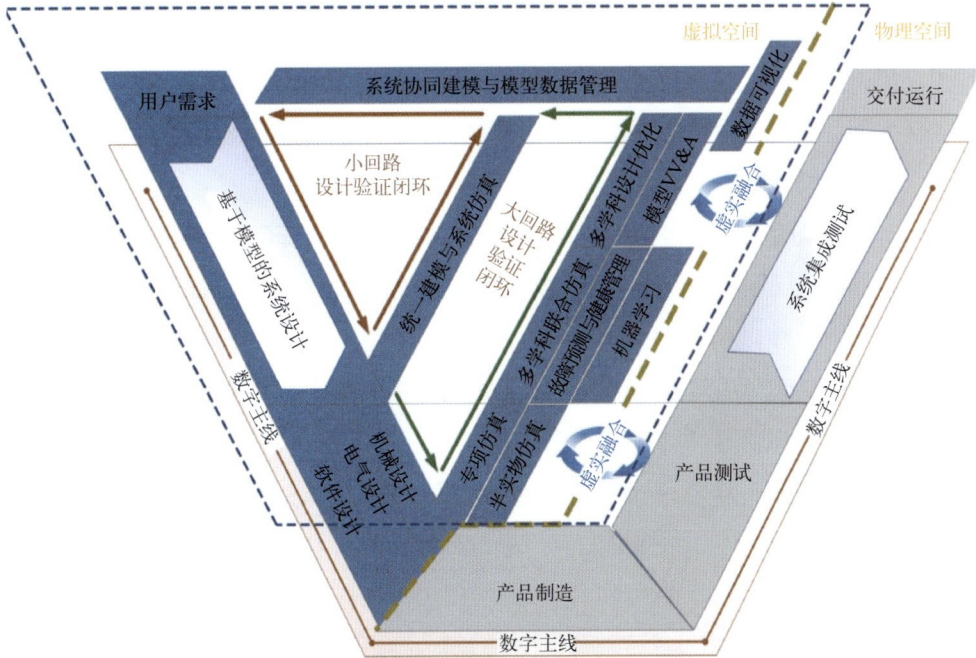

图3-29　MBSE技术分析视图（来源：苏州同元软控）

（3）数字孪生体技术　数字孪生体是数字孪生物理对象在虚拟空间的映射表现，重点围绕模型构建、模型融合、模型修正、模型验证开展一系列创新应用。

① 模型构建技术　模型构建技术是数字孪生体技术体系的基础，各类建模技术的不断创新，可以加快提升对孪生对象外观、行为、机理规律等刻画的效率。

在几何建模方面，基于AI的创成式设计技术可以提升产品几何设计效率。如上海及瑞利用创成式设计帮助北汽福田设计汽车前防护、转向支架等零部件，利用AI算法优化产生了上百种设计选项，综合比对用户需求，从而使汽车零件数量大幅减少，重量减轻70%，最大应力减少18.8%。

在仿真建模方面，仿真工具通过融入无网格划分技术降低了仿真建模时间。如Altair基于无网格计算优化求解速度，消除了传统仿真中几何结构简化和网格划分耗时长的问题，能够在几分钟内分析全功能CAD程序集而无需网格划分。

在数据建模方面，传统统计分析叠加人工智能技术，强化了数字孪生预测建模能力。如GE通过迁移学习提升新资产设计效率，有效提升了航空发动机模型开发速度并使模型再开发更精确，保证了虚实精准映射。

在业务建模方面，业务流程管理（BPM）、流程自动化（RPA）等技术可以加快推动业务模型敏捷创新。如SAP发布的业务技术平台，在原有Leonardo平台的基础上创新加入RPA技术，形成了"人员业务流程创新—业务流程规则沉淀—RPA执行—持续迭代修正"业务模型解决方案。

② 模型融合技术　在模型构建完成后，需要通过多类模型"拼接"打造更加完整的数字孪生体，而模型融合技术在此过程中发挥了重要作用，重点涵盖了跨学科模型融合技术、跨领域模型融合技术、跨尺度模型融合技术。

在跨学科模型融合技术方面，多物理场、多学科联合仿真可加快构建更完整的数字孪生体。如苏州同元软控通过多学科联合仿真技术为"嫦娥五号"供配电系统量身定制了"数字伴飞"模型，精确度高达90%～95%，为"嫦娥五号"飞行程序优化、能量平衡分析、在轨状态预示与故障分析提供了坚实的技术支撑。

在跨领域模型融合技术方面，实时仿真技术加快了仿真模型与数据的科学集成融合，推动数字孪生由"静态分析"向"动态分析"演进。如ANSYS与PTC合作构建的实时仿真分析的泵孪生体，利用深度学习算法进行流体动力学（CFD）仿真，获得了整个工作范围内的流场分布降阶模型，在极大缩短仿真模拟时间的基础上，能够实时模拟分析泵内流体的力学情况，进一步提升了泵的安全稳定运行水平。安世亚太利用实时仿真技术优化空调节能效果，将IoT采集的数据作为仿真计算的边界条件和控制变量，大大降低了空调用电量。

在跨尺度模型融合技术方面，通过融合微观和宏观的多方面机理模型，打造更复杂的系统级数字孪生体。如西门子持续优化汽车行业Pave360解决方案，构建了系统级汽车数字孪生体，整合了传感器电子、车辆动力学和交通流量管理等不同尺度模型，构建了汽车生产、自动驾驶、交通管控的综合解决方案。

③ 模型修正技术　模型修正技术基于实际运行数据持续修正模型参数，是保证数字孪生不断迭代精度的重要技术，涵盖了数据模型实时修正、有限元模型修正技术。

从IT视角看，在线机器学习基于实时数据持续完善数据模型精度。如流行的TensorFlow、Scikit-learn等AI工具中都嵌入了在线机器学习模块，基于实时数据动态更新机器学习模型。

从OT视角看，有限元模型修正技术能够基于试验或者实测数据对原始有限元模型进行修正。如达索、ANSYS、MathWorks 的有限元仿真工具中，均具有有限元模型修正的接口或者模块，支持用户基于试验数据对模型进行修正。

④ 模型验证技术　模型验证技术是孪生模型构建、融合、修正后的最终步骤，唯有通过验证的模型才能够安全地下发到生产现场进行应用。当前模型验证技术主要包括静态模型验证技术和动态模型验证技术两大类，通过评估已有模型的准确性，提升数字孪生应用的可靠性。

（4）人机交互技术　增强现实/虚拟现实技术（AR/VR）的发展带来了全新人机交互模式，可以提升可视化效果。传统的平面人机交互技术不断发展，但仅停留在二维可视化。新兴的 AR/VR 技术具备三维可视化效果，正加快与几何设计、仿真模拟融合，有望持续提升数字孪生应用效果。如西门子推出的 SolidEdge 2020 新增了增强现实功能，能够基于 OBJ 格式快速导入 AR 系统，提升 3D 设计外观感受。将 COMOS Walkinside 3D 虚拟现实软件与 SIMIT 系统验证和培训仿真软件紧密集成，缩短了工厂工程调试时间。PTC Vuforia Object Scanner 可扫描 3D 模型并将其转换为 AR 引擎兼容的格式，实现了数字孪生沉浸式应用。

3.5.4　数字孪生未来发展范式

孪生精度、孪生时间和孪生空间是评价数字孪生发展水平的三大要素，如图 3-30 所示。孪生精度指数字孪生反映真实物理对象外观行为、内在规律的准确程度，可以划分为描述级、诊断级、决策级、处置级等。孪生时间指孪生对象和物理对象同步映射的时间长度，可划分为设计孪生、设计制造一体化孪生、全生命周期优化孪生等。孪生空间指单元级孪生对象在通过组合形成系统级孪生对象过程中，所占用实际物理空间的大

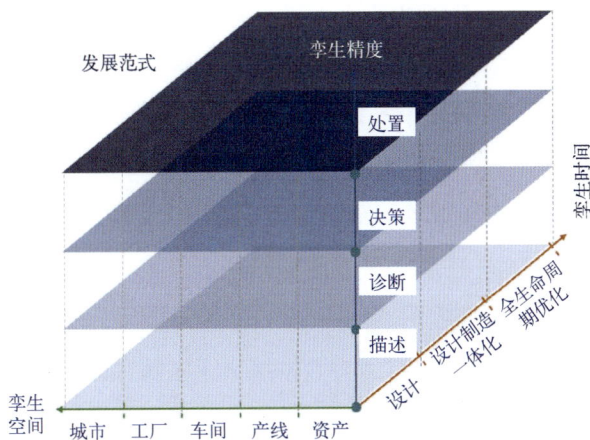

图 3-30　理想数字孪生发展范式图

小，也从侧面反映了孪生对象的复杂程度，可划分为资产孪生、产线孪生、车间孪生、工厂孪生、城市孪生等。

从孪生精度发展范式看，如图3-31所示，数字孪生由对孪生对象某个剖面描述向更精准数字化映射发展。如果对一个物理对象进行解构，其包含了对象属性、外观形状、实时状态、工程机理、复杂机理等不同组成部分，而每一部分均可通过数字化工具在虚拟空间进行重构。如对象属性可以通过信息模型表述，外观形状可以通过CAD建模表述，实时状态可以由IoT的采集数据进行表述，工程机理可以通过仿真建模进行模拟，人类尚未认知的复杂机理可通过人工智能进行"暴力破解"。传统数字化应用更多仅描述物理对象某个剖面特点，数字孪生基于多类数据与模型的集成融合实现了对物理对象更精准、更全面的刻画。

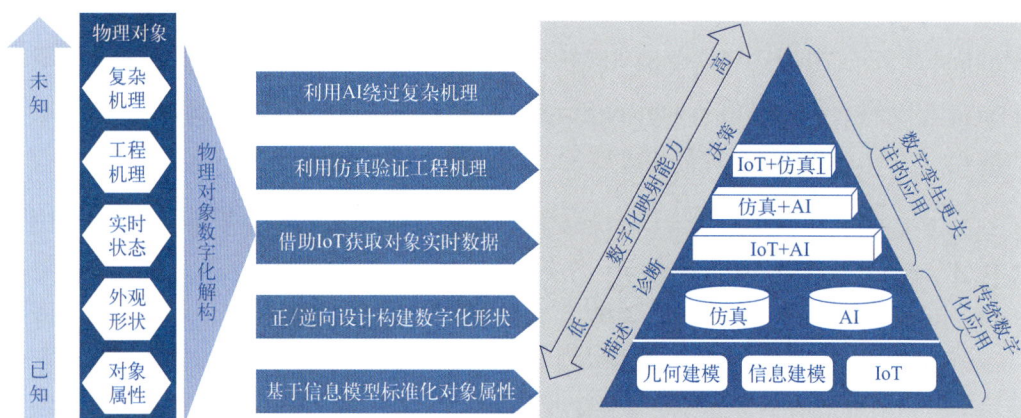

图3-31　孪生精度发展范式分析

从孪生时间发展范式看，如图3-32所示，数字孪生由当前从孪生对象多个生命时期切入开展"碎片化"应用向自孪生对象诞生起直至报废的"全生命周期"应用发展。不同企业数字化发展水平不均衡，仅有少数企业自产品研发阶段便开始积累孪生数据和构建孪生模型。更多的企业在批量生产阶段和运维阶段才开始碎片化地打造数字孪生解决方案，这使数字孪生并未有效结合研发阶段的孪生模型开展分析，难以发挥出数字孪生的潜在价值。从长远来看，随着企业日益重视数据资产价值，未来会有越来越多的企业自产品研发阶段便开始打造数字孪生解决方案，覆盖直至产品报废的全生命周期过程。

从孪生空间发展范式看，如图3-33所示，数字孪生由少量孪生对象简单关联向大量孪生对象智能协同的方向发展，打造复杂系统级孪生解决方案。任何一个复杂的孪生对象都是由简单孪生对象组合而成，比如设备是由机械零部件组成的，车间是由不同设备组成的，不同类型的车间又组成了工厂。在由单元级数字孪生向复杂系统级数字孪生

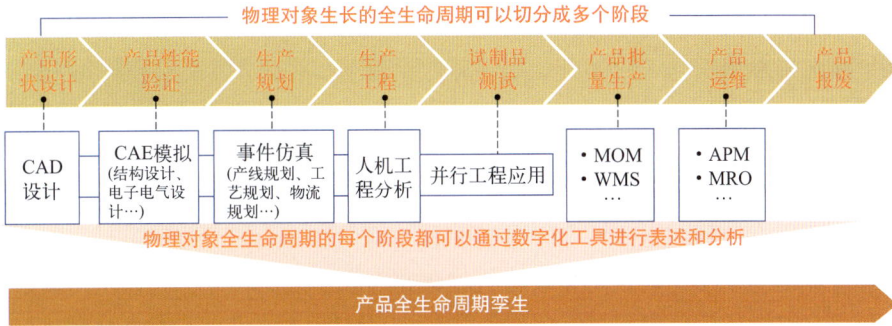

图3-32 孪生时间发展范式分析

演进的过程中，不同类型、不同尺度的独立孪生对象持续加快信息关联和行为交互，共同构建起一个复杂的孪生系统。

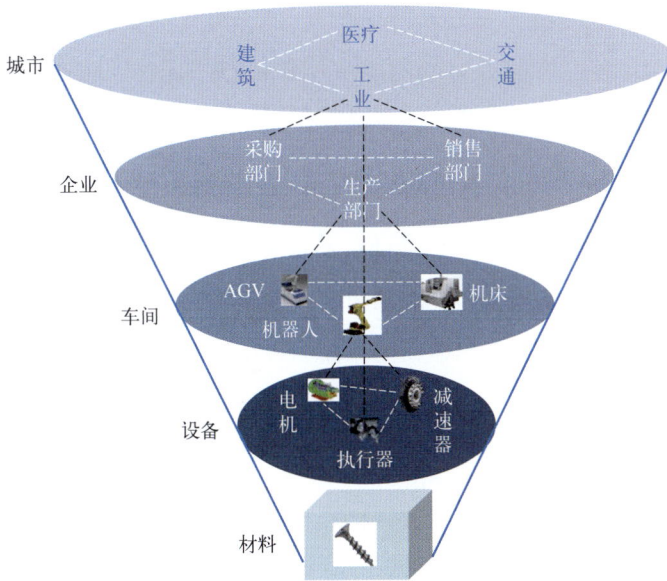

图3-33 孪生空间发展范式分析

3.6 信息与网络安全

智能制造技术中，工厂内部和外部实现互联互通，形成了一个开放共享的网络空间，工业领域中设备、控制、网络、应用、数据等随着新技术的引入发生了新变化，未来将面临更多的安全风险。信息与网络安全的实施，是针对防护对象采取行之有效的防护措施[43]。为此，本节针对智能制造网络安全的五大防护对象面临的安全威胁，分别介绍可采取的安全防护措施，并对区块链技术与密码技术进行介绍，为企业开展网络安全防护工作提供参考。

3.6.1　设备安全

工业互联网的发展使得现场设备由机械化向高度智能化转变，并产生了嵌入式操作系统＋微处理器＋应用软件的新模式，这就使得海量智能设备可能会直接暴露在网络攻击之下，面临攻击范围扩大、扩散速度增加、漏洞影响扩大等威胁[44]。

工业互联网设备安全指工厂内单点智能器件以及成套智能终端等智能设备的安全，应分别从操作系统/应用软件安全与硬件安全两方面部署安全防护措施，可采用的安全防护措施包括固件安全增强、恶意软件防护、设备身份鉴别与访问控制、漏洞修复等。

3.6.1.1　操作系统/应用软件安全

（1）固件安全增强　工业互联网设备供应商需要采取措施对设备固件进行安全增强，阻止恶意代码传播与运行。工业互联网设备供应商可从操作系统内核、协议栈等方面进行安全增强，并力争实现设备固件的自主可控。

（2）漏洞修复加固　设备操作系统与应用软件中的漏洞对于设备来说是最直接也是最致命的威胁。设备供应商应对工业现场中常见的设备与装置进行漏洞扫描与挖掘，发现操作系统与应用软件中存在的安全漏洞，并及时对其进行修复。

（3）补丁升级管理　工业互联网企业应密切关注重大工业互联网现场设备的安全漏洞及补丁发布，及时采取补丁升级措施，并在补丁安装前对补丁进行严格的安全评估和测试验证。

3.6.1.2　硬件安全

（1）硬件安全增强　对于接入工业互联网的现场设备，支持基于硬件特征的唯一标识符，为包括工业互联网平台在内的上层应用提供基于硬件标识的身份鉴别能力。此外，应支持将硬件级部件（安全芯片或安全固件）作为系统信任根，为现场设备的安全启动以及数据传输机密性和完整性保护提供支持。

（2）运维管控　工业互联网企业应在工业现场网络重要控制系统（如机组主控DCS）的工程师站、操作员站和历史站部署运维管控系统，实现对外部存储器（如移动硬盘）、键盘和鼠标等使用USB接口的设备的识别，对外部存储器的使用进行严格控制。同时，注意部署的运维管控系统不能影响生产控制大区各系统的正常运行。

3.6.2　控制安全

工业互联网使得生产控制由分层、封闭、局部逐步向扁平、开放、全局方向发展。其中，在控制环境方面表现为信息技术（IT）与操作技术（OT）融合，控制网络由封闭走向开放；在控制布局方面表现为控制范围从局部扩展至全局，并伴随着控制监测上移与实时控制下移。上述变化改变了传统生产控制过程封闭、可信的特点，造成安全事件危害范围扩大、危害程度加深，信息安全与功能安全问题交织等后果[45]。

对于工业互联网控制安全的防护，主要从控制协议安全、控制软件安全及控制功能安全三个方面考虑，可采用的安全机制包括协议安全加固、软件安全加固、恶意软件防护、补丁升级、漏洞修复、安全监测审计等。

3.6.2.1　控制协议安全

（1）身份认证　为了确保控制系统执行的控制命令来自合法用户，必须对使用系统的用户进行身份认证，未经认证的用户所发出的控制命令不被执行。在控制协议中，一定要加入认证方面的约束，避免攻击者通过截获报文获取合法地址建立会话，影响控制过程安全。

（2）访问控制　不同的功能需要不同权限的认证用户来操作，如果没有基于角色的访问机制，没有对用户权限进行划分，会导致任意用户可以执行任意功能。

（3）传输加密　在设计控制协议时，应根据具体情况，采用适当的加密措施，保证通信双方的信息不被第三方非法获取。

（4）健壮性测试　控制协议在应用到工业现场之前应通过健壮性测试工具的测试，测试内容可包括风暴测试、饱和测试、语法测试、模糊测试等。

3.6.2.2　控制软件安全

（1）软件防篡改　工业互联网中的控制软件可归纳为数据采集软件、组态软件、过程监督与控制软件、单元监控软件、过程仿真软件、过程优化软件、专家系统、人工智能软件等类型。软件防篡改是保障控制软件安全的重要环节，具体措施包括以下几个：

① 控制软件在投入使用前应进行代码测试，以检查软件中的公共缺陷。

② 采用完整性校验措施对控制软件进行校验，及时发现软件中存在的篡改情况。

③ 对控制软件中的部分代码进行加密。

④ 做好控制软件和组态程序的备份工作。

（2）认证授权　控制软件应用时要根据使用其对象的不同设置不同的权限，以最小的权限完成各自的任务。

（3）恶意软件防护　对于控制软件，应采取恶意代码检测、预防和恢复的控制措施。控制软件恶意代码防护具体措施包括：

① 在控制软件上安装恶意代码防护软件或独立部署恶意代码防护设备，并及时更新恶意代码防护软件的版本和恶意代码库，更新前应进行安全性和兼容性测试。防护软件包括病毒防护、入侵检测、入侵防御等具有病毒查杀和阻止入侵行为的软件；防护设备包括防火墙、网闸、入侵检测系统、入侵防御系统等具有防护功能的设备。应注意防止在实施维护和紧急规程期间引入恶意代码。

② 建议控制软件的主要生产厂商采用特定的防病毒工具。在某些情况下，控制软件的供应商需要对其产品线的防病毒工具进行回归测试，并提供相关的安装和配置文档。

③ 采用具有白名单机制的产品，构建可信环境，抵御零日漏洞和有针对性的攻击。

（4）补丁升级更新　控制软件的变更和升级需要在测试系统中进行仔细的测试，并制订详细的回退计划。对重要的补丁需尽快测试和部署。对于服务包和一般补丁，仅对必要的补丁进行测试和部署。

（5）漏洞修复加固　控制软件的供应商应及时对控制软件中出现的漏洞进行修复或提供其他替代解决方案，如关闭可能被利用的端口等。

（6）协议过滤　采用工业防火墙对协议进行深度过滤，对控制软件与设备间的通信内容进行实时跟踪。

（7）安全监测审计　通过对工业互联网中的控制软件进行安全监测审计可及时发现网络安全事件，避免发生安全事故，并可以为安全事故的调查提供翔实的数据支持。目前许多安全产品厂商已推出了各自的监测审计平台，可实现协议深度解析、攻击异常检测、无流量异常检测、重要操作行为审计、告警日志审计等功能。

3.6.2.3　控制功能安全

要考虑控制功能安全和信息安全的协调能力，使得信息安全不影响控制功能安全，在信息安全的防护下能更好地执行控制功能。现阶段控制功能安全防护具体措施主要包括：

① 确定可能的危险源、危险状况和伤害事件，获取已确定危险的信息（如持续时间、强度、毒性、暴露限度、机械力、爆炸条件、反应性、易燃性、脆弱性、信息丢失等）。

② 确定控制软件与其他设备或软件（已安装的或将被安装的）以及与其他智能化系统（已安装的或将被安装的）之间相互作用所产生的危险状况和伤害事件，确定引发事故的事件类型（如元器件失效、程序故障、人为错误，以及能导致危险事件发生的相关失效机制）。

③ 结合典型生产工艺、加工制造过程、质量管控等方面的特征，分析安全影响。

④ 考虑自动化、一体化、信息化可能导致的安全失控状态，确定需要采用的监测、预警或报警机制，故障诊断与恢复机制，数据收集与记录机制等。

⑤ 明确操作人员在对智能化系统执行操作的过程中可能产生的合理可预见的误用以及智能化系统对于人员的恶意攻击操作的防护能力。

⑥ 智能化装备和智能化系统对于外界电/磁场、辐射、火灾、地震等影响的抵抗或切断能力，以及对发生的异常扰动或中断的检测和处理能力。

3.6.3　网络安全

工业互联网的发展使得工厂内部网络呈现出IP化、无线化、组网方式灵活化与全局化的特点，工厂外网呈现出信息网络与控制网络逐渐融合、企业专网与互联网逐渐融合以及产品服务日益互联网化的特点。这就造成传统互联网中的网络安全问题开始向工业互联网蔓延，具体表现在以下几个方面：工业互联协议由专有协议向以太网协议/IP转变，导致攻击门槛极大降低；工厂现有10M/100M工业以太网交换机性能较低，难以抵抗日益严重的DDoS攻击；工厂网络互联、生产、运营逐渐由静态转变为动态，安全策略面临严峻挑战等[46]。此外，随着工厂业务的拓展和新技术的不断应用，今后还会面临5G/SDN等新技术引入、工厂内外网互联互通进一步深化等带来的安全风险。

工业互联网网络安全防护应面向工厂内部网络、外部网络及标识解析系统等，具体包括优化网络结构设计、网络边界安全防护、网络接入认证、通信和传输保护、网络设备安全防护、网络安全监测审计等多种防护措施，构筑立体化的网络安全防护体系。

（1）优化网络结构设计　在网络规划阶段，需设计合理的网络结构。一方面，通过在关键网络节点和标识解析节点采用双机热备和负载均衡等技术，以应对业务高峰时期突发的大数据流量和意外故障引发的业务连续性问题，确保网络长期稳定可靠运行。另一方面，通过合理的网络结构和设置提高网络的灵活性和可扩展性，为后续网络扩容做好准备。

（2）网络边界安全防护　根据工业互联网中网络设备和业务系统的重要程度将整个网络划分成不同的安全域，形成纵深防御体系。安全域是一个逻辑区域，同一安全域中的设备具有相同或相近的安全属性，如安全级别、安全威胁、安全脆弱性等，同一安全域内的系统相互信任。在安全域之间采用网络边界控制设备，以逻辑串接的方式进行部署，对安全域边界进行监视，识别边界上的入侵行为并进行有效阻断。

（3）网络接入认证　接入网络的设备与标识解析节点应该具有唯一性标识，网络应对接入的设备与标识解析节点进行身份认证，保证合法接入和合法连接，对非法设备与标识解析节点的接入行为进行阻断与告警，形成网络可信接入机制。网络接入认证可采用基于数字证书的身份认证等机制来实现。

（4）通信和传输保护　通信和传输保护是指采用相关技术手段来保证通信过程的机密性、完整性和有效性，防止数据在网络传输过程中被窃取或篡改，并保证合法用户对信息和资源的有效使用。具体包括：

① 通过加密等方式保证被非法窃取的网络传输数据无法被非法用户识别和提取有效信息。

② 网络传输的数据采取校验机制，确保被篡改的信息能够被接收方有效鉴别。

③ 应确保接收方能够接收到网络数据，并且能够被合法用户正常使用。

（5）网络设备安全防护　为了提高网络设备与标识解析节点自身的安全性，保障其正常运行，网络设备与标识解析节点需要采取一系列安全防护措施，主要包括：

① 对登录网络设备与标识解析节点进行运维的用户进行身份鉴别，并确保身份鉴别信息不被破解与冒用；

② 对远程登录网络设备与标识解析节点的源地址进行限制；

③ 对网络设备与标识解析节点的登录过程采取完备的登录失败处理措施；

④ 启用安全的登录方式（如SSH或HTTPS等）。

（6）网络安全监测审计　网络安全监测指通过漏洞扫描工具等方式探测网络设备与标识解析节点的漏洞情况，并及时提供预警信息。网络安全监测审计指通过镜像或代理等方式分析网络与标识解析系统中的流量，并记录网络与标识解析系统中的系统活动和用户活动等各类操作行为以及设备运行信息，发现系统中现有的和潜在的安全威胁，实时分析网络与标识解析系统中发生的安全事件并告警。同时，记录内部人员的错误操作和越权操作并及时进行告警，以减少内部非恶意操作导致的安全隐患。

3.6.4　应用安全

工业互联网应用主要包括工业互联网平台与工业应用程序两大类，其范围覆盖智能化生产、网络化协同、个性化定制、服务化延伸等方面。目前工业互联网平台面临的安全风险主要包括数据泄露、篡改、丢失，权限控制异常，系统漏洞利用，账户劫持，设备接入安全等。对工业应用程序而言，最大的风险来自安全漏洞，包括开发过程中编码不符合安全规范而导致的软件本身的漏洞以及由于使用不安全的第三方库而引起的漏洞等[47]。

相对应地，工业互联网应用安全也应从工业互联网平台安全与工业应用程序安全两方面进行防护。对于工业互联网平台，可采取的安全措施包括安全审计、认证授权、DDoS 攻击防御等。对于工业应用程序，建议采用全生命周期的安全防护，在应用程序的开发过程中进行代码审计并对开发人员进行培训，以减少漏洞的引入；对运行中的应用程序定期进行漏洞排查，对应用程序的内部流程进行审核和测试，并对公开漏洞和后门加以修补；对应用程序的行为进行实时监测，以发现可疑行为并进行异常阻止，从而降低未公开漏洞产生的危害。

3.6.4.1　平台安全

（1）安全审计　安全审计主要是指对平台中与安全有关的活动的相关信息进行识别、记录、存储和分析。平台建设过程中应考虑加入一定的安全审计功能，将平台与安全有关的信息进行有效识别、充分记录、长时间存储和自动分析。能对平台的安全状况做到持续、动态、实时的有依据的安全审计，并向用户提供安全审计的标准和结果。

（2）认证授权　工业互联网平台用户分属不同的组织，需要采取严格的认证授权机制保证不同用户能够访问不同的数据资产。同时，认证授权需要采用更加灵活的方式确保用户间可以通过多种方式将数据资产分模块分享给不同的合作伙伴。

（3）DDoS 攻击防御　部署 DDoS 防御系统，在遭受 DDoS 攻击时，可保证平台被用户正常使用。平台抗DDoS攻击的能力应在用户协议中作为产品技术参数的一部分明确指出。

（4）安全隔离   平台的不同用户之间应当采取必要的措施实现充分隔离，防止蠕虫病毒等安全威胁通过平台向不同用户扩散。平台不同应用之间也要采用严格的隔离措施，防止单个应用的漏洞影响其他应用甚至整个平台的安全。

（5）安全监测   应对平台实施集中、实时的安全监测，监测内容包括各种物理和虚拟资源的运行状态等。通过对系统运行参数（如网络流量、主机资源和存储等）以及各类日志进行分析，确保工业互联网平台提供商可执行故障管理、性能管理和自动检修管理，从而实现平台运行状态的实时监测。

（6）补丁升级   工业互联网平台搭建在众多底层软件和组件基础之上。由于工业生产对于运行连续性的要求较高，中断平台运行进行补丁升级的代价较大。因此，平台在设计之初就应当充分考虑如何对平台进行补丁升级的问题。

（7）虚拟化安全   虚拟化是边缘计算和云计算的基础，为避免虚拟化出现安全问题进而影响上层平台的安全，在平台的安全防护中要充分考虑虚拟化安全。虚拟化安全的核心是实现不同层次及不同用户的有效隔离，其安全增强可以通过虚拟化加固等防护措施来实现。

3.6.4.2   工业应用程序安全

（1）代码审计   代码审计指检查代码中的缺点和错误信息，分析并找到这些问题引发的安全漏洞，并提供代码修订措施和建议。开发过程中应该进行必要的代码审计，发现代码中存在的安全缺陷并给出相应的修补建议。

（2）人员培训   企业应对工业应用程序开发者进行软件代码安全培训，包括了解应用程序安全开发生命周期（SDL）的每个环节，了解对应用程序进行安全架构设计，具备所使用编程语言的安全编码常识，了解常见代码安全漏洞的产生机理、导致的后果及防范措施，熟悉安全开发标准，指导开发者进行安全开发，减少开发者引入的漏洞和缺陷等，从而提高工业应用程序安全水平。

（3）漏洞发现   漏洞发现是指基于漏洞数据库，通过扫描等手段对指定工业应用程序的安全性进行检测，发现可利用漏洞的安全检测行为。在工业应用程序上线前和运行过程中，要定期对其进行漏洞发现，及时发现漏洞并采取补救措施。

（4）审核测试   对工业应用程序进行审核测试是为了发现其功能和逻辑上的问题。在上线前对其进行必要的审核测试，可有效避免信息泄露、资源浪费或其他影响工业应用程序可用性的安全隐患。

（5）行为监测和异常阻止　对工业应用程序进行实时的行为监测，通过静态行为规则匹配或者机器学习的方法，发现异常行为并发出警告或者阻止高危行为，从而降低风险。

3.6.5　数据安全

工业互联网相关的数据按照其属性或特征，可以分为四大类：设备数据、业务系统数据、知识库数据、用户个人数据。根据数据的敏感程度的不同，可将工业互联网数据分为一般数据、重要数据和敏感数据三种。工业互联网数据涉及数据采集、传输、存储、处理等各个环节。随着工厂数据由少量、单一、单向向大量、多维、双向转变，工业互联网数据体量不断增大、种类不断增多、结构日趋复杂，并出现数据在工厂内部与外部网络之间的双向流动共享。由此带来的安全风险主要包括数据泄露、非授权分析、用户个人信息泄露等[48]。

对于工业互联网的数据安全防护，应采取用途明示、数据加密、访问控制、业务隔离、接入认证、数据脱敏等多种防护措施，覆盖包括数据收集、传输、存储、处理等在内的全生命周期的各个环节。

3.6.5.1　数据收集

工业互联网平台应遵循合法、正当、必要的原则收集与使用数据及用户信息，公开数据收集和使用的规则，向用户明示收集使用数据的目的、方式和范围，经过用户的明确授权并签署相关协议后才能收集相关数据。授权必须遵循用户意愿，不得以拒绝提供服务等形式强迫用户同意数据采集协议。

另外，工业互联网平台不得收集与其提供的服务无关的数据及用户信息，不得违反法律、行政法规的规定和双方约定收集、使用数据及用户信息，并应当依照法律、行政法规的规定和与用户的约定处理其保存的数据及用户信息。

3.6.5.2　数据传输

为防止数据在传输过程中被窃听而泄露，工业互联网企业应根据不同的数据类型以及业务部署情况，采用有效手段确保数据传输安全。例如通过SSL保证网络传输数据的机密性、完整性与可用性，实现对工业互联网平台中虚拟机之间、虚拟机与存储资源之间以及主机与网络设备之间的数据传输安全，并为平台的维护管理提供数据加密通道，保障维护管理过程的数据传输安全。

3.6.5.3   数据存储

（1）访问控制   数据访问控制需要保证不同安全域之间的数据不可直接访问，避免存储节点的非授权接入，同时避免对虚拟化环境数据的非授权访问。

① 存储业务的隔离   借助交换机，将数据根据访问逻辑划分到不同的区域内，使得不同区域中的设备相互间不能直接访问，从而实现网络中设备之间的相互隔离。

② 存储节点接入认证   对于存储节点的接入认证可通过成熟的标准技术，包括iSCSI协议本身的资源隔离、CHAP（challenge handshake authentication protocol）等，也可通过在网络层面划分VLAN或设置访问控制列表等来实现。

③ 虚拟化环境数据访问控制   在虚拟化系统上对每个卷定义不同的访问策略，以保障没有访问该卷权限的用户不能访问，各个卷之间互相隔离。

（2）存储加密   工业互联网平台企业可根据数据的敏感程度采用分等级的加密存储措施（如不加密、部分加密、完全加密等）。建议平台企业按照国家密码管理有关规定使用和管理密码设施，并按规定生成、使用和管理密钥。同时，针对数据在工业互联网平台之外加密之后再传输到工业互联网平台中存储的场景，应确保工业互联网平台企业或任何第三方无法对用户的数据进行解密。

（3）备份和恢复   用户数据作为用户托管在工业互联网企业的数据资产，企业有妥善保管的义务。应当采取技术措施和其他必要措施防止信息泄露、毁损、丢失。在发生或者可能发生用户信息泄露、毁损、丢失的情况时，应当立即采取补救措施，按照规定及时告知用户并向有关主管部门报告。

工业互联网企业应当根据用户业务需求、与用户签订的服务协议制定必要的数据备份策略，定期对数据进行备份。当发生数据丢失事故时，能及时恢复一定时间前备份的数据，从而降低用户的损失。

3.6.5.4   数据处理

（1）使用授权   数据处理过程中，工业互联网企业要严格按照法律法规要求以及在与用户约定的范围内处理相关数据，不得擅自扩大数据使用范围；使用中要采取必要的措施防止用户数据泄露。如果处理过程中发生大规模用户数据泄露的安全事件，应当及时告知用户和上级主管部门，对用户造成的经济损失应当给予赔偿。

（2）数据销毁   在资源重新分配给新的用户之前，必须对存储空间中的数据进行彻底擦除，以防止被非法恶意恢复。应根据不同的数据类型以及业务部署情况，选择如下操作方式：

① 在卷回收时对逻辑卷的所有比特位进行清零，并利用 "0" 或随机数进行多次覆写。

② 在非高安全场景，系统默认将逻辑卷的关键信息（如元数据、索引项、卷前 10M 等）进行清零；在涉及敏感数据的高安全场景，当数据中心的物理硬盘需要更换时，系统管理员可采用消磁或物理粉碎等措施保证数据彻底清除。

（3）数据脱敏　当工业互联网平台中存储的工业互联网数据与用户信息需要从平台中输出或与第三方应用进行共享时，应当在输出或共享前对这些数据进行脱敏处理。脱敏应采取不可恢复的手段，以避免数据分析方通过其他手段将敏感数据复原。此外，数据脱敏后不应影响业务连续性，避免对系统性能造成较大影响。

3.6.6　区块链技术

区块链[49]（blockchain）技术是利用块链式数据结构来验证与存储数据、利用分布式节点共识算法来生成和更新数据、利用密码学方式保证数据传输和访问的安全、利用由自动化脚本代码组成的智能合约来编程和操作数据的一种全新的分布式基础架构与计算范式。自从区块链技术发布以来，区块链产业历经多次起伏，预计未来几年内会加速发展。区块链本质上是一个去中心化的数据库，同时是数字货币的底层技术。区块链是一串使用密码学方法关联产生的数据块，每一个数据块中包含了一次网络交易的信息，用于验证其信息的有效性（防伪）和生成下一个区块。

3.6.6.1　区块链的核心技术

（1）数字加密　数字货币的所有权通过数字密钥、数字货币地址和数字签名来确定。其中，数字密钥由用户生成并存储在文件或数据库中，成为 "钱包"，钱包中不包含数字货币，只包含密钥。用户的数字密钥是完全独立于数字货币的协议的，由用户的钱包生成并自行管理，无需区块链或网络连接。每笔交易需要一个有效签名才会被存储在区块中。只有有效的数字密钥才能生成有效签名，因此拥有了密钥就相当于拥有了对账户中数字货币的控制权。密钥是成对出现的，由一个私钥和一个公钥组成。其中，公钥是公开的，相当于传统货币交易场景中的银行账号，用来接收数字货币；私钥仅限拥有者可见并使用，用于支付时的交易签名，以证明所有权。

（2）分布式结构　区块链的分布式结构使得数据并不是记录和存储在中心化的主机上，而是让每一个参与数字货币交易的节点都记录并存储下所有的数据信息。为此，区块链系统采用了开源的、去中心化的协议来保证数据的完备记录和存储。

区块链中每一笔交易信息由单个节点发送给全网所有节点，因此，信息拦截者无法通过拦截某个信息传播路径而成功拦截信息，因为每个节点均收到了该信息。另外，区块链采用了非对称加密的数学原理，只有拥有交易信息私钥才能打开信息读取内容，保证了信息的安全性。

区块链构建了一整套协议机制，让全网的每个节点在参与记录数据的同时，也参与验证其他节点，记录结果的正确性。只有当全网大部分节点（甚至所有节点）都确认了记录的正确性时，该数据才会被写入区块。

在区块链的分布式结构的网络系统中，参与记录的网络节点会实时更新并存放全网的所有数据，因此，即使部分节点遭到攻击或破坏，也不会影响这个数据系统的数据更新和存储。

（3）证明机制　区块链的证明机制也就是其证明算法，是通过一种算法证明区块的正确性和拥有权，以使各个节点达成共识。目前区块链的证明机制有三种：工作量证明机制、权益证明机制、股份授权证明机制。

3.6.6.2　区块链信息安全与不信任问题

① 试图更改之前某个区块上的交易信息。更改某区块信息后该区块header中代表所有交易信息的Merkle跟随改变，该区域header的哈希值改变，下一区块的父哈希改变，需要重新计算，即下一区块哈希值改变，以此类推，之后的所有区块均需要重新计算。因此，恶意节点若想成功更改该交易信息，只有重新计算被更改区块后续所有区块，并且追上网络中合法区块链的进度后，把这个长的区块链分叉提交给网络中的其他节点，才有可能实现。

② 控制新区快的生成。试图控制新区块的生成，则需要恶意节点率先得出数学题的解并得到认可。由于区块中的交易由该节点决定，因此恶意节点可以永远不让某个交易得到认可。理论上控制新区块的生成是可能实现的：当恶意节点的计算能力高于网络中所有其他节点的计算能力的总和时，也就是恶意节点占据了全网51%的计算能力，恶意节点就可以控制新区块的生成，这种攻击被称为51%攻击。然而在现实当中，一个节点的计算能力超过其他所有节点的总和是非常困难的。

3.6.6.3　区块链的优势及面临的挑战

解决共享经济中的互信问题，减少欺诈、增加信任。区块链技术的应用，使篡改、增加、删除历史交易记录而不被发现变得非常困难，这样可以解决消费者和卖家之间的不信任问题，加速共享经济的发展，特别是在用户之间的物理距离甚远的商业情景下。

提高多方参与交易的效率和透明性。通过提高现有系统中的理应共享的数据的透明性，可以节省成本且提高效率。例如区块链技术能够使各个交易方共享所有的交易数据，简化交易清算、结算的过程，完全避免由于数据错误引发的手工的校对、处理流程，缩短结算时间。

区块链技术极高的可信数据和在其应用联盟内的跨企业的高度透明性，预示着其在开始商用时将面对很多硬性的挑战。这些挑战更多的是区块链项目相关企业、联盟、政府之间的利益协调，IT 系统上的商业流程的对接，甚至是 IT 实施过程中需要最终解决的区块链负载能力的问题等。这些挑战是决定区块链技术能多快在一个应用领域内推进的关键。

3.6.7　密码技术

3.6.7.1　通用的商用密码算法和协议

我国的商用密码算法主要包括 ZUC、SM2、SM3、SM4 和 SM9。以 ZUC 算法为核心的加密算法 128-EEA3 和完整性保护算法 128-EIA3，与美国 AES、欧洲 SNOW 3G 共同成为 4G 密码算法国际标准，主要用于 4G 中移动用户设备和无线网络控制设备之间的无线链路上通信信令和数据的加解密和完整性校验，适用于工业互联网的网络通信安全防护。SM2 算法可以满足工业互联网应用中的身份鉴别和数据完整性、信息来源真实性的安全需求。与 RSA 算法相比，SM2 算法具有以下优势：一是安全性高，二是密钥短，三是签名速度快。利用 SM3 杂凑算法可生成 HMAC，用作数据完整性检验和消息鉴别，检验数据是否被非授权修改以及保证消息源的真实性。SM4 算法主要用于加解密，实现起来较为简单，不仅适用于软件编程实现，更适合硬件芯片实现。SM9 算法是一种标识密码（identity-based cryptography，IBC），用户的公钥就是用户的唯一身份标识，该算法解决了 PKI 需要大量交换数字证书的问题，使安全应用更加易于部署和使用。

密码协议是指两个或两个以上参与者使用密码算法时，为达到加密保护或安全认证目的而约定的交互规则，一般包括密钥交换协议、实体鉴别协议和 IPSec、SSL 等综合密码协议。我国国家标准 GB/T 15843 系列规定了进行实体鉴别的机制，包括采用对称加密算法的机制、采用数字签名技术的机制、采用密码校验函数的机制、采用零知识技术的机制以及采用人工数据传递的机制。IPSec 和 SSL 支持采用多种密码技术[50]为通信交互中的数据提供安全防护，IPSec工作在网络层，一般用于两个子网间的通信，SSL工作在应用层和传输层，一般用于终端到子网间的通信。我国于2014年先后发布了密码行业标准GM/T 0022—2014《IPSec VPN技术规范》和GM/T 0024—2014《SSL VPN技术规范》。

3.6.7.2　基于标识的密码体制

随着物联网技术的快速发展，终端设备激增已经成为必然趋势。基于证书的公钥加密体制将面临严峻的证书管理问题。为了便于工业互联网实现终端设备快速、便捷的无线接入，基于标识的密码体制受到广泛关注。IBC是一种基于实体身份标识生成密钥的密码体制，实体公钥可由其身份标识得到，相应的私钥由可信第三方密钥服务器产生，无需颁发公钥证书，解决了基于证书的公钥加密体制在证书存储和管理过程中开销过大的问题。

在工业互联网中，IBC的应用能够提供简洁的密钥管理、极低的带宽和存储开销、高效的密码算法实现，同时支持强（不可抵赖的）身份认证能力。IBC以设备ID、用户手机号等为标识公钥，分发专属私钥，不需要预先注册数字证书及认证就可实现可信的身份认证；也不需要建设证书中心，仅需要密钥管理中心，避免了工业互联网巨量的设备数字证书及存储问题，极大地减少了平台维护、管理和使用成本。在系统设计上，可以支持国产SM9算法，保证了密钥产生、分发及运算的安全。在工业互联网安全应用扩展上，可以和RFID等技术相结合。

3.6.7.3　适用于物联网的轻量级算法

物联网的应用组件是计算能力相对较弱的嵌入式处理器，计算时可使用内存往往较小，且考虑到各种设备的功能需求，能耗必须限制在某个范围之内，传统的密码算法无法很好地适用于这种环境。适用于资源受限环境的密码算法就是所谓的轻量级密码，包括轻量级的分组密码、流密码、数字签名等。目前资源受限环境的硬件缺乏统一的国际标准，而且轻量级密码还处于发展阶段，所以对于轻量级密码算法并没有统一的衡量和评价标准体系。

轻量级密码与传统密码相比有几个特点：首先，资源受限的应用环境通常处理的数据规模比较小，因此，对轻量级密码吞吐量的要求比普通密码要低得多；其次，RFID和传感器等通常对安全性的要求不是很高，适中的安全级别即可；再者，轻量级密码大多采用硬件实现，由于应用环境条件的限制，除了安全性之外，轻量级密码算法追求的首要目标是占用空间小及实现效率高。简单的说，就是应用环境对轻量级密码硬件实现的芯片大小有严格的限制。在应用环境中，为了实现目标，轻量级密码有的不使用密钥扩展算法而是采用机器内置密钥，有的不提供解密算法。这些特点使得轻量级密码的密钥长度多为 64bit 和 80bit。随着普适计算、物联网技术的发展，轻量级密码会被应用在工业互联网的多种场合。

典型的轻量级算法有 PRESENT 算法、LBlock 算法（又称鲁班锁）、Grain 系列算法、SM7 算法等。其中，SM7 算法是我国商用密码算法系列的分组密码算法，适用于非接触式 IC 卡，常见的门禁卡即可基于 SM7 算法实现身份鉴别；LBlock 算法是由中国科学院软件研究所的密码专家团队设计的，具有很高的性能；Grain v1 是 eSTREAM 计划最后的 7 个胜选算法之一，具有很高的安全性。

3.6.7.4　适用于隐私保护的密码技术

工业互联网是云计算平台的延伸，继承了云计算平台的特性，同态加密和安全多方计算等密码技术是云计算环境中隐私保护问题的重要解决手段。

（1）同态加密　同态加密是一类加密算法，有同态的性质，用户对密文进行运算后再解密得到的结果与直接对明文进行运算得到的结果一致。同态加密已经运用在云计算平台，但是全同态加密的效率很低，目前尚未实用。在云计算环境中，该算法可以充分利用云服务器的计算能力，实现对明文信息的运算，而不会有损私有数据的私密性。其可用于构建安全多方计算协议、零知识证明协议等；可用于基于云的数据共享平台，数据拥有者可以对存储在云端的资源进行计算。

（2）安全多方计算　安全多方计算可使独立数据拥有者在不信任对方以及第三方的情况下进行隐私协同计算。不同于传统的计算场景，工业互联网云平台用户需要把数据和计算外包给云，因此用户将失去对资源和数据的完全控制。安全多方计算的特点对于云计算的安全保障有得天独厚的优势。安全多方计算可用在工业互联网资源共享计算环节，在无信任中心的情况下，执行协同计算，使数据真正达到可用不可见。

参考文献

[1]　张博，高云鹏，周江林，等.工业互联网平台产业发展现状及趋势分析[J].智能制造，2022(3): 94-96.

[2]　林琳，吴淑燕，林恩辉.国内外工业互联网发展情况与展望[J].电信网技术，2018(4): 45-47.

[3]　刘多.全球数字科技发展与产业变革[J].科技导报，2021, 39(2): 57-60.

[4]　周志勇，赵潇楚，刘合艳，等.国内外工业互联网平台发展现状研究[J].中国仪器仪表，2022(1): 62-65.

[5]　亓晋，王微，陈孟玺，等.工业互联网的概念、体系架构及关键技术[J].物联网学报，2022, 6(2): 38-49.

[6]　工业互联网产业联盟.工业互联网平台白皮书 [S]. 2017.

[7]　孙美红.云端融合的工业互联网体系结构及关键技术[J].市场周刊：商务营销，2020(85): 1.

[8]　工业互联网产业联盟.工业互联网安全框架 [S]. 2018.

[9]　工业互联网产业联盟.工业互联网体系架构(版本 1.0)[S]. 2016.

[10] 工业互联网产业联盟. 工业互联网体系架构 (版本2.0)[S]. 2020.

[11] 李庆, 刘金娣, 李栋. 面向边缘计算的工业互联网工厂内网络架构及关键技术 [J]. 电信科学, 2019, (S02): 160-168.

[12] 夏志杰. 工业互联网的体系框架与关键技术——解读《工业互联网: 体系与技术》[J]. 中国机械工程, 2018, 29(10):1248-1259.

[13] 工业互联网产业联盟. 工厂内网络工业 EPON 系统技术要求 [S]. 2017.

[14] 张洁, 汪俊亮, 吕佑龙, 等. 大数据驱动的智能制造 [J]. 中国机械工程, 2019, 30(2): 127-133+158.

[15] 尤肖虎, 潘志文, 高西奇, 等. 5G 移动通信发展趋势与若干关键技术 [J]. 中国科学: 信息科学, 2014, 44(5): 551-563.

[16] Soldani D, Manzalini A. Horizon 2020 and beyond: On the 5G operating system for a true digital society[J]. IEEE Vehicular Technology Magazine, 2015, 10(1): 32-42.

[17] 赵亚军, 郁光辉, 徐汉青. 6G 移动通信网络: 愿景、挑战与关键技术 [J]. 中国科学: 信息科学, 2019, 49(8): 963-987.

[18] Cavalcante R, Stanczak S, Schubert M, et al. Toward energy-efficient 5G wireless communications technologies[J]. IEEE Signal Processing Magazine, 2014, 31(6): 24-34.

[19] Ghosh A, Mangalvedhe N, Ratasuk R, et al. Heterogeneous cellular networks: From theory to practice[J]. IEEE Communications Magazine, 2012, 50(6): 54-64.

[20] Zhang X, Cheng W, Zhang H. Heterogeneous statistical QoS provisioning over 5G mobile wireless networks[J]. IEEE Network, 2014, 28(6): 46-53.

[21] 张忠皓, 夏俊杰, 李福昌, 等. 5G 毫米波产业发展现状和应用场景分析 [J]. 通信世界, 2020(2): 30-33.

[22] Gong S, Lu X, Dinh T H, et al. Towards smart wireless communications via intelligent reflecting surfaces: A contemporary survey[J]. IEEE Communications Surveys & Tutorials, 2020, 22(4): 2283-2314.

[23] Yuan X J, Zhang Y J A, Shi Y M, et al. Reconfigurable-Intelligent Surface Empowered 6G Wireless Communications: Challenges and Opportunities[J]. IEEE Wireless Communications, 2021, 28(2): 136-143.

[24] Wu Y, Chen Y, Tang J, et al. Green transmission technologies for balancing the energy efficiency and spectrum efficiency trade-off[J]. IEEE Communications Magazine, 2014, 52(11): 112-120.

[25] Wu Q, Zhang R. Towards smart and reconfigurable environment: Intelligent reflecting surface aided wireless network[J]. IEEE Communications Magazine, 2020, 58(1): 106-112.

[26] 中国通信院. 大数据白皮书（2020）[R]. 2020.

[27] 大数据（IT行业术语）[G/OL]. https://baike.baidu.com/item/%E5%A4%A7%E6%95%B0%E6%8D%AE/1356941?fr=aladdin.

[28] 云计算（科学术语）[G/OL]. https://baike.baidu.com/item/%E4%BA%91%E8%AE%A1%E7%AE%97/9969353?fr=aladdin.

[29] 云计算的核心技术全解读 [G/OL]. https://forum.huawei.com/enterprise/zh/thread-775773.html.

[30] 2022你不可不知的云应用及技术九大发展趋势 [G/OL]. https://baijiahao.baidu.com/s?id=1726698772197674804&wfr=spider&for=pc.

[31] 中国信息通信研究院. 人工智能核心技术产业白皮书——深度学习技术驱动下的人工智能时代 [S]. 2021.

[32] 清华大学. 人工智能发展报告 [R]. 2019.

[33] Winston P H. Artificial intelligence[M]. Addison-Wesley Longman Publishing Co., Inc., 1984.

[34] LeCun Y, Bengio Y, Hinton G E. Deep learning[J]. Nature, 2015, 521(7553): 436-444.

[35] Gu J, Wang Z, Kuen J, et al. Recent advances in convolutional neural networks[J]. Pattern Recognition, 2018, 77(C): 354-377.

[36] Creswell A, White T, Dumoulin V, et al. Generative adversarial networks: An overview[J]. IEEE Signal Processing Magazine, 2018, 35(1): 53-65.

[37] Karita S, Chen N, Hayashi T, et al. A comparative study on transformer vs RNN in speech applications[C]. 2019 IEEE Automatic Speech Recognition and Understanding Workshop (ASRU). IEEE, 2019: 449-456.

[38] Sutton R S, Barto A G. Reinforcement learning: An introduction[M]. MIT Press, 2018.

[39] Lee J, Bagheri B, Kao H. A cyber-physical systems architecture for industry 4.0-based manufacturing systems[J]. Manufacturing Letters, 2015, 3: 18-23.

[40] Tao F, Zhang H, Liu A, et al. Digital twin in industry: State-of-the-art[J]. IEEE Transactions on Industrial Informatics, 2019, 15(4): 2405-2415.

[41] 中华人民共和国工业和信息化部. 数字孪生应用白皮书（2020 版）[R]. 2020.

[42] 工业互联网产业联盟. 工业数字孪生白皮书[R]. 2021.

[43] 王荣壮. 智能制造下的工业互联网安全风险应对分析[J]. 网络安全技术与应用, 2022(6): 94-96.

[44] 俞研, 付安民, 魏松杰等. 网络安全理论与应用[M]. 北京：人民邮电出版社, 2016.

[45] 袁津生, 吴砚农. 计算机网络安全基础[M]. 5 版. 北京：人民邮电出版社, 2019.

[46] 刘虹. 安全视角下的工业互联网平台[J]. 信息安全与通信保密, 2019(2): 26-28.

[47] Haleem A, Javaid M, Singh R P, et al. Perspectives of cybersecurity for ameliorative Industry 4.0 era: A review-based framework[J]. Industrial Robot, 2022, 49(3): 582-597.

[48] 张映锋, 张党, 任杉. 智能制造及其关键技术研究现状与趋势综述[J]. 机械科学与技术, 2019, 38(3): 329-338.

[49] 赵先德, 唐方方. 区块链赋能供应链[M]. 北京：中国人民大学出版社, 2022.

[50] 张敏情. 密码技术应用与实践[M]. 西安：西安电子科技大学出版社, 2021.

大数据和人工智能驱动的先进钢铁材料制造技术

Big Data and AI-Driven
Manufacturing Technologies for
Advanced Steels

第4章　钢铁工业智能制造关键技术

在"双碳"目标与个性化需求的双重驱动下，钢铁工业正加速迈向以数据为纽带、智能决策为核心的新型制造范式。本章聚焦钢铁全流程的"装备 – 生产 – 产品"三大维度，系统梳理大数据与人工智能赋能下的关键技术体系：从无人化装卸船、重载无人车到智能库区与工业机器人，构建装备智能化基座；以炼铁、炼钢、热轧、冷轧等核心工序为对象，探讨机理与数据融合的工艺控制智能化、设备远程智能运维、生产计划智慧调度及能源多介质协同优化；进一步延伸至材料智能设计、缺陷智能检测与全流程质量管控，实现产品性能的快速迭代与质量一贯制。本章旨在为钢铁企业勾勒一幅可落地、可复制、可持续演进的智能制造技术路线图，助力行业智能制造发展。

4.1　装备智能化关键技术

　　装备智能化主要提供智慧制造的全流程技术、产品和解决方案，帮助制造企业推进无人化和少人化，优化生产和物流效率，快速准确识别产品缺陷，提升产品质量，改善工作环境，助力企业从自动化、信息化迈向智能化。装备智能化相关核心技术主要包含装卸船智能化技术、堆取料智能化技术、重载无人车自动驾驶技术、智能库区相关技术、工业机器人技术等。后续将分别对以上技术进行详细介绍。

4.1.1　装卸船智能化技术

　　装卸船智能化系统按照系统功能划分，主要分为生产管理、扫描识别、抓斗轨迹控制、安全防护、电气传动控制等系统。其中生产管理系统主要工作内容为作业工序生成确认、作业信息录入及寻舱、取料、清舱、换舱等相关装卸作业任务生成；扫描识别系统通过激光图像的机器视觉传感器，实现整船、舱口和料堆等形状的识别；抓斗轨迹控制系统主要工作内容为基于装卸船机物理模型和抓斗空间位置参数，实现装卸船机抓斗按照预设轨迹避障和抓取；安全防护系统主要实现设备、作业船只、作业人员的主动安全预警；电气传动控制系统主要工作内容是大车机构动作、物料传输的执行，实现电能与机械能之间的转换，并按照装卸船机生产工艺要求控制电动机输出轴的转矩、角加速度、转速、角位移以及被拖动机械或机械组合的多种多样的启动、运行、变速、制动等。

4.1.1.1　生产管理

　　生产管理涉及界面开发技术和后台管理技术。

　　界面开发需要设计符合现场作业操作要求的人机交互系统。设计人性化的风格和布局，使操作界面功能全面、稳定可靠且友好易用。界面系统需要有与码头上级生产调度管理系统通信的接口，使生产作业计划可直接由码头上级生产调度管理系统下发至装卸船机生产管理系统。

　　后台管理包括生产计划管理、计划执行管理、设备状态管理、生产数据管理。后台管理系统通过接收船舶装卸载计划、各舱物料参数、靠泊时间、靠泊位置、靠泊方向等信息，可自动调取船型数据，建立船体空间坐标系下三维模型，生成装卸船机能够识别并执行的作业任务，并归档操作记录、卸载量、设备运行状态、报警信息等，通过相应窗口可实现历史信息查询、报表生成、打印等功能。其具备船舶装卸载计划录入、船型数据管理以及船舶卸载历史统计功能；能够根据船型数据库中数据与扫描识别的船型数据对比，验证船型信息的有效性；根据装卸计划及当期作业情况动态调整装卸船机工作状态，通过船体模型数据和当前装卸船机位置姿态预警、检测装卸船机与船舶发生碰撞危险等。

生产管理及扫描识别系统完成寻舱、取料头进出船舱、取料工艺的决策，生成具体动作指令，发送给电气传动控制系统执行，起到"人脑"功能。

装卸船机全自动运行期间，生产管理系统能够接收生产作业任务、待作业料堆区域、安全防撞预警等信号，结合装卸船机当前位置、设备状态、实时卸载量等信息，利用相应模型算法解析生成动作指令集，控制装卸船机执行全自动作业任务。

装卸设备在船舱内执行自动取料任务时，生产管理系统根据扫描识别系统对料堆模型分析后的结果发送最优待作业区域坐标，判断待作业区域的类型，自动生成适于当前待作业料堆的最优的取料路径、取料切入点坐标、取料关键拐点坐标。系统解析生成当前位置到取料切入点位置、由切入点位置自动取料到完成本区域取料任务的完整的各个机构的速度给定、起始状态、终点状态等具体动作指令集合，控制装卸船机各机构具体执行。

在取料过程中，对于塌方等特殊事件的出现，通过扫描识别系统发送的预警信号或通过提升转矩检测判断出塌方的发生，使生产管理系统能够采取相应的应对措施，保证自动取料工作不受影响。

4.1.1.2　扫描识别

扫描识别包括船首定位、舱盖状态检测、船型检测、舱口检测、料堆检测、下料口堵料检测等关键部位的智能识别，根据不同的构建方式呈现散点模型、线框模型、立体模型、线框模型、等高模型、分区模型和差异模型，生成目标物体点云坐标模型，能提取船舱位置及舱内料堆待作业区域等信息，并能够预警防撞以及塌方，起到"人眼"功能。

装卸船机作业前，需进行待装卸料船只船舱定位。扫描识别系统主要包括数据采集模块、数据处理模块、通信模块等，能够定位船舱口，判断传输障碍物位置、各船舱口位置，也能够自动识别船舱内料堆的形状，建立点云坐标模型，并具备对模型分析的能力，计算待作业料堆的位置坐标。扫描识别系统除对船型、船舱、物料进行扫描外，在装卸船机运行时，也不间断对外界环境进行扫描，如装卸船机与任意障碍物有碰撞危险，能及时发出警报，停止装卸船机运行，以保证设备安全。

扫描识别系统可建立三维模型，提供不同角度的视图，显示基准面与坐标轴，对三维模型放大、缩小、平移、旋转等操作，通过对船舱及物料数据的精确测量，结合实际全自动装卸船工艺，使得装卸船更加稳定精确。扫描识别系统提供的船舱轮廓及舱内物料数据为自动化操作提供了数据基础和安全保障，实现了管控系统间的数据互通与共享。

4.1.1.3 抓斗轨迹控制

抓斗轨迹控制系统主要包括数据采集模块、数据处理模块、检测数据输出模块、轨迹修正模块、空间避让模块、抓斗防碰模块、通信模块等。作业前需进行船舱定位，系统能够定位船舱口，判断传输障碍物位置，同时也需要自动识别抓取物料的抓斗的位置，提供船舱防碰撞预警，以防止抓斗误抓船舱。

基于二次加减速原理建立的抓斗轨迹模型在每个轨迹点都有对应的理论速度值和摆角。将数据融合算法提供的抓斗摆角与理论摆角进行对比分析，当摆角偏移超过一定值后，重新进行轨迹运算，对轨迹点进行修正，从而实现在保证抓斗到位精度和速度的前提下的闭环防摇。

抓斗轨迹控制系统提供轨迹自动修正功能。在空间设定禁行区域，对抓斗运行轨迹建模时将排除禁行区域规划最优路径。抓斗以最优路径从落料点运行到取料点并返回，同时规划空间禁行区（船舱、接料板和料斗等），轨迹计算时避开禁行区。建立禁行区后，再对作业区域规划。在近海侧区域时，抓斗在安全高度以上任意高度上升时，小车都能以理论轨迹最大速度向落料点运行，且运行轨迹不会与禁行区重合。在船舱中心区域，起升高度需要在安全高度再向上一定距离时，小车才能根据理论轨迹启动运行，否则轨迹将与禁行区重叠。靠近陆侧区域由于与禁行区距离较近，判断起升时是否会触碰禁行区，如果存在风险，重新进行轨迹计算。

4.1.1.4 安全防护

安全防护系统配置了完善的主动安全防护策略，包括安全急停、行人防撞、悬臂防撞、舱壁防撞、装卸船机与邻近装卸船机间防撞、船体防撞、动力卷筒保护、极限位保护及超出设定值的保护。装卸船机在进行装卸作业时，散货船由于受到浪涌、满重量的原因处于动态变化中，因此软件系统设计有空间防碰撞控制子系统，具有主动避让的安全策略。在生成作业指令等任务规划时，根据操作人员设定的参数与船舱扫描结果自动规划装卸船路径。在进行无人值守自动装卸船作业时，规划的路径要保证船舶的整体平稳，防止装船过程中发生船体侧翻的情况。在完成路径规划后，可以通过3D可视化方式对规划的装卸船路径进行模拟仿真，防止自动装卸船过程中产生安全问题。在进行路径规划及装卸设备控制时，需要控制多台装卸设备协同运动，防止发生碰撞情况。同时，在进行无人值守装卸船作业时，要协同斗轮机堆取料流量、皮带速度及装卸船机作业速度，使得装卸过程中装卸设备之间达成流量协同。

4.1.1.5　电气传动控制

在远程控制室设置主PLC控制柜，用于实现与装卸船机上PLC及应用系统服务器之间的数据通信，系统主要由"装卸船机定位系统""船舶靠泊定位系统""安全预警系统"和"远程操控系统"四部分组成。

装卸船机定位系统建立了统一的笛卡儿坐标系，并在臂架俯仰、臂架回转、大车运行、溜筒伸缩等机构部署了测控传感器。由于装卸料时有脉动、风载、温度、轨道肥边、行走振动、臂架挠度变形、铰点松动等各种复杂情况，采用高精度差分定位系统对装卸船机旋臂定位，定位系统输出大车走行值、俯仰角度和回旋角度。

船舶靠泊定位系统对岸边停靠船舶进行船身离岸距离检测，检测船舶是否偏移。也能检测船舶靠泊的位置信息。

安全预警系统对接收的装卸船机上PLC发来的相关报警信号的判断，进行不同级别的报警。

远程操控系统是获取作业指令的接口，也是操作人员远程控制装卸船机全自动运行启停和监控的平台。当全自动作业受限时，可以接收远程操控系统的指令，从而实现对装卸船机的远程手动操作。对装卸设备建立合理的动力学模型，将坐标点转换为装卸设备的机构姿态角，从而完成对装卸设备的控制。在完成装卸设备动力学模型的建立后，完成对装卸设备路径的控制，控制装卸船机各机构寸动。

4.1.2　堆取料智能化技术

智能化料场配套的堆取料智能化系统对堆取料机进行了无人化适应性改造，增设了堆取料机远程智能控制功能，加装了与堆取料机相关的视频监控设备，通过三维建模、图像处理、控制调节等先进技术实现了堆取料机自动作业，主要实现了自动对位、自动堆料、自动切入料堆、自动取料、自动换层、到量自动停止、取料流量稳定控制等功能。

堆取料智能化系统在充分保证堆取料机的作业能力以及其他基础自动化的功能的基础上，实现了堆取料机的现场无人化作业。即在堆取料机上没有人操作和监视，主控室也不需要专人进行全程操作的条件下，控制系统在接收系统发出的作业指令后（或手动录入），结合料场库位数据自动生成作业计划，控制相应的堆取料机达到合适的地点执行作业任务，同时对料堆进行实时扫描，形成可视化图像，通过智能化运算库处理，将这些信息转化为PLC的控制指令和料堆形状数据，指导堆取料机自主完成堆取料作业。

系统由设备层、网络层、平台层、应用层及交互层共五个层面构成，如图4-1所示。

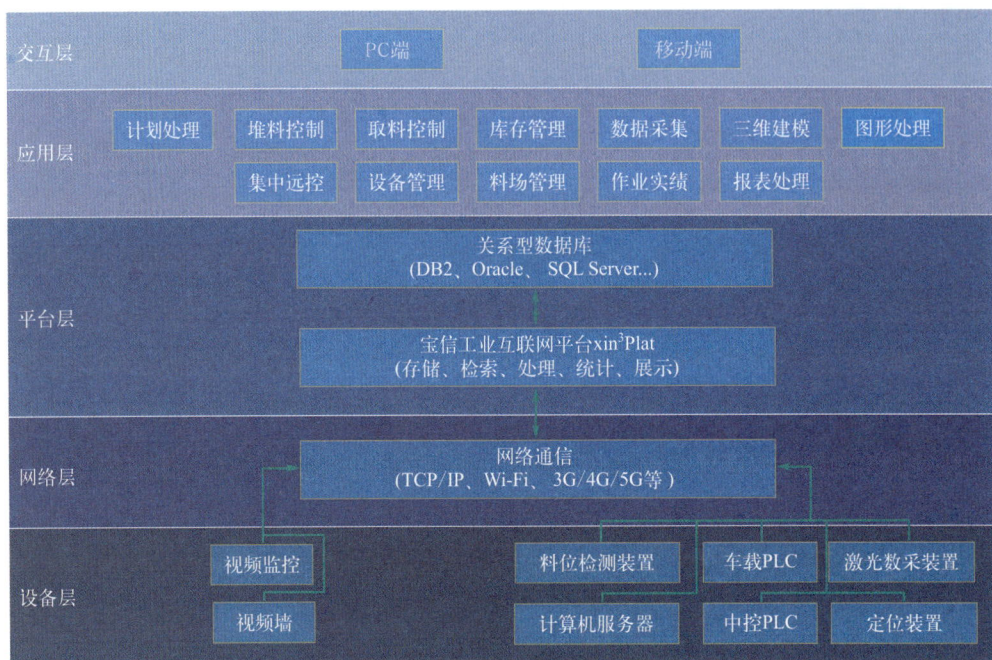

图4-1 堆取料智能化系统架构图

堆取料智能化系统硬件设备由网络通信、视频监控、基础自动化数据采集、主控室主机/终端等四个部分组成。网络通信负责堆取料智能化系统的数据、信号在堆取料机与主控室之间的传输；视频监控负责现场视频和图像的采集，为无人化作业提供现场实时监控；基础自动化数据采集负责采集堆取料机位置、料堆位置、料堆形状、称重计量等信息，为无人化作业提供数据基础；主控室主机/终端为无人化作业提供数据处理、数据交互、人机交互等功能。

4.1.2.1 物料形状建模

基于现场定位数据与激光反馈数据，结合宝信独有的建模算法将料场点云数据转换为三维模型，模型数据实时更新，及时反馈现场料堆的异常与变化。建模算法支持多装备图像共享，同一料堆无需重复扫描，极大提升了现场数据采集效率。

4.1.2.2 模型数据运算

采用宝信自主研发的特征算法，精确定位料堆切入点及回转反向点，避免空转，以保障作业高效率。

4.1.2.3　全自动寻址对位

整合动静态寻址策略，动态依据模型计算指导定位位置进行自动寻址，静态依据系统作业实绩经验库指导定位位置进行自动寻址，实现全自动对位、换层、平料等功能。

4.1.2.4　智能取料

推行科学取料分层法，保障了现场料堆层高划分的合理性与标准性，避免了分层过高塌垛与分层过低流量限制等问题，固定了斗轮机构使用频率使助力设备损耗降低；实行取料流量稳定控制策略，采用 PID 调节算法配合负载阈值分级辅助，有效调控了动作机构变频输出，保障了取料流量与设定目标流量差额的波动范围的稳定。

4.1.2.5　自动堆料

空场地新堆依照库位边界位置进行初始落料点定位，采用分步俯仰方式堆积，降低了现场堆料过程中的扬尘。本系统新堆策略支持全品类堆积工艺。补堆策略建立在系统模型数据运算库基础上，能有效识别残垛取料痕迹以及料堆缺省层高及定位位置，依照标准垛外形要求对残垛进行精准填充。

4.1.2.6　安全防护

基于本系统的安全防护机制，可全面提升堆取料机运行的安全稳定性，主要由以下几项措施实现：

（1）限位保护措施　在现场原有硬限位装置保护的基础上设置前置软限位保护，避免堆取料机在日常动作过程中频繁挑战硬限位开关导致设备劳损失灵等问题，增加堆取料机动作的安全保障。

（2）防碰撞保护措施　设置硬件防撞与软件防撞两级保护，硬件防撞即利用现场安装的测距装置以及防撞拉绳等设备采取直观有效的防碰撞保护，软件防撞采用宝信自主研发的空间三维防撞算法针对料场内各堆取料机的姿态定位进行统一管理。出现堆取料机间碰撞风险后实行远距离预警减速近距离停机策略，以降低场内堆取料机的碰撞风险。

（3）通信异常处理　由本系统内各通信监测模块执行，定频检查有线及无线网络通信质量，一旦出现网络通信异常即切换备用网络顶替，主/备用网络均失效则暂停堆取料机当前动作原地待命并报警提示，以保障其现场运行安全。

4.1.3　重载无人车自动驾驶技术

重载无人车自动驾驶技术按照应用场景分为有轨无人驾驶和无轨无人驾驶。为实现无人驾驶功能，需要设计多个系统进行配合，同时工作。重载无人车自动驾驶系统按照功能划分，主要分为感知模块、定位模块、规划模块和自动控制模块，各模块协同作业。重载无人车自动驾驶系统能够取代作业人员在运输过程中进行相关操作和决策，实现了工业领域大型重载无人车的自动导航与无人驾驶。

4.1.3.1　环境感知

感知模块主要实现对车辆运行过程中环境的感知，保证车辆运行的安全。车辆主要采用单线激光、多线激光、摄像头、超声波雷达对周围环境进行感知。其中，多线激光用于对障碍物的识别，通过相关的算法分辨出障碍物，遇到障碍物时车辆会自动停车，待障碍物被清理或离开行驶路线后车辆会自动行车；单线激光主要用来对框架的识别，当激光能够得到较多的数据点时系统将数据进行筛选，然后将框架两侧的直线进行拟合，最后得到框架中心线，控制车辆行驶在相应的中心线上，当激光数据拟合的两侧框架直线斜率差距较大时，系统启用侧面超声波感知车辆离两侧框架的距离，从而拟合两侧直线并得到框架中心线；向上的超声波能够准确判断车辆进出框架是否到位；视觉摄像头主要用来识别车道线，从而控制车辆行驶过程中的横向偏差，使车辆不会驶离车道线框定的范围。

4.1.3.2　车辆高精度定位

定位模块通过磁钉搭配轮速传感器和IMU实现车辆的精准定位，同时融合GNSS以及激光SLAM的定位方式完成定位校验。当车辆车头、车尾的磁钉天线获取磁钉信息时更新当前车辆的位姿；当车辆读取不到磁钉信息时，通过轮速传感器积分推导出当前的车辆坐标，同时通过IMU推算出车辆的朝向，从而获取车辆的精准定位。

车辆可搭载GNSS+惯性导航融合数据实现车辆的定位校准，在室外无遮挡的开阔环境设置较小的阈值来实现对磁钉定位的安全校验，在室内厂房遮挡的情况下适当调大阈值来实现对磁钉定位的安全校验。车辆同时通过激光SLAM方式实现车辆的定位，激光雷达采集到的物体信息呈现为一系列分散的、具有准确角度和距离信息的点，被称为点云。通常，搭载的激光传感器首先建立周围环境的地图，然后激光SLAM系统通过对不同时刻两片点云的比对计算激光雷达相对的运动距离和姿态改变，也就完成了对自身的定位。

4.1.3.3　车辆作业规划

（1）路径规划　规划模块实现车辆运行路径的规划以及目标车速的规划。路径规划主要是保证车辆运行的路线最平滑，即规划的曲线曲率要平滑，同时对应计算出满足车辆实际运动所需要达到的角度。所规划的路径对应车辆的轮廓要符合实际的道路情况，即规划出的路径要保证车辆安全，车两侧要有足够的安全距离。

（2）速度规划　车辆沿着规划出的路径进行寻迹跟踪时，需要在不同路段采用不同的速度。一般来说，车辆所处道路比较空旷，中心线距离车道线空间比较充足时，为提高工作效率，会采取比较快的目标车速；而车辆在转弯时，或行驶至空间比较紧凑、运动空间比较小的区域时，采用比较慢的目标速度以保证安全。

① 静态速度规划　针对不同路段，首先给予每个路段一个合理的速度区间，以保证速度规划的合理性和安全性。车辆行驶到相应路段时，需要查表来寻找相应目标速度，并通过速度控制策略来保证车速在相应的区间内。

② 动态速度规划　车辆行驶到某路段会寻找到相应路段的速度值并通过速度控制算法使自己的速度尽量达到目标速度区间，然而当速度有突变时，速度控制策略难以瞬间使车辆速度降到或上升至所要求区间，速度的突变也不符合人驾驶车辆的正确习惯，这就需要在速度规划时合理计算使速度变化平滑。系统采用线性的速度变化折线段来解决这个问题，这样可以尽可能让车辆处于匀加速（匀减速）过程。

4.1.3.4　车辆自动控制

自动控制模块实现车辆的横向（航向）控制和纵向（速度）控制，其中有轨车辆主要进行纵向控制，无轨车辆需要进行横纵向控制。自动控制模块根据当前运输车的位置、姿态，以及规划决策给出的局部行驶路径指令或者动作指令，生成运输车的行驶控制指令（速度控制、转向控制、制动控制）和其他动作控制指令。

（1）纵向控制　车辆需要在执行任务的过程中保持一定的速度，速度规划完毕后，需要一个合理的速度控制策略来实现车辆的实际速度贴合速度规划曲线。

车辆纵向控制采用非线性控制。电机驱动力矩百分比和刹车制动力矩百分比（类似于人驾驶自动挡车辆的油门和刹车，故以下简称"油门"和"刹车"）均对速度产生一定影响，速度的控制需要同时考虑两个控制量的输出。油门量的给定通常影响车辆加速和速度保持，而刹车量的给定通常影响车辆减速和停车过程，油门量和刹车量不能同时给定。

在实际车辆控制的过程中，首先计算当前速度和目标速度的速度差，作为输出量令油门控制器计算出油门给定量，如果是负值，则启动刹车控制器进行控制计算。过大的加速度和减速度均会招致车辆运输物脱落的危险，而且对车辆性能不利，所以车辆控制器的设计在最终输出时，对油门量和刹车量的变化值作出了限制，避免车辆过快加/减速带来的风险。

（2）横向控制　车辆收到任务指令时，可以沿着规划模块所计算出的轨迹进行寻迹。车辆寻迹的过程中，需要不断调整车辆的转向角度以追上目标轨迹。车辆寻迹的过程是一个相对复杂的过程，传感器采集的信息被传回车载计算机后，计算机根据车辆运动参数、道路曲率和单点预瞄模型计算出预瞄点处的横向误差，然后根据这个横向误差、车辆的运动状态和车辆的动力学公式计算出所需的前后轮转角，实现对目标路径的跟踪。

4.1.4　智能库区相关技术

无人行车系统是综合运用各类信息技术、自动化技术、智能化技术，具有感知、决策、执行及其他综合能力，人、机、环境互相协调的整合体。其涉及位置感知、环境识别、被吊物识别、路径规划、协同调度、安全防护等一系列关键技术。

4.1.4.1　规划与决策

行车的协同调度通过对输入指令、行车当前状态、行车未来估计状态进行综合分析，寻找行车与指令之间的最佳匹配选项，从而满足机组等待时间较短、任务执行总时间较短等综合指标。

库区管理系统接收上层指令，依据现场工艺、行车运行范围、行车功能划分等条件，对指令进行预处理，添加指令约束条件（如备选行车号、指令优先级、指令执行顺序是否固定等条件），并将指令放入指令池中。

行车协同调度策略首先将指令池中的原始指令按照任务状态、约束条件（如机组上料指令顺序固定等）等对指令进行初步排序和相关指令顺序的绑定，再结合本行车当前位置、预估执行指令的时间、其他行车位置、其他行车在本行车执行任务时期内的状态估计（包括正在执行的指令和行车挂载的预约指令），同时结合当前指令的优先级和约束条件进行指令挑选（或生成避让指令）和行车下一次执行任务的预定。

由于生产工艺和安全的要求，行车在起点和终点之间需要沿规定路线运行。由于库区内障碍物数量和未知情况存在不确定性，因此最短路径求解问题是能在多项式时间内验证出一个正确解的问题，即NP问题。为了在工艺要求下对行车路径进行合理高效规划，针对 NP 问题的特点，可采用基于搜索、采样、智能优化的方法对 NP 问题进行求解。

在实际应用过程中，需要针对不同应用场景的实际工艺要求、生产安全要求和操作规范要求等不同约束条件，合理选择路径规划求解方法，得到基于目标函数最优（或次优）的求解算法。

对于一些复杂库区，生产物流复杂，库内物流的调整变化，均会对生产、运输等产生影响，已很难通过经验或者简单的用例评估方式去评估无人行车改造的可行性与复杂性。

通过物流仿真技术对相关物流系统（如仓库存储系统、行车系统、运输系统等）进行系统建模，并在计算机上编制相应应用程序，模拟实际行车的运行状况，并统计和分析模拟结果，评估无人行车在特定工况下运行的整体能力，用以指导无人行车改造的规划设计与运作管理。如图4-2所示为行车仿真系统示意图。

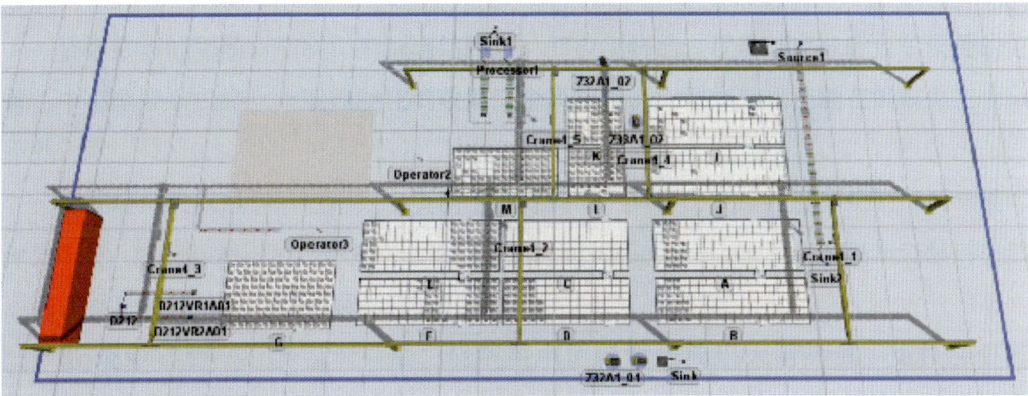

图4-2　行车仿真系统示意图

此外，物流仿真技术可运用于库区物流调整优化的验证，提高对改造难易程度预判的准确性，降低物流调整成本，以及提高后续物流验证的效率，缩短现场调试的时间。

4.1.4.2　库区物体形状识别

库区物体形状识别是实现无人行车的第一环，是无人行车和库区环境交互的纽带，是实现行车自动化、信息化及智能化的基础。如图4-3所示，库区形状识别种类繁多，工况复杂。

原有的单模态感知手段存在一些固有的缺陷，如激光雷达的分辨率受距离影响且在极端天气中容易受干扰，图像识别易受环境光线的影响等。为弥补单模态感知的固有缺陷，通过位置检测、激光扫描、图像识别、语音识别等多模态数据的融合感知，利用不同模态数据的互补性，提高对吊运物料、交互设备、物流车辆等对象的感知及环境感知的性能，实现更为精准、全面的感知。

图4-3　库区形状识别的种类及工况

感知数据处理的步骤包括数据收集、数据预处理、特征分析、数据挖掘等，以及在此基础上进行的数据级融合、特征级融合或对象级融合等多模态数据融合，以准确识别定位各种吊运对象、多种载具的位置，实现环境的识别，引导行车进行自动吊运作业。

4.1.4.3　行车自动控制

由于行车在加速和减速的过程中存在惯性，负载和吊具为了保持原有的运动状态会滞后于行车的运动，因此这一部分滞后运动会造成负载和吊具绕着吊绳起点做来回往复的摆动，即单摆运动。这种在吊运货物过程中产生的负载摆动是一种不利的现象。

防摇系统能够很好地消除整个吊运过程中负载的摆动现象。从实现防摇控制的方式看，防摇控制主要分为机械式防摇和电子式防摇。机械式防摇即通过机械手段消耗行车运行过程中的摆动能量以实现消除摇摆的目的，其主要通过在车架下安装导柱或者固定装置的方式来实现。电子式防摇即将行车等效成单摆模型，利用单摆的特性，结合吊具的实时摆角，通过控制行车的速度与加速度实现行车的防摇控制。其原理框图如图4-4所示。

4.1.4.4　吊具设计

钢铁生产涉及炼铁、炼钢、热轧、冷轧等各种工艺，产品形式有方坯、板坯、钢卷、钢管等。在不同的工艺段，需要结合各工艺段吊运对象的吊运工艺，基于无人行车的运行特点，进行专用智能吊具的设计开发。智能吊具工作的稳定性与可靠性与无人行车的稳定运行息息相关。

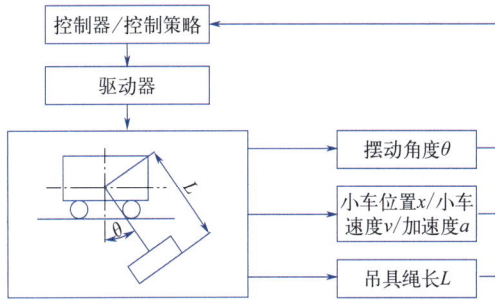

图4-4　行车自动控制原理框图

图4-5为部分工艺段的智能吊具示意图。以电动平移钢卷夹钳为例，智能化的钢卷吊具在设计、制造、配置等方面的要求均高于常规吊具，例如在具有开度极限位置检测、载荷检测等常规检测的基础上，还需要配置触底检测、对中检测、倾斜保护等特有的检测。此外，吊具的吊轴称重面需要结合吊钩踏面进行匹配设计，信号的传输结合工艺特点采用无线传输等。

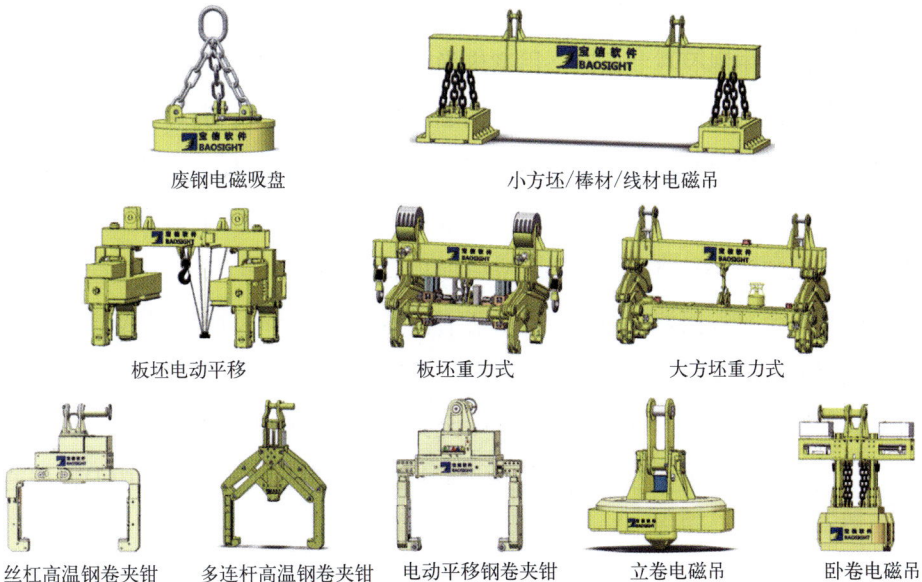

废钢电磁吸盘　　　　　　　　小方坯/棒材/线材电磁吊

板坯电动平移　　　　　板坯重力式　　　　　大方坯重力式

丝杠高温钢卷夹钳　多连杆高温钢卷夹钳　电动平移钢卷夹钳　立卷电磁吊　卧卷电磁吊

图4-5　部分工艺段的智能吊具示意图

4.1.5　工业机器人技术

工业机器人是以计算机为控制中枢，经编程完成工件（或机械部件）搬运和各种其他操作的多功能机械装置，具有自动控制操作和移动的功能。工业机器人本质上是面向工业领域的多关节机械手、多自由度机器装置，包括搬运机器人、焊接机器人、处理机器人、装配机器人、拆捆机器人等。工业机器人可借助自身动力、控制能力自动依据预先编辑的程序执行任务，也可在人类指挥下实现各种功能。工业机器人技术主要包括减速器、高精度伺服电机和驱动器、机器人控制、机器人视觉等核心技术。

在钢铁全流程生产过程中，工业机器人在冶铁、炼钢、热轧、冷轧等区域有着广泛的应用。其中，装煤孔清扫机器人、辅助维修机器人、巡检机器人、测温取样机器人、自动加保护渣机器人、打捆机器人、焊接机器人、喷印机器人、捞渣机器人、搬运机器人、换辊机器人、贴标机器人等十余种机器人已经用于生产线。

4.1.5.1　精密减速器

精密减速器是工业机器人的核心零部件，占整机成本的30%以上。精密减速器主要分为以下五种。

（1）谐波齿轮减速器　谐波齿轮减速器是利用行星齿轮传动原理发展起来的一种新型减速器，由波发生器、柔轮和刚轮组成，依靠波发生器使柔轮产生可控弹性变形，并靠柔轮与刚轮啮合来传递运动和动力。

（2）摆线针轮行星减速器　摆线针轮行星减速器是一种应用行星式传动原理，采用摆线针齿啮合的新颖传动装置。摆线针轮行星减速器全部传动装置可分为三部分：输入部分、减速部分、输出部分。

（3）RV减速器　RV减速器由一个行星齿轮减速器的前级和一个摆线针轮行星减速器的后级组成，如图4-6所示。

图4-6　RV减速器

（4）精密行星减速器　精密行星减速器主要传动结构为行星轮、太阳轮、外齿圈。行星减速器因为结构原因，单级减速比最小为3，最大一般不超过10，常见减速比为3、

4、5、6、8、10，减速器级数一般不超过3，但有部分大减速比定制减速器有4级减速。相对其他减速器，行星减速器具有高刚性、高精度（单级可做到1′以内）、高传动效率（单级在97%～98%）、高转矩/体积比、终身免维护等特点。

（5）滤波齿轮减速器　滤波齿轮传动是由重庆大学梁锡昌、王家序教授发明的一种结构紧凑、体积相对小、传动比大的新型精密传动机构，目前还处于研究阶段。

4.1.5.2　高精度伺服电机和驱动器

高精度的伺服电机和驱动器是实现对工业机器人的精密控制的重要保障。由于工业机器人对电机的特性有着特殊的要求，如相同的轴高、最大的功率输出、高负载、瞬间力矩输出响应快速等，使得工业机器人应使用专业的电机和驱动器进行驱动。国外的工业机器人均使用专用电机，其具有高效节能、可靠性强、噪声小、维护简单、安装方便等特点，同时体积小、输出转矩大、对转矩变化响应快，如日本安川的工业机器人专用电机。国内目前还未研制出工业机器人专用的高性能电机。

4.1.5.3　机器人控制

工业机器人的控制器的开发过程中，最突出的问题是工业机器人的操作系统的开发。工业机器人的运动学控制对操作系统的实时性有很高的要求，目前主流的工业机器人都采用专门定制的运动控制卡加上实时操作系统，这样既保证了数据的实时传输，又能保证运动控制的精确执行，大大提升了整个系统的稳定性，从而提升了工业机器人的性能。

另外一些工业机器人产品采用工业计算机搭载高速总线的伺服控制系统，工业计算机采用的是实时操作系统，如VxWorks或者Windows+RTX实时扩展平台，以保证软件运行环境的实时性，通过运动规划和运动控制单元可以实现对总线式伺服驱动器的控制，从而达到对工业机器人的精确控制。

采用实时操作系统来搭建工业机器人控制系统是一个很好的解决方案，然而，其代价也是昂贵的，由于实时操作系统的成本高，在很大程度上限制了国内工业机器人的产业化发展。采用通用的操作系统的消息处理机制的缺陷是不能满足工业机器人在运行过程中对高稳定性和响应快速性的要求，控制系统的上下位机之间进行频繁的通信，实时性必然会跟不上运动控制的要求，从而大大降低了工业机器人产业化的可能。

4.1.5.4　机器人视觉

机器人视觉技术即利用机器人代替人眼进行测量、判断。一般机器人视觉产品为图像摄取装置，在图像摄取装置顺利抓取图像后，将图像传输到数字化处理单元，综合考虑像素颜色、亮度、分布等信息，进行颜色、形状、尺寸等判定，为现场设备动作控制提供依据。相较于计算机视觉，机器人视觉技术涉及人工智能、图像处理、模式识别等技术，可以与工业自动化相融合，在检测工件缺陷的同时，可以辅助对机器人进行高效率控制。

4.2　生产智能化关键技术

4.2.1　工艺控制智能化

钢铁生产流程智能化主要将信息和物理实物深度融合，通过横向工序贯通、纵向管控协同，实现全流程动态有序、协同连续运行和多目标整体优化，以提高生产效率、降低能源成本、稳定产品质量。首先，钢铁生产由高温状态紧密关联的炼铁、炼钢、热轧、冷轧多工序组成，目前流程的连续化程度不高，规模化定制生产模式实施难度较大，需要通过生产流程智能化实现一体化协同发展。其次，钢铁生产能源耦合紧密，二次能源占比高，节能降碳压力大，需要通过生产流程智能优化实现物质流、能量流协同以及能量实时、平衡、高效转化。最后，钢材生产相变复杂，成分-结构-性能强联合，上道工序产品质量影响下道工序产品质量，需要通过生产流程智能化实现各工序质量一贯制管控、全流程质量追溯优化，从而提高产品质量。

4.2.1.1　炼铁工艺

高炉炼铁是钢铁生产中能耗较高的生产工序，约占总能耗的70%，同时铁水又是炼钢的主要原料，其化学成分决定了金相组织，进而决定了钢铁材料的力学性能。通过将自动化、计算机及信息技术与传统钢铁生产工艺相结合，实现铁水生产工序智能化升级，提升效率与降低成本，是行业发展的必经之路。在国内研究单位与钢铁企业的努力之下，无人化料场、无人天车、自动烧炉及自动装泥等一批智能化新技术应用于生产实践并取得了良好的技术指标和经济效益。尤其是利用智能化与冶金机理相融合建立的高炉冶炼模型，用于揭示高炉本体内复杂的物理化学变化规律，为实现高炉冶炼过程的持续优化、发挥产能规模效应奠定了坚实基础。

高炉生产过程中，燃料比（FR）是一个重要的参数，低燃料比将导致单位铁水的燃料消耗（包括焦炭、煤粉等）总和降低，快速有效地预测高炉FR并对其进行优化是实现低能耗生产的必要工作。Lu等[1]基于物质流和能量流分析，使用高炉炼铁过程中的物质平衡和能量平衡建立了优化模型，以能量损失最小为目标获得了影响焦比（CR）

和喷煤比（PCIR）的主要因素，并建立了多元线性模型。Miriyala 等[2]使用基于多目标整数非线性规划的多层感知机对烧结过程的质量进行优化，进而生产高质量球团，为高炉生产提供优质原料。如图4-7所示为高炉生产工艺图。

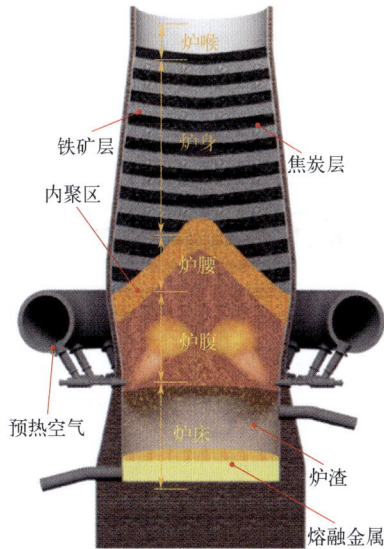

图4-7　高炉生产工艺图

高炉本身是一个高度复杂的系统，影响因素众多，且很多因素不可测量，因此对高炉整体的运行状态进行监控，对高炉中的一些重要参数进行解析，是确保高炉顺畅运行、铁水质量稳定的关键。传统的机理模型基于一定的假设条件，并不能囊括所有的影响因素，因此理论模型与实际生产的工况并不契合。高炉运行的过程产生了大量的数据，随着传感器技术的发展，数据驱动的模型对炉况监控是主要趋势，核心的技术就是机器学习，因此使用统计学及机器学习技术对高炉进行监控，是钢铁智能制造技术实施的重要场景。

为了保证高炉的稳定运行，需要对高炉的状况进行准确的判断和预测。准确判断和预测高炉工况是实现高炉长期、稳定、高效运行的前提，也是实现高炉节能降耗、提高企业效益的基本保障。高炉内部环境恶劣，无法直接安装传感器获取高炉内部信息，只能通过外部设备间接获取数据。通过将这些数据与长期生产过程中的经验相结合，可以区分正常的炉况和异常的状态。Zhang 等[3]用双聚类算法对炉况进行分析，细化炉况描述，提出了基于分层搜索的保序子矩阵算法，增加了模型的鲁棒性，也提高了预测精度。

在实际炼铁中，通常使用铁水温度（MIT）、硅含量（[Si]）、磷含量（[P]）和硫含量（[S]）来衡量铁水质量（MIQ）。整个高炉炼铁过程应及时监测这四项质量指标的数值和变化趋势，并进行相应的调整。图4-8所示为铁水生产与运输示意图。从质量控制的角度使用机器学习进行预测已经有相关的研究工作。

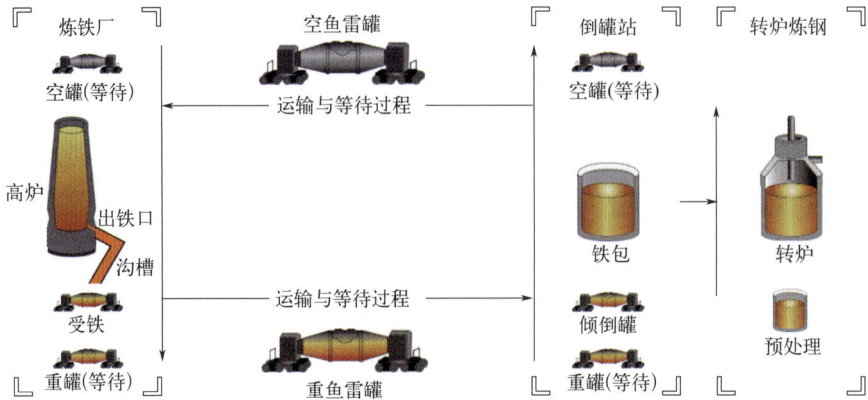

图4-8　铁水生产与运输示意图

　　陈帅等[4]等提出了在线动态脱硫控制模型，并使用BP神经网络模型描述脱硫环节中重要因素对脱硫效果的影响，使用传感器采集的铁水质量成分、前温等原始数据训练模型，实现了全自动智能化一键式脱硫，显著提升了脱硫效果，为降低冶炼成本及品种钢的冶炼开发奠定了基础。He等[5]提出了在Bagging框架下的局部半监督模型，用于高炉铁水中硅含量的预测，与传统的在线学习相比，该模型充分利用了未标记标签的数据，把在线学习与半监督模型集成在一个测量的框架下，克服了不平衡数据带来的模型训练问题。Nurkkala等[6]采用前馈神经网络预测硅含量，并结合混合整数线性规划对网络的拓扑结构进行优化，达到了精准预测、合理优化的目的。Fontes等[7]使用非线性回归结合模糊c均值的数据建模方法，开发出一种用于预测铁水温度和硅含量的软传感器。Zhou等[8]基于主成分分析与改进的极限学习机对高炉炼铁系统的仪表进行设置，在铁水质量（MIQ）与影响因素之间建立了数据模型。Zhang等[9]提出了一种新的集成模式树模型来预测铁水温度。集成模式树是一种鲁棒性的非线性建模方法，它通过引导聚集算法将一组模式树模型聚合成一个预测模型，克服了单一模式树模型预测不够稳定的缺点。Ji等[10]提出了深度神经网络和Bootstrap方法结合的深度置信网络，对铁水中硅含量进行预测，并可以得到其预测区间。Hu等[11]采用基于灰色关联分析与遗传算法的极限学习机预测铁水中硅含量。Zhang等[12]使用极限学习机预测铁水中硅含量。以上的工作使用智能化方法对炼铁过程中铁水的重要成分进行了预测及优化，提高了铁水质量，进而为提高钢铁产品的质量奠定了理论基础。

　　虽然在炼铁过程的质量控制方面智能化已经有很多研究成果，但是由于高炉的复杂性，仍然有很多工作具有挑战性，主要体现在以下几个方面：

　　① 高炉的生产需要解决数据孤岛问题。铁水的质量不仅与高炉的状态有关，还与

高炉中布料及焦炭等有关，准确量化这些变量的影响，并将其与其他影响因素一起建模，就能够更加准确地对铁水质量进行预测。

② 数据驱动的智能高炉炉况监控技术有一些已经落地，但是由于高炉的炉况信息很难量化，因此炉况的标签无法获得并标记。经典的有监督机器学习方法无法应用于炉况的预测，无监督的方法效率较低，因此提高对高炉内部测量的技术，大幅提高传感器技术，才能提高高炉炉况监控的效果，与此同时，适应高炉炉况监控问题的半监督学习方法也是亟需研究的技术之一。

③ 高炉生产是时滞性非常强的过程，传感器采集到的时序数据自相关性较强，因此需要发展针对高炉的具有时滞数据的机器学习框架，既能克服高炉的时滞性，又能提取数据之间的相关信息，保证模型预测的稳定性。

4.2.1.2　炼钢工艺

炼钢生产效率和指标的提高一直是中国钢铁工业的主要研究领域，重点对几个关键过程的建模和智能系统进行了研究和应用，包括铁水预处理、转炉冶炼、精炼、连铸、调度优化等过程，并应用于实际生产操作。在自动炼钢方面，一些先进的钢铁厂已经自主开发了转炉模型技术、L2（过程控制）和L1（自动化）、通信技术、氧气流量自动控制、氧气枪位置自动控制、辅助材料自动称重和输入、副枪自动测量、底吹流量自动控制、自动停吹控制、智能化。

由于转炉炼钢的工艺约束复杂，具有高温、高噪声、强耦合等特点，机理模型难以精确建立，目前炼钢过程主要依赖于现场操作人员的经验进行控制，制约了钢铁工业的发展。通过引入先进的智能化检测设备，改进传统炼钢工艺，对整个吹炼过程进行智能化控制，是钢铁工业研究的新发展方向和战略布局。如图4-9所示为智能炼钢系统。随着传感器的不断更新以及计算机技术的迅猛发展，虽然转炉炼钢生产过程中的部分炉况信息能够被间接获取，但是采集到的生产数据仍然存在缺失和延时等缺陷。如何充分利用有效信息进行数据建模和决策控制，进而指导炼钢生产过程，是当前研究的热点问题。

考虑到我国钢铁企业资源紧张、能耗大等特点，炼钢过程中的工艺优化对钢水质量的影响至关重要。Qian等[14]针对炼钢过程多渠道传感器数据呈现不规则、信息模糊、复杂相关性、非线性等问题，提出了一种多通道高维数据监控方法，基于获取的不规则观测值来估计每个轮廓的平滑函数，利用马氏距离对平滑函数进行变换，有效地解决了强线性相关的挑战。Deng等[15]针对超低碳钢的再氧化行为，使用FactSage软件开发了动力学模型，模拟超低碳钢通过不同的氧化渣重新氧化，用于预测钢液的再氧化反应中

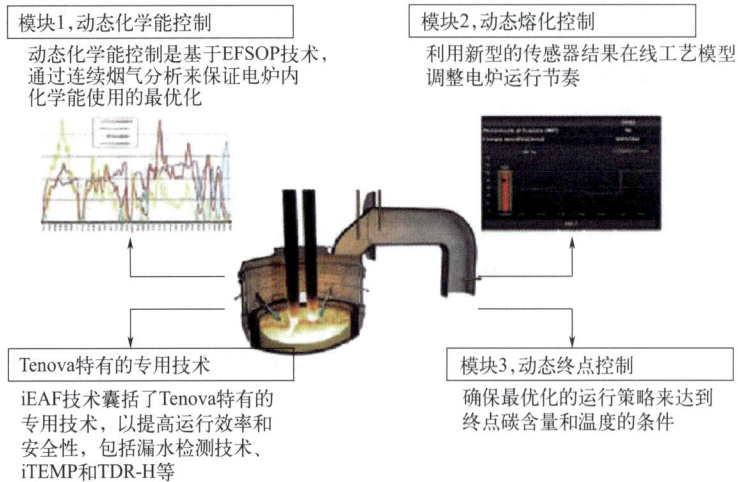

图4-9　智能炼钢系统[13]

的渣-金属夹杂物的变化行为，为低碳钢的二次氧化过程提供预测和指导。高茗[16]针对废钢资源的合理利用问题，使用Fluent软件模拟废钢行为，阐明废钢熔化过程，提出了废钢熔化影响因素评估体系，定量分析各因素对熔化趋势的影响，建立了入炉废钢加入量和加入类型控制的数学模型，实现了不同冶炼条件下废钢配加比例的确定，为入炉废钢模式的优化提供了理论指导。吕延春[17]针对炼钢过程生产资源的合理利用，对炉渣进行分析，提出了"留渣+双渣"工艺，具体方法为脱碳期结束保留碱度大、磷含量低的炉渣，并加入废钢、铁水准备下一炉的冶炼，减少了石灰和白云石等辅料的消耗，并降低了能源的消耗。

炼钢过程质量预测的本质是从物理、化学角度对历史数据进行认知，建立生产过程各项参数与产品指标之间的关系，从而对生产过程数据进行解析。在实际的工况中，炼钢过程相应操作是在十分复杂的环境中进行的，因此，通过转炉内部的物理、化学反应进行建模的质量预测方法是不准确的，对企业产生的帮助微乎其微。为了增加质量预测的精度以及可解释性，目前的大多数方法采用一种机理与数据相融合的方式来实现。除此之外，转炉炼钢质量预测任务往往涉及钢水的出钢温度以及钢水成分等多个预测任务，并且各个任务之间存在着不同程度的联系，因此，目前的研究主要针对多任务钢水质量成分预测方向，在预测过程中不光考虑输入成分与输出成分的关系，还同时考虑输出成分之间的相互关系，这种方法能够有效提高模型的性能，节省计算消耗。

围绕上述研究，Feng等[18]针对转炉炼钢终点多种成分预测问题，提出了一种多通道扩散图卷积网络（MCDGCN）模型，利用转炉炼钢过程中元素浓度之间的相关性来准确预测终点成分。Jiang等[19]针对炼钢过程中氧气消耗问题，基于耗氧量与输入物质之间存在的线性关系，提出了一种融合多元线性回归（MLR）和高斯过程回归（GPR）的混合预测模型，有效解决了氧消耗的预测问题。He 等[20]提出了一种基于主成分分析结合神经网络的方法，对钢水终点磷含量进行预测，利用主成分分析对影响终点磷含量的因素进行降维，消除了影响因素之间的相关性，实验结果验证了模型的有效性。Han 等[21]提出了一种双向递归多尺度卷积深度神经网络方法，同时兼顾了频域结构和时域动态序列，该方法能够对炼钢后期钢水中碳含量和温度实现动态预测。Menezes 等[22]针对 LD 转炉炼钢过程中存在的钢料溢出问题，提出了一种卡尔曼滤波方法，对声音和图像数据进行数据融合，该方法能够生成可靠的溢出指数，以起到对喷溅事件预警的作用。Zhou 等[23]针对转炉炼钢终点预测问题设计了一种非接触式炉口光谱图像采集系统，利用高斯函数拟合出炉膛整体光谱的特征参数，从图像中提取出炉膛发射峰的状态参数，并将其作为模糊支持向量机的输入进行建模，进而判断钢水是否需要补吹。

自动炼钢控制主要是指通过计算机控制使整个炼钢过程自动化，包括进料、喷枪位置控制、测量、自动喷枪提升和碳排放等全过程控制。根据下一级过程模型的计算设定值和控制模式，由上一级自动控制系统实现对相关过程设备的控制。

费鹏等[24]根据具体冶炼条件，自主设计了转炉炼钢工艺流程和自动炼钢模型。这个模型包括氧枪、静态、动态和自学习四个子模型，增加了自动炼钢系统的稳定运行时间。终端碳含量和温度的双重命中率增加了 11.8%，而终端温度和终端碳含量的命中率分别增加了 2.5% 和 10.9%，产品质量大大提高。门志刚[25]基于热力学计算原理结合完善的二级网络控制系统建立了动态自动炼钢模型，在 120t 转炉上实现了无烟气监测装置和副枪的自动炼钢。在实践中，该系统可以实时监控整个冶炼过程中钢水、熔渣和温度的变化，大大提高了技术和经济指标，钢铁消耗量、氧气消耗量和石灰消耗量分别下降了 2.2kg/t、2.0m^3/t 和 2.3kg/t，转炉脱磷率在 80% 以上。它还提高了岗位标准化和标准化操作的水平。

综上所述，虽然在炼钢过程的质量控制方面已有很多研究成果，但是由于炼钢的黑盒动态特性，仍然存在着诸多挑战，具体如下：

① 炼钢过程具有黑盒动态性质，由于工况不同，生产操作方式不统一，难以通过现有的机器学习方法建立一个标准的炼钢过程质量解析模型。考虑到高温以及复杂的化学反应，如何将机理与数据相融合，是未来钢铁工业智能化的巨大挑战。

② 炼钢具有时滞性，常规的数据解析方法难以保证模型的有效性，如何将热成像信息、工业大数据实时数据信息，以及音频化渣信息相融合，建立多源信息融合模型，以指导现场冶炼操作，是企业目前面临的难题。

③ 以往炼钢模型主要聚焦于终点控制，通过数据驱动方法对钢水质量成分及温度

进行在线预测。如何在炼钢过程中利用先进的计算智能优化算法实现从点到线的过程控制，是目前企业急需解决的关键问题。

4.2.1.3　热轧工艺

国内各钢厂、科研机构对国外自动化系统、轧钢数学模型经过多年的引进、消化、吸收之后，已经有能力自主设计、集成轧钢自动化系统。轧钢数学模型从修改参数及改进到独立建模，轧制的每个子工序都在智能化方向取得了突破。

随着我国产业结构的转型升级及钢铁工业产能过剩危机的逐步显现，市场竞争愈发激烈。在这种背景下，国内钢厂一直在尝试改造现有的轧制生产线，并在新建设的产线中增加对新工艺和新技术的应用，以达到提高热轧带钢生产线自动化水平以及提高产品质量的目的。传统的基于机理的建模方法已经制约了轧制精度的提升，该模型是建立在一定假设条件下，并忽略了一些影响因素，这导致模型与实际情况契合程度较低。热轧带钢的质量主要体现在带钢的板形与力学性质、表面质量缺陷、过程监控等方面，在这些方面利用智能化方法对工艺参数与带钢质量进行建模，并进行产品优化已经取得了一定程度的进展。如图4-10所示为轧制过程钢坯变形示意图。h_{i-1}和h_i分别为轧制前后带钢的厚度。

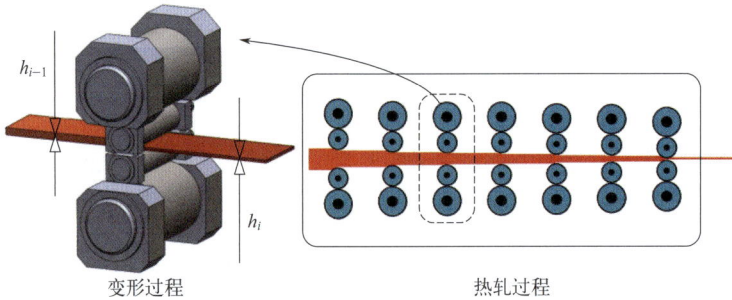

图4-10　轧制过程钢坯变形示意图

尺寸精度是热轧带钢质量的重要指标之一。随着AGC技术的应用，热轧带钢厚度已经满足市场的需要，但是带钢板形的控制仍然存在精度不足的现象。从智能化角度研究板型的控制，建模主要存在以下几个难点：多变量、强耦合、非线性、自相关。因此，建立数据驱动的模型克服上述的难点已经成为板形控制研究的热点问题。Sun等[26]建立了一个基于集成学习的模型，使用从热轧线获得的230000卷数据来预测带钢凸度。Li等[27]使用了包括人工神经网络（ANN）、支持向量机（SVR）、分类回归树（CART）、Bagging回归树（BRT）、最小绝对收缩和选择算子（LASSO），以及高斯过程回归（GPR）等经典的机器学习技术预测带钢热轧过程中的弯辊力。Zhao等[28]考虑了量化应力释放对机架间带钢板形的影响，特别关注轧辊磨损、轧辊热膨胀、金属横向流动和应力释放对形状的影响，建立了数据驱动模型对板形进行精确控制。Wang 等[29]提出了使用遗传算法（GA）、思维进化算法（MEA）、主成分分析（PCA）和多层感知器（MLP）神经网络等方法融合的数据模型对带钢的轮廓和平直度进行预测。Deng 等[30]使用深度神经网络对热轧带钢凸度进行预测。热轧过程图如图4-11所示。

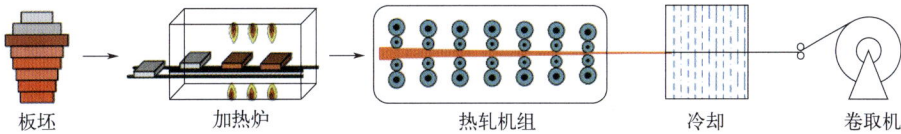

图4-11　热轧过程图

力学性能预测研究对降低合金钢的取样成本、提高产品质量具有重要意义，利用模型对产品的化学成分及轧制工艺进行优化对研发新钢种具有重要的指导意义。Xu 等[31]使用卷积神经网络预测带钢的力学性能，并在实际应用中预测热轧钢产品的力学性能，具有指导意义。显微组织细化是提高热轧钢强度和韧性的最重要途径之一，Li 等[32]为了提高动态再结晶模型的准确性和泛化性，开发了物理建模与机器学习算法相结合的方法来建立Nb微合金钢的动态再结晶模型，进而进行力学性能的计算。

从面向目标的角度来看，带钢表面检测是"带钢质量问题闭环"的基础，更早的缺陷检测和定位可以更及时地减少经济损失，如图4-12所示带钢表面缺陷检测。Luo 等[33]利用表检仪的在线数据，使用局部二值模式（LBP）方法对带钢的表面质量进行分类。He 等[34]提出了一种新的检测方法，该方法将分类优先网络（CPN）及多组卷积神经网络（MG-CNN）结合对钢表面的缺陷进行检验。He 等[35]提出了一种新的基于卷积神经网络的分层学习框架来对热轧表面缺陷进行分类。Cui 等[36]使用反向传播人工神经网络（BPNN）和支持向量机（SVM）的机器学习计算氧化率和尺度变形率，并采用遗传算法（GA）优化模型参数。数据驱动的模型预测了热轧氧化皮厚度的演变规律。

图4-12　带钢表面缺陷检测

综上所述，热轧的质量设计与过程优化的智能化研究和应用都取得了一定的进展，但是仍然存在一些挑战：

① 表检仪（表面检测仪）采集的图像受到成像环境的影响，导致分类不准确。热轧现场高温、浓雾、冷却水滴大、光照不均匀、非周期性振动等特点都对图像的质量产生影响，因此，如何采集到高质量的图像数据或者开发出抵制噪声的机器学习框架，进而进行表面质量的判断是未来的挑战之一。

② 样本不具有代表性。很多标签在采集的时候并不具有代表性，例如带钢的力学性能只在带钢固定部位采样，力学性能的实验误差也比较大，带有测量误差的标签数据在建模的时候需要提出更加稳健的对误差进行纠偏的机器学习模型，以进行力学性能的预测。

③ 数据预处理带来的信息损失。由于热轧工艺过程数据量较大，很多过程变量是时序型变量，但是在使用数据驱动方法进行过程监控或者质量预测时，需要对数据进行对齐等预处理，这就损失了数据的一部分信息，因此，研究合适的信息增强方法也是挑战之一。

4.2.1.4　冷轧工艺

由于冷轧生产过程中产品的温度降低，形变难度较大，所以传统的冷轧技术存在能耗较大，且难以稳定控制产品质量的问题。因此，利用人工智能技术对冷轧生产过程进行过程优化以及质量设计，在减小能源消耗的同时提高产品的质量，是目前智能冷轧生产技术的发展方向。冷轧生产过程优化主要是在保证产品质量的前提下，合理地设定冷轧机组生产操作参数，尽可能使生产过程中的能耗减小，从而更加经济有效地生产。而冷轧生产过程质量设计主要是通过对各工序的合理安排以及对在线质量的及时检测和动态调整，来满足冷轧生产的实际需求。

北京首钢自动化信息技术有限公司针对试验获得工艺参数与实际生产偏差较大，从而无法准确设定冷轧轧制力的问题，提出了一种基于数据挖掘的冷轧轧制力优化方法，通过L-M非线性多项式回归方法与实时数据相结合来优化工艺参数的逆计算模型，提高了冷轧轧制力的设定精度，优化了冷轧工艺控制过程[37]。上海宝信软件股份有限公司针对冷轧过程中由于原料的波动引起的质量问题，提出了冷轧退火工艺动态过程优化方法，在质量设计的基础上，根据前道工序来料的具体成分、规格来对生产过程的工艺参数进行修正、微调，为每一种物料设计更合适的工艺参数。该方法为冷轧退火工艺的精密控制提供了强有力的支持[38]。

胡韬等[39]针对冷轧过程中轧制力模型的计算精度较低，进而导致冷轧过程控制精度和稳定性下降的问题，通过实时采集到的生产工艺参数来优化轧制力模型，大幅降低了冷轧带钢头尾的轧制力控制误差。赵志伟[40]针对带钢冷轧中的负荷分配问题，提出了基于反向学习的自适应差分进化（OADE）算法，在种群初始化的过程中融入反向学习技术，根据算法生成的选择概率为每一个个体确定特定的变异策略，并且构建了随着进化代数的增加而递减的函数来指定个体的控制参数。实验表明，利用OADE算法优化等负荷系数目标、板形良好目标和防止打滑目标组成的混合目标函数，取得了较好的效果。宋君等[41]针对现有的板形控制技术在变速轧制过程中难以达到理想效果的问题，结合生产现场的大数据样本，使用具有更强参数寻优能力的粒子群算法来优化支持向量机，并将其应用于预测模型。在预测性能和泛化性能的比较中，改进的预测模型均优于现有的预测模型。Wang等[42]针对板形执行器（FAE）精度不易掌控的问题，提出了一种基于仿真建模和数据驱动建模相结合的FAE精确获取方法，用于冷轧带钢的板形控制。该方法首先根据轧制条件下轧制工艺参数的变化区间建立了三维轧制特征空间模型，随后建立了三维有限元仿真模型，以确定特征空间模型中每个节点上执行器效率的先验值。为提高先验值的准确性，利用数据驱动机制建立了在线优化模型，并引入排序算法和中心极限定理对测量过程数据进行滤波，计算变量权重。最终，将处理后的数据导入模型，以改进拟合模型，并提出了一种基于趋势外推法的线性产量预测模型，以实现任意轧制条件下的FAE精确采集。对生产过程的数据分析表明，平整度偏差色谱图的分布范围缩小了70%，分布跨度、分布范围的极限值和平面度标准差的平均值均降低了40%以上。该模型达到了适应性强、精度高的效果，可以实现高精度的板形控制，显著提高了产品质量。

图4-13所示为冷轧弯辊力智能预测过程。

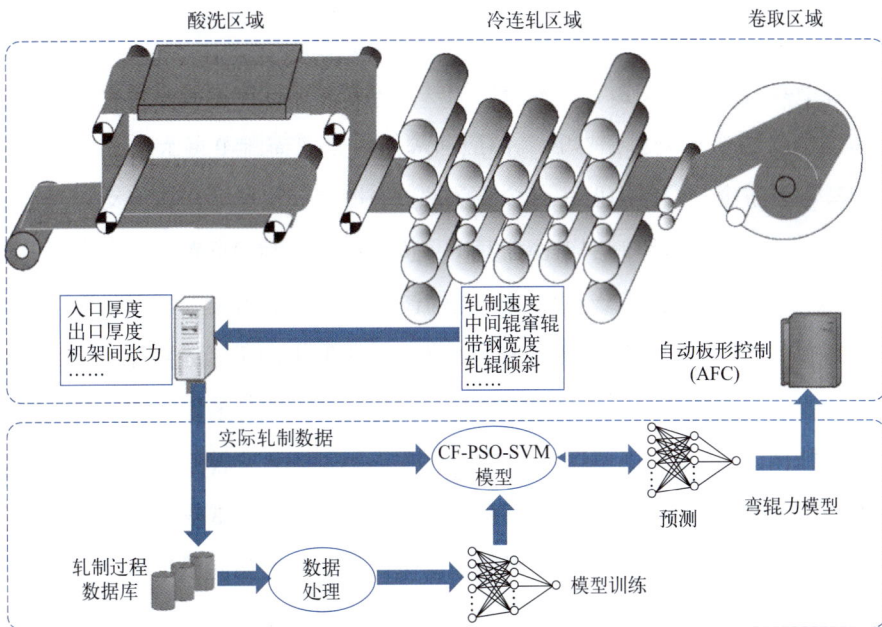

图4-13　冷轧弯辊力智能预测过程[42]

综上所述，现阶段冷轧生产过程中智能制造技术主要体现在基于数据分析以及建模方法，通过分析冷轧中各项工艺指标的影响因素，建立过程控制模型，以实现对冷轧工艺参数的快速精密调整，进而优化工艺流程，提高产品质量。虽然冷轧生产过程的质量设计与过程优化研究在具体实施过程中已取得进展，但还存在一些挑战，具体如下：

① 由于对功能性涂层板卷产品的需求量日益增大，质量要求不断提高，涂镀技术在冷轧产品的研发和生产中的创新应用越来越受到重视。如何通过设计新型的人工智能算法来提高产品性能，是目前企业需要解决的关键问题。

② 冷轧是整个钢铁生产工艺中的末端工艺。为开发新的钢种，应设计先进的智能优化方法来解决材料设计问题，通过产品需求定制化地设计不同材料的成分及其含量，以满足产品性能和质量的要求。这是我国自主研发的核心。

4.2.2　设备远程智能运维

20世纪80年代，中国钢铁工业引进、消化及完善了"点检定修制"，在此后引领了中国设备管理模式30余年。随着钢铁工业布局和智慧制造的纵深发展，当前设备的"点检定修制"管理体系遇到了发展瓶颈，这种设备管理体系高度依赖人的数量、行为和经验，设备状态提升存在瓶颈；以防为主，过维修多，成本优化出现瓶颈；分工过细、工作繁杂，劳动效率提升遇到瓶颈。其已成为生产持续的制约要素。

4.2.2.1　设备远程运维整体思路

国内外钢铁企业进行了设备运维发展的探索和实践。如美国大河特种钢铁厂建立了基于云的超级计算服务，安装了超过5万个传感器，以探索预知维修。新日铁住金引进人工智能数据分析平台（DataRobot），提供了云计算的合并数据分析环境，提高了设备维护效率。新日铁名古屋制铁所在线监测的设备有1253台，监测的结果为制定检修计划和内容提供了直接依据。三一重工以工程机械为对象，开展了全生命周期运营管理，运用实时监控与分析、设备故障维修、预测性/预防性维护等，使单台设备的潜在收益提升达10% ~ 50%。从技术发展现状来看，这些探索和实践基本是在某类设备或某条生产线上的点状智能化应用，尚未实现全流程、全工序、跨地域、跨空间的广泛、深度数智应用。

钢铁企业在设备连接维度上存在设备感知手段薄弱、高频数据处理困难、多源多维数据难融合、信息孤岛众多等问题；在预警诊断和决策上存在状态识别效率低、诊断准确性差、劣化趋势无法把握、维检决策可靠性低、经验转化知识困难等问题；在同类设备、同类产线设备运维对标上存在设备术语不统一、故障描述不统一、设备颗粒度不统一、设备表征数据无序、数据处理差异大等问题；现有的设备运维方式不支持智能运维的大范围推广应用，也缺乏智能运维的人员队伍。

解决钢铁设备高效运维问题，是一项极具挑战性的复杂系统创新工程。在 ICT 和 AIoT 技术高速发展的今天，从"感官判断、经验决策"向"数据判断、知识决策"的转化是设备智能运维的必然途径。设备智能运维要以平台、专家系统和标准化体系为核心，架构面向钢铁生产全流程的智能运维体系，如图 4-14 所示。

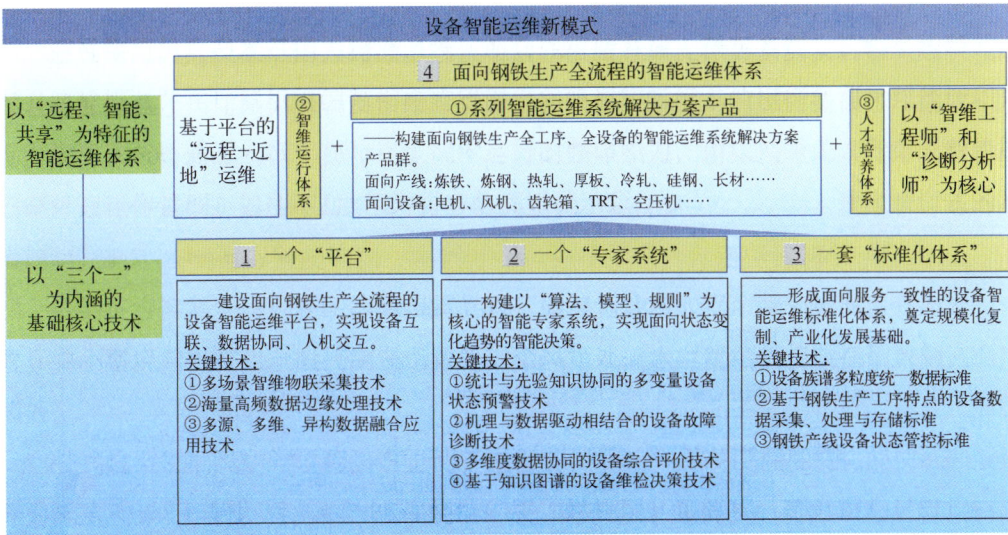

图 4-14　设备智能运维

4.2.2.2　设备远程运维关键技术

（1）面向钢铁生产全工序的设备智能运维平台　平台支持海量设备连接，以"云-边-端"架构设计，支持智能运维生态协同、数据流动与知识创新赋能。涉及关键技术较多，其中 3 项尤其具有行业特色。

① 多场景智能运维物联采集技术　钢铁生产高温、高湿、多粉尘，设备种类多差异大，数采场景复杂。针对典型场景特有的监测需求，应用一批专用智能数采装置，大规模应用低成本传感器；通过 ZigBee、NB-IoT、5G、蓝牙等多种信息技术的融合研究，解决复杂环境中数采"最后一公里"问题。

② 海量高频数据边缘处理技术　钢铁设备数据量大、价值密度低。采用系列算法和数据处理工具，在边缘端运用高频并发计算、特征工程技术，进行数据清洗、数据处理、特征提取、边缘数据降频、实时计算。同时开发系列无代码、可视化编程工具，实现现场高效人机数智化交互。

③ 多源、多维、异构数据融合应用技术   应用配置管理库构建设备结构主数据，综合应用时序库、半结构化库、结构化库分别处理异构的设备数据，设计集中式和分布式大数据系统来承载海量数据，流式平台治理实时流数据，应用知识图谱对维护经验建模。通过数据融合，实现"跨空间、跨人机、跨产业"数据应用。

（2）面向状态变化趋势的智能决策专家系统   构建面向状态变化趋势、人机协同的专家系统。以系列算法、规则、模型为核心，实现状态识别、故障定位、维检方案推送、结果验证闭环、知识提炼汇聚的全过程决策的智能化。涉及以下4项关键技术。

① 统计与先验知识协同的多变量设备状态预警技术   针对设备状态个性化发展变化的特点，结合对设备机理的理解，建立设备状态动态数据统计模型，根据不同工况的状态数据训练出报警阈值，实现自适应综合预警。不但支持各类阈值类报警，还支持趋势报警，以及包含工艺逻辑的边缘规则预警，实现复杂场景、多变量耦合等情况下的异常状态综合预警。

② 机理与数据驱动相结合的设备故障诊断技术   面向钢铁设备复杂工况、负载多变、状态变化耦合因素多、表征非线性等特点，利用算法工具将经验数据化，将先验知识纳入模型，再结合大数据技术应用，提高案例学习效率，加速设备诊断模型的开发与调优，最终实现故障诊断的智能化、精准化。

③ 多维度数据协同的设备综合评价技术   融合设备属性、运行状态、工艺过程、维检过程、运维履历、同类故障特征、负荷累积等多维度数据，结合AI算法、专家经验知识，动态调整非线性权重系数，形成设备综合评价系统模型，对设备健康度及相关性能指标作出综合评价。

④ 基于知识图谱的设备维检决策技术   通过多种维检决策知识图谱的开发与迭代，指导异常事件与维检需求逻辑关系的梳理，形成维检决策规则，嵌入平台运维决策环节，推送最优的维检对策，提高维检项目的针对性、有效性。

（3）面向服务一致性的设备智能运维标准化体系   将单一产线的个性设备技术转变为全行业的工序共性技术，实现设备数据与技术规范的一致，解决设备运维过程的数字化闭环，实现同类设备、同类产线统一标准、统一管理。涉及以下3项关键内容。

① 设备族谱多粒度统一数据标准   解决设备术语不统一、设备故障原因描述各异、设备粒度不统一、设备表征数据无序等问题，实现设备术语统一、颗粒度统一、数据表征统一。

② 基于钢铁生产工序特点的设备数据采集、处理与存储标准   规范设备数据的采集和处理过程，解决同类设备之间数据互理解和互操作问题。

③ 钢铁产线设备状态管控标准   解决各钢企设备运维标准不统一、运维质量不统

一、检修过程与验证方法不统一的问题，通过制定统一的运维标准、运维质量评价标准、检修与验证标准，实现对多地域同类产线、同类设备的高效一致管控。

（4）构建面向钢铁生产全流程的智能运维体系　为了最大限度释放技术创新红利，实现极致专业化基础上的规模效应，智能运维要在业务流程和职业体系方面形成创新，包含以下3个方面的体系化内容。

① 面向钢铁生产全工序、全设备的智能运维系统解决方案产品群　依托钢铁生产丰富的场景和行业专家，形成一系列面向钢铁生产全工序的智能运维系统解决方案，包括工序概况、智维目标、智维设计、监测技术应用、运维技术应用、全量数据应用、模型迭代升级等内容，并具备大规模、快速复制条件。

② 基于平台的近地与远程运维相结合的智能运维运行体系　以100%平台预警、100%线上工作为目标，近地与远程结合，前、中、后台一体，依托平台对多地域、同类产线、同类设备进行集中管控，所有管理在线、所有决策智能、所有资源共享，塑造全新智能运维运行体系。

③ 以智维工程师与智维分析师为核心的智能运维人才培养体系　创新以智维工程师、智维分析师为主体的智能制造新职业体系，并配套完善人才培养机制，为设备智能运维的可持续发展奠定人才基础。

4.2.2.3　钢铁设备智能运维未来发展方向

（1）与生产深度融合，赋能钢铁生产　将设备智能运维深度融入生产现场管理与设备管理场景，将智能运维作为生产现场管理的必要环节，向"操检维调"方向进化。

（2）深度应用全生命周期数据，优化资产价值　以智能运维为核心，建立钢铁生产设备全生命周期数据，深度应用设备大数据和人工智能技术，使用设备数据帮助优化设备状态、设备精度、质量控制、生产成本、柔性制造、备级耗材等，最大化设备资产价值。

（3）升级设备服务体系，重塑设备维护产业链　以智能运维理念为核心，构建以维护设备状态和生产状态为目标的设备管理与技术服务体系，优化设备服务组织架构，重塑设备服务人才体系，从而重塑设备服务产业链。

4.2.3　生产计划调度

钢铁工业大规模、多品种、小批量、定制化生产的现状突出，通过生产计划调度技术优化各基地、各工序、各机组生产资源的分配，最大化企业效益，降低制造及物流成本，保障订单按时交付，提升计划人员工作效率，及时响应现场生产变化的需求迫切。生产计划调度技术针对多基地产销协同、基地内多工序协同、作业计划排程、车间调度等钢铁工业销售计划及生产计划的核心业务，将业务机理与 AI 技术结合，实现生产计划的智能编制，覆盖中长期产销平衡、中短期全局生产策划、短期机组作业计划、车间内实时调度等销售计划与生产计划各层面，包括多基地产销平衡技术、全工序流向平衡技术、机组生产计划自动排程技术、炼钢计划智能调度技术。

4.2.3.1　多基地产销平衡技术

多基地快速扩张导致产销运营管控日益复杂，同质化产品占比提升对产销平衡管理提出了新要求。产销平衡管理由"供不应求"向"多基地经济运营供大于求"演变，市场的快速变化要求企业建立动态资源管理机制。多基地产销平衡技术针对多基地、多品种、多产线的复杂物流，应用大数据预测、智能模型搭建，满足适应多基地产销运营管控模式的需求管理、产能资源管理、营销预案管理、效益优化管理的需要，实现市场需求的提前预测、多基地生产资源高效协同、销售计划动态制定、多基地产销任务智能分配，达到提升产销协同效率、效益和精度的效果。多基地产销平衡技术包括以下方面。

（1）需求预测　需求预测运用大数据分析技术，高效收集客户需求，及时跟进市场波动，满足多基地稳定生产的需求。

在需求收集阶段，对非新开并有历史订单的客户，根据历史订单数据及相关外部数据，按制造基地、渠道预测每个客户对全品种的订单需求，为需求收集提供支撑。对需求不同品种的客户，结合企业业务特征及数据情况，根据不同的客户数据特征给出差异性预测解决方案。

在产销平衡方案制定阶段，如针对汽车板差异化产品，以历史订单为基础，充分考虑钢铁工业、汽车行业等宏观数据、用户经营数据等外部因素，预测客户群未来订货情况，智能推荐最优备货方案，满足产销平衡，确保效益最大化。针对卷材、型材、线材等同质化产品，通过外部市场信息收集，寻找适销品种及规格，根据需求预测和运筹学模型预测最优产销方案，通过快进快出锁定资源，缩短交货期。

在接订阶段，针对客户订单不及时的问题，在订单未按期下达时，预测用户需求，支撑产品销售部及时提供合同，滚动消化，后续当真实订单到来时再转成正式合同，以确保产线稳定生产，发挥最大产能。

（2）产能资源平衡　对各基地、工序、机组等的生产能力进行测算、综合平衡、运筹分配和整体管控，消解物流冲突和产销矛盾、控制库存水平、识别和充分发挥瓶颈工序的生产能力、优化设备检修计划、指导接单和交期应答、确定和协调各基地的互供关系，从而实现各基地及生产单元的整体产销协同。

（3）营销预案管理　基于资源配置的业务规则，根据需求管理模块产生的最终需求，依据客户优先级和多基地产线分工原则等，将产能资源管理模块产生的可供销售资源合理地分配给最终客户、渠道或由公司内部保留，提供灵活的功能以进行客户资源的动态调整。营销预案管理直接与一体化销售系统集成，实现订单的实时应答，保证销售计划的正确执行，主要功能包括基础信息管理、资源配置方案、供需平衡方案、智能订单分流、执行评估、产线分工管理。

（4）效益优化管理　结合产品的价格成本信息，基于资源配置结果进行成本收入测算，提升年度及月度滚动预算相关工作的效率，实现资源配置方案的利润最佳化和对盈利能力的后评估跟踪，包括月度滚动销售收入测算、月度利润评估方案制定（实绩与计划对比）、效益优先级排序、已接订单评估。

4.2.3.2　全工序流向平衡技术

面对钢铁企业每月上万份订单、数十个大类产品与随时变化的市场需求，采用传统的体外编制月度生产计划表已无法满足现代钢铁企业精准、高效、有序、低成本、强协同的生产管理的需要。全工序流向平衡技术通过将生产计划排产业务机理模型与AI技术、大数据技术结合，综合订单、工艺、物流、设备、库存、能源、成本等各方面要素，优化分配各机组产能、订单加工路径与合同生产节点，实现对基地内各机组生产品种、流向、关键节点的全局优化规划与动态平衡。作为计划体系的关键枢纽，全工序流向平衡管控系统一方面向营销系统反馈合同盈亏信息，实现产销协同，另一方面指导各机组全自动生产计划排程，实现多工序生产计划协同，使制造管理部门能够及时应对生产异常波动、关键设备突发故障、市场变化等状况，动态调整计划，提高合同准时交付率，减少无效库存产生，如图4-15所示。

流向平衡由产能预分配功能与单机组预排程功能两部分组成。

（1）产能预分配　产能预分配功能从产线物流角度结合上下游工序的供料、库存、产量，预分配各机组流向计划并修正单机组预排程生产切换节点，指导单机组预排程。

（2）单机组预排程　单机组预排程功能聚焦于单个机组"合同分类＋量"的排程。以合同在各工序的生产时间要求为依据，结合生产排产规程，预排单机组的生产切换节点。预排程模型首先根据合同的交期与合同生产所需各物料的在库情况，通过周期推算合同时间窗口，再根据合同时间窗口推算各集批的时间窗口。在预排程模型分配产能时，优先分配定检修产能，其次分配固定集批产能，最后结合集批最优时序与集批时间窗口形成各机组的集批计划与合同计划。产能预分配功能与单机组预排程功能相互协

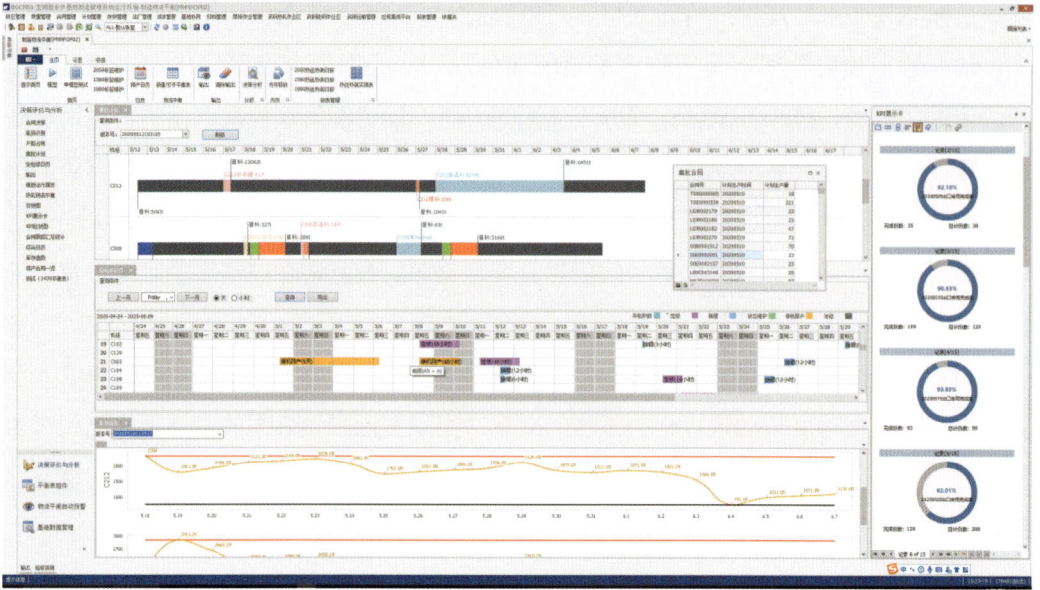

图4-15　全工序流向平衡管控系统

同，从流向计划、集批计划、合同计划的角度指导各机组生产计划排程。

4.2.3.3　机组生产计划自动排程技术

面对不同的材料形态和加工工艺要求，如何精准做到既满足订单的生产要求，又能降本增效、少人化，还能满足绿色生产的要求是现代钢铁企业迫切需要解决的问题。机组生产计划自动排程运用AI技术，基于机组生产计划规程与生产排程专家知识库，遵循生产全工序流向平衡排定的重点合同、集批计划与流向计划，结合现场设备及库存情况合理安排各机组的生产计划，以期提高计划的预见性与平顺性，有效发挥生产设备产能，控制生产成本，逐步实现生产的自动化、智能化与少人化。机组生产计划自动排程支持炼钢、热轧、冷轧等各工序的自动排程。机组生产计划自动排程技术包括以下几种。

（1）钢轧一体化排程技术　钢轧一体化排程技术基于炼钢与热轧的生产计划排程业务机理，运用AI、运筹学优化等先进技术，实现炼钢、热轧联动的一体化生产计划排程（图4-16）。钢轧一体化排程采用推拉结合的方式优化制定连铸浇铸顺序和热轧轧制顺序，在提升连铸中间包利用率，最大化满足热轧计划轧制单元公里数要求，最大化满足轧制计划宽度、厚度、硬度、温度等跳跃的平滑过渡的同时，紧密衔接连铸与热轧工序，提高热装比率，实现节能降耗。

（2）冷轧一体化排程技术　冷轧一体化排程技术基于酸轧、连退、热镀锌等冷轧产

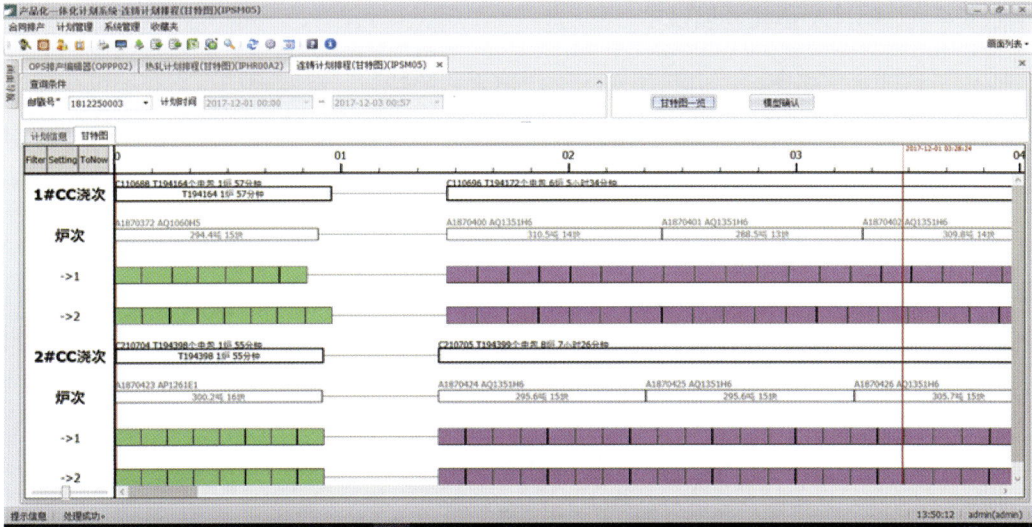

图4-16　钢轧一体化排程技术

线各工序的生产计划排程业务机理，运用AI、运筹学优化等先进技术，实现冷轧全流程关键生产设备的一体化排程。系统遵循合同计划结果，结合现场情况，合理安排合同物料在冷轧各工序的加工顺序与加工时间，实现各工序能力与物流平衡，以期加快合同交付，提高生产设备利用率与产品质量，同时有效降低库存与生产成本，如图4-17所示。

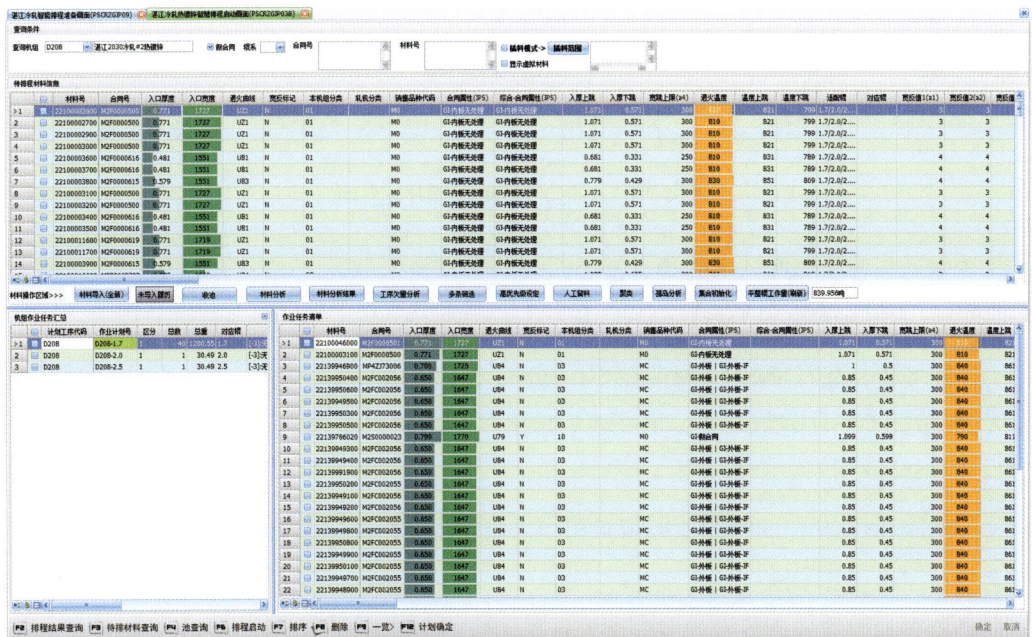

图4-17　冷轧一体化排程技术应用

4.2.3.4　炼钢计划智能调度技术

由于炼钢生产多路径、并行机组、连续流水式等特征，炼钢现场生产管控仅依靠经验炼钢调度人员难以快速决策。炼钢生产过程中变化点多、变化程度不同，造成了炼钢计划调整的频繁。管理手段和工具的支持力度不足，使炼钢调度人员工作压力大、工作效率低，难以及时、合理、高效地规划生产过程。炼钢计划智能调度技术以调度模型和智能技术为手段，以炼钢生产成本最小为目标，以资源能力和工艺要求为约束，进行组合优化，输出更合理、更优化的炼钢计划调度方案。炼钢计划智能调度技术支持计划的全局或局部编制、计划的全局或局部时间优化，如图4-18所示。

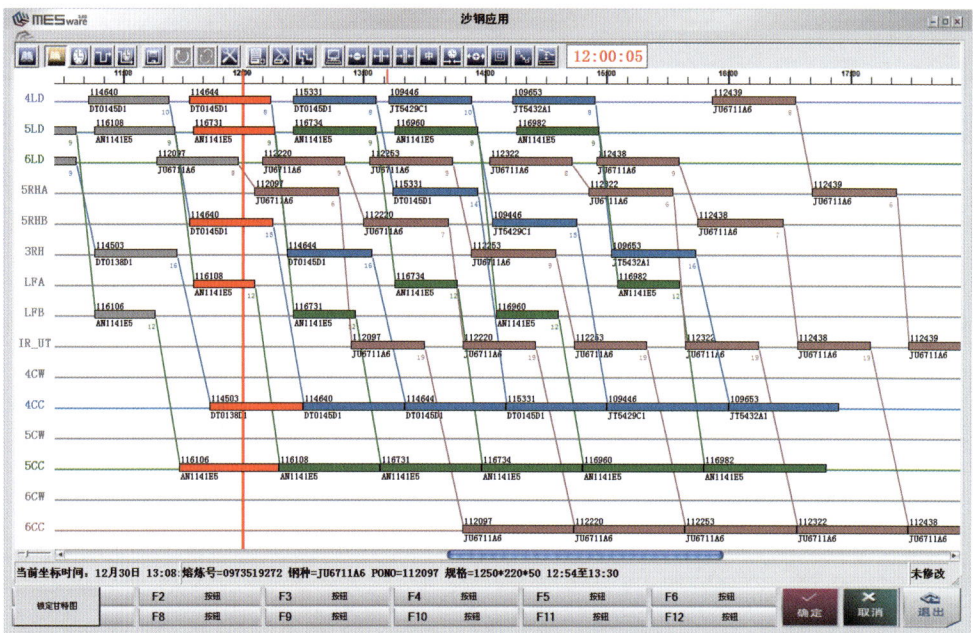

图4-18　炼钢计划智能调度技术应用

炼钢计划智能调度技术的特点包括：

① 以动态规划思想为指导进行建模；

② 针对不同生产情况下的不同需求，提供了多种优化方向，如路径最短、负荷均衡等；

③ 提供了多种编制方式，更好地满足用户的定制化需求，如局部编制、滚动编制或时间优化等；

④ 对炼钢生产中的复杂业务需求和约束进行了总结和抽象，并在模型中集中体现，大大提高了通用性和适应性。

炼钢计划智能调度技术的主要功能包括浇铸顺序预计划、出钢计划及甘特图示、计划调度与调整等。

4.2.3.5　未来发展方向

生产计划智能化调度一直是钢铁企业致力解决的关键问题。部分钢铁企业通过企业自研、校企联合、引进国外供应商等方式对生产计划智能化调度进行了探索，但到目前为止，依然是"还在探索之路上"的状态。这其中的原因，一是问题本身复杂性太高，需要综合考虑物流需求、合同需求、物料结构、生产成本控制等各方面因素，且基于成本的生产计划规程与实际生产中使用的生产计划规程有较大随机性差异，导致该问题无论是建模还是优化求解难度均较大；二是由于产线、工艺和管理都在不断变化，以工程项目的方式推进，往往会遇到无法持续投入，导致研究水平始终跟不上变化；三是国外产品无法应付国内管理的实际情况以及不断变化的需求，实际效果并不理想。

近几年，智慧制造成为热点，而生产计划智能化调度毫无争议地成为智慧制造的核心任务之一。对于钢铁企业而言，承受的压力比以往更加巨大。一方面，市场供求关系发生了变化，整体工业供大于求，多品种、小批量需求特点愈发突出。另一方面，随着钢铁工业的并购整合，钢铁企业面临多基地产线分配、生产资源互供、综合产销平衡的新挑战。此外，钢铁企业在各个岗位都要求精简人员的大背景下，通过生产计划智能化调度技术减少计划员数量的需求非常迫切。

随着钢铁企业对生产计划调度业务的不断积累与沉淀，以及对智慧制造相关技术的不断投入，适逢信息技术也取得了巨大进步，生产计划智能化调度技术的发展呈现以下趋势。

（1）与智慧制造信息系统深度协同　设备管理系统、能源管理系统、盈利能力分析系统等为生产计划智能调度系统提供了丰富的设备、能源、成本数据基础，可以有效提升生产计划智能调度系统排程的合理性与准确性。生产计划智能调度系统的排程结果也为能耗预测、成本预测提供了依据。

（2）与业务机理深度结合　传统的生产计划调度技术基于业务人员经验建模。随着大数据技术的发展与企业生产计划调度业务的积累，业务机理逐渐厘清。基于业务机理模型的生产计划智能调度技术将进一步提升生产计划智能调度结果的准确性，实现不同排产场景下的自适应。

（3）与并行计算技术、AI技术深度结合　并行计算技术与AI技术的发展大幅提升了生产计划智能调度的排程效率，使生产计划智能调度系统在短时间内计算出优化解成为可能。

由单机组优化排程向多工序一体化优化排程、多基地协同排程发展。对于钢铁生产等复杂流程而言，多品种、小批量的订单特点以及各机组不同的规程提升了生产计划编制的难度，单机组排程已无法满足业务需要。通过推拉结合的多工序一体化联排以及多基地协同等方式实现生产排程的整体协同优化成为生产计划智能化调度技术未来发展的方向。

4.2.4　智慧物流

钢铁企业作为钢铁生产物流的核心节点，其物流管理效率直接影响了整体供应链的效率，需要基于供应链的全局视角，对内提升企业物流管理水平，对外发挥协同效应。钢铁企业的智慧物流蓝图如图4-19所示。

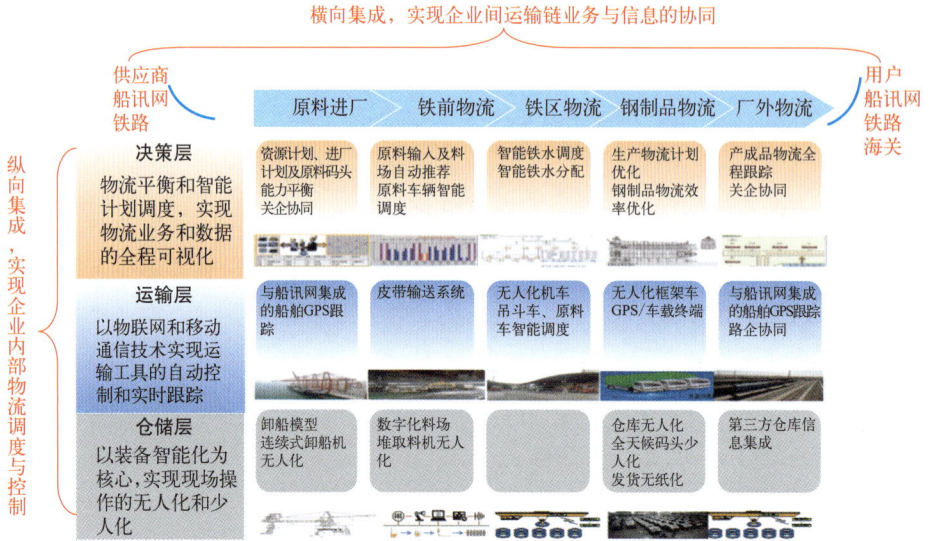

图4-19　钢铁企业智慧物流蓝图

钢铁企业物流生态包括企业外部生态和企业内部生态。企业外部生态涉及供应商、客户以及相关的铁路、海关、海事、公路等管理部门，通过横向集成，实现企业外部业务协同；企业内部生态涉及销售部门、制造管理部门、生产厂、运输管理部门、财务管理部门等，通过企业内纵向集成，实现企业内部物流调度与控制。

钢铁企业物流三大核心要素为决策、运输和仓储。在决策层，通过物流平衡和智能计划调度，实现物流业务和数据的全程可视化；在运输层，以物联网和移动通信技术实现运输工具的自动控制和实时跟踪；在仓储层，以装备智能化为核心，实现现场操作的无人化和少人化。

钢铁企业物流需关注不同的材料形态和加工工艺要求。原燃料进厂及铁前物流聚焦于料场布局、料场有效利用率以及原燃料直进率；铁区物流聚焦于铁水运输效率、安全以及铁钢界面精益运行；钢制品物流聚焦物流资源的平衡、计划的智能编制以及钢制品的智能配载；厂外物流主要聚焦于信息的跟踪与集成，以及运输质量的控制。

4.2.4.1　智能装备技术

智能装备技术指物流装备（资源）以及与装备（资源）紧密相关的PLC/DCS等

专用控制装置。具体包括船舶、铁路车皮、机车、厂内框架车、运输平板车、自动化行车（天车）和叉车、可数字化的车位和泊位、工业视频等。其能感知环境、生成数据，与边缘平台之间的数据传输需要工业通信网关、工业通信协议、视频通信服务等支持。

4.2.4.2　各类控制系统

各类控制系统包括码头控制系统、皮带控制系统、数字化料场、轨道控制系统、无人化全自动行车系统/行车定位跟踪系统、轨道控制系统、基于RFID或条码识别的自动验货系统等，其主要功能是提供近端服务，在物流数据采集和预处理的基础上，满足物流的实时业务、应用智能、安全等方面的基本需求。

4.2.4.3　物流计划与调度

（1）物流平衡　通过准发资源预测模型与物流周计划运算模型实现出厂资源与运力资源的周平衡，并根据实际情况进行在线调整，与日计划无缝衔接，强化物流计划的策划与管控，提升物流效率。

（2）原燃料资源计划　基于产能计划预测和配料模型形成原燃料需求，并根据到港预报和厂内物料使用情况，自动形成每日排港表，自动推荐原燃料堆位和接卸顺序，提升料场周转率。

（3）铁水智能调运和分配　基于铁水调运智能化和TPC状态自动监控铁水分割自动触发、炼钢平衡模型、TPC路径自动推算、高炉炉下配罐模型、智能铁水分配，基于铁钢平衡模型形成铁水调度指令和配罐指令，基于罐龄罐况和路径自动推算模型决定TPC对位和倒空。

（4）船舶/车皮自动配载　建立船舶、车皮（支架）等基本信息数据库，将运输工具装货配载的规则、需求形成自动化运算推荐配载模型，以水运、铁运物流计划作为输入，以运输工具到位作为出发点，触发模型运行，输出装货配载方案，替代人工方式制定装载方案。

（5）综合要货计划　根据船舶配载模型结果，综合平衡多船需求，形成码头要货顺序和框架集批要求；根据铁路车皮配载模型结果，形成铁路要货顺序要求。再针对码头、铁路产生的要货顺序，仓库出库能力、运距、运输所需时间等规则推算仓库发货时间要求，综合平衡各仓库要货顺序和时间。

（6）出库队列模型　以在制品的转库计划、短驳计划、内驳计划、返品计划，产成品的汽运计划、转库计划，以及综合要货计划等全厂各类型物流计划为输入，以下一工序到货时间需求为约束条件，以出库均衡、缓解冲突、满足需求为目标函数，基于设施设备能力、状态、检修计划，车型、载重，产品重量、包装、尺寸、温度等参数，运用迭代算法模型，自动输出出库队列任务统筹，平衡实现全厂材料出库顺序的指令，驱动物流系统有序、合理、高效运转。

（7）自动转库计划　设置末端库与厂外库库存量上限警戒线，基于实时库存，对末端库库存达到警戒线的库区，依据即时计划安排数据，自动挑选非即时计划流向的材料，按照库存缓解规则，定量同时自动跟踪判断厂外库使用情况，选择合适入库的库区，自动编制转库计划。

4.2.4.4　车辆智能调度

（1）配车模型　针对不同的业务分类、库区位置、产品种类等因素以及物流管控模式划分不同的区域，对车辆进行灵活配置，当某个区域的运输业务量超出投入车辆的能力，车辆配置可以灵活调整，以提高车辆利用率。

（2）框架车智能调度　根据材料出库队列以及发货通道车位占用情况，系统自动生成空框架需求；根据框架头、框架的当前状况，考虑时间、距离、计划优先级、上一车拉重拉空等情况，按照区域管理原则自动分配车辆。

（3）自提车任务分配　基于司机和车辆信息认证的移动App，将出厂计划和出库队列发送给承运商；自提车进入厂区时，系统接收车辆信息并安排任务；根据发货通道车位占用情况，分配车道或将自提车排入等候队列。

4.2.4.5　仓库发货优化技术

① 基于UHF-RFID的框架识别和车位定位技术。采用UHF-RFID技术识别车位、框架号和框架方向，以及框架某一鞍座上的钢卷号。

② 车位分配模型。综合分析出库队列任务指令顺序和车型要求，对应材料的范围和位置，库区车道车位分布，行车吊装范围等因素，按照车道进出规则，框架拉重配控规则，车型车位优先规则，业务排队优先规则，车位分配模型自动分配最优空余车位，车辆通过车载终端或手机汽运App接收分配结果并执行。

③ 无纸化验单。通过完善的实名认证体系进行实名认证，根据传入的提单摘要信息、司机身份证、提货时间等关键信息，以对称加密算法合成验单二维码，仓库现场扫描二维码并结合司机输入的提货密码进行无纸化验单。

④ 车辆配载模型。基于车辆配载人工经验进行分析建立规则库，包括各种框架车型的配载规则（鞍座数量、卷径规则、卷宽规则、卷重规则）、平板车的配载规则（平

板车载重控制）、装车材料的优先规则、同类材料的筛选规则。在车辆停放在车位时系统自动启动车辆配载模型，根据当前出库队列任务指令顺序、车辆车型、停车车位、可装材料库位等信息，匹配车辆配载规则库，系统自动计算出当前相对最优的车辆配载方案，可有效避免所装材料非必要、吊装时间长、装车吨位低等问题。

4.2.4.6　运输链集成与协同

（1）承运商协同　集成第三方物流平台（3PL），满足承运商日常运输计划与实绩信息实时传递、费用结算管理以及代收代付管理需求，支持承运商司机在手机汽运App上接收任务，选择、确认装车材料，对签到、到位、验单、装车、离库及到货等状态进行跟踪。

（2）原料、成品进出船舶协同　构建原料 - 成品船舶协同模型，形成智能"卸 - 装"计划与码头泊位分配指令，提升船舶周转效率、减少码头靠离泊频率。

（3）关企协同　将舱单信息、理货报告、运抵报告、进出口报关货物等报关信息、货物查验信息、电子放行信息与海关信息系统协同，并集成涉外料场、涉外货物仓库、码头泊位的视频系统，向海关提供涉外原料库存料场图及原料料场监管库存明细信息和涉外监管货物库存明细信息，确保海关实现"视频"监管的要求。

（4）路企协同　与铁路站点在铁路到达预报、铁路运单信息、装车高清摄像、车皮厂内状态等方面进行信息协同。

（5）船讯网信息集成　与第三方信息服务商船讯网实现数据连接，获取承运商船舶最新航行状态、最新船舶位置，以预测船舶到达钢铁企业的时间，对计划到港船舶自动跟踪预报。

4.2.4.7　车辆运营监控

建立车辆作业分配模型，将运输作业和车辆信息对应，并和进厂认证系统集成，基于GIS/GPS技术实现信息推送、线路规划、违章报警、位置监控、作业监控、历史轨迹回放等功能。

4.2.4.8　物流全程跟踪

① 物流作业进度跟踪。对物流计划（水运计划、汽运计划、铁运计划、转库计划、短驳计划、内驳计划及返品计划）、码头/铁路综合要货计划以及出库队列任务指令的执行情况进行跟踪，按重量和件数统计完成进度，实时把控物流作业进度。

② 装车作业监控。通过装车作业监控实时监控全厂各仓储设施的装车作业情况，

实时高效跟踪派车、签到、到库、装车、离库各环节，及时发现、跟踪、分析、处理物流作业异常或瓶颈。

③ 基于运输链集成与协同，通过贯穿物流全程的事件链集成跟踪，实现了从制造单元准发到交付给最终客户的物流全程可视化跟踪。

4.2.4.9　钢铁企业智慧物流技术未来发展方向

（1）基于大数据的物流分析　基于大数据建立进行多因素铁水温降规律分析的模型、通过 TPC 运行实绩进行数字孪生分析、进行配罐模型的自优化等。

（2）生产和物流的进一步协同与优化　基于需求拉动和生产节奏的智能化出厂计划，根据铁水成分和炼钢钢种计划的铁水智能分配、原燃料智能排船、堆址自动规划等。

4.2.5　能源调度

钢铁生产全流程包括码头、原料、烧结、焦化、炼铁、炼钢、连铸、钢管、热轧、冷轧、硅钢、条钢等环节，能源介质主要包括电力、高炉煤气、焦炉煤气、转炉煤气、混合煤气、蒸汽、压缩空气、氧气、氮气、氩气、氢气、天然气、水等。能源调度是钢铁企业系统节能的关键技术之一。通过能源调度可以实现能质匹配，提高能源利用率，降低二次能源放散，在满足生产对能源质量和数量要求前提下，降低能源成本，从工业能效提升的角度促成"双碳"战略目标达成。

但是，钢铁工业能源系统的特点对能源调度提出了挑战。首先，钢企能源介质种类繁多；其次，各种能源介质和钢铁生产流程耦合紧密，很多二次能源介质是直接产生于钢铁生产过程中的副产品或者是余热余能的回收。此外，各种能源介质的产生、转换、存储、输送和分配使用通过能源网络实现，构成了复杂的相互制约的能量流。钢铁企业能源调度问题是一个多介质耦合、多工况叠加、多时段统筹的复杂问题。

能源调度问题可分为静态调度和动态调度两大类：静态调度是在已知调度环境和任务的前提下事前制定调度方案；动态调度是指实际生产过程中，由于各种随机因素的存在，如人工不稳定操作、环境因素的不确定、机器出现随机故障等，调度问题往往会动态变化，当调度的执行不能满足调度目标时，需要重新安排调度，实现在线实时调度。动态调度是一种对环境具有反馈机制且自适应和实时性较强的在线调度方式。

传统的调度方法主要包括数学规划方法和启发式方法；智能调度方法通过模仿人类解决调度问题的方法来寻求优化策略，主要方法有专家系统、人工神经网络、遗传算法等。之前常以确定性的数理模型解决调度问题，效果不甚理想，且很多工艺参量不可获取，只能靠人工估设，大大影响了应用精度。随着互联网和信息技术的发展，大数据、智能优化等新技术应运而生，为解决这一难题提供了新途径。

近些年来，国内外学者对钢铁企业生产过程中能源介质的优化调度进行了大量的研究，主要分为两类，一类是对单一能源介质的研究，另一类是对多种能源介质之间的耦合关系的研究。

对于单一能源介质的研究，蔡九菊等[43-45]系统地研究了钢铁企业煤气的生产与利用及煤气的供需关系变化规律，建立了煤气在用能设备上的优化分配以及富余煤气在煤气柜与自备电厂锅炉等缓冲用户的动态分配数学模型，为钢铁企业煤气合理利用、优化分配提供了理论依据和分析方法。文献[46-47]等基于线性规划（LP）方法建立了优化调度模型，文献[48-49]基于整数线性规划（ILP）方法建立了优化调度模型，对单一能源介质（煤气/蒸汽/电/水）优化分配，使企业更加合理地对能源介质生产和使用，提高其使用效率。赵贤聪等[50-52]基于混合整数线性规划（MILP）方法建立了富余煤气优化分配模型，并考虑到峰谷电价对优化结果的影响。

目前，综合考虑多能源介质的耦合关系并实施优化调度的研究相对较少，其中曾玉娇等[53]针对钢铁企业蒸汽-电力系统多燃料来源、多设备类型、多工况变化、多等级蒸汽且与生产工艺联系紧密等特点，以运行能源成本总费用最小为目标函数，建立了多时段优化调度模型，综合考虑了富余煤气的波动、蒸汽和电力的动态需求、多燃料来源结构、外网分时电价以及生产安全约束等影响因素，实现了蒸汽和电力生产的优化与外购的合理化，降低了能源成本，提高了企业经济效益。

曾亮等[54]基于全局优化和系统节能思想，建立了煤气-蒸汽-电力等多能源介质多周期混合优化调度的数学规划模型，实现了煤气-蒸汽-电力等能源介质的最优分配、转换和使用，提高了能源利用率并获得最大经济效益。

张琦等[55]根据生产周期内煤气、蒸汽和电力的供应与需求分析，建立了多操作周期的富余煤气、蒸汽和电力耦合优化调度模型，对3种煤气、中低压蒸汽和电力进行优化调度，得到最优调度方案。江文德[56]通过建立钢铁企业能源系统的数学模型，利用线性规划的方法解决了企业能源动态平衡和优化调度问题。

以上是针对能源介质全局或者局部优化调度的研究。钢铁工业单一能源介质优化调度，不能考虑各种能源介质的产生、转换的关联关系，难以取得多种能源介质综合优化的效果；多能源介质优化调度又常因欠缺能源系统与钢铁生产系统紧密耦合的联动分析而流于片面。事实上，生产系统的生产品种、产量、设备状态和工艺路径的不同，能源系统各能源介质的产生、转化、分配和使用需求不同，都会导致各种能源介质的平衡关系、优化约束边界条件发生变化，使优化效果大打折扣。

为实现全流程"三流一态"的能源在线管控的提升，应支撑打造全生命周期的数字化钢厂，建设智能化及预知性的能源集中管控中心和集中操控中心，在"云-边-端"为一体的钢铁工业智慧制造体系的框架下，实现钢厂管控业务流程与操业流程再造，建设打破专业、厂部、工序界限的综合智能能源决策中心，实现基于大数据和人工智能的预知性能环管理，利用工厂数据中心提供的各类生产与能耗数据对能源流和物质流耦合的网络化信息进行建模分析，进行关键工序与整个生产过程的能耗预测与核算，为能源介质优化提供参考，进一步综合解决单能源介质、多能源介质之间跨时空融合下的能源调度问题。

能源调度模型并非单一的某个模型，而是根据不同的能源介质特性，用不同的建模方法来解决具体问题的一组模型的集合，且互相之间又有耦合交互、层次递进的串并联关系。

主生产工序能源输入输出模型由于其与生产品种、产量、工况、原料结构、工艺制度等密切相关，很难用一个统计模型描述。经过研究，可以分析影响能源介质波动的因素，把影响因素分为静态因素、动态因素及本身波动特性，采用基于工况信息的分段建模方法进行模型描述。

揭示物质流和能源流耦合关系的能源模型集之间的内在逻辑关系可以用图4-20来示意。

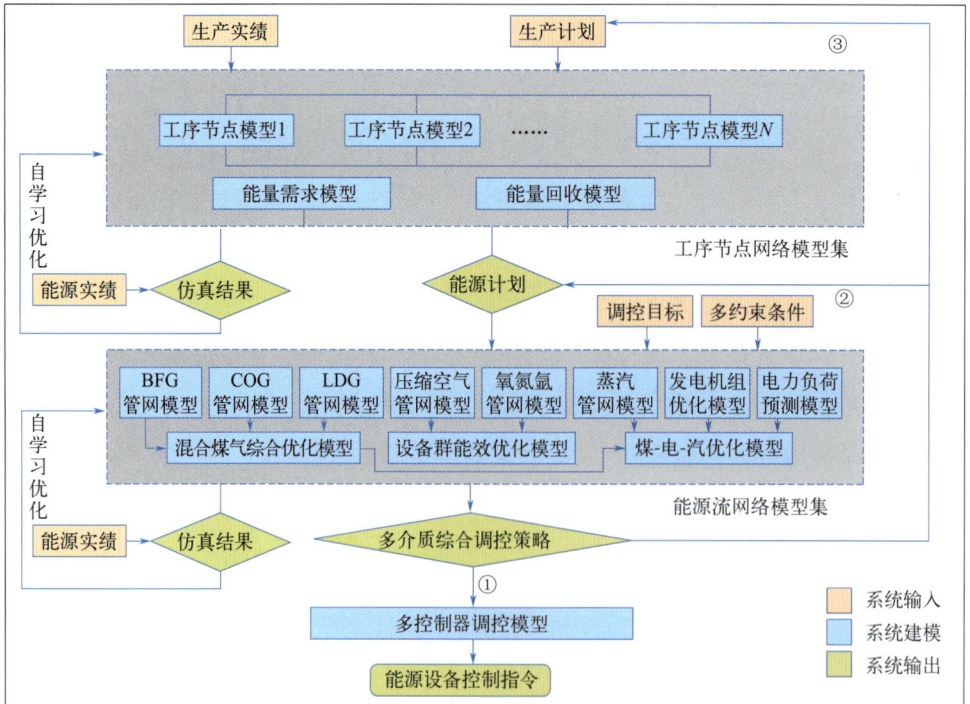

图4-20 物质流和能源流耦合关系的能源模型集之间的内在逻辑关系

4.2.5.1　工序节点网络模型集

以钢铁生产全流程为研究对象，运用数字和模拟仿真技术，开发融合知识学习技术的智能化动态仿真系统。工序节点的输出包括能源和环保（能环）两部分的指标。

① 在铁前、炼钢、钢管、条钢等模块的基础上，构建流程集成模块，对应仿真功能需求构建分析模块与预测模块；

② 在"串-并"网络结构条件下，仿真分析物质流层流、紊流运行时能量流的耗散特性及时空迁移规律；

③ 基于知识学习双驱模型，研究流程网络中关键节点的关键参数在不同的运行模式下（层流、紊流）的变化规律；

④ 开发具有数据处理分析、模型计算、流程运行展示、关键参数调控模式分析及能源潮汐预测等功能的流程动态仿真平台。

以上部分模型作为整体解决方案的可选部分，受现场工艺侧需求影响从而变动较大。

4.2.5.2　能源流网络模型集

能源流网络模型包括单能源介质预测模型、多能源介质混合优化调度模型、设备群能效优化模型、煤-电-汽供能平衡综合优化模型等典型类型。

（1）能源介质的产耗动态预测　基于Elman神经网络等深度学习预测方法，建立多时间尺度能源介质增强预测模型，以不同场景的生产数据、能源数据的信息流为输入样本空间，通过对数据序列的时变特性、随机特性和规律性进行统计分析，实现对用电负荷、煤气柜位、蒸汽以及氧气等能源介质的"长-中-短"窗口期下的产耗动态预测，为实现优化调控提供参考数据。

（2）场景提取及多维度多尺度建模　基于物质流、能量流机理与数据双驱动耦合模型，研究质能动态变化及其相互作用对能耗及能效的影响机理，提取钢铁生产过程中影响能源系统优化运行的生产场景关键因素；采用协同学和可拓学方法建立物质流、能量流的特征信息协同模型，对全流程数据进行信息化解析；利用贝叶斯分析、深度堆栈网络等数据挖掘技术实现场景因素的数据表征。

提取典型场景中的随机性、时变性、非线性、模糊性等特征，采用有限状态机动态建模技术建立生产工况、工序、设备、能源、产品多维度多尺度典型场景模型集。

（3）优化目标体系的构建　综合考虑各生产工序的耗能特点、能源设备的产能曲线、产品的耗能需求等因素，采用系统工程评价法、属性层次分析法、模糊评价法等综合方法，从设备层、工序层、系统层等角度构建多维度能效指标评价体系，建立多场景能源计划优化目标，定量评价系统运行性能的同时为制定能源计划方案提供相应的理论依据和应用指导。

（4）多能源介质优化调度约束建模　以生产计划、工艺路径、设备状况等场景特征为基础，从生产工序能量动态平衡、能源设备产能、能源介质转换动态平衡等角度建立多能源介质优化调度约束模型，通过等式约束、不等式约束、均衡约束相结合的方法实现对实际能源系统计划中的客观约束条件的精准刻画。

（5）知识仓库与调度规则库的构建　采用基于学习的知识提取法和人工领域的知识提取法提取物质流与能源介质的关联知识，形成多维度信息协同的能耗知识仓库。在此基础之上，标注各类调控决策问题的知识关联度，为优化发配电、煤气分配、蒸汽分配以及制氧负荷的调控提供调度规则。

（6）复杂能源系统协同调度优化　结合多场景管网约束，提出基于数据和知识融合的全流程能源介质的优化调度和决策方法，采用基于知识的多目标粒子群优化算法，利用知识库中非支配解的引导，结合递阶协调局部区域寻优以及随机全局寻优策略，形成"日前调度-日内滚动调度-实时调度"多尺度、多场景能源介质综合动态优化调度方案。

4.3　产品智能化关键技术

4.3.1　材料智能设计

人工智能（AI）/机器学习（ML）方法正在改变材料研究的范式，从"试错"转变为数据驱动的方法，从而加速了对钢铁材料性能的研究及钢铁新材料的发现。由于材料的力学性能在很大程度上取决于显微组织中相的分布、形状和尺寸，所以精准识别给定材料的晶体结构对于理解和预测其物理性质非常重要。但是，钢铁材料数据集很少，需要进行大量实验获取，是一项极其耗时耗力的工程，且由专家进行人工识别及标定的数据具有极强的主观性以及不确定性，可能对后续材料性能分析造成一定影响。因此，如何在钢铁材料的研究中应用先进大数据技术与AI技术解决上述问题，成为目前的热点研究问题。

4.3.1.1　大数据与AI在钢铁材料微观结构识别中的应用

近年来，大数据及人工智能技术的快速发展推动了材料科学研究的进程。采用机器学习算法和高通量计算相结合的方式，可定量描述材料成分-工艺-微观组织-性能之间的非线性关系，从而实现材料性能预测，加速材料发现和设计[57-59]。然而，不同成分和工艺会导致材料微观组织的变化，而材料微观组织的差异会影响到材料的强度、硬度、伸长率等性能。以上研究在材料设计时并未考虑各个影响因素对材料微观组织的影响。

对于钢铁材料而言，不同工艺条件下可能形成多种微观组织，如珠光体、铁素体、渗碳体、奥氏体、莱氏体，这给组织的识别提高了难度。此外，在研究中需要对各个组织进行较为精确的分类并对其进行定量分析，采用传统的人工识别可能会需要较多的时间。因此，目前急需寻找新的方法进行微观组织的鉴定工作。Durmaz 和 Müller 等[60]将深度学习和金相图工艺链有机结合并给出了整套工序指导方案，通过研究得知 CNN 方法对复杂微观结构特征判别预测具有可行性，CNN 使决策过程变得更加透明，从而创新性地将 U-Net 和 VGG16 U-Net 迁移应用到分割板条状贝氏体的任务中来，证实了深度学习（deep learning，DL）对复杂相钢铁材料进行组织分析的可行性，同时在复杂相钢板条状贝氏体分割的实验中，达到了与专家分割相媲美的 90% 的精度。针对如何准确识别给定材料晶体结构的问题，文献[61]提出了一种基于贝叶斯深度学习的晶体结构识别（ARISE）方法。该方法对结构噪声具有鲁棒性，可以处理 100 多种晶体结构。虽然 ARISE 方法只对理想结构进行训练，但从合成和实验两方面正确地描述了强扰动的单晶和多晶体系。贝叶斯深度学习模型的概率特性允许获得原则性的不确定度估计，这与电子断层扫描实验中金属纳米粒子的晶体顺序有关。将无监督学习应用到内部神经网络表示中，揭示了晶界和不明显结构区域易于解释的几何属性。针对材料微观结构可能具有复杂的子结构且基于人类专家的材料微观结构分类具有主观性、不确定性的问题，文献[62]提出了一种基于深度学习方法的低碳钢组织分类。文中采用全卷积神经网络（fully convolutional neural network，FCNN）进行像素级分割，并伴有最大投票方案。该系统的分类准确率达到了 93.94%，远超目前最先进的分类准确率 48.89%。该方法除了具有较强的性能外，还为钢材质量评价这一艰巨的任务提供了一种更为有力和客观的方法。Panda 和 Naskar 等[63]开发了一种钢材微观结构图像预处理框架，采用循环一致对抗网络（CycleGAN）和条件对抗网络进行图像到图像的转换（pix2pix），以生成干净/真实图像，实验结果显示，所提出的框架在消除大块噪声方面表现良好。Paul 和 Mukherjee 等[64]提出了使用最少数量树的随机森林分类器，分类器不仅去除了冗余特征，而且动态地改变了森林的大小并在分类精度方面产生了最佳性能。将其应用在双相钢微观结构的相分类问题中，优于其他的对比算法，平均分类错误显著减少，且在工业应用中发挥了巨大潜能。

4.3.1.2　大数据与 AI 在钢铁材料质量缺陷检测中的应用

钢铁材料表面是否存在缺陷，直接决定钢铁材料的质量与等级。目前，针对钢铁材料质量缺陷检测问题，仍存在缺陷类别识别不准确以及位置定位不准确、收集训练数据成本高且耗时长等问题。He 等[65]提出了一种融合多层特征的端到端钢铁材料表面缺陷检测方法，他们设计了多层特征融合网络（MFN），将不同层级特征相融合以提取更多缺陷的位置信息。该方法可以在单个GPU上以20ft/s的速度检测，具有实时检测的潜力。Ren等[66]提出了一种通用的钢铁表面缺陷检测方法，该方法基于图像块的特征构建分类器，通过对训练好的分类器进行卷积运算获取逐像素预测结果，将三种缺陷类型数据集的错误率降低了6%～19%，并将七种缺陷类型识别的准确率提高了2.29%～9.86%。针对电子显微图中纳米级晶体缺陷自动识别的问题，在提供高特征清晰度的高级缺陷成像模式的基础上，文献[67]提出了一种新的卷积神经网络架构——DefectSegNet，该架构能够对结构合金中三种常见的晶体缺陷即位错线、析出相和空洞进行语义分割。利用少量高质量缺陷图像进行监督训练的结果显示，三种缺陷的像素精度分别达到了91.60（±1.77%）、93.39（±1.00%）和98.85（±0.56%）。同时，使用该架构进行缺陷量化预测优于人类专家预测的平均水平，为材料缺陷的快速识别和有统计意义的量化提供了一个有前途的新工作流程。针对如何全面理解钢铁材料的疲劳损伤机制以提升材料使用寿命的关键问题，文献[68]提出了一种基于深度学习的疲劳表面损伤自动定量分析方法。该方法首先通过自动化微观力学实验和数据分析获得大量钢铁材料微观结构数据，然后采用定制的具有输入图像增强管道的U-Net深度学习架构，对铁素体钢、马氏体钢和铜试样的扫描电镜损伤位置图像进行了评估。实验表明，该方法能够精确检测损伤区域的滑移轨迹方向，以及应对特定材料的损伤形态和成像引起的变化，同时该方法对铁素体钢和复合材料域具有较好的泛化性能，这表明将该方法扩展到疲劳损伤之外的场景，也具有较强的可行性。

在钢铁材料缺陷检测方面，Baskaran等[69]则是将图像处理和深度学习算法应用在钢框架结构缺陷检测中。他们提出采用MobileNet网络作为分类器，并采用ImageNet数据集对模型进行预训练，然后采用迁移学习算法将预训练模型迁移到本文算法中，并结合特殊指定的CNN卷积层进行缺陷识别，实现了对缺陷识别高达78%的准确率。与此同时，Liu等[70]针对固定模板引导的图像分解的缺陷检测方法不具有普适性的问题，创新性地开发了一种以自参考模板为指导的基于全变分（TV）的图像分解算法，并对分解进行了优化，将测试图像分解为结构分量和纹理分量，基于新的索引梯度来衡量自参考模板与分解后的纹理组件之间的相似度，实验结果显示该算法可以检测到均匀纹理表面上的各种缺陷，包括杂项缺陷，即使是微小缺陷和低对比度条件，该算法也比最先进的算法的精度、召回率和F-measure都要好。Cheng等[71]提出了一种将差异通道注意力和自适应空间特征融合相结合的深度神经网络DEA_RetinaNet。其中，引入通道注意机制用于减少信息丢失，自适应空间特征融合（ASFF）模块用于有效融合卷积核以提取浅层和深层特征，在损失函数迭代过程中选择差分进化的搜索策略。在钢铁材料表面缺陷数据集（NEU-DET）上的实验结果表明，该网络具有良好的识别性能。Song 等[72]针对带钢表面存在多变的缺陷类型、杂乱的背景、低对比度和噪声干扰等问题，提出了一种基于编码器-解码器残差网络（EDRNet）的检测方法。在编码阶段，使用全卷积神经网络来提取丰富的多级缺陷特征，并融合注意力机制来加速模型的收敛。在解码阶段，交替采用通道加权块（CWB）和残差解码器块（RDB）来整合较浅层的空间特征和深层的语义特征，并逐步恢复预测的空间显著特性，实验结果证明，深度监督的 EDRNet 可以准确地分割具有明确边界的完整缺陷对象，并有效滤除不相关的背景噪声。Yu 等[73]针对带钢类内和类间表面缺陷多样性和复杂性的问题，提出了一种新的深度学习检测架构——通道注意力和全卷积单阶段网络进行双向特征融合的 CABF-FCOS 架构，以实现对钢带快速有效的缺陷检测，实验表明，CABF-FCOS 可以获得令人满意的缺陷检测性能。

4.3.1.3 大数据与 AI 在钢铁材料质量性能预测中的应用

位移及应变测量在钢铁材料的力学性能测试中占有十分重要的地位，由于传统方法如引伸计、纹法、衍射法、网格法、全息干涉法、光弹性法、焦散线法、层析技术及光纤技术等对光源以及实验环境要求较高，因此应用范围受限，无法用于无隔振实验条件下及野外工作环境中。数字图像相关（DIC）方法是一种非接触测试方式，受外界环境干扰小，应用于钢铁材料的拉伸、压缩及疲劳测试等常规力学性能测试中具有重要的现实意义。邹宇明[74]应用 DIC 方法进行应变及位移测试，与引伸计测试结果相比较，采用 DIC 方法测试的结果误差较小，具有较高的稳定性和准确性，且 DIC 方法相对引伸计具有非接触、全场、受外界环境干扰小等优势，可以代替引伸计应用于变形数据的测试。针对为了获得平衡晶体结构通常需要昂贵的密度泛函理论（DFT）计算，从而限制机器学习模型精确预测材料性能的挑战，文献[75]证明了图深度学习能量模型的贝叶斯优化与对称性约束的应用可用于执行晶体结构的"无 DFT"放松，实验表明该方法可以显著提高机器学习模型在形成能量和假设晶体弹性模量预测的准确性，解决了对假设材料进行精确性能预测的关键瓶颈，为加速发现具有特殊性能的新材料铺平了道路。文献[76]针对传统的合金成分设计策略总是从一种主要元素开始，通过添加各种合金元素来定制所需性能，而所设计合金的内在属性仍由主元素主导的问题，制定了一个将机器学习代理模型与实验设计算法相结合的材料设计策略，用来在 Al-Co-Cu-Fe-Ni 系统中寻找最大硬度的高熵合金。使用该方法仅通过七次实验就获得了几种硬度较好的合金，该策略为高性能合金设计提供了一个快速优化多成分系统的理想解决方案。

针对多变量合成方法进行新材料设计过程中出现的方法极复杂且不确定、实验过程耗时长且成本高等问题，文献[77]将机器学习算法应用于指导材料合成，实验结果表明该算法在开始阶段指导材料合成具有很大潜力，揭示了机器学习在加速材料发展方面的可行性和显著能力。针对现有方法将物理特性加入机器学习过程用于材料发现的效果还未得到系统分析和证明，并且没有使用原型合金进行实验验证的问题，文献[78]开发了一种由物理冶金指导的机器学习模型，通过提高数据质量和丰富数据，使机器学习过程在处理小规模数据集时变得更加稳健。该模型被成功应用于先进的超高强度不锈钢设计，设计的原型合金具有更精简的化学成分和更好的力学性能。针对已有 γ' 相强化的 Co 基超级合金未能达到比 Ni 基超级合金在更高温度下使用的预期结果，文献[79]通过采用机器学习和 CALPHAD 方法，成功地设计了一种质量密度低，γ/γ' 相区域极宽，γ' 相液化温度高，且强度高的新型 W-free Co-V-Ta 基合金，实验表明，可以将 Co-V-Ta 基系统作为开发新型 Co 基超级合金的候选材料。针对通过昂贵且耗时的实验或物理理论计算建立全局优化的珠光体钢线抗拉强度模型具有较高的难度，文献[80]提出了一种结合机器学习和多尺度计算的新策略，以构建基于高维度、小规模工业数据集的拉伸强度模型，通过热力学、动力学和有限元计算，将过程空间转换为微观结构空间，然后将其输入机器学习算法，实验表明，梯度提升树和高斯过程模型可以显著提高珠光体钢线抗拉强度的预测精度。

针对当前高强度韧性钛合金设计所面临的挑战，文献[81]通过数据挖掘的方法揭示了组成-结构-性能之间关系的原子和电子洞察力，解决了先进合金设计策略的关键特征和原则。在缺陷工程的指导下，变形断层能量和位错宽度被视为改善延展性的主导标准。文献所提出的屈服强度模型被定量地用于展示固溶强化和晶粒细化硬化的贡献。机器学习与基础知识协作，并反馈到一个新的训练模型中，显示出其优于经验性的 Mo 当量方法。实验结果表明，数据挖掘和机器学习的整合不仅会产生合理的解释，解决新的假设，还能以更有效和更具有成本效益的方式设计出韧性更强和延展性更高的 Ti 合金。针对马氏体相变过程中的转变热滞后和温度范围大导致形状记忆合金（SMA）在固态驱动中的应用存在效率低下和功能不稳定的障碍，文献[82]提出了一种人工智能框架，成功地用于识别 SMA 化学成分和相关的热机械加工步骤，从而在外加应力下产生狭窄的转化滞后和转化范围。利用这一框架，在不依赖后续实验探索性分析的情况下，预测并确认了一种 SMA 成分，即 Ni32Ti47Cu21，其具有迄今为止 Ni-Ti 基 SMA 在应力下实现的最窄的热滞后和转化范围。此外，该合金还显示出良好的循环稳定性和启动应变能力。该框架和数据集还可以扩展到设计具有其他目标功能的新型 SMA。针对由于缺乏合成新类晶体材料的明确指导原则，导致发现新类晶体材料的速度有所下降的问题，文献[83]提出了一种通过简单的机器学习工作流程来加速新类晶体材料发现的方法。利用已知的稳定准晶体、近似晶体和普通晶体的化学成分列表，训练了一个预测模型来解决三类分类任务，并评估了其与观察到的三元铝系统相图相比的预测能力。验证实验有力地支持了机器学习卓越的预测能力。此外，该方法通过分析模型中的输入 - 输出关系黑匣子，确定了可用于人为解释和描述稳定准晶体形成所需条件的非简单经验方程。

4.3.1.4　中小数据与AI在钢铁材料图像解析中的应用

科学文献中包含大量经过同行评议的高质量、可靠的数据，针对利用专家知识从文献中提取数据的方式具有极其耗时和劳动密集的问题，文献[84]提出了一种自动化的自然语言处理（natural language processing，NLP）提取方法。该方法针对小语料库，开发了一种基于规则的命名实体识别方法（named entity recognition，NER）和一种不需要标注样本的启发式文本多关系抽取距离算法。此外，还开发了一个通用的表解析和关系提取算法，以满足表处理的需要。实验表明，该方法对合金命名实体的F1评分达到92.07%，远高于双向长短期记忆（BiLSTM-CRF）模型和ChemDataExtractor工具的42.91%和24.86%。γ相液化温度下文本关系提取的F1评分为79.37%，高于著名的Snowball半监督算法和改进的Snowball半监督算法分别获得的33.21%和43.28%。通过该文献所提方法，不仅提升了数据库的准确性，而且为开发高温合金提供了宝贵的资源。

针对实验数据缺乏，材料显微图像标注耗时长的困难，文献[85]开发了一种新的迁移学习策略来解决材料数据挖掘中数据不足的问题。该策略基于迁移学习理论实现了实验数据与模拟/计算数据的融合，并在数据挖掘过程中对训练数据进行了扩充。针对晶粒实例图像分割的特定任务，将模拟晶粒物理机理得到的图像数据与真实图像进行信息融合，生成合成数据。结果表明，利用所获得的合成数据训练的模型，在只有35%的真实数据的情况下，可以达到与真实数据训练的模型具有同等竞争力的分割性能。由于进行晶粒模拟和生成合成数据所需的时间与获取真实数据的时间相比可以忽略不计，因此该策略能够在不需要显著增加训练数据准备实验的负担情况下，充分发挥出深度学习强大的预测能力。针对微观材料数据效率低和跨数据集通用性差，通过专家注释数据费用高和材料多样性存在的内在冲突问题，文献[86]提出了一种子类的迁移学习方法即无监督自适应（unsupervised domain adaptation，UDA）。UDA解决了在提供带注释的源数据和未带注释的目标数据时寻找领域不变特性的任务，这样后者性能就得到了优化。以复杂相钢显微组织为例，研究了板条贝氏体的分割问题，桥接区域被选为不同的金相试样制备和不同的成像方式。结果显示，文献提出的UDA方法实质上促进了研究域之间的转移，强调了这种技术在处理材料差异方面的潜力。针对监督学习算法识别材料微观结构存在需要大量标签图像数据集的困难，文献[87]提出基于卷积神经网络（convolutional neural network，CNN）的无监督机器学习技术和一种简单线性迭代聚类（simple linear iterative clustering，SLIC）超像素算法，用于不需要标记图像数据集的低碳钢微观结构分割任务中。通过在不同分辨率下拍摄不同模式的钢组织光学显微图像，验证了该方法的有效性。针对深度神经网络（deep neural network，DNN）估算高强度钢的相体积分数时需要足够数量的训练数据的问题，文献[88]提出了一种不需要任何手动标记的无监督学习DNN方法。利用信息最大化生成对抗网络（information maximizing generative adversarial network，InfoGAN）学习各个阶段潜在的概率分布，生成具有类别标签的真实样本点。然后，将生成的数据用于训练多层感知分类器，该分类器反过来预测原始数据集的标签。结果表明，该方法的平均相对误差最大为4.53%，最小为0.73%，所估计的相体积分数与真实相体积分数非常接近，在工业界和学术界都具有很高的可行性。

4.3.2　全流程质量管控

目前我国钢铁产量位居世界第一，但是相对其他"钢铁强国"仍有一定差距。根据调研，各钢铁企业生产线装备差异已经不大，差距主要体现在钢铁生产管理软实力方面，其中质量管控能力直接决定了钢铁产品的质量水平和钢铁企业的市场竞争力。当今，面对下游汽车和家电等高端钢材消费行业的多样化定制需求，必然要求钢铁企业提供更优质、更稳定的产品。但是，我国钢铁工业的质量管理普遍存在管理分段、数据分散、事后管理等问题，钢铁工业数据资产未能转化为有效价值。工业互联网时代，要利用好钢铁生产中海量的过程数据，并从中总结规律，形成有效数据资产，最终将钢铁生产与数据资产有机结合，形成数字钢铁生态圈，最终达到钢铁生产质量水平、生产效率、物流交付、成本管控、用户服务等多方面能力同步提高的目的。

4.3.2.1　全流程质量管控的实现方案

数字化时代，采用工业互联网云边端架构，基于工业大数据技术，为钢铁企业提供了一个以客户为导向，以全流程贯通为主线，以数据挖掘技术为基础，面向全体系质量人员使用的、从用户需求识别到用户使用的质量一贯管控平台，从而帮助企业实现质量管理从结果向过程、从定性向定量、从点线向全面、从人工向自动、从事后向预防的转变，可以显著提升企业管理水平和效率，加速知识积累传承，有力支撑提升产品质量。系统功能按照如下云边端分层部署。

（1）边缘端：实现数据采集及数据对齐

① 高频工艺过程数据及低频过程管理数据采集：结合现场的实际情况，采集炼钢、热轧和冷轧等的高频工艺过程数据、低频过程管理数据。在边缘计算节点进行本机组数据长度对齐。

② 表检仪缺陷数据采集：将热轧和冷轧表检仪的缺陷结构化数据上传至大数据中心，并提供对图片数据的访问功能。

③ 生产管理数据采集：以ETL方式从制造管理系统采集生产管理数据。

（2）云端构建数据模型 构建大数据中心，实现产品质量相关数据的统一接入、处理，构建全链路、全要素的产品质量相关数据模型，形成质量相关数据的全要素、透明化、共享化平台，包括：

① 数据接入 从各边缘数据节点、表检仪、检化验、L2、L3、L4等系统中，通过批量抽取、实时发送、日志同步、云边集成等各种模式将数据统一汇聚到大数据中心。

② 数据建模 按照产品一贯质量管控要求，对管理数据、高频工艺过程数据和缺陷图片数据等进行整合、跨工序串接对齐，构建统一的产品质量相关数据模型，满足质量在线检测应用和分析应用的需求。

（3）云端构建质量管控工具

① 数据应用工具 利用大数据中心的数据模型，提供数据分析工具，使业务人员可以自主分析数据、展示数据。

② 事前的质量预分析 在生产前，通过分析历史数据，得出需要对哪些生产过程控制参数进行调整，以规避可能发生的质量缺陷或者事故。

③ 事中的质量过程管控 如在生产过程中，利用采集的高频工艺过程数据对钢卷全长进行监控、判定和处置，避免缺陷流入下一工序，实现精细化的判定，提高成材率。

④ 事后的质量智能分析 生产后，对生产过程中产生的缺陷进行快速诊断、缺陷根因追溯等，以达到快速确定产生缺陷的影响因素，帮助技术人员确定整改措施，避免缺陷的再次产生。

4.3.2.2 核心关键技术

（1）满足多种应用场景的数据建模技术 对于质量管理和分析所用的数据，主要用于应对快速变化的管理需求所需要的质量指标分析。为了解决日常遇到的质量问题，需要将多个工序的数据进行时空转换、串接、空间还原对齐。为了对高频工艺过程数据进行大数据分析和监控、判定，需要提取高频工艺过程数据的特征值。数据建模技术包括统一设计指标数据模型、特征值数据模型、多工序串接对齐数据模型，用以帮助业务人员轻松应对海量数据的存储、计算、分析挖掘等。

（2）提高数据分析效率的数据分析技术　由于质量管理要求的提高，质量技术人员在数据分析、编制各类质量报表和报告等方面所花的时间越来越多，而且编制的报表和报告经常需要快速调整才能满足管理的要求。在本方案中，结合质量技术人员日常的数据分析习惯，以数据中台数据模型为基础，集成可视化技术、数据统计算法，构建低代码化、灵活扩展的数据分析工具，供质量技术人员自主实现数据、指标分析和报表、报告编制，极大地提高了质量技术人员日常查找数据、分析数据的效率。

（3）可供技术人员自助设定规则、基于动态语言的规则引擎技术　随着现场采集数据的增多和质量管理越来越精细化，质量管理会比较频繁地提出新的监控和判定等规则，而且技术人员希望自主设定规则、调试规则。本方案提供了基于动态语言的规则决策技术，面向技术、质量、质检多业务角色，技术人员可自主配置规则、测试规则和上线规则。设定的规则可应用于表面缺陷判定、工序预警监控、判定处置等多种场景。

（4）融合了丰富业务知识的判定及自动处置技术　利用技术人员设定的规则，与生产系统建立通信规约，实现炼钢铸片判定、板坯多维度自动判定及处置、炉次自动判定及处置、热轧产出工艺及曲线判定、热轧厚度曲线振荡剪切处置、冷轧产出自动判定及处置、产品全流程判定等。

（5）基于大数据分析技术的质量缺陷根因分析技术　由于钢铁质量缺陷根因分析具有缺陷种类多、数据多源异构等特点，其影响因素具备多维度、非线性和工序遗传性等特点，导致质量技术人员在追溯质量缺陷根因时分析周期长且准确率不稳定。针对此情形，基于数据建模技术实现质量缺陷数据全流程串接、对齐与分类，并利用大数据分析算法，如决策树、Lightgbm等，建立质量缺陷根因分析模型，以供质量技术人员便捷获取质量缺陷相关全流程各类数据，利用模型自动分析缺陷根因，提高分析的效率和准确性。

（6）基于AI技术提升表检能力的技术　在精益化、智能化生产要求的驱动下，传统的表面检测技术受限于传统分析技术的能力，已逐渐到达其极限。随着基于深度学习的AI技术的发展，通过收集大量缺陷样本数据，使用基于各种分类和检测算法的智能化模型，以提升表检缺陷分类及检测的准确性，已逐渐成为今后智能检测的一种趋势。本方案中，通过提供基于云平台的、易于使用的、低代码化的并集成了可视化技术的AI训练和推理平台，不仅降低了对使用者的技术要求，也充分挖掘了企业已有的存量表面数据资产的价值，既能满足对分类准确率提升的需要，又能达到缺陷检测中对于效率的要求，为后续应用提供了高质量的基础数据。

（7）数据时空匹配对齐技术　钢铁产品在生产过程中的各类过程数据是质量分析、问题追溯、效率对标的重要依据。但传统的数据采集都是以时间为基准，如某个时间或时间段的温度值、轧制力值等。而产品质量分析和问题追溯需要以具体某段实物为对象，如带钢的某个位置有缺陷，则同步该位置的温度是多少、轧制力是多少等，时间序列的数据就必须转换成与物料长度相匹配的空间维度的数据，这是质量分析的前提。将传统的以时间为基准的高频工艺过程数据采集后，根据产线的物理结构，结合物料生产过程中的移动和形变，建立相应的数据模型，将其准确地落位到物料（板坯/钢卷）的长度位置，如实现产品过程数据时间/空间的转换，为后续的质量分析、数据挖掘等应用奠定基础。

4.3.2.3　目前存在的问题及发展方向

（1）存在的问题　目前在全流程质量管控方面，已经找到了提升方向，也掌握了相关的关键技术，但是仍然存在以下一些问题。

① 数据采集的问题　外商开发的设备或者系统具有较强的封闭性，需要外商的配合才能将数据采集出来；一些陈旧设备的数据采集也比较困难。

② 数据采集的稳定性和数据质量的问题　由于采集的数据比较多，经常会发生数据采集不稳定、丢数据和漏数据的情况，降低了数据质量。

③ 缺陷根因分析技术有待提高　快速确定缺陷产生的根因的研究成果不多，效果有待提高。

④ 自主的数据分析技术有待提高　技术人员分析问题离不开数据，需要有灵活、高效的数据分析工具，同时还要有较好的数据模型，才能快速分析数据。但是，数据分析工具和数据模型的结合有待提高。

（2）未来的发展方向　提高数据采集能力，快速采集更多设备和系统的数据，并且能实现数据的时空转换。目前，数据采集还需要铺设网络，数据采集的周期较长，未来可以借助5G实现无线的数据采集。

目前由于大数据分析刚刚起步，很多情况下数据质量不高制约了AI技术的应用。未来，随着大数据技术和AI技术的广泛应用，高质量的数据会越来越多，完全可以采用AI技术进行大数据分析，降低对机理模型的依赖。

全流程质量管控向用户端延伸，可以收集全面的用户端的使用数据，使全流程管控更加精准。

参考文献

[1] 王奕, 黄港明, 姜玉河. 基于工业互联网的钢铁企业智慧物流架构研究与实践[J]. 冶金自动化, 2021, 45(06): 1-7+29.

[2] Lu B, Tang K, Chen D M, et al. An all-factors analysis approach on energy consumption for the blast furnace iron making process in iron and steel industry[J]. Processes, 2019, 7(9): 607.

[3] Miriyala S S, Mitra K. Multi-objective optimization of iron ore induration process using optimal neural networks[J]. Materials and Manufacturing Processes, 2020, 35(5): 537-544.

[4] Zhang Q, Yin Y, Yang Y, et al. A novel analysis of furnace condition based on biclustering[C]. Proceedings of the 37th Chinese Control Conference, 2018: 8267-8282.

[5] 陈帅, 王安军, 廖利辉, 等. KR脱硫自动控制系统的应用[J]. 钢铁研究, 2013, 4(3): 45-49.

[6] He X, Ji J, Liu K, et al. Soft sensing of silicon content via bagging local semi-supervised models[J]. Sensors, 2019, 19(17): 3814-3824.

[7] Nurkkala A, Pettersson F, Saxén H. Nonlinear modeling method applied to prediction of hot metal silicon in the ironmaking blast furnace[C]. Industrial & Engineering Chemistry Research, 2011, 50(15): 9236-9248.

[8] Fontes D O L, Vasconcelos L G S, Brito R P. Blast furnace hot metal temperature and silicon content prediction using soft sensor based on fuzzy C-means and exogenous nonlinear autoregressive models[J]. Computers and Chemical Engineering, 2020, 141: 107028.

[9] Zhou P, Jiang Y, Wen C, et al. Data modeling for quality prediction using improved orthogonal incremental random vector functional-link networks[J]. Neurocomputing, 2019, 365(6): 1-9.

[10] Zhang X M, Kano M, Matsuzaki S. Ensemble pattern trees for predicting hot metal temperature in blast furnace[J]. Computers and Chemical Engineering, 2019, 121: 442-449.

[11] Ji J, Sun Y, Kong F, et al. A construction approach to prediction intervals based on bootstrap and deep belief network[J]. IEEE Access, 2019, 7: 124185-124195.

[12] Hu K, Hu Q, Liu G, et al. Prediction model of blast furnace molten iron temperature based on GRA-DE-KELM[C]. IOP Conference Series Materials Science and Engineering, 2019, 631(2): 505-511.

[13] Zhang H, Zhang S, Yin X, et al. Prediction of the hot metal silicon content in blast furnace based on extreme learning machine[J]. International Journal of Machine Learning and Cybernetics, 2017, 9(10): 1697-1706.

[14] 朱荣, 吴学涛, 魏光升, 等. 电弧炉炼钢绿色及智能化技术进展[J]. 钢铁, 2017, 85-96.

[15] Qian Q, Fang X, Xu J, et al. Multichannel profile-based monitoring method and its application in the basic oxygen furnace steelmaking process[J]. Journal of Manufacturing Systems, 2021, 61: 375-390.

[16] Deng A, Xia Y, Dong H, et al. Prediction of re-oxidation behaviour of ultra-low carbon steel by different slag series[J]. Scientific Reports, 2020, 10(1): 9423.

[17] 高茗. 炼钢工艺废钢熔化过程基础研究[D]. 北京: 北京科技大学, 2021.

[18] 吕延春. "留渣+双渣"转炉炼钢工艺高效脱磷技术研究[D]. 北京: 北京科技大学, 2019.

[19] Feng L, Zhao C, Li Y, et al. Multichannel diffusion graph convolutional network for the prediction of endpoint composition in the converter steelmaking process[J]. IEEE Transactions on Instrumentation and Measurement, 2021, 70: 1-13.

[20] Jiang S, Shen X, Zheng Z. Gaussian process-based hybrid model for predicting oxygen consumption in the converter steelmaking process[J]. Processes, 2019, 7(6): 352.

[21] He F, Zhang L. Prediction model of end-point phosphorus content in BOF steelmaking process based on PCA and BP neural network[J]. Journal of Process Control, 2018, 66: 51-58.

[22] Han Y, Zhang C, Wang L, et al. Industrial IoT for intelligent steelmaking with converter mouth flame spectrum information processed by deep learning[J]. IEEE Transactions on Industrial Informatics, 2019, 16(4): 2640-2650.

[23] De Menezes R P, Salarolli P F, Batista L G, et al. Slopping index for LD converters based on sound and image data fusion by fuzzy Kalman filter[J]. Ironmaking & Steelmaking, 2022, 49(2): 178-188.

[24] Zhou M, Zhao Q, Chen Y. Endpoint prediction of BOF by flame spectrum and furnace mouth image based on fuzzy support vector machine[J]. Optik, 2019, 178: 575-581.

[25] 牛兴明，费鹏，赵雷，等. 鞍钢260t转炉自动化炼钢开发与应用[J]. 鞍钢技术，2016(3): 41-46.

[26] 门志刚. 全新智能化自动炼钢技术在宣钢的应用[J]. 金属材料与冶金工程，2017, 45(2): 33-44.

[27] Sun J, Deng J, Peng W, et al. Strip crown prediction in hot rolling process using random forest[J]. International Journal of Precision Engineering and Manufacturing, 2021, 22(2): 301-311.

[28] Li X, Luan F, Wu Y. A comparative assessment of six machine learning models for prediction of bending force in hot strip rolling process[J]. Metals, 2020, 10(5): 685.

[29] Zhao J, Wang X, Yang Q, et al. High precision shape model and presetting strategy for strip hot rolling[J]. Journal of Materials Processing Technology, 2019, 265: 99-111.

[30] Wang Z, Ma G, Gong D, et al. Application of mind evolutionary algorithm and artificial neural networks for prediction of profile and flatness in hot strip rolling process[J]. Neural Processing Letters, 2019, 50(3): 2455-2479.

[31] Deng J, Sun J, Peng W, et al. Application of neural networks for predicting hot-rolled strip crown[J]. Applied Soft Computing, 2019, 78: 119-131.

[32] Xu Z, Liu X, Zhang K. Mechanical properties prediction for hot rolled alloy steel using convolutional neural network[J]. IEEE Access, 2019, 7: 47068-47078.

[33] Li X, Zhou X, Cao G, et al. Machine learning hot deformation behavior of Nb micro-alloyed steels and its extrapolation to dynamic recrystallization kinetics[J]. Metallurgical and Materials Transactions A, 2021, 52: 3171-3181.

[34] Luo Q, Fang X, Sun Y, et al. Surface defect classification for hot-rolled steel strips by selectively dominant local binary patterns[J]. IEEE Access, 2019, 7: 23488-23499.

[35] He D, Xu K, Zhou P. Defect detection of hot rolled steels with a new object detection framework called classification priority network[J]. Computers & Industrial Engineering, 2019, 128: 290-297.

[36] He D, Xu K, Wang D. Design of multi-scale receptive field convolutional neural network for surface inspection of hot rolled steels[J]. Image and Vision Computing, 2019, 89: 12-20.

[37] Cui C, Wang H, Gao X, et al. Machine learning model for thickness evolution of oxide scale during hot strip rolling of steels[J]. Metallurgical and Materials Transactions A, 2021, 52(9): 4112-4124.

[38] 高雷，王彦辉，郭立伟，等. 基于数据挖掘的冷轧轧制力优化方法研究[J]. 冶金自动化，2016, 40(6): 35-39.

[39] 曲秀娟. 基于MES的冷轧退火工艺动态质量设计[J]. 冶金自动化，2020, 44(2): 6-9.

[40] 胡韬，张卫，陈丹，等. 过程质量管控技术在冷轧轧制力优化中的应用[J]. 轧钢，2021, 38(4): 80-83.

[41] 赵志伟. 基于反向学习的差分进化算法的冷轧负荷分配[J]. 计量学报，2017, 38(4): 453-458.

[42] 宋君，任廷志，王奎越，等. 基于CF-PSO-SVM的冷连轧非稳态工作辊弯辊模型优化[J]. 钢铁，2021, 56(11): 78-86.

[43] Wang P, Jin S, Li X, et al. Optimization and prediction model of flatness actuator efficiency in cold rolling process based on process data[J]. Steel Research International, 2022, 93(1): 2100314-2100326.

[44] Yang J, Cai J, Sun W, et al. Optimization and scheduling of byproduct gas system in steel plant[J]. Journal of Iron and Steel Res. Int, 2015, 22(5): 408-413.

[45] Sun W, Cai J, Song J. Plant-wide supply-demand forecast and optimization of byproduct gas system in steel plant[J]. Journal of Iron and Steel Res. Int, 2013, 20(9): 1-7.

[46] Yang J, Cai J, Sun W, et al. Optimal allocation of surplus gas and suitable capacity for buffer users in steel plant[J]. Applied Thermal Engineering, 2017,115: 586-596.

[47] 赵祖明. 钢铁企业副产煤气系统运行优化研究[D]. 济南：山东大学，2015.

[48] Han Z, Zhao J, Wang W, et al. A two-stage method for predicting and scheduling energy in an oxygen/nitrogen system of the steel industry[J]. Control Engineering Practice, 2016, 52: 35-45.

[49] Kong H. A green mixed integer linear programming model for optimization of byproduct gases in iron and steel

industry[J]. Journal of Iron and Steel Res. Int, 2015, 22(8): 681-685.

[50] Dutta G, Sinha G P, Roy P N, et al. A linear programming model for distribution of electrical energy in a steel plant[J]. International Transactions in Operational Research, 1994, 1(1): 17-29.

[51] Zhao X, Bai H, Shi Q, et al. Optimal scheduling of a byproduct gas system in a steel plant considering time-of-use electricity pricing[J]. Applied Energy, 2017, 195: 100-113.

[52] Zhao X, Bai H, Lu X, et al. A MILP model concerning the optimisation of penalty factors for the short-term distribution of byproduct gases produced in the iron and steel making process[J]. Applied Energy, 2015, 148:142-158.

[53] 施琦，赵贤聪，白皓，等. 钢铁企业副产煤气短周期优化调度模型 [J]. 钢铁，2016, 51(8): 81-89.

[54] 曾玉娇，孙彦广. 钢铁企业蒸汽 - 电力系统多时段优化调度 [C]// 第25届中国过程控制会议论文集，2014.

[55] 曾亮，梁小兵，欧燕，等. 钢铁企业煤气 - 蒸汽 - 电力等多介质多周期混合优化调度模型及算法 [C]//2014 年全国冶金能源环保生产技术会论文集，2014: 252-267.

[56] 张琦，提威，杜涛，等. 钢铁企业富余煤气 - 蒸汽 - 电力耦合模型及其应用 [J]. 化工学报，2011, 62(3): 753-758.

[57] 江文德. 钢铁企业能源动态平衡和优化调度问题研究和系统设计 [D]. 杭州：浙江大学，2006.

[58] Jackson J R. Simulation research on job shop production[J]. Naval Research Logistics Quarterly, 1957, 4(4):287-295.

[59] Noronha S J, Sarma V V S. Knowledge-based approaches for scheduling problems: A survey[J]. IEEE Transactions on Knowledge and Data Engineering, 1991,3(2):160-171.

[60] Nosengo N. Can artificial intelligence create the next wonder material?[J]. Nature, 2016, 533(7601):22-25.

[61] Durmaz A R, Müller M, Lei B, et al. A deep learning approach for complex microstructure inference[J]. Nature Communications, 2021, 12(1): 1-15.

[62] Leitherer A, Ziletti A, Ghiringhelli L M. Robust recognition and exploratory analysis of crystal structures via Bayesian deep learning[J]. Nature Communications, 2021, 12(1): 1-13.

[63] Azimi S M, Britz D, Engstler M, et al. Advanced steel microstructural classification by deep learning methods[J]. Scientific Reports, 2018, 8(1): 1-14.

[64] Panda A, Naskar R, Pal S. Generative adversarial networks for noise removal in plain carbon steel microstructure images[J]. IEEE Sensors Letters, 2022, 6(3): 1-4.

[65] Paul A, Mukherjee D P, Das P, et al. Improved random forest for classification[J]. IEEE Transactions on Image Processing, 2018, 27(8): 4012-4024.

[66] He Y, Song K, Meng Q, et al. An end-to-end steel surface defect detection approach via fusing multiple hierarchical features[J]. IEEE Transactions on Instrumentation and Measurement, 2020, 69(4): 1493-1504.

[67] Ren R, Hung T, Tan K C. A generic deep-learning-based approach for automated surface inspection[J]. IEEE Transactions on Cybernetics, 2018, 48(3): 929-940.

[68] Roberts G, Haile S Y, Sainju R, et al. Deep learning for semantic segmentation of defects in advanced STEM images of steels[J]. Scientific Reports, 2019, 9(1): 1-12.

[69] Thomas A, Durmaz A R, Straub T, et al. Automated quantitative analyses of fatigue-induced surface damage by deep learning[J]. Materials, 2020, 13(15): 3298.

[70] Baskaran R, Fernando P. Steel frame structure defect detection using image processing and artificial intelligence[C]. 2021 International Conference on Smart Generation Computing, Communication and Networking (SMART GENCON), 2021, 1-6.

[71] Liu K, Luo N, Li A, et al. A new self-reference image decomposition algorithm for strip steel surface defect detection[J]. IEEE Transactions on Instrumentation and Measurement, 2020, 69(7): 4732-4741.

[72] Cheng X, Yu J. RetinaNet with difference channel attention and adaptively spatial feature fusion for steel surface defect detection[J]. IEEE Transactions on Instrumentation and Measurement, 2021, 70: 1-11.

[73] Song G, Song K, Yan Y. EDRNet: Encoder-decoder residual network for salient object detection of strip steel surface defects[J]. IEEE Transactions on Instrumentation and Measurement, 2020, 69(12): 9709-9719.

[74] Yu J, Cheng X, Li Q. Surface defect detection of steel strips based on anchor-free network with channel attention and bidirectional feature fusion[J]. IEEE Transactions on Instrumentation and Measurement, 2021, 71: 1-10.

[75] 邹宇明. 数字图像相关（DIC）方法在钢铁材料力学性能测试中的应用研究[D]. 北京：钢铁研究总院, 2017.

[76] Zuo Y, Qin M, Chen C, et al. Accelerating materials discovery with Bayesian optimization and graph deep learning[J]. Materials Today, 2021, 51: 126-135.

[77] Wen C, Zhang Y, Wang C, et al. Machine learning assisted design of high entropy alloys with desired property[J]. Acta Materialia, 2019, 170: 109-117.

[78] Tang B, Lu Y, Zhou J, et al. Machine learning-guided synthesis of advanced inorganic materials[J]. Materials Today, 2020, 41: 72-80.

[79] Shen C, Wang C, Wei X, et al. Physical metallurgy-guided machine learning and artificial intelligent design of ultrahigh-strength stainless steel[J]. Acta Materialia, 2019, 179: 201-214.

[80] Ruan J, Xu W, Yang T, et al. Accelerated design of novel W-free high-strength Co-base superalloys with extremely wide γ/γ' region by machine learning and CALPHAD methods[J]. Acta Materialia, 2020, 186: 425-433.

[81] Jiang X, Jia B, Zhang G, et al. A strategy combining machine learning and multiscale calculation to predict tensile strength for pearlitic steel wires with industrial data[J]. Scripta Materialia, 2020, 186: 272-277.

[82] Zou C, Li J, Wang W, et al. Integrating data mining and machine learning to discover high-strength ductile titanium alloys[J]. Acta Materialia, 2021, 202: 211-221.

[83] Trehern W, Ortiz-Ayala R, Atli K C, et al. Data-driven shape memory alloy discovery using Artificial Intelligence Materials Selection (AIMS) framework[J]. Acta Materialia, 2022, 228: 117751.

[84] Liu C, Fujita E, Katsura Y, et al. Machine learning to predict quasicrystals from chemical compositions[J]. Advanced Materials, 2021, 33(36): 2170284.

[85] Wang W, Jiang X, Tian S, et al. Automated pipeline for superalloy data by text mining[J]. npj Computational Materials, 2022(1): 58-69.

[86] Ma B, Wei X, Liu C, et al. Data augmentation in microscopic images for material data mining[J]. npj Computational Materials, 2020(1): 601-609.

[87] Goetz A, Durmaz A, Müller M, et al. Addressing materials' microstructure diversity using transfer learning[J]. npj Computational Materials, 2021, 8(1): 1-13.

[88] Kim H, Inoue J, Kasuya T. Unsupervised microstructure segmentation by mimicking metallurgists' approach to pattern recognition[J]. Scientific Reports, 2021, 11: 1-11.

[89] Kim S W, Kang S, Kim S, et al. Estimating the phase volume fraction of multi-phase steel via unsupervised deep learning[J]. Scientific Reports, 2021, 11(1): 1-14.

大数据和人工智能驱动的先进钢铁材料制造技术

Big Data and AI-Driven
Manufacturing Technologies for
Advanced Steels

第5章　国内外典型钢铁企业智能制造案例剖析

　　从"经验炼钢"到"数据炼钢"，从"黑灯工厂"到"智慧生态"，全球钢铁巨擘正以前所未有的速度迈入智能制造深水区。本章荟萃中国宝武"1+N"数据云、浦项AI热轧中心、安赛乐米塔尔数字孪生、塔塔AR远程维护等20余家标杆实践，全景呈现"云-边-端"架构、机器人集群、能源协同、质量闭环等关键技术如何重塑钢铁价值链。通过剖析其顶层规划、平台路径与场景落地，旨在为行业提供可复制、可推广、可持续的转型范式，助力钢铁制造在效率、质量与绿色之间达成新的平衡。

5.1   国内典型钢铁企业

5.1.1   中国宝武

中国宝武的钢铁生态圈是一个包含国家、社会、行业、伙伴、客户和员工等多层面利益相关方共建共治共享的高质量产业命运共同体。其是以"一基五元"战略业务组合为骨架，以工业互联网、大数据、人工智能等现代信息技术为支撑，以制造为基础，交易、物流、金融等功能协同配套，覆盖供应、制造、服务等三个主要环节，是通过推进主动型战略合作和资本运作，整合连接外部资源而构建的产业链集群生态系统。

中国宝武在数智化转型道路上不断持续探索和实践。2019年，其开创性地提出以"四个一律"为牵引的"智慧制造1.0"，即"操作室一律集中、操作岗位一律机器人、设备运维一律远程、服务一律上线"，通过"四个一律"提升现场的自动化、数字化、网络化的水平，是智慧制造迈向智能化阶段的基础。

2021年，中国宝武进一步提出要大力推进跨产业、跨空间、跨界面的"三跨融合"，打造"智慧制造2.0"，打破边界，融合互通，推进管理变革和流程再造，实现极致高效的协同。

5.1.1.1   中国宝武工业互联网架构体系

（1）中国宝武工业互联网顶层架构   基于对中国宝武的产业布局多元性和产业特征差异性的分析，充分考虑钢铁工业特点以及对集团内乃至业界具有普适性，中国宝武工业互联网顶层架构如图5-1所示。

"端"指设备端，多为嵌入式个性化专用平台，通常由设备供应商提供。中国宝武工业互联网的一个重要特性是自主打造了一系列的智能设备。

"边"指边缘平台，提供边缘层数据采集、处理和部分价值实现的支撑功能，聚焦数据的实时性，并支持边缘智能化的实现。中国宝武工业互联网的另一个重要特性是对工业现场实现了闭环控制。

"云"是一个规模更大、功能更全、复杂度更高的体系，讲求开发运维一体化（DevOps），不仅提供全样本、全要素的在线/离线数据分析，还提供知识发现、封装和调用的系统环境，基于工业数据生态，支撑传统管理业务的优化和运行，支撑生态圈层级的数据交互和流程集成，为企业提供全生命周期的服务。

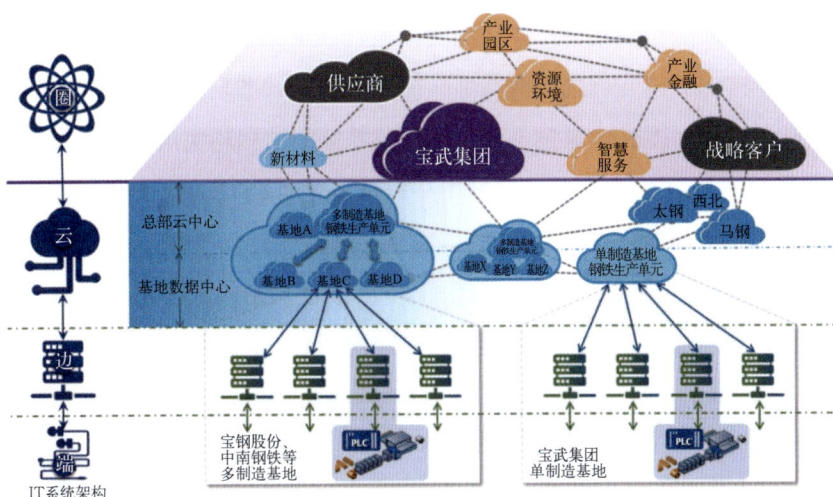

图5-1 中国宝武工业互联网顶层架构

云、边、端的架构更加扁平化，核心是数据。以数据为核心，着眼于提高数据流动和使用的效率，充分发挥平台工业数据管理、工业知识建模、数据价值分析和工业应用创新的优势，高效灵活地满足企业所有智能化需求。

（2）中国宝武工业互联网平台　中国宝武工业互联网平台xIn³Plat，构筑了云边协同工业PaaS、AI中台、大数据5S套件等核心技术底座，集聚设备、技术、数据、模型、知识等资源，推动形成数据驱动、软件定义、平台支撑、服务增值、智能主导的新型制造体系，助力制造业数智化转型和高质量发展。

xIn³Plat以集租户隔离架构（Multi-Tenant）、统分结合架构（Master-Slave）、多边入云架构（Multi-Edge）三者于一体的3M架构，支撑平台在集团的"1+N"部署模式，支持各业务主体之间的互通融合，提供各类技术组件以满足数据融合、界面融合以及移动操作等需求，提供多种数据组件以满足数据应用的要求，全方位支持中国宝武的"三跨"融合工作。

平台提供SCADA、工业设备接入、协议解析、通用基础、业务中台服务、开发框架等技术组件，还提供过程控制、工艺模型、工艺智能、人工智能中台服务、工业模型算法知识库等数据组件，是各类智慧化应用开发的基础。

（3）中国宝武1+N大数据中心　基于工业互联网实施架构，按照"逻辑上一个大数据中心"的定位，中国宝武建设了"1+N"统分结合、分级管控的大数据中心。集团和各子公司基于统一大数据建设与管理规范，统分结合、共建共享、分级管控"1+N"个大数据中心节点，共同构成了逻辑上统一的中国宝武大数据中心。

"1"为集团公司统一建设的大数据中心节点，承担"宝武数典"管理和"1+N"各大数据中心节点上数据标准和资产目录的逻辑汇聚，保障集团公司全域全级次数据资产的有序共享服务，提供跨节点之间的共性数据共享服务和数据产品创新研发，为集团内外提供数据交易服务，同时也承担了与集团运营相关的数据和应用创新。

"N"为集团各子公司自建的大数据中心组成的节点群，由子公司根据自身业务及数据体量、区域数据汇聚需要、第三方运营需要等向集团公司申请部署，数智办审核备案后部署建设，主要承担了各单位的与生产经营管理和业务运营相关的数据和应用创新。子公司之间可以根据业务和数据体量共建共享一个大数据中心节点。

5.1.1.2　中国宝武智能制造应用案例

下面就"四个一律"和"三跨融合"的案例进行说明。

（1）操作室一律集中　采用集中监控大幅度减少了现场工作点。在集中监控设施的基础上，利用智能感知、物联网、图像识别、人工智能等技术可以显著提高监控的效率和效能，显现出给传统现场作业模式带来的巨大变化。

目前，集控中心的内涵和作业状态都在不断优化和探索中；集控方式多在现有产线基础上通过改造来完成，集控中心的建设已经为企业内部组织形式、管理流程、决策形式、岗位职责等带来了流程再造的需求，将助推企业运营效率的提升。

以下展示四个案例：

① 韶关钢铁的铁区集控中心　铁区集控中心以"安全、协同、高效"为目标，将铁区原料、烧结、焦化、高炉、铁水运输、TRT、除尘几大工序、24个系统，以及能源介质区的煤气、蒸汽、发电、鼓风等6大系统的18个单元全部纳入集控范围，覆盖了原来分散在铁区及能源介质区的42个中控室的功能。

将铁区从原料、烧结、炼焦到高炉、能源等所有工序都纳入一个统一规划建设的集控中心，按照工序需求进行区域和功能划分，实现以高炉为中心的铁区一体化协同，以及铁区和能源介质区跨区域的大协同，打破区域和工序间的传统边界，有利于进行高效管理和生产。

② 鄂城钢铁操业中心　操业中心连接了258个自动化系统、33万余个监控点、282个现场操作台，将114个操作室集中成1个，实现了钢铁生产全工序操作集控，秉持"专业集中管理、工序高效协同"的理念，基于过程自动化与生产执行系统的数据融合，在一个统一平台框架下，对操作画面和操作台进行了整合，对生产管理流程进行了梳理和优化，实现了以下功能：

a.操业导航：对标准化作业、异常事件处理、工序协同、生产组织等进行规范性指导。

b. 区域指示：面向过程，不同应用系统关键生产与管理信息整合，并传送到相关责任岗位。

c. 全局概览：面向各专业、工厂级管理者的多区域、细颗粒度的技术经济指标动态分析及展示。

③ 马钢冷轧智控中心　实现了17条产线跨越10km以上的集控；实现了操作集控的现场终端、对讲设备、工业电视和操作台的设计；实现了远程操作和安全系统；实现了各机组的无线网络覆盖和移动操检；建立了各机组的数字钢卷，实现了数据采集和汇聚；开发了基于数据的创新应用，实现了智能能源、智能环保和智能安全消防；实现了远程运维、智能磨辊间、部分吊车无人化和智能库管；部分工序实现了远程控制，除了现场异常情况外，其他工作都可以在集控中心完成。

④ 太钢炼钢智控中心　太钢炼钢二厂智控中心项目，对日常生产控制、设备监测运维、故障报警、工艺曲线等系统全部进行了国产化升级改造和融合，总计237套设备，34万个信号点，3000多个工业图元模型，累计1万余个工业应用。主要成果如下：

a. 实现了操作的集中，将20多个分散的操控室统一集中到智控中心，夯实"四个一律"基础，实现远程炼钢操控，有效提升了生产效率。融合多个原有孤立、不同的软件系统，对L1操控系统的画面进行统一，实现了工序间的高效协同。

b. 以"态势预控"和"瞬时感知"创新理念为引导，使用工业图元模型和高级控件直观展示设备运行状态，实现操作员对生产运行情况的超前预判，大幅提升了操作员对实际生产的控制能力。

c. 通过全时段、全过程的数据记录，对生产过程进行追溯，可对生产工艺参数进行改进。

d. 跨工序数据融合：将40余套国外各式各样的软件系统进行了国产化替代，减少了服务器和HMI的数量，消除了信息孤岛，实现了操控系统间的互联互通。

e. 远程运维：基于分布式的边缘计算技术，实现了L1操控系统的集中远程运维。

（2）操作岗位一律机器人　钢铁生产流程中部分岗位工况条件很差，高粉尘、高噪声、高温、危险，且重复性的劳动还很多，即肮脏、危险、困难、重复（4D）的岗位环境。智能装备的应用，既可以改善员工的现场工作条件，又能在本质上消除现场作业存在的潜在风险，除此之外，还可以做到数据"不落地"自动采集，有助于改善数据采集的实时性和真实性，从源头保证数据的质量，这是工业互联网建设至关重要的原因。

中国宝武创新性地把机器人当成虚拟员工管理，构建了宝罗云平台，在平台上实现"宝罗"员工互联互通、深度学习，以应对多变的生产环境。每一位"宝罗"员工都有专属的数字工牌，包含照片、工号、部门、工种/职位、工龄、荣誉、迭代版本。基于中国宝武工业互联网平台打造的宝罗云平台还可以有效缓解当前机器人推广应用中使用成本高、在役率不稳定、维护以及产品升级困难的问题。

"宝罗"员工分布在各个环节，分别有不同的类型和应用场景：有用于集团"一基五元"生产现场的"工业宝罗"；有用于智慧业、园区业、产融业等服务场景的"服务宝罗"；还有用于特殊专业领域，需由经过专门培训的人员操作，辅助或替代人执行任务的"特种宝罗"。

"工业宝罗"被广泛应用于工业自动化中，通过数字化生产，降低工作人员劳动强度，有着许多经典应用场景，比如高炉炉前加泥机器人。传统的高炉炉前需要多工种协作配合手动开堵口、人工搬运加装炮泥及更换钻杆，而且操作人员必须穿戴好厚重的防护用品，在高温、粉尘环境中完成作业。这种落后于时代的作业模式，不仅自动化程度低、现场作业环境差、人员重复劳动负荷强，而且生产效率低下，存在极大的安全隐患。通过全自动加泥机器人作业，使得人机作业隔离，实现作业本质化安全。

"服务宝罗"主要是AI虚拟服务机器人，它可以同时解答成千上万个客户发起的在线咨询，对访客咨询立即响应，避免因等待响应或排队时间过长造成访客流失，大大提高了回复客户咨询的效率。

"特种宝罗"主要有矿山、港口码头等机器人（全自动装卸料机、重载AGV等），专业运检机器人（水道巡检无人艇、高炉巡检无人机等），检查维修机器人等。

（3）设备运维一律远程   设备运维一律远程，是指中国宝武内部一些通用设备如风机、电机，直接接入设备智慧运维平台，并建立设备状态数据自动采集、状态分析、智能判断、专业诊断与综合诊断相结合的设备检测维护体系，提高状态分析能力、故障预警能力、故障定位能力，让"设备专家门诊"走进全国各个基地。

至2021年，智能运维平台实现接入32.6万台设备，平台累计预警设备异常3015次，平台预警准确率85.2%，其中发出诊断报告400次，现场检修闭环362次，验证诊断准确345次，诊断准确率95.3%，积累典型案例150多个，为推动设备预知性维修，减少设备故障劣化和突发故障造成的机会损失做出了较大贡献，行业影响力不断增强。

以重庆钢铁为例，设备远程运维平台已完成了8台模型服务器和5台数据采集服务器的安装及现场13个数据采集站的建设。平台利用现场13个数据采集站，将11182台设备接入工业互联网平台，实现了海量实时数据、设备管理、运维等全要素数据的融合和管理，通过平台的向导帮助设备管理人员完成智能诊断、预警等工作。

（4）服务一律上线   服务一律上线，指的是钢铁企业外部供应链服务业务的所有流程均在平台上完成，确保流程的标准化、数字化，促进供应链服务业务的全流程贯通和钢铁生产单元的深度协同，最终实现平台化运营。

　　中国宝武在这方面有多个案例，这些案例的服务对象面向中国宝武内外的钢铁企业，以及中国宝武钢铁产业链的合作伙伴，其中就包括欧冶云商的工业互联网平台，其主要业务包括钢材现货的在线交易服务（现货交易服务）、钢厂未来预售产能的在线交易服务（产能预售服务）、不介入交易的买卖撮合服务（撮合交易服务）、循环物资的在线交易服务（循环物资交易服务）、向钢厂直接采购钢材后通过综合平台销售给下游用户的在线交易服务（平台化统购分销服务）、非生产原料的工业用品在线交易服务（MRO平台交易服务）、根据用户需求跨境寻找货源并销售的在线交易服务（跨境电商交易服务）。

　　欧冶物流面向客户的门到门物流配送和跟踪服务，为客户提供仓储、运输和加工等配套服务，主要内容包括平台化代理仓储服务（云仓）、平台化代理运输服务（运帮）、平台加工及加工配送服务（加工及配送服务）等。

　　欧冶金融根据平台的交易数据，评估钢铁供应链各方的信用情况，提供基于信用和保理等管理的多模式金融解决方案，通过不同交易环节分段保理、通宝应用、存货质押、商城白条等一揽子金融解决方案，助力供应链上下游企业发展。

　　欧冶工业品主要为中国宝武和其他企业提供工业品集采服务。提供由企业发起的自主比价寻源的标准化全流程商务服务，包括资质管理、综合比价（询报价）、合同签署、到货验收、结算支付等，扩大了企业寻源面，保障了交易的达成。依托核心企业的优势资源，并借助生态圈的力量形成规模效应，吸引供应商，获得良好的价格服务优势；与企业内部ERP系统直接对接，支持现场客户一键选购厂商直供商品，提供一站式采购服务。

　　（5）跨产业互通融合　本质上是在数字化手段支持下，实现"一基五元"跨越产业边界的互联、互通、互治、互利。中国宝武通过1+N大数据中心的建设实现了跨产业互通融合。"1"是指中国宝武的大数据中心节点，"N"是指宝武"一基五元"各产业下属共30多个一级子公司的大数据节点，这些大数据节点和分布在现场的各类边缘节点互联互通，数据可以实现从现场装备到边缘节点，再通过子公司大数据节点到集团大数据中心的各环节的双向流通应用，整个中国宝武的数据遵循同一套数据治理规范，根据要求建立销售、采购、制造、财务、工艺等各类业务数据域，以数据应用支持产业互通。

　　中国宝武持续推进钢铁成品交易、物流、原料、工业品、设备等平台与钢铁生产平台对接互通。按照集团公司要求，数智办会同相关业务单位，从平台功能建设和平台应用推广覆盖及接口应接尽接两个方面编制形成各项工作的总体工作方案和全年推进计划，并建立相应的工作推进机制以及评价办法。截至建设当年的12月，钢铁成品交易、物流、原料、工业品、设备等平台总体建设、应接尽接和推广覆盖工作分别完成全年任务。

（6）跨空间互通融合 中国宝武下属的一级子公司基本都有多个制造基地，这些制造基地分布在不同的地区，在工艺和产品方面有类似之处。"一总部、多基地"跨空间互通融合是指打破时间和空间的限制，利用数字化手段拓展管理边界，实现高效协同。

中国宝武一级子公司建设一体化经营管理系统来实现跨空间互通融合，以"统一销售、统一采购、统一财务、统一标准、统一制造、统一服务"为抓手，缩小基地间差异，确保不同生产基地同类别的产品按照同样的标准进行生产、保持质量一致、以同等价格对外销售。通过这个系统，可以针对不同的产品选择成本最低的生产基地生产，也可以在某个基地设备检修的时候，用其他基地的产能进行补充，充分发挥协同优势。

一体化经营管理系统不仅是一个系统，还包含了企业的管理方法、制度和工艺标准，中国宝武能在最近几年实现对其他钢铁企业的快速并购，被并购企业也能快速适应中国宝武的管理要求，和一体化经营管理系统的推广是分不开的。

中国宝武围绕落实"一总部、多基地"管控模式，实施一体化平台化运营和跨基地同工序专业化整合，打造网络化、矩阵式的管理模式。明确宝钢股份、太原钢铁、中南钢铁、宝武环科等作为重点推进单位开展试点工作，数智办会同相关业务单位形成总体工作方案和全年推进计划。截至建设当年的12月，各项工作均按计划有序推进：宝钢股份深化五大中心建设，通过数据赋能实现工序专业化管理突破，陆续上线了一批重点项目；太原钢铁明确生产管控中心及工序智控中心建设方案并已经开始土建施工、进入设计阶段；中南钢铁通过智慧运营平台建设实现跨基地同工序业务协同，并成立中南钢铁专业协同委员会；宝武环科按照"一总部、多基地"管控思路构建经营管理系统，已覆盖十一家一级业务单元，同步推进四大智慧中心建设。

（7）跨人机界面互通融合 跨人机界面互通融合，是指围绕岗位、基层组织变革以及打通界面增效两个维度，进一步通过"人人、人机、机机"界面的整合，实现岗位的整合、流程的优化、业务行为的智能化、业务界面的统一等，提升基层质量管理、成本控制、安全环保水平。这是在"操作室一律集中、操作岗位一律机器人、设备运维一律远程"的基础上，在完成现场自动化水平提升以后，更进一步的现场作业方式的变革。这样的变革给员工带来了三个改变：

① 复合性 工作总量小但工作类型增多，工作要求要覆盖原有多个工种，员工的能力结构要有显著的变化。

② 移动化 人不再被束缚在一个固定的空间中，而是要在更大的范围和空间中处理问题，要以移动化的手段支撑。

③ 知识型　工作内涵的扩大决定了个体有限的经验无法应对新型工作的要求，必须要有系统手段的支撑，要实现"知识找人"而非"人找知识"。

中国宝武内部已经启动了智能产线、移动操检等智慧制造项目来应对跨人机界面互通融合的要求。

以宝钢股份为例，从基层组织变革和打通界面增效两个维度开展策划，按"人机、人人、机机"等进行界面分层分类设计，共制定了13个任务，分解为29个重点项目。其中，"跨人人"界面方面，操检维调生产管理方式变革已基本完成；"跨人机、机机"界面方面，热轧1580 1+N智能模型、铁钢界面Smart-HIT系统、一炼钢钢包一体化管理系统等项目成功上线。

5.1.2　河钢

（1）河钢集团唐钢公司——数字化无人料场　河钢集团唐钢新区原料场占地65万平方米，在进料码头与原料场之间建设有全工序封闭式皮带机管廊48km，管道总长271km，物料采用全封闭式无泄漏管廊运输。贮料区包括一次料场、二次混匀料场、圆形贮煤料场、球团精粉圆形料场四种独立的料场。主要原燃料来自海运码头，部分煤炭由铁路或公路运输进厂，原燃料的主要"用户"包括焦化、烧结、球团、炼铁、石灰煅烧等。运输物料包含铁精矿、铁矿粉、返矿、杂矿等含铁原料，焦化煤、返焦、烧结用无烟煤和喷吹原煤等燃料及石灰石、白云石熔剂。料场采用数字化智能管理系统，实现了综合料场数字化、智能化、无人化、高标准。料场管理系统具有自动检测、电视监视、生产工艺流程自动选择、料堆可视化管理、物料跟踪、混匀矿自动堆积、大机无人化控制、卸料车自动定位卸料等功能。

项目通过实施无人化建设，节省现场操作人员约200人，节省人工成本2000万元/年。通过使用智能堆取料以及自动优选流程，使得作业策略更合理，将设备作业率从50%降到40%，节省电费约1450万元/年。项目消除了由于人为误操作导致的设备损耗，降低设备成本280万元/年。

项目在实现了料场无人化、智能化作业的同时，有效提升了料场整体运行效率；料场有效存储地址利用率提升10%～20%，原燃料实现精细化管理；减人、少人的同时大幅降低了岗位操作压力。实现了如下目标：

① 绿色运输　"绿色化"发展是河钢集团唐钢新区在落实产业区位调整，启动沿海项目过程中的重要建设目标之一，充分利用工艺、设备、技术、管理等集成融合措施，对各个物流、生产环节进行绿色化创新，最大限度降低对环境的污染，减少了资源的消耗。

② 环保贮料　智能化料场的贮料设施，关键控制点在"封闭""抑尘"，已最大限度降低无组织排放对自然环境的影响。

③ 全自动作业　河钢集团唐钢新区智能化料场，通过控制系统与信息管理系统深度融合，实现料场大机无人化操作，通过对机器本身的位置跟踪及对各种参数的跟踪与控制，实现堆取料机智能化运行。

④ 智能供料　以单体智能化设备为基础，基于智能算法的多模型运算控制，实现料场整体智能化控制，实现各流程之间的顺畅衔接，建立原燃料发出、到达、存储、出场等信息的及时反馈渠道，实现对料场存放物料的平衡管理，优化原燃料输送路径，保证生产组织正常进行。

（2）河钢集团邯钢公司——基于视觉技术的锌锅捞渣机器人　项目基于邯宝冷轧厂镀锌线人工捞渣工艺，实施机器人捞渣技术，内容包括：进行6自由度机器人扒渣、捞渣及倒渣动作设计，针对镀锌线锌锅跨度4.2m，周边空间有限、高度有限的实际情况，研究大跨度、窄空间6自由度机器人运动轨迹，并根据镀锌线锌锅及周边设备布置，精确设计捞渣运动轨迹，机器人重复定位精度控制在0.5mm以内，满足全流程捞渣要求。根据镀锌线现场条件，选取合适的6自由度机器人；根据镀液成分及机器人特点对渣铲进行研究设计，并对渣铲所用材料和无浸润性涂层进行研究设计；根据镀锌线现场环境研制耐高温、防尘的机器人防护装置。对镀液及表面浮渣物理特性进行研究，并根据辐射性能差别开展基于图像、位置以及混合视觉伺服系统的对比研究；采用工业CCD相机对锌渣的识别率达到96%以上；根据机器人捞渣工艺及机器人特点进行视觉伺服系统的软件开发，并对机器人轨迹进行优化。基于图像的视觉伺服系统及激光测距系统对机器人运动轨迹进行目标跟踪系统的软件开发，并能在原有系统液面高度检测稳定的情况下，准确判断出渣铲浸入液面的临界点；针对捞渣工艺要求进行优化，确保控制渣铲平稳浸入锌液进行捞渣，最大限度地保持锌液稳定。对镀锌线捞渣工艺流程和视觉伺服系统的软件进行优化；对针对锌锅、渣池及人员操作的应用技术进行研究与优化。对捞渣机器人系统进行安全分析，通过联锁安全护栏、警告装置、传感装置确保人员、设备安全。

应用机器人捞渣约可减少30%随锌渣带走的锌液，吨钢生产成本减少25元；可以减少一个人工捞渣岗位，按四班三倒，人均10万元/年成本计算，一年可减少成本40万元。使用机器人捞渣可以提高工人工作安全性，降低工人劳动强度，减少对工人身体健康的负面影响。实现了如下目标：

① 自动扒渣率≥95%，自动捞渣率≥90%。

② 根据视觉伺服系统来定位锌渣，根据视觉伺服目标跟踪技术定位渣铲浸入深度，

由机器人捞渣，捞渣标准统一，锌液液面波动小，提高了产品质量的稳定性；同时，通过锌锅浮渣情况优化捞渣路线，提高了作业效率。

③ 每班可减少1人，减少锌蒸气对工人身体健康的负面影响。

（3）河钢集团承德钒钛公司——钢卷智能仓储和基于数字孪生的智能化镀锌线　项目针对库区作业现场天车操作及指挥人员较多、人工操作易发生失误而导致高空吊物发生坠落事故、人工驾驶天车易出现相互碰撞等问题，进行了人机协同作业系统、智能仓储系统和基于数字孪生的制造等建设。人机协同作业系统开发了库区管理、天车智能调度、无人天车控制、车辆自动识别等功能。系统利用PLC和变频器，结合5G，控制天车自动行走、自动吊放卷等动作；通过智能传感设备自动扫描发货车辆鞍座位置坐标并发送至无人天车，引导天车运行，实现自动发货功能；通过天车智能调度系统实现作业工单执行优先级选择、障碍物自动避让、多部天车执行冲突解决等功能；通过库区管理系统实现天车作业管理、库区管理、人工调度等操作的人机协同作业界面。智能仓储系统开发了无人化智能库区管理系统，实现对入库出库钢卷进行信息查询、控制无人天车完成自动入库出库作业、钢卷定位、自动盘库、钢卷扫码识别、垛位状态查询及修改、库图管理、钢卷入库目标鞍座预设置、钢卷码放规则模型计算、钢卷信息宏跟踪等功能。

基于数字孪生的制造建设内容对产线实施了冷轧产线结构数字化、冷轧产线状态信息集群感知模型、数字孪生冷轧产线状态数据层级架构搭建等建设。冷轧产线结构数字化根据生产车间的设备与建筑二维图纸，在3DS Max中，使用基本体或曲面建立基础模型，再使用布尔、网格、多面体等编辑工具创建三维白模型。通过建立针对生产过程的产线状态信息集群感知模型，实现设备状态信息到物料状态信息的计算转化。数字孪生冷轧产线状态数据层级架构通过协同产线的MES、PCS等，采用实时或历史生产数据驱动三维模型中的设备运行，再现全线物料实时状态并进行直观分析。

人机协同作业与智能仓储建设的无人化智能库区管理系统是多个系统功能集成型系统，包括库区管理功能带来的经济收益，还包括无人天车作业效率的提升、设备使用寿命延长等带来的经济收益，综合经济收益约为167万元/年。

基于数字孪生的制造建设内容通过实时生产数据驱动3D虚拟产线与实际产线同步，建立了产线的3D虚拟孪生系统，实现对生产过程全方位的实时、智能监控，仿真了培训系统；通过3D可视化系统，技术人员可实时、联动解决现场质量问题，处理效率明显提高，生产稳定性明显提升。2021年，酸洗合格率同比提升1.5%，创效173万元；镀锌产品合格率同比提升3.3%，创效356万元；合计创效529万元。

人机协同作业与智能仓储建设内容通过技术手段，对无人天车安全避让距离进行优化，减少了天车避让等待时间，提高了天车作业效率。通过对天车定位精度及夹钳摆动角度的优化，进一步提高了天车上料及发货的准确度。通过优化天车行走路线，在保证天车及时避让库区设备及人员行走区域安全的前提下，实现了点对点的路线优化，提高了天车行走效率。

基于数字孪生的制造建设内容通过构建数字孪生模型的状态观测器和卡尔曼滤波器，确保了产线远程在线控制时的稳定运行，同时能够满足模型运行的精度要求。通过实时数据驱动数字孪生模型，保持与实际生产一致的同时，进一步根据生产与管理需求提供对应的控制手段，保证生产的稳定运行。根据生产运行情况，对模型进行了优化，完善了各项具体功能，提升了数据分析能力，提供了生产指导。

（4）河钢集团石钢公司——全过程一键式智能化冶炼电炉   项目通过对电炉配备智能控制单元、机器人，实现了自动合金投料、料篮车、冶炼、出钢、出渣、钢包车、渣罐车、喂丝等单体设备的自动控制功能。通过二级系统与工程师站的连接，实现了与MES、物流、检化验等信息系统的贯通，实现了自动生产计划的下发与实绩反馈。通过自动冶炼模型满足不同冶炼情况要求，实现冶炼过程按照模型自动控制。集成以上技术实现了全过程一键智能冶炼。

项目实施后降低了岗位人员的劳动强度，同时大幅减少了操作人员对质量的干预和影响，为产品质量的一致提供了可靠的保障。操作人员较传统电炉减少12人以上，节省人员成本120万元/元。产品质量稳定性提升了0.1%，产生间接效益3000万元/每年以上。同时，减少了电能消耗，产生了绿色低碳的社会效益。

项目充分利用机器视觉、智能传感、大数据、虚拟测试、系统自学习等技术，建设了自动测温取样机器人、自动加砂机器人、EBT自动清理装置、EBT紧急打开装置、下渣自动检测装置、电极自动接长机器人、渣门自动清理机器人、自动喂丝装置，实现了电炉炼钢的整体智能化。

（5）河钢集团矿业公司——中关铁矿智慧矿山   中关铁矿智慧矿山是按照"数据引领、集中管控、智能产线、本质安全、远程共享"的理念进行建设的，在稳定成熟的信息化、自动化基础上，以物联网、云计算、大数据、人工智能、5G、虚拟现实等先进技术为工具，实现矿山生产组织管理模式的变革与进步。现已完成了溜破系统、主副井提升系统、上料系统、磨选系统、充填系统、压滤系统、排水系统等14个智慧生产场景的建设；搭建了智能云平台，打造了井下智能采矿系统、优化地表选矿系统及辅助系统，实现了井下少人化、管控一体化调度指挥、全矿数据汇聚存储及分析，提升了矿山本质安全水平，提高了人工效率，生产全流程控制模式由传统的人员现场值守变为远程智能运行。

完成了3D建模和自动化系统融合、采矿地质资源动态管理、数据整理及统一管控、能源智能分析管理、生产计划跟踪、生产调度智能化等在内的大数据分析系统建设。副井出入井管控收尾实现了入井人员的智能管控；推进安全标准化平台建设，组织5G网络落地，实现了井下关键区域移动信号覆盖；精粉采/制样系统全面建设完成，实现了精粉销售自动取样，进一步释放了智能销售系统的效能。实现了如下目标：关键设备数控化率达到100%，关键设备联网率达到100%，资源综合利用率提升15%，运营成本下降15%，全矿定员由862人减至465人，人均劳效由680吨/（人·年）铁精粉一跃提升至2516吨/（人·年），达到行业平均水平的2.5倍。

（6）河钢集团衡板公司——基于MindSphere的智慧冷轧产线 项目通过物联网进行跨层级、跨系统数据采集，结合云端分析，建设了基于工业互联网的智慧冷轧应用，自动生产数据，准确统计汇总各车间、工段的产量和能耗指标，自动生成各类生产资源管理统计分析报告，实现企业生产资源使用状况的透明化。以预测性维护为目标，对产线生产设备"数字孪生"模块逐步细化，实现对产线运行状态实时可监控和设备全生命周期管理。在全流程数据收集的基础上，研究对产品质量控制、流程控制和放行判定有影响的关键因素，并通过整合、分析和比对检化验及表面检验信息等数据，在现有应用的基础上，深化数据挖掘，找出影响产品质量的因素和瓶颈，作为流程分析、追踪与改善的参考依据，致力于全流程产品质量分析与改进，建设全流程质量管理模块。

通过基于MindSphere的智慧冷轧应用研究，实现了对河钢衡板产线数字化孪生模型的设计和建设，实现了对整个机组运行状态的监控，做到了预测性维护，提高了生产效率；通过全面能源管理、全流程质量控制，对整个厂区的相关数据进行数据分析，及时发现水、电消耗的异常点，减少资源消耗；通过对不同参数的机组生产的产品的质量数据和能源消耗进行分析，得到耗能最少、成本最低的生产原材料，达到节能降耗、提质增效的目的。

云计算领域的大数据分析成为企业突破传统业态和服务的新方法。通过大数据技术，重构企业运营和设备管理，构建以数据为核心的企业战略部署、日常运营和管理、营销服务为一体的大数据综合服务，颠覆企业传统业态，为企业创造真正的数据价值，加速企业数字化转型。借助数据分析、连接功能、开发工具、应用程序和服务，MindSphere可帮助公司充分利用数据的潜力，并将其转化为可衡量的业务成果。

（7）河钢新材公司——河钢新材数字化工厂 河钢新材数字化工厂依托西门子先进的MES自动化技术、北京科技大学APS先进排程领域的研究、河钢数字产销全流程协同平台及WeShare大数据分析技术和河钢新材在涂覆板生产领域的知识积累，以河钢新材合肥基地为试点，建设了涂覆板数字化工厂样板，建成河钢第一条数字化家电板工厂产线，形成家电企业订单需求、排产制造、质量追溯、检验入库、发货交付的全流程数字化管控，有效提升了订单交付水平、合理优化了库存、实现了质量管控追溯，全流程数字化管控和精准分析改进提升了企业绩效。实现了如下目标：

① 全流程产销协同。依托河钢数字自主开发的产销协同平台，将河钢新材业务订单的月度13周滚动计划、2周预测计划、1周锁定计划、排产及生产入库进度、每日发货需求及发货实绩全部纳入系统管控，依托信息化系统在业务全流程实现订单流转和交付跟踪，满足了客户按天交付、动态调整的高效率需求。

② 系统排产。以产销协同订单和交付需求为依据，结合系统库存和MES生产执行状态，自主开发排产系统，实现客户订单需求向生产系统订单排产转换。

③ 基于西门子最新OP UA框架的MES建设，全面接入产线二级控制系统，新增多项全自动质量在线监测设施，通过MES实现对涂覆产线的生产执行和质量检测的管控。

④ 基于河钢数字DThings技术的IoT平台进行数据采集，即时采集、汇总、存储和转发产线各设备、装置的动态数据，供MES和数据分析系统使用。

⑤ 基于河钢数字WeShare技术的大数据分析工具，对数字化工厂订单排产、制造执行、质量追溯、能源消耗等关键数据进行全面统计分析，为企业精益管理提供高效的数据依据。

通过数字化工厂建设，涂镀板产线的成材率提高了3%，能耗降低了30%，库存降低了50%，经济效益明显。

5.1.3　南钢

南钢以"产业智慧化、智慧产业化"为方向，全力推进数字化转型，按照"应用引领、平台支撑、创新融合、完善生态"思路，通过"业务数字化"推动智造能力升级，满足顾客需求，提升企业价值创造能力；通过"数字业务化"给企业高质量发展装上"透视镜""显微镜""望远镜"，洞察业务痛点，把握未来机会；通过"C2M"生态体系重塑工业生态，裂变新经济业态，培育"独角兽"企业。南钢从"强基、固本、迭代、融创"4个角度着手，全力打造智能制造"点、线、面"的升级，目前已完成75个智能制造项目建设，覆盖生产运营全流程、多领域、全要素，为企业借助智能制造力量实现转型发展提供了坚实保障。

（1）南钢"JIT+C2M"新模式 [1]　南钢"JIT+C2M"新模式是制造端以客户为中心，以规模化、高效率、柔性化的制造和工匠精神为客户提供高端产品个性化定制服务，与客户直接触达交互，是一场"经营理念革命"和"生产流程再造"，由传统的生产制造转型为运用智能制造、互联网+、先进的供应链管理等实现全流程的精益制造。

"JIT+C2M"新模式率先实施大规模个性化定制配送，被《钢铁工业调整升级规划（2016—2020 年）》列为个性化、柔性化产品定制新模式；被国家发改委列入"互联网+"重大工程支持项目名单，获得奖补资金 2000 万元；在国务院第四次大督查中，南钢获得肯定，被认定为钢铁工业转型升级的典型；南钢作为唯一一家传统制造业代表，与华为一起在工信部 2017 年全国两化融合总结会议上作《"JIT+C2M"新模式引领传统产业转型升级》报告；JIT+C2M 智能制造新模式被《中国冶金报》纳入"2017 年"十件钢铁大事。

2018 年，南钢利用云计算、大数据、物联网技术，持续开展工业互联网的建设，推动由智能装备、智能工厂、智能运营和智能互联四层架构组成的 NISCO Frame，实现产品规模化生产与定制式制造相融合的钢铁智能化制造，满足客户个性化定制需求，提升品种高效研发、稳定产品质量、柔性化组织生产、成本综合控制、快速分析决策等能力，提升南钢核心竞争力。

内部着重打造全流程智能制造体系，推动生产精益化、智能化，交付准时化；建立大数据平台，实现数据指导、数据生产、数据决策等；构建关键工艺装备智能控制专家系统，积极探索"智能炼钢"模式，着力开发低成本高效洁净钢冶炼系列技术；全力推进智能检测，实现原燃料、钢、渣试样检验全过程自动化和智能化、无人化操作及在线预报；加快健全设备远程监控和诊断系统。

在外部互联互通上不断创新，保持南钢 C2M+JIT 新模式的领先性，注重联合产业链上的相关方，推进协同设计、协同生产、数据共享、信息交互，全面整合采购、销售、金融、物流、技术、运营等多方资源，互联互通，增强客户和相关方全过程体验。推行企业间的业务流程串接（ERP to ERP），实现企业间的业务融合与数据融合，透过工业互联网技术为每个客户量身打造定制化的串接信息系统，以满足定制化产品服务的需求。逐步形成智能销售、智能生产、智能物流、智能采招等，形成以客户为驱动的大规模定制、全价值链供应与消费生态体系，智造"JIT+C2M"多方共赢生态圈。

如今，在南钢的 JIT+C2M 智能工厂里，一条条产线上，机械臂和机床自动运转，无人驾驶小车穿梭其间。与传统工厂相比，这座由南钢自主设计、研发的智能工厂，人员劳动效率提高 10 倍，加工成本降低 20%，已获得 11 项专利和 2 项软件著作权。

（2）机器人　南钢自 2015 年起推进机器人集成应用以来，已经成功开发出测温取样、冲击上下料、标牌焊接、自动加保护渣、无人行车、桁架库管理等多个具有冶金行业代表性的机器人系统，实现了炼铁、炼钢、轧钢、精整、实验室等多工序覆盖。在冶金机器人应用研发方面已经申请专利198项，通过了1项国家级产品鉴定和多项升级产品鉴定。其中，基于视觉定位机器人全自动冲击实验系统通过国家级新产品鉴定，是智慧制造在检测领域的成果。

① 精整智能取样机器人　精整智能取样机器人由金恒科技与南钢中厚板卷厂联合研发，是国内首套板材智能取样系统。精整智能取样机器人综合应用了视觉、机器人、软件、自动化、非标设计等先进技术，实现了板材样条的自动识别与拾取、切割自动排版与自动执行、自动激光打标、自动入库出库等工艺动作，真正实现了板材取样工位的全流程自动化作业，具有以下优点：

a. 操作简便，适应性强，能处理长度1.5～3.25m、宽度80～200mm、厚度5～40mm的样条，样条识别准确率高达99.5%，可拾取试样温度最高可达200℃。

b. 提高了工艺执行规范性与精度，各种样块的切割位置由软件计算并自动执行切割，避免了人工切割的随意性，切割精度在1mm以内。

c. 取样、切割等繁重的体力劳动由机器人替代人工执行，样条最重可达200kg，工人劳动强度降低80%，劳动效率大幅提高。

d. 切断检测系统可自动检测试样是否切断，保证切口整齐、无熔渣，自动判别正样、备样、废料，保证试样尺寸准确，取样工艺合格率提高20%。

e. 推进人工取样向机器人自动取样转变，变革了工作模式，提高了取样的自动化水平，同时消除了安全隐患，提高了现场本质安全。

② 圆钢自动贴标机器人　该机器人是对现有棒材焊标牌机器人、小方坯贴标机器人、高线挂标机器人等系列产品的补充与延伸，也是行业首套成熟应用的棒材自动贴标机器人系统。历经1年半的项目研发，金恒科技与精整厂联合团队攻克了视觉定位与识别精确、贴标执行装置复杂、工期短等多个难题，实现了钢捆的自动识别定位、标签信息实时获取与打印、机器人自动取标贴标等功能，满足了客户对钢捆全自动贴标的需求。实现了机器人自动在线贴标，经测试视觉识别成功率为99.9%，贴标成功率为99.7%，贴标节拍≤9.6/支，贴标准确率、成功率及质量都高，可以避免人工错贴、混号风险及可能引起的质量异议。

③ 智能实验室机器人　实验室是检验产品质量的"最后一关"。智能实验室机器人是金恒科技布局智能化的先遣领域，金恒科技自研的全自动冲击实验机器人是全国首套，并通过了国家级鉴定。智能实验室机器人共申报专利与软件著作权20余项，凭借在该领域的先行经验和产品优势，金恒科技牵头起草了《钢铁行业智能装备 机器人自动夏比摆锤冲击试验系统技术要求》《钢铁行业智能装备 机器人自动拉伸试验机系统技

术要求》团体标准，并已正式发布。

（3）智慧中心　南钢智慧中心项目集"铁区一体化智慧中心、智慧运营中心、钢轧一体化智慧中心"三大中心于一体，实现大规模集控、无边界协同、大数据决策、智能化运营，组织模式和生产模式同步变革，全流程数字化管理。

"业务数字化，数字业务化。""产业智慧化、智慧产业化。"智慧中心项目围绕管控中心、生产管控和应急响应两条主线，通过原燃料、炼铁、铁调、炼钢、轧钢、成品6大集群和生产、能源、物流、设备、质量、安全、环保、安防8大模块集中管控，依托南钢工业互联网平台，打造钢铁工业首个集群式一体化协同智慧中心，实现数字化驱动、智慧化决策。项目分工作、参观和应急3种模式建设。

智慧中心的6大集群、8大模块涵盖了南钢的方方面面，充分挖掘各方面数据背后的价值，让数据来指导生产经营，促使智慧中心更具前瞻性、实用性、科学性，使企业成长为业内极具竞争力的新型钢厂。

未来，智慧中心还将成为经营中心和生态智慧中心。南钢整体的工业互联网和智能制造平台将体现南钢的整体发展方向和整体框架，具有前瞻性；充分体现客户基因、创新基因、数智基因、生态基因，牵引、倒逼组织流程变化和形态变化。智慧中心的建设是对"创建国际一流受尊重的企业智慧生命体"美好愿景的践行，将推动数字南钢建设，全面促使生产更智能、管控更集约、管理更高效，是南钢数字化工厂建设的重要布局，是南钢智能制造、绿色健康发展的重要里程碑。

5.1.4　沙钢

（1）智能集控中心　沙钢以数据集成为切入点，将生产、质量、设备、能源、物流等领域的数据进行互联互通，使"神经末梢"与"神经中枢"有效对接，庞大的数据流如"血液"汇集到智能集控中心这一"最强大脑"，形成"联合作战体系"。

沙钢积极运用大数据技术，探索数据的有效应用，让数据产生更高价值，从而更好地服务于生产经营。目前，决策支持系统利用数据平台实现了对数据的集成及有效分析统计，为各层级有效决策提供了数据支撑；全流程质量管控分析系统实现了质量的预判、质量问题快速定位及全过程追溯，极大地提高了生产质量水平；设备在线监测及故障智能诊断系统彻底改变了设备运维方式，实现由"点检定修"到"智能运维"；高炉数字化诊断实现了由经验判断模式向数据支撑决策判断模式的转变。

此外，沙钢还建立了生产管控系统、客户关系系统、设备全生命周期系统、能源管理系统、环保管理系统、安全管理信息系统、大物流管理系统等多个系统平台，进一步打破工序、部门间壁垒，实现系统与产线之间的协同与集成。

（2）产线智能制造　智慧场景：在省级示范智能车间——冷轧厂酸轧车间1.4万平方米的原料库区空无一人，整片作业区域几无照明，五台无人行车在空中自如行走吊卸钢卷，无人库系统的成功运行实现了整个酸轧车间原料库所有设备的全自动运行控制。该项目运行一年以来，设备故障减少了60%以上，原先灯火通明的库区也具备了全天候黑灯条件。以点带面，示范带动，目前热卷板二车间、宽厚板一车间等也在加速推进"黑灯工厂"建设。

沙钢国家智能制造项目"高端线材全流程智能制造新模式应用项目"顺利通过省工业和信息化厅组织的专家组验收。该项目总投资4亿元，通过建设一个中心、一条智能化产线、四大系统、七大平台，探索形成一种高端线材智能制造新模式，为企业节能减排、减员增效、提质增效等提供强大的技术支撑。项目实施后，生产效率提高了31.5%，运营成本降低了23.2%，产品研制周期缩短了35.4%，产品不良率降低了26.8%，单位产值能耗降低了19.7%。

目前，沙钢共有近500个岗位实现了智能机器人代替，不仅大幅降低了人力成本、劳动强度和安全事故发生率，还有效提高了操作的精准度和产品质量的稳定性。

（3）工业视觉检测　在沙钢，热成像技术也被运用得淋漓尽致。沙钢新材料公司石灰车间回转窑智能燃烧项目成功投运，该项目是在窑外及窑口安装热成像仪和红外测温仪实时观察高温段耐高温材料使用情况，同时通过对回转窑原系统数据进行采集、比对、分析，并按照设定的风煤配比自行调整风量与煤气的使用量，既减少了岗位上的频繁调整操作，又对煤气用量及充分燃烧进行了优化，使其更加安全、经济、稳定运行。热成像技术的成功应用，可谓给产线安上了"火眼金睛"。

为让设备更智能、生产更智慧，沙钢积极探索图像数据智慧化运用。在原料烧结厂，国内最先进的自动化造球系统"如鱼得水"。该系统借助视频技术与计算机图形处理技术，可自动分析计算生球直径与分布情况并形成实时数据，实现造球数据共享、生产联动，有效降低了人工调整的偶然性，提高了粒径分析的准确度，从而进一步提高了生产效率。

作为钢铁生产的主要原料，废钢的规范化、科学化的采购、加工、判级一直是长期困扰钢铁工业的一大难题，这也是多年来沙钢重点关注且下定决心要解决的课题。沙钢废钢智能定级系统基于深度学习技术、自动识别技术以及废钢远程监控技术，综合利用多个模块及算法，实现对废钢的实时自动评级，具有速度快、稳定性高、精确度高等特点。该系统上线后，将解决人工废钢判级带来的识别不准、客观性无法保证等问题，同时大大降低员工的劳动强度，促进废钢检验工作的安全、精准、高效进行。

5.1.5　建龙钢铁

（1）抚顺新钢铁智造中心　2021年1月，抚顺新钢铁智造中心正式投运，以集中控制、冶金协同、专业融合为基本精神，实现了公司生产由经验驱动向数字化、智能化驱动的转变。目前，基于5G、大数据、人工智能等信息技术，抚顺新钢铁初步实现了涵盖冶金流程6大领域的集中控制，智能制造取得阶段性成果。

① 独立自主打造数字新引擎　抚顺新钢铁充分利用集团的丰沛资源、创新文化及自主集成创新优势，自2018年6月开始了精细化建设进程。当年12月，独立自主完成了14个领域、36个系统工具、8165个PLC的建设工作。从2019年开始，精细化管理平台建设全面加速，先后实现了远程集控、HUD、3D技术应用、全工序智能燃烧、基于预测模型的实时调度与复盘分析等多项突破。

在平台搭建的同时，管理机制同步匹配。2020年3月，启动智造中心集控岗位及责任工程师梳理工作。

② 集中调度、集中控制、任务集成　目前，公司调度、5座热风炉、4座加热炉、3台烧结机、3座竖炉、3座锅炉、5条高炉产线、1条轧钢产线、2条制氧产线、除尘、水冲渣、水泵、物流、计量、安保等均已进驻，顺利完成智造中心远程控制切换，汇聚了抚顺新钢铁30193项数据，应用数字化取代了千余张纸质报表，打造了289个智能应用系统、800多个监控画面。

集中控制中心实现了全公司生产指挥、工序控制、技术管理等任务的集成与融合。其中，集中控制部分涵盖该公司冶金流程中的生产、能源、物流与城市供暖的一级集中调度；烧结、竖炉、高炉、炼钢、轧钢、发电等所有主工序生产作业单元集控；球团竖炉、烧结机、高炉热风炉、轧钢加热炉、发电锅炉等所有主工序煤气系统集控；制氧、风机、水泵、水冲渣等所有主工序其他能源系统集控；环保除尘、脱硫等所有环保运维系统集控；检斤、铁路运输、上料等所有厂内物流系统集控。

③ 冶金协同，重构与分解　抚顺新钢铁智造中心基于冶金流程工程的理念，打破传统部门边界，以协同性、专业性及未来性为原则，将专业序列规划为制造、工艺、质量、设备、工程、安全、环保、数字化等8大类别，142名专业工程师同步进驻。

④ 专业融合，科学高效　智造中心的空间采用简洁的工业风和人性化的装修风格，全部为开放的办公空间，并设置了10个研讨室，实现了专业工程师与集控集调人员的高效融合与科学赋能。

⑤ 创新引领赋能智慧新钢铁　依托智造中心建设，首次植入数十项行业智能化先进技术。应用系统建设方面，开发了冶金全流程生产大数据系统，涵盖了生产、高炉、

烧结、竖炉、炼钢、轧钢、质量、设备、能源、安环、供应、销售、财务及对标等14个领域。

智造中心投入运行以来，在数字化集中控制、海量生产大数据的基础上，通过数字化赋能，实现由经验型管理向数字化、精细化、现代化管理转变，各项生产指标突破历史最好水平。以智造中心投入使用为标志，抚顺新钢铁技术创新进入新境界。围绕传统制造业数字化、智能化改造发力，将过去175个控制室缩减至73个，生产管理由过去的日调控精确到分、秒，先后完成烧结、炼铁、炼钢、轧钢等工序和各类装备的升级改造，吨钢动力费164.9元，同比降低8%，吨钢耗电396度，创历史最优。

（2）抚顺新钢铁机器人上岗　数字化、智能化让一线工人告别了"火烤胸前暖，风吹背后寒"的作业环境，公司还将机器人嵌入产线，让机器人干粗活、脏活、累活、险活，把人从繁重的体力劳动中解放出来去从事更有价值的工作。

抚顺新钢铁利用5G+机器人巡检，以机器代人来解决高压配电房、易燃易爆气罐区等高危区域作业的安全风险问题，取样机器人将实验人员从机械、简单、烦琐的取样检测劳动中解放出来，扫地机器人不知疲倦地打扫卫生，一台自动焊标牌机器人能代替4个工人24小时不间断地工作。越来越多的机器人代替员工去完成高强度、高危险度、重复性的劳动，尽最大可能解放生产力。

抚顺新钢铁持续打造5G+应用场景。轧钢厂高速线材产线上的5G智能振动传感器能对设备状态进行预判，甚至做到维修预警。公司使用5G信号控制火车运输钢水，实现无人运输。基于5G，公司对钢筋定制加工中心进行数字化、自动化、智能化赋能，实现了生产、维护、进度、安全等管理全流程智慧化、可视化。

（3）吉林建龙智慧工厂　吉林建龙智慧制造的推进目标是打造智慧工厂。一是装备智能化，即从智能仪表应用、变频驱动改造、图像视频分析等方面进行基础建设。二是生产自动化，即优化工序的自动控制，开发智能管理工具及系统，提升生产效率。三是管理信息化，即通过EMS及ERP系统固化管理成果，提升内部资源的有效管理。四是决策数字化，即建设智能和专业平台，将暗数据点亮，支撑数据化决策。

其在智慧制造方面的推进思路包括四个方面：一是顶层设计，管理先行——推行体系化、系统化管理思路，用体系固化管理；6层信息化顶层架构设计，全过程智能规划，支撑管理决策。二是基础夯实，智能辅助——通过夯实基础设施建设，完善管理体系；信息全面采集，用智能化手段辅助管理，实现企业管理智能化。三是财务核心，效益优先——智慧制造辅助提升企业核心竞争力，日成本自动关账，日清日结；高效动态管理，实现企业效益最大化。四是业务主导，全员参与——以业务需求为导向，信息技术做支撑；全员思想统一、目标一致，共同参与智慧制造建设。

吉林建龙规划了8个专业平台及1个决策平台，将体系化管理思想融入平台中，盘活数据资产，挖掘数据价值，让决策更智慧。

目前，吉林建龙通过对产、学、研、用的不断深入实践，已具备自主研发的能力，能够向外拓展智慧成果。通过不断的研发与探索，拓宽思路，扩展场景，以智慧制造为主线，打造具有建龙钢铁特色的高端产品。目前主打产品包括数据平台产品、系统集成产品和智能装备产品三大系列，后续将拓展其他智能产品：一是业务主导的数据应用平台；二是基于提产增效的控制系统优化；三是服务现场的智能装备创新应用。

（4）宁夏建龙智能应用的总体框架　宁夏建龙未来要打造三个中心（智造中心、运营中心、营销中心）、三大平台（设备智能运维平台、安防智能管控平台、环保智能管控平台）、各工序产线及设备级的智能应用的总体框架。其中，智造中心以"集控中心、三大平台"为突破口，运营中心以"一日结算"为突破口，营销中心以"集团电商"为突破口，各工序产线以"少（无）人化、智能化"为突破口，从而实现在统一平台框架下对制造管理流程进行梳理和优化，对资源进行整合。

5.1.6　湘钢

（1）无人化　"无人码头"是湘潭钢铁集团有限公司（简称湘钢）远程化、智能化作业场景之一。湘钢先从工作强度大、环境差的炼钢区域天车操作环节入手，在行业内首创5G智慧天车。在低时延、高速率的5G网络中，实现了远程实时操控废钢跨天车进行卸车、吊运装槽等作业。机器人的每一次自动拿取，产线的每一秒智能运转，都需要强大的数据采集和计算能力，以确保操作精准无误。未来，湘钢将无缝打通工厂内的数据采集、传输、处理、应用等全环节，推动效率和质量进一步提升。

（2）废钢AI定级　传统的散状废钢定级是依靠质检员肉眼进行的，过程烦琐且难以量化和标准化。为此，湘钢联合中国移动和华为进行研发，运用5G网络、大数据存储、AI云推理、边缘计算和车辆识别定位等技术，搭建了统一的智慧管控平台，建立了海量的散状废钢实物图片数据库。在废钢卸料过程中，通过高清智能球型相机对车厢内实物进行扫描并与数据库进行匹配，再利用AI系统的计算功能完成自动判级、扣杂等过程。

该项目的实施，实现了24小时不间断工作，有效提高了生产效率，降低了人工成本，废钢的定级也更加客观、准确，经济效益可达500万元/年。

（3）5G+智慧工厂　2019年，湘钢紧跟数字化发展浪潮，与中国移动和华为强强联手，在湘钢5m宽厚板厂内共同打造5G智慧工厂，让传统工厂变得更加"智慧"。

5G无人天车上安装了7个摄像头，可监控现场整个作业环境。通过高清摄像头，结合5G网络的高速率，实现现场360°的全覆盖监控。与此同时，通过3D扫描成像技术，还可以将现场物流车辆装斗的高度以及现场的一些吊运图像信息第一时间以高清晰度传输到操控室，帮助工作人员做出精准判断，实现安全和高效的吊运作业。

5G+捞渣机械臂、5G超密视频回传、5G+OCR钢板识别、5G转钢自动化、5G废钢AI定级、棒材表面AI质检、湘钢云平台等[2]，随着越来越多"5G+"应用场景落地湘钢，湘钢智能制造的发展和应用会进一步加速。

目前，湘钢已建设5G专网基站210个，实现厂区5G专网全覆盖。在5G无人库房、废钢AI定级、AR远程装配等多个工序环节，5G、人工智能、工业互联网等新一代信息技术与生产现场深度融合。无人机群"上岗"，执行全天厂区自动巡逻等任务；"5G+AR"远程协作系统"牵线"，湘钢技术人员可与万里之外的客户实现跨国协同作业。

通过5G+智慧工厂，湘钢已实现企业运营成本降低20%，新产品研发周期缩短20%，生产效率提高20%，产品不良率降低10%，能源效率提高5%。湘钢将继续运用"5G+云+AI+大数据"等ICT与钢铁生产深度融合，无缝打通工厂内数据采集、传输、处理、应用等全环节，实现湘钢5G专网及应用的可视、可管、可控，助力湘钢在经营决策、生产管理、制造执行等流程和模式上实现根本改变，推动湘钢改进生产和管理流程，提升生产效率和产品质量。

5.1.7 首钢

（1）全流程过程质量管控 近年来，首钢积极推进数字化转型与智能制造，通过数字化技术的深度应用，提升智能化水平，优化资源利用，提高质量效率，推动企业高质量发展。为进一步提升"制造+服务"能力，公司提出了"质量提升""质量提效"任务目标，明确了"外保产品质量、内控质量稳定、坚持科技和管理双轮创新驱动"的主攻方向，数字化的钢铁全流程过程质量管控平台应时而生，为打破质量管控瓶颈、直击质量提升痛点赋予新的视角和解决方案。

全流程过程质量管控平台的构建，彻底填补了质量过程控制的空白，实现了从钢水投入到成品产出整个过程的监控、调整、判定、预测、检验和处理，实现全流程一体化闭环质量管控，提高了产品质量的稳定性，有效解决了上下游质量信息实时共享的问题，降低了成本损失。

数字化质量管控平台覆盖了21个生产机组、59个生产过程、6500多台设备共10000余项工艺和设备过程数据的采集和转换，通过在线检测、机器学习、数据建模等先进技术，实现全流程过程质量判定与预警，大大提高了质量过程控制的效率和精度；通过 AI 图像识别技术代替人工判定，可自动完成表面缺陷识别、分类、特征提取、组合等；通过跨工序表面质量缺陷遗传性追溯，实现全流程表面缺陷演变情况的准确、便捷对应和追溯分析，助力快速锁定缺陷来源工序位置和产生原因。

首钢产品定位以高端家电、汽车以及制造用钢为主。高端客户追求零缺陷交货，对生产过程中产品质量稳定性要求更为严格。依赖人工过程控制无法实现过程的准确管控，产品缺陷发生率较大。因此，首钢以"追求零缺陷、实现高准确度、提高客户满意度"为目标，建设全流程质量管控体系，以机器智能决策，提升了产品生产过程质量的管控能力，从而在快节奏和大规模生产中提高产品质量的稳定性，降低成本损失，满足客户个性化需求。

（2）燃气预测与调度优化系统　首钢迁钢燃气预测与调度优化系统以节能减排、降本增效为核心，围绕能源信息在线采集、能源数据实时监测、能源调度敏捷有效等需求，基于大数据、人工智能和物联网等新一代信息技术，实现了燃气产生/消耗预测、状态预警、煤气调度、调度结果评估、潮流图和煤气综合展示等功能，在企业供求预测、动态平衡和实时监控等方面发挥了巨大作用，有效地节约了生产资源，提高了煤气利用率，减少或避免了煤气放散情况[3]。

系统的成功实施为企业带来了显著的经济效益与环境效益。自项目实施后，高炉煤气放散率预计降低 0.1%，按公司年铁产量 762 万吨、吨铁煤气回收 1490m³/t 测算，年提高煤气回收约 1135 万立方米；按公司发电机平均单耗 3.5m³/（kW·h）测算，年发电量提升约 324 万千瓦·时；按外购电单价 0.4338 元/（kW·h），考虑环保限产、设备临时故障等因素影响，测算效益以 90% 计算，年效益约 126.5 万元。此外，节约高炉煤气 1135 万立方米左右，高炉煤气热值 850kcal/m³ 左右，标煤热值 7000kcal/kg 左右，折合每年约 1378.21t 标煤。

（3）首钢京唐无人化　首钢京唐于 2021 年初提出"应用信息化、智能化技术，加速推动数字化、智能化转型发展，将京唐建设成智能化钢铁厂"的战略构想。

围绕物流库区管理能力和协同效率，建立了智能化无人库区 9 个，在建 2230 冷轧中间库 1 个；围绕提升智能化制造能力，通过产线控制系统模型优化，实施了产线智能控制无人操作项目 4 个；围绕改善作业岗位工作环境，实施了拆捆带、贴标签、捞锌渣等机器人项目 66 个；为占领前沿技术制高点，进行了冷轧酸洗智能库区 5G 环境中的应用研究等。"京唐智造"全面推进的基础日益坚实。

速率高于 1Gbps，时延低于 20ms，5G 的特性使其成为工业最活跃的创新要素。在首钢京唐，一张 5G 行业专网、一个工业互联平台已成型，5G 安全生产视频回传、5G

无人天车、5G AR辅助巡检、5G远程集控等多场景应用逐步落地，5G与钢铁工业不断融合。

在酸洗原料库、中间库、镀锌成品库里，遍布的摄像头将实时图像清晰回传到指挥中心屏幕，由于时延极低，控制人员第一时间就能发现问题并及时处理。

在首钢京唐，利用5G高速率、大带宽、低时延等特点，融合边缘计算、机器视觉、人工智能等新兴技术，已推动实现各环节的少人化、无人化，助力钢铁制造技术与装备转型升级，大幅提高了良品率，节约了50%的作业人员，生产效率也提升了约15%。首钢京唐正加紧5G网络覆盖，以后其无人料场、园区智慧安防、厂区自动驾驶等5G创新应用场景也将陆续实现。

（4）设备智能运维　物联网、大数据、人工智能等新兴技术正在成为企业经营管理升级的"金手指"。首钢京唐设备系统通过EQMS（设备管理系统）与智能运维平台双平台的建设与推进，开启了智能运维的新实践。以信息化为支点，深化点检、维检、备材三大支撑体系建设，搭建了覆盖设备采购、安装、维护、报废等环节的设备全寿命周期管理，实现了业务在系统中运行、数据在系统中共享、知识在系统中传承，从而推动了设备管理科学、高效、智慧发展。

在首钢京唐，物联网技术构建了工厂的"眼睛"。传感器、RFID（射频识别）电子标签代替传统人工监视，海量生产数据通过边缘计算、流式计算与分布式存储技术实现从"信息孤岛"到"全域集成"的变革。首钢京唐在满足设备数字化、智慧运维等需求上，建立了数据标准统一、信息安全可控的工业互联网平台——设备数字化智慧运维平台。该平台可实现旋转设备振动远程诊断、液压油品状态监测，大大提高了管理效率。

随着自动化控制、5G、人工智能等先进技术陆续引入首钢京唐，首钢京唐智能化管控平台拥有了63个子系统，数据的实际利用率将提升至95%以上；系统平台接入点增加到近6万个；实现端到端数据延时短于2ms，全面实现工序多专业、多部门系统作业和信息化管理，打造了"统一平台、多级融合、流程闭环、协同管控"的智能化运行平台。

"十四五"期间，首钢京唐将践行"绿色、智能、创新、价值"理念，充分利用智能远程集控、人工智能、机器视觉、AR（虚拟现实）远程协作、数字孪生等先进技术，积极推进数字运营管理、智能生产制造、智能物联客户服务、智能集控绿色安全等各项智能制造项目的实施，将首钢京唐建设成智能化钢铁厂，发挥区域引领和行业示范作用。

5.1.8　鞍钢

（1）工业互联网、大数据及人工智能应用实践　运用机器学习的算法与建模技术，结合基于机理的数据模型，可以大幅度提升企业的效率。鞍钢从钢铁全流程质量管控大数据分析、设备状态监测、能源管控分析等方面开展智慧制造工作，构建了工业互联网平台，通过精准、实时、高效的数据采集互联体系，建立面向工业大数据存储、集成、访问、分析、管理的开发环境，实现了工业技术经验和知识模型化、标准化、软件化、复用化，不断优化研发设计、生产制造、运营管控等过程的资源配置，以满足工业迅猛发展对大数据分析能力的需求，在公司内部不断推广应用。

工业互联网平台包含四大核心层级：边缘层、IaaS 层、工业 PaaS 层、工业 SaaS 层。在边缘层，通过大范围、深层次地部署数据采集设备，实现高频工艺数据采集，构建数据语义定义、协议转换与边缘处理，构建整个平台的基础；在 IaaS 层，集中部署通信一体机、服务器及高性能存储设备等；在工业 PaaS 层，部署微服务组建库、应用开发环境等，实现数据融合等工业软件的快速开发；在工业 SaaS 层，形成不同领域、不同专业场景的工业 App 应用，以实现工业互联网平台最终的价值。工业互联网架构体系带来了数据采集方式的根本改变，加速了工业数据分析方式的创新突破，成为数据价值创造的最佳载体。

鞍钢着力推动工业与信息化融合发展，以信息流带动技术流、资金流、物质流，促进企业内部资源配置优化，促进全流程、全要素效率提升。运用了以互联网为代表的新一代信息技术融合创新，推动实体经济转型升级，充分体现了工业大数据是一种新的资产、资源和生产要素。鞍钢在工业大数据应用方面，汇集了来自现场各业务系统的各种专业数据，打破数据壁垒，构建全要素、全链路的数据模型。重点围绕智慧营销、智慧采购、智慧物流、智慧质量、设备状态监测、智慧能源等几方面开展了工作。

（2）冶金露天矿 5G 远程智能化采矿　"冶金露天矿 5G 远程智能化采矿"是鞍钢集团全资子公司攀钢开创国内冶金矿山先河的探索实践试点项目。该项目以攀钢矿业朱兰铁矿采场无人化远程集中作业为应用场景，对 1 台 YZ-35B 牙轮钻机、1 台 WK-4B 电铲和 2 台 TR60 矿卡实施智能化改造，并配套建设了 1 套 5G 专网、1 个边缘数据中心和 1 个远程操控中心。实现采场穿孔远程半自主无人化作业、铲装远程操控混装作业、运输自动驾驶混跑作业，为解决全国冶金露天矿山采矿作业痛点和难点积累了宝贵经验；实现世界首创冶金矿山车铲钻现场作业无人化及车铲协同，世界首创 5G 云网融合应用于矿山采场无人化作业，国内首创高温电磁环境矿山采场无人化作业；实现有人无人车铲混合编组作业国内领先，电铲、钻机自动卷缆装备综合应用国内领先。

中国钢铁工业协会发布的《钢铁行业智能制造解决方案推荐目录（2022 年）》显

示，由攀钢矿业有限公司、中国移动通信集团四川有限公司、成都星云智联科技有限公司等联合申报的"冶金露天矿5G远程智能化采矿"成功入选"智能工厂建设（改造）类项目"推荐名单。

该项目于2021年3月着手谋划、9月组织实施，2022年6月投入试运行。目前，已获得全球移动通信系统协会"中国5G垂直行业应用案例"、四川省"5G+工业互联网"标杆、四川省第二届5G创新应用大赛第二名等多项荣誉。

（3）"智慧指数"评价体系　2022年8月，"鞍钢集团有限公司数字钢铁及数字产业'智慧指数'评价体系"在鞍钢第三届"数字鞍钢·数字生态"现场推进会上正式发布。这标志着"数字鞍钢"建设有了统一、规范的评价标尺，鞍钢数字化和智能化水平有了可量化的评估标准，"智慧指数"将引领"数字鞍钢"建设跑出"加速度"[4]。

近年来，随着鞍钢"十四五"信息化发展规划和"数字鞍钢"建设方案的贯彻实施，集团内部各企业、基地、产线纷纷将数字化转型作为首要任务进行重点攻坚，智能制造应用场景日益丰富。但由于缺乏灵活完整统一的标准，数字化、智能化成果成效难以检验、评价，建立标准化、规范化的智慧评价体系迫在眉睫。在此背景下，鞍钢委托冶金规划院，以国家标准为指引，按照权威性、系统性、可测性、动态性原则，紧贴行业发展现状，预留未来发展空间，建立了鞍钢数字钢铁及数字产业"智慧指数"评价体系，为"数字鞍钢"建设提供统一规范可量化的评价标尺和评估标准。

目前，该评价体系聚焦数字钢铁和数字产业，已完成首轮评价。评价结果显示，鞍钢数字钢铁信息化长板明显，智慧化建设具有较大提升空间；数字产业拥有一定基础，成功自主开发了一批成熟应用场景。同时，评价结果也提示鞍钢各级企业要补短板，持续加强智慧化建设，重视数字化建设项目的效益指标，加强数据治理工作；要锻长板，加强典型选树工作，推广优秀做法，产生指数引领效应；要重均衡，在数字化建设中处于低阶状态的企业和基地应加大投入力度，获取更大的边际提升效益；要适度加大科技创新投入，加强核心人才队伍建设；强化市场化思维，提升外部市场开发能力和力度。

下一步，该评价体系进入迭代与拓展阶段。相关部门将持续支持鞍钢不断完善评价体系，继续完成矿业、钒钛等领域的评价体系设计工作，并开展"智慧指数"评价体系标准申请，提升鞍钢集团数字化建设影响力。

5.1.9　德龙钢铁

（1）铁前采购配料一体化优化　铁前综合配料优化系统通过运筹学算法，综合考虑烧结、高炉工序的工艺要求，在满足化学成分约束、物料守恒、热平衡等条件下，基于市场上各原燃料的可获得性与性价比，以采购成本最小或质量最优等多种可选择的优化目标，计算得出原燃料配比与需求量。

烧结采购配料：用于制定月、周配比计划，最大限度获取市场原燃料种类、价格、成本信息，寻求最优采购品种及采购量。在具体应用中，可基于不同场景使用不同的约束组合。

① 给定烧结产出，求成本最低的配比计划：依据市场可获得的原燃料、成分及价格获得最优采购方案。

② 给定烧结产出，在一定成本内质量最优：在限定采购成本的前提下获取烧结品位最优的采购计划。

③ 给定烧结产出，优先使用库存时成本最低：考虑库存情况，系统在指定某一种或几种原燃料耗用量的前提下获得最优采购方案。

④ 给定烧结产出，在指定品位时成本最低：考虑铁区生产的稳定性，指定某品位的前提下获得原燃料最优配比的采购方案。

烧结变料：为保证高炉稳定顺行，考虑原燃料库存量及成分约束，在给定的碱度条件下，制定质量最优的变料计划。

高炉配料：在满足炉渣碱度、四元碱度及铁水成分约束条件下，制定合理的原料、焦、煤配比计划，使得炉渣流动性良好、熔化温度较低、铁水成分稳定，铁水成本最低。在具体应用中同样具备多种约束组合，可在给定品位、给定某一种或几种原燃料的最大最小使用量等约束下获得最优高炉配比计划。

"烧结-高炉"一体化配料：烧结矿占入炉料的质量分数约为50%～90%，因此"烧结-高炉"一体化配料能够最大限度地优化铁区成本。系统在设定的经验系数基础上，综合考虑烧结成分约束及高炉约束，将非线性约束转化为线性约束，构建线性规划模型，利用运筹学算法求出铁水成本最低的最优烧结-高炉配比采购方案。

（2）面向全流程的计划与排程系统　面向全流程的计划与排程系统很好地解决了工序间的耦合关联，实现了工序间的协调有序，产能高效利用，减少能源消耗与排放。

APS涉及的模型主要包括库存替代模型、有限能力排程模型、坯料设计和订单组批。库存替代模型提供产成品和半成品的可用量承诺功能，即利用非计划的成品和半成品库存来满足客户订货需求。有限能力排程模型用于编制基于有限产能约束的主生产计划（订单计划），确定生产订单的生产交货期，并根据主生产计划提出物料需求计划。坯料设计即设计和计算生产所用的坯料，坯料设计存在一个组合优化的问题，需要针对不同产品的特点建立相应的数学优化模型。订单组批即根据生产工艺要求合理组织和安排订单的生产批量和生产顺序，从而得到优化的生产作业计划。

（3）基于人工智能的烧炉控制系统　智能烧炉控制系统能够提高燃烧效率，降低煤气消耗；降低钢坯氧化烧损，降低烟气中硫化物、氮氧化物、烟尘的含量；降低设备故障率和维护成本；全自动化运行，保证产品质量的稳定，属于减量化生产。

　　智能烧炉控制系统基于人工智能技术，通过物理数学模型以及先进控制算法，克服煤气压力和热值的波动，根据钢坯给料情况动态优化炉内气氛和温度场，实现精准的出钢温度控制，最终获得更优的钢材产品性能。

　　智能烧炉控制系统通过5个功能达到最优控制，实现节能降损：出钢温度优化、空燃比优化、炉压/排烟温度优化、待热优化、待轧优化。

　　① 出钢温度优化　出钢温度对于轧线控制、成品性能有重要影响，是加热炉控制的最主要目标。不同规格钢坯的最优出钢温度是各异的，系统通过联网钢坯生产管理三级系统（MES）获知入炉钢坯规格信息，然后结合入炉温度和钢坯温度场模型，自动根据轧制节奏实时设定优化的炉膛温度，从而达到最佳出钢温度。

　　② 空燃比优化　炉内气氛（氧化或还原气氛）对钢坯煤气消耗、氧化烧损有重大影响，而炉内气氛取决于各加热段的空燃比（助燃空气量与煤气量之比）控制。

　　③ 炉压/排烟温度优化　在钢坯规格一定的前提下，影响氧化烧损的核心因素为加热温度、加热时间和炉内气氛。加热温度（钢坯表面温度）越高、加热时间越长，氧化烧损越大。因此，在保证出钢温度的前提下，要尽可能降低炉温，需要进行出钢温度优化；最有利于降低氧化烧损的炉内气氛为中性气氛，此时炉内氧含量最低，可以减少钢坯的氧化。带钢加热炉采用高炉+转炉混合煤气，热值波动大，为了实现快速、精准的气氛控制，系统在入炉煤气总管处安装有在线煤气热值分析仪，实时测量入炉煤气的热值，以模拟量信号形式导入加热炉PLC，用于气氛调节。

　　④ 待热优化　出于增产目的，加热炉需要提高轧制节奏，因此经常需要待热。此时炉工操作随意性大，造成煤气浪费、氧化烧损增加、脱碳层增厚。基于钢坯温度场模型，待热时Ention系统实时计算出炉内钢坯的温度，提醒开轧时间。

　　⑤ 待轧优化　轧线经常由于换辊、换班、故障等原因，处于待轧状态。此时炉工"降温-待轧-升温"操作随意性大，造成煤气浪费、氧化烧损增加、脱碳层增厚。系统针对每种规格的钢坯，都建立一个专家系统，在不同预期待轧时间条件下，设定每个加热段最佳的降温幅度、开轧提前升温时间。

　　加热炉系统是一个典型的复杂系统，其工艺过程受随机因素干扰，具有大滞后、多变量、强耦合、非线性的特征。对于这样的系统，基于传统PID算法的控制效果很差。智能烧炉系统采用基于现代数学的先进控制（advanced process control，APC）算法，达到了理想的控制效果，实现了节能降耗减排目的。

　　① 预测控制算法　预测控制（generalized predictive control，GPC）算法具有控制

和矫正系统未来动态行为的功能。对于加热炉，当煤气阀门发生动作，导致煤气流量变化时，炉温的变化具备典型的大时滞特性。基于历史运行大数据分析，可以标定加热炉的炉温响应"惰性"（即纯滞后 τ 与惯性时间 T）。预测控制算法考虑了惰性特性，因此超调小、波动小、跟踪快，效果优于 PID 算法。

与 GPC 算法相比，PID 算法的鲁棒性、自适应能力较差，当炉况发生变化时（例如烧嘴劣化、蓄热体性能下降等），参数不得不重新整定，否则其控制性能会在几个月内很快下降以至于难以投入自动。这也是加热炉厂家自带的"自动烧炉"程序难以投入自动的原因。采用 GPC 算法则避免了以上问题。

② 自适应算法　自适应算法能够通过自学习自我修正控制参数，以适应加热炉工况的变化（例如蓄热体性能的变化），具有自适应能力，因此达到比传统 PID 算法更好的控制效果。

③ 模糊控制方法　基于模糊理论而形成的智能控制技术，能模拟人脑的智能推理过程，对被控对象进行判断和决策控制。用自然语言来描述被控系统，利用模糊规则推理对系统的初略知识进行类似人脑的知识处理，实现对复杂系统的控制。

系统性能指标：吨钢煤气消耗降低 5%～10%，氧化烧损降低 10%～20%，烟尘与硫化物排放降低 5%～10%，氮氧化物排放降低 7%～14%。

（4）基于"市场预测+订单驱动"的生产组织模式　在生产组织模式上，实现以销定产。首先根据公司战略规划、市场需求分析预测和生产能力计划等确定公司中长期计划；每日的生产计划则是根据订单计划来制定，订单计划是对客户订单进行订单评审、质量设计、要料设计和有限能力排产；批量计划是针对冶铸轧等生产工序进行组炉、组浇、组轧，编制炉次作业计划、浇次作业计划和轧次作业计划等批量计划；生产调度是根据现实工况对批量计划进行生产调度并下达执行。也就是说，整个生产过程是以销定产，避免了盲目生产。

（5）全流程数字化质量闭环管控系统　通过全流程数字化质量闭环管控系统将质量管理从事后检验向事前预测、预防改变，将散落在各产线各系统中的生产质量数据采集并整合在一个数据中心平台上，实现从产品质量设计开始，到质量监控、质量预测、质量判定、质量追溯、质量分析和质量改进，形成质量管理 PDCA 闭环管控，不断提升产品质量，实现资源有效利用，为客户提供有效供给。

全流程数字化质量闭环管控系统主要包含以下功能：

① 数据采集与存储　从各系统中全面采集制造过程工艺、质量数据，并保证数据之间内在的逻辑、时间的统一，形成有效的工艺质量数据存储与管理平台。

② 质量设计　根据客户订单，依据相关冶金规范、产品规范匹配产品生产的工艺

路线、操作要点和检化验标准。

③ 工艺质量监控与预警　对炼钢、轧钢关键工序展示SPC控制图，并提供多变量过程监控与预警功能，前道工序质量异常自动展示给技术管理人员及下道工序相关生产人员。

④ 质量预测　提供客户要求的钢种的质量预测模型。针对客户要求，对钢种的性能进行预测，如断面收缩率、抗拉强度等，对客户要求的特殊钢种的金相组织进行合理预测，并确保尽可能高的预测精度和正确率。

⑤ 质量判定　实现客户要求的钢种的连铸、轧制过程产品质量在线评级与预警，并保证系统运行率和质量评级准确率。

⑥ 质量追溯　通过数据采集与数据融合，确保系统有机串联炼钢、开坯、修磨、轧钢、成品质量及客户反馈异常质量等重要信息，实现数据时空统一，可根据炉号、坯号、卷号等信息查询全流程关键工序指标并进行追溯；实现按长度展示的正向追踪和逆向追溯。

⑦ 质量大数据分析　通过丰富的数据统计分析功能和数据挖掘算法（如CPK分析、相关分析、批次差异性分析、回归分析、分类、聚类、神经网络等）、统计展示功能（如样本散点图、均值运行图、频度分布图、箱线图等），对质量问题进行诊断，并给出潜在异常的工艺参数，给出工艺优化建议，实现质量提升。

⑧ 质量优化　围绕夹杂物分析等质量问题，充分利用历史数据和数据建模与分析技术，提出质量优化控制建议策略，并形成典型的应用案例，实现质量优化。

（6）数字化智能化转型　以信息化和自动化为主，德龙钢铁积极寻求数字化智能化转型方式，从智能化视频监控、废钢全业务流程交易管控、智慧能源管理等多个维度入手，补齐短板，实现了管理的全面升级和数字化全面转型。在工业互联网的全流程赋能下，德龙确定了以打造"5"维一体的环保管控中心、"6"维一体的安全警示教育中心和"7"维一体的智能管控中心，即"567工程"为核心的变革发展观，推进智能制造工作向前迈进。目前，德龙"5"维一体的环保管控中心已经完工并投用；"6"维一体的安全警示教育中心和"7"维一体的智能管控中心正在紧张建设之中，完工投用时将实现铁区、能源动力集中操控，生产、物流等集中管控，从而促进企业高质量发展。

5.1.10　中天钢铁

近年来，中天钢铁将"智改数转"作为企业战略，打造以生产、经营、服务、决策为核心的"3+1"智能化平台，将智能化改造部署落实到每一条产线、每一个岗位，助推企业数字化管理全面转型，实现"一总部、多基地"智能化管理模式。

（1）数控中心　中天钢铁南通公司建成集"数据中心、智能管控中心、铁前集控中心、能源中心、钢轧集控中心"于一体的数控中心，操作现场远离生产区域5km以外，配套大规模集控系统、智能制造控制平台、自动化控制系统等，其中，铁前系统39个岗位452位员工已全部接入数控中心，实现远程操作，岗位集控率达世界一流水平。

（2）5G+智能制造　目前，集团下属各生产基地已全面应用"5G+工业互联网"技术，构建起"云、边、端"三层数字化经营管理体系架构。其中，常州基地拥有5个省级智能示范车间，部分车间智能装备占比近100%，年产值增加超2亿元；江苏首个"5G+数字钢厂"已于2021年在集团三炼钢全面投用，建设了5G行车远程控制系统、钢水智能快分系统、全厂数字孪生系统等，当年即实现创效4500万元；研发了具有完全自主知识产权的"工网宝""中天云商"等信息化平台，提供供应链全流程一站式在线服务，并实现智能化大规模定制生产、准时生产、柔性生产。

围绕"绿色智造+洁净生产"设计理念，中天钢铁南通公司基于5G专享专网，构建工业互联网、工业大数据双平台，覆盖绿色环保、节能低碳、管理创新、产品提档升级、产业链协同五大应用集群，搭建数智化料场、无人运输车、5G+智慧能源、废钢智能判级、碳排放管理等20个应用场景，打造领先世界的5G+智慧钢铁创新港示范区，实现全员劳动生产率达2000吨/（人·年），加快建立工业领域"智改数转"核心优势。

5.1.11　中信泰富特钢

（1）一业多地铁前大数据一体化智能管控平台　遵循集团数字化转型升级规划，面向原燃料采购—料场—烧结—球团—焦化—高炉整个大铁前工序，针对安全长寿、顺稳高产、优质低耗、绿色节能、智能标准、降本增效、人才培养等痛点需求，聚焦采购、生产、成本、环保、能源（低碳）、安全、设备、人才等主要环节，该智能管控平台实现边—端—网—云的多源异构工业数据的采集、清洗、治理、存储、管控、建模、分析、服务、应用，实现以下六大目标[5]。

① 数据融通　打破现有各冶炼单元、各产线、各业务系统、各部门、各公司基地间的数据孤岛，实现集团级铁前数据汇聚融通。

② 平台赋能　打造国家倡导、行业领先的工业互联网平台作为协同赋能的载体，为集团铁前云存储、云计算提供运行资源。

③ 知识复用　基于平台能力，建立沉淀专家经验知识的推理机和知识库；构建数据挖掘、机器学习、深度学习等数据科学算法库；沉淀集团原燃料冶金性能检化验数据，烧结、球团、焦化、高炉不同冶炼单元全生命周期不同工况的数据样本，形成工况

样本库。通过上述"中西医结合"方式，将专家经验规则化、技术原理模型化、数据挖掘智能化三种不同的知识获取方法深度融合，打造行业领先的知识复用技术体系。

④ 汇智决策　一方面，从战略角度，对一体化配矿和一体化配煤进行统筹优化；另一方面，从战术角度，通过远程监测、作业驾驶舱、对标评比等功能模块，实现对各基地铁前运行状况的实时掌控和决策提升。

⑤ 标准执行　基于铁前大数据和集团冶炼技术规范，提炼面向各工序和重点环节的数据标准、通信标准、技术标准、作业标准、管理标准，为最终实现少人化闭环炼铁奠定基础。

⑥ 创新引领　建立基于数字孪生技术的平台化实训系统和数字化人才培养机制，推动新工艺、新技术的研发推广，打造集团数字化转型升级的排头兵，树立行业乃至国家制造业创新引领和新基建落地的标杆案例。

通过打造覆盖设备、单元、产线、基地到集团的工业大数据平台，构建资源共享、优势互补、高效协同的炼铁"智能大脑"，推动"集团跨基地的数字化、标准化、智能化炼铁"模式变革，契合智慧制造发展的需要，为纵深推进企业数字化转型升级奠定基础，为稳步推进企业绿色低碳发展打好头阵，为逐步推动向钢轧产线扩展铺设道路，最终提升中信泰富特钢的核心竞争力，实现"绿色出发，向智而行"。

（2）构建ICT-MiiND策略　中信泰富特钢在打造专属方案"MPLS专用网络+公有云+私有云+数据中心+信息安全"的同时，不断用创新技术赋能ICT方案。2021年构建的ICT-MiiND策略，正是基于对客户需求的明确判断，更智慧更主动的数字化转型"大脑"。该策略通过智能大脑思维模式，利用不同创新工具与算法串联不同场景，通过自动化、多角度和综合的思考、分析及评估，并通过使用机器学习、深度学习提升智能运维能力，从而能够恰当地应对各种问题或挑战，为企业的IT服务主动提出或制定解决方案。

（3）铜陵特材数智中心　铜陵特材数智中心搭建了工业互联网平台和焦化大数据平台，围绕提高经济效益、管理效益和社会效益，建成了智慧生产管控中心、智慧能源转供中心、绿色低碳研发中心、智慧安全应急中心，初步实现了生产过程、产销经营、安全监控、能源环保数据的全生命周期管理，融合大数据分析技术和人工智能算法，打造自主学习持续进化能力，使生产数据持续创造价值，赋能降本增效，提高管理效能。

5.1.12　宁波钢铁

（1）高炉智慧集控中心　2022年9月15日，宁波钢铁高炉智慧集控中心正式建成投用，标志着宁波钢铁智慧高炉的"智慧大脑"正式上线运行。实现高炉"黑箱"生产智能化。

宁波钢铁高炉智慧集控中心采用了钢铁工业多个首创和领先的智能化技术，是宁波钢铁实现钢铁智造的一个创造性成就，也是杭钢集团数字化改革工作的一项建设性成果。

宁波钢铁正全面启动"1+5+X"传统制造业数字化转型示范工程，不断推进数字化转型工作走深向实，以目前行业领先的绿色、低碳、长寿高炉综合技术为依托，聚合智能装备、智能生产与智能管控功能，打造出宁波钢铁高炉的"最强大脑"。

实现高炉"黑箱"生产"看不着"变"透明化"。宁波钢铁研发出了具有自身特色的"五模型一平台"，将生产数据进行治理、感知与分析，从炉料可视化、气流可视化、炉型可视化、炉热可视化、安全可视化和管理可视化的角度，实现了对高炉生产状态的全面监测、评估与诊断，为高炉生产、操作、决策提供了"智慧眼睛""智慧手脚""智慧大脑"，将高炉这个黑箱容器逐步透明化。

实现高炉操作"靠经验"变"用智慧"。宁波钢铁以工业互联网 WISDRI DiPlant 平台为基础，在大数据采集的基础上，利用机器学习算法，结合专家规则库，对高炉生产数据进行离线和实时两个维度的分析，根据高炉的生产特点，为操作者提供当前生产状况与历史同类型物料、生产参数下生产状况的对比，并给出预警和策略指导，解决高炉操作经验模糊化、非定量化、不断变化等问题，将过去的"经验炼铁"转变为"智慧炼铁"。

实现高炉管理"单一性"变"体系化"。宁波钢铁智慧高炉在长期安全性、稳定性、高效运行方面相比同类高炉更具优势，且进一步降低高炉燃料比。在 2022 年上半年，在原燃料不断劣化的不利条件下，宁波钢铁炼铁坚持"低成本、高效率"理念，探索自主集成的铁水成本制造技术，高炉燃料比保持在 503kg/t，铁水成本综合竞争力跻身行业第一方阵[6]。

（2）钢轧一体化系统　宁波钢铁智能钢轧一体化系统基于物联网、大数据、人工智能等新一代信息技术，围绕宁波钢铁计划与生产两大主线，结合宁波钢铁生产业务需求，建立产销模型、钢轧模型及生产实时调度模型，并开发了基于元启发式和规则启发式智能优化算法对其进行求解，能够实现从销售接单到生产执行的全流程业务贯通。同时，通过系统中不同工序间的关联耦合模型，充分利用平台产生的计划和生产数据，建立了一系列数据处理及存储策略，能够实现各级系统间的数据贯通；通过产供销一体化协同，能够有效降低部门间沟通成本，提高计划编制效率、客户响应速度和客户交货均衡度；通过铁钢轧一体化协同，能够减少铁水温度损失、减少余材产出、提高板坯热送热装率，从而降低生产过程物料消耗成本，提高资源利用效率，达到生产效益最大化。

宁波钢铁钢轧一体化系统以其业务贯通、数据贯通和协同优化等特点，在实现宁波钢铁实现"降本增效"目标中发挥着越来越重要的作用，成为宁波钢铁对抗风险的有力工具。

（3）设备智能运维   通过聚焦传统设备运维的具体问题与痛点，通过设备智能运维平台的建设，打破软硬件壁垒，结合预知与预警技术，构建以专业人员为主的设备智能运维体系；深化点检定修制管理，在此基础上构建设备风险管理标准化体系，并以"数据"为牵引，通过设备智能运维平台，开展基于设备风险管理的点检、状态分析、预警、报警、故障定位、专家诊断等平台化管理；以提供大数据分析等增值服务为基础，开展机器学习、深度学习，强化模型的训练与优化，并建立大数据专家模型库。

同时，打造基于工业互联网平台架构的设备风险管理标准化体系，以数据为核心，打造基于设备、系统、数据、人的互联互通，基于预警、预测、预知、诊断的智能决策，基于可视化、自动报表、智能流程的智能管理，基于远程推送、专家共享、专家指导的智能协同，从而实现企业从事后维修或预防性维护到预测性维修直至预测性维护的转型，使得宁波钢铁的设备智能运维水平得到有效提升，提升了企业经济效益与管理效益。

5.2   国外典型钢铁企业[7]

5.2.1   浦项钢铁

（1）热轧人工智能中心   浦项钢铁光阳厂在热轧板产线上建成"热轧人工智能中心"，远程开展控制设备的核心操作。该厂将以热轧全工序为起点，在冷轧和涂镀等整个轧制工序中引入智能钢厂技术。

热轧人工智能中心是一个远程操作室，基于人工智能、物联网等智能技术的远程控制，即使操作者不在现场，也能远程实时控制设备，有助于实现工作模式的创新。

此外，光阳厂还采用了Smart Wave控制技术，利用实时监控影像在精轧工序中检测和控制钢材的形状。光阳厂热轧部以热轧工序为起点，实现从加热到卷取的热轧全工序的综合监测和远程操控。根据热轧厂智能化及运营经验，光阳厂将在冷轧部、电镀部等轧制全工序实现操作自动化。

（2）质量影响因子分析系统   浦项钢铁开发了"质量影响因子分析系统"，可以快速准确地找出质量缺陷的发生原因，进一步提升质量管理水平。在出现产品质量缺陷时，利用作业数据分析质量波动核心原因因子，以应对质量缺陷。只有迅速找出导致缺陷的作业条件，才能提前防止缺陷的大量和重复发生，因此，分析质量影响因子至关重要。要找出质量影响因子，必须统计分析优良品与次品之间的作业变量值（代表作业条件的数据项目）是否存在显著差异，并根据工作经验和知识进行解析。

目前，浦项厂钢铁在21个质量指标和487个作业因子的分析中使用了质量影响因子分析系统，提高了质量管理工作的效率和准确性。该厂质量技术部表示，通过引进该系统，可以轻松分析并掌握质量影响因子，今后有望彻底解决固有缺陷的问题。

（3）设备故障预知系统　浦项钢铁在浦项厂利用设备故障预知系统PRISM提高了作业稳定性。该系统通过自动化逻辑来反映5400多种设备的管理诀窍，主动检测设备异常情况并通知管理人员。该系统是由浦项厂炼钢设备部自主研发的。

通过将技术知识系统化，实现了更加定量的设备管理；除了预知故障外，还利用1300多个传感器对数据进行实时监控；随着功能的不断升级，可自动计算出3800多种更换周期，使设备管理更加高效。

（4）扩增机器人"员工"　韩国各大企业引进弹性工作制，并扩增RPA"员工"，推动企业向数字化转型。RPA全称为"robotic process automation"，中文翻译为"机器人流程自动化"。RPA"员工"不是传统认知上肉眼可见的实体机器人，而是一款软件机器人，通过模拟并增强人类与机器人的交互过程，可以全天候不间断运行，有效降低办公操作中的人为错误。它的应用能够极大地提高当前办公效率，有效降低企业成本，并将员工从大量、重复、机械并基于一定规则的劳动中解放出来。浦项钢铁的RPA"员工"属于"正式员工"，拥有办公电脑和员工专属邮箱账号，可以代替人类员工完成单一化工作。

（5）人工智能系统　浦项钢铁浦项厂厚板分厂引进了人工智能系统。这套系统由浦项钢铁自主开发，大大提高了厚板厂的生产效率和产品质量。

厚板是将连铸机生产的板坯按照客户所需的尺寸和力学性能进行轧制和定尺切割得来的。这类产品主要作为焊接结构的构件，广泛应用于船舶、建筑结构和压力容器等领域。

作为厚板的制造工艺之一，TMCP（热机械轧制）将厚板的温度控制到特定温度，从而对晶粒进行细化，使得厚板具有优秀的力学性能。浦项厂厚板分厂采用TMCP技术生产的厚板，具有比普通钢板更高的强度、更好的冲击吸收性能和更好的焊接性能，主要应用于稳定性要求较高的船舶、海洋平台和建筑结构。

浦项钢铁一直试图将作业误差降到最低，这是因为作业误差的累积可能会导致最终产品的质量偏差。尽管如此，精细作业又会引发生产成本增加的问题，特别在控制上难以进行改进，因此传统工艺存在一些不足。

对此，浦项厂厚板分厂和浦项技术研究院自主研发了"动态TMCP"技术。该技术超越单一工艺控制，实现了与其他工艺间的联动控制，并正式应用于厚板分厂。"动态

TMCP"技术采用了"人工智能预测模型"这一新技术，如果前工序作业期间出现质量偏差，模型通过实时分析数据，提前诊断后工序可能出现的质量问题，并立即自动优化后工序的作业条件，对诊断的问题予以解决。

在应用"动态TMCP"技术后，浦项厂厚板分厂的产品质量偏差降低了20%，工厂轧制生产效率提高了8%。此外，在作业过程中，"动态TMCP"技术还能实时应对突发情况。因此，浦项钢铁计划将"动态TMCP"技术作为量产系统进行扩大普及。从长远来看，如果借助该技术，作业偏差以及产品不合格率和加工成本都有望大幅降低。

（6）开发新型"高炉残铁开口机"　浦项化学公司与韩国企业韩进DNB公司合作开发了韩国首台"高炉残铁开口机"。

通常来说，高炉运行15～20年，因设备老化或残铁砣聚集，需进行检修作业。而检修作业时，为了有效去除高炉炉底凝固的残铁砣，通常会使用"高炉残铁开口机"通过钻头在残铁砣上钻孔，然后在孔洞中塞入火药进行爆破。

浦项化学公司主要负责浦项和光阳两大钢铁厂9座高炉的检修作业。此前，在进行高炉检修作业时，浦项化学公司必须从日本租赁残铁开口机。除了设备以外，还需要日方技术人员负责完成整个操作过程，每次都要花费20亿韩元。近年来，受日本出口管制等因素的影响，检修费用大幅增加，困难加剧。

韩进DNB公司拥有领先的深部钻探技术，已经自主开发了一系列的耐地热设备，相关产品可以深入地下3502m。通过与该公司合作，浦项化学公司致力于开发去除高炉残铁的开口机。双方合作对总深度107160mm的残铁砣进行了试验，残铁开口机的钻孔速度超过96mm/min，远远高于60mm/min的目标。

得益于高炉残铁开口机的国产化，浦项化学公司可以节省每次20亿韩元的设备租赁成本，而且能够以更快的速度进行高炉检修作业。与此同时，韩进DNB公司不仅销售额显著增加，还抢占了市场领先地位。

另外，此次研制的高炉残铁开口机于2022年2月正式应用于光阳厂4号高炉的检修工程。双方已经共同申请了相关专利，今后还计划向欧洲、亚洲等海外市场进行推广。

（7）浦项钢铁实现半导体用氖气生产设备和技术国产化　浦项钢铁在韩国国内首次实现半导体用氖气（Ne）生产设备及技术的国产化，并成功发运首批产品。

浦项钢铁在光阳厂制氧分厂举行了"氖气生产设备竣工及出厂仪式"。竣工仪式上，浦项钢铁工业气体和氢业务部表示，浦项钢铁与韩国中坚企业TEMC公司合作，实现了氖气的完全国产化生产，意义非常重大，通过强强联合，合作开展ESG经营，有望彻底消除对这种稀有气体的进口依赖，也为稳定韩国国内氖气供应链作出贡献。

近年来，随着半导体市场的快速增长，氖气、氙气（Xe）和氪气（Kr）等这类对半导体生产至关重要的稀有气体需求显著增长。2020年，韩国稀有气体市场规模约1600亿韩元，不过当时韩国半导体行业却几乎完全依赖进口的稀有气体。

氖气在空气中的含量仅为0.00182%，是半导体光刻工艺中的准分子激光器气体的原材料之一。为了应对贸易纷争带来的价格暴涨和供给不足，韩国半导体行业曾经进行过稀有气体国产化的尝试，但当时还需要依靠国外技术，这也会导致生产中断，只能完全依赖于进口。

对此，浦项钢铁与半导体专用气体生产企业TEMC公司合作，从2019年底开始，历时约两年，推动氖气生产的完全国产化。利用炼铁工艺的大型空气分离装置，依托光阳厂制氧分厂和TEMC公司的技术实力，它们自主研发了韩国第一台氖气生产设备。此外，该设备提取的氖气由TEMC公司进行精制后，制备成准分子激光器气体，从而完成了全流程国产化。

此次建成的设备每年可生产约22000m^3高纯氖气，可以满足韩国国内需求的16%左右。2021年年末，浦项钢铁通过试运行完成了产品质量评估，2022年设备竣工，正式进入商业生产阶段。

该项目是韩国大企业和中坚企业共同开展的改进活动，在"成果共享制"框架之下，取得了显著的成果。浦项钢铁现有设备与TEMC公司的技术实力相结合，创建了氖气生产设备和供应体系；作为成功完成挑战的激励措施，TEMC公司获得了全部初始投入的奖励，并获得了浦项钢铁对其生产的氖气的长期采购权。

浦项钢铁从2021年开始推进半导体用环保气体制造技术的研发，将工业气体业务打造成为公司ESG经营的全新发展动力。今后，其将通过增设氖气生产设备进一步夯实韩国国内氖气供应链，着力打造韩国工业气体市场的共赢模式。

5.2.2　安赛乐米塔尔

（1）安赛乐米塔尔的数字化推进组织　安赛乐米塔尔成立了专门的数字委员会，由集团首席技术官负责协调，集团和部门领导参与相关工作。该委员会致力于加快整个供应链的数字化进程，提高制造业和商业流程的绩效和可持续性。

由于收集、存储和计算信息的成本不断降低，数字化项目得到了推动和加速应用。安赛乐米塔尔的数千个在线传感器，利用大数据技术处理这些传感器获得的海量数据，正在能耗、水耗和设备磨损等方面创造价值。

（2）安赛乐米塔尔数字化转型的主要项目

① 建立数字卓越中心　安赛乐米塔尔正在其全球各地的生产基地附近建立数字卓越中心，使新技术更快速地从原型走向成熟。安赛乐米塔尔比利时工厂的100多位工程师正在推进自动化项目，并在整个集团推广这些技术。

② 工业无人机应用　安赛乐米塔尔已将无人机用于提高生产操作的安全性、效率和准确性，例如用于设备维护，以最大限度地减少对员工安全的危害。同时，无人机也被用来在高空拍摄红外图像来追踪能源的使用。

③ 自动化项目　安赛乐米塔尔的自动化项目正在提高生产率和产品质量。自动化堆料场项目正在实施，该项目将产线调度和运输设备（如自动起重机）对接，减少了库存并缩短了交货期。安赛乐米塔尔加拿大Dofasco在发运过程中采用完全自主作业的起重机来识别和吊运钢卷。安赛乐米塔尔的美国、加拿大和墨西哥拼焊厂实现了完全机器人化，不仅提高了产品的产量和质量，而且实现了汽车客户"扩大规模"的需求。

④ 人工智能（AI）项目　安赛乐米塔尔的AI项目正在推进。加拿大某热轧厂的图像识别项目和AI模型实现了焊缝脱模的实时自动判定。巴西某厂的AI图像识别项目，一个用于冷卷宽度测量，另一个用于环境排放自动分级。

⑤ 孪生数据项目　该项目使用从传感器收集的数据创建虚拟模型，以优化物理资产和制造过程，如利用传感器建立计划交付钢卷的数字指纹；钢卷质量缺陷用条形码标记，并链接到云中该钢卷的孪生数据；客户在钢卷到达时扫描条形码，即可从云端访问质量数据，并利用这些信息优化其操作。

⑥ 虚拟现实（VR）项目　VR项目可用于增强安全培训。安赛乐米塔尔在巴西和美国工厂利用VR开展受限空间的安全培训。

（3）安赛乐米塔尔的数字化实验室　安赛乐米塔尔在法国敦刻尔克（其欧洲最大的钢铁生产基地）附近建立了第一个数字实验室。这个数字实验室把其他制造商、初创企业、大学和当地的数字企业聚集在一起，旨在为钢铁行业带来最好的数字化创新，加速安赛乐米塔尔的数字化转型。实验室特别关注三个主题：安全、能源和环境。

该实验室的主要定位：根据安赛乐米塔尔的数字化转型战略，与合作伙伴（主要团体、初创企业、数字企业、大学）开展合作；作为安赛乐米塔尔员工和外部人员的新职业、新技术和数字化培训中心；联合主办会议和相关活动的场所。

安赛乐米塔尔还在该实验室内和其他合作伙伴开展联合项目。如和ENGIE在能源效率领域、和爱立信在5G领域、与Ultiwatt在能源优化领域、与EasyMile在自动驾驶领域开展合作研究。

安赛乐米塔尔的第二个数字实验室在摩泽尔，位于其弗洛朗日工厂附近。第二个数字实验室的主要方向是大数据、质量和维护。

5.2.3　蒂森克虏伯

（1）无边界的业务流程　在蒂森克虏伯的一家热轧带钢厂实施了一个"工业4.0"解决方案，该方案远超出单个公司的界限，实现了价值链的连接。供应商、热轧带钢厂和下游用户都通过数字网络连接起来。Hüttenwerke Krupp Mannesmann 的板坯生产由80km外的热轧带钢轧机控制，可以快速响应客户的快速交货要求。

同时，客户也可以根据其"Just in time"的需求，对热轧带钢生产进行干预。它们可以直接在工厂的IT系统中输入订单，并自行决定何时处理订单。客户还可以在生产前改变产品规格，如宽度和厚度。

除了上述柔性和灵活性之外，跨公司边界的流程链还有其他优势，如可以节省原燃料和产品的存放空间和成本、减少资金占用等。

（2）产品与生产过程"对话"　在蒂森克虏伯的伊尔森堡工厂，凸轮轴钢产品和生产制造过程能够"对话"。每个凸轮轴钢产品都有自己独特的ID，在整个生产过程中如同有名字。它携带了大量的数据，如它的最终客户、当前的处理状态，以及在何种情况下离开某个工步。产品和生产之间的这种"对话"是基于工业互联网的。

以凸轮轴钢产品为例，产品也是有"记忆"的，即制造过程的全部工艺。在伊尔森堡，物质世界正在与数据网络融合，形成一个"网络物理系统"。蒂森克虏伯认为，这是工业生产的未来。它要求生产过程中的所有元素都有一个名称、一个历史记录和一个Web接口。最终目标是"智能工厂"，能够自我管理、学习和灵活操作。

（3）3D工厂　蒂森克虏伯是世界领先的汽车生产线供应商之一，特别是白车身、发动机和变速箱的生产线。由于不断提高的处理能力和改进的软件工具，蒂森克虏伯可以在计算机上设计完整的汽车生产线，包括机器、机器人和装卸设备。数以百计的机器人完成从单独钣金零件到白车身的制造，辅助设备包括搬运设备、固定部件的夹具和连接技术，如焊接钳连接钣金零件。所有机器人、机器岛和控制元件都在三维仿真中进行虚拟装配和测试。因此，可为客户呈现一个虚拟验证生产线，从而大幅减少调试时间。

（4）保证数据安全的"工业数据空间"　在"工业4.0"时代，快速、安全地移动大量数据非常重要。"工业数据空间"旨在消除不确定性，使用户可以完全控制自己的数据。

（5）新的商业模式、智能产品　通过新的商业模式、智能产品和服务获得竞争优势。例如，零售商、供应商和物流供应商形成了一个数字生态系统，在这个生态系统中，每个部分都可获得所需要的一切信息，如货物的位置、状况和需求。

5.2.4　塔塔钢铁

塔塔钢铁的数字化战略有三大支柱，即更智能的技术、更智能的连接、更智能的服务。塔塔钢铁的数字创新中心正在不断试验最新技术，如孪生数据、AI、增强/虚拟/混合现实、区块链和无人机等，在钢铁制造基地实施，并同时为下游用户开发增值数字服务。

（1）"智能服务"项目

① 动态满足用户需求　通过工业云实现供应链间的实时数据流。

② 同步计划　通过数字化赋能S&OP规划以提高交付能力。

③ 连接客户和售后市场　AR和AI赋能服务以进行即时技术支持。

④ 智能工厂　基于物料数据的动态过程控制用于提高质量，通过数字化技术将材料视角引入预测性维修。

⑤ 智能供应　采用条形码/二维码/激光蚀刻标记提高材料可追溯性，区块链支持的有争议物料的跟踪或可持续采购，通过可追溯性提高可回收性。

⑥ 数字产品开发　模拟材料的孪生数字技术。

（2）"面向汽车行业的数字化制造发展"项目　塔塔钢铁认为，转型需要巨额投资，因此结合实际情况找到有效的节约之道至关重要。制造过程的数字化是在提高整体设备效率的同时节约成本的关键因素之一。

汽车行业正面临着"互联、自动、共享、电气化"（CASE）大趋势的挑战。塔塔钢铁的项目之一是"汽车价值链的数字化"。项目的发展路线如下：第一阶段：于2020年实现材料的可追溯性；第二阶段：于2021年实现首次智能化数据使用；第三阶段：到2025年实现动态过程控制；第四阶段：到2030年实现"Kitchen to Kitchen"目标；第五阶段：2030年之后，要实现供应链完全集成。

5.2.5　日本制铁

（1）重型机械现场操作数字化　日本制铁为实现企业现场熟练作业的高效技能传承，联合ExaWizards公司共同构筑了将熟练作业人员的作业状况可视化的数据分析基础。在日本制铁东日本制铁所君津地区进行了实证实验。

在钢铁生产现场采用重型机械实施在调整铁水成分、含量时的分离钢渣作业，由于需要处理1000℃以上的高温熔融物，作业人员需在通过安装在现场的摄像头确认情况的同时，采用重型机械实施远程操作。由于高温熔融物的状况不断变化，基于作业人员的知识、经验的判断非常重要，为了高效推进技能传承，将实际作业指标化，将技术熟练人员的技能和经验技术模式化非常重要。

采用 ExaWizards 公司提供的 exaBase 机器人，通过综合以下现场的各种信息、数据，实现了现场作业的可视化。

① 传感器数据　机械的操作位置、速度等；

② 视频数据　渣分离作业的状况、熔融物的状态等；

③ 操作信息　处理时间、操作者信息等。

通过分析作业人员的熟练程度，将连续工作 10 年以上的作业人员的操作技术可视化，并开始对支持新员工进行同等水平操作的软件进行验证。今后，有望实现无论作业人员熟练程度如何都能保持作业质量的稳定。日本制铁将继续在东日本制铁所君津地区采用该技术。

日本制铁在中长期经营计划的四个支柱之一中提出"推进数字传输战略"，在运用数据和数字技术致力于生产过程和业务流程改革的同时，大力推进有助于决策迅速化和从根本上强化课题解决能力的措施。

（2）数字化转型　日本制铁大力推进数字化转型。日本制铁将在 2021 年后的 5 年内在数字化转型战略上投入 1000 亿日元以上，目标是成为钢铁工业的数字化先进企业。具体来说，其将运用数据和数字技术致力于如下的生产流程和业务流程改革，强化企业竞争力：

① 面向"创造能力"的革新进化，通过高效应用 AI、IoT 等数字技术来推进生产的智能化。不仅在国内，海外生产基地的运营和产品质量也要确保与国内同等水平，构建远程操作管理平台。

② 为了提高应对客户需求能力，构建接受订单—生产—交货的综合生产计划平台，强化灵活且最优的供给体系。

③ 作为全球管理基础，构建能够实时掌握各种经营信息和 KPI 并能够迅速改善行动的综合数据平台（基于数据的管理支持系统），由此，可加快从管理层到一线的决策，并可以提高课题的解决能力。

5.2.6　大河钢铁

美国大河钢铁采用最新的电炉短流程和高效 CSP 薄板坯连铸连轧技术，人均产钢量接近 4000t，实现了钢铁生产流程的高效化。同时，大河钢铁也是全球首家获得 LEED 环保证书的绿色钢铁生产企业，符合当今全球各国日益重视节能减排的大趋势。

（1）智能化生产　大河钢铁智能化生产主要体现在从原燃料到成品生产过程的自适应性，将生产计划、产线状态和产品质量三个实时、交叉和独特的数据源相结合，通过数据模型实现生产和供货的自适应；从数据收集到数据分析的学习型工厂，将SMP、CSP、PLTCM、SPM、BAF和CGL/CGL各个产线的数据通过一级和二级系统收集，再通过设备监控系统（MMS）、产品质量分析（PQA）系统、生产状态分析（PCA）系统和综合维修管理系统（IMMS）进行分析并学习，对之后的生产进行优化。

（2）节能减排　大河钢铁车间安装了先进的气体净化系统，对冶炼和生产过程中产生的烟尘能够自动收集。薄板坯加热炉、罩式退火炉和热镀锌线加热均采用超低NO_x排放技术，从源头减少了有害气体排放。大河钢铁整体满足美国的排放标准。

（3）能够生产高附加值的产品　大河钢铁通过增加精炼设备、罩式退火炉和高性能酸轧机组等先进设备，能够生产EDDS钢、AHSS钢、抗酸管线钢和无取向电工钢等高附加值钢铁产品，提升了CSP短流程钢铁厂的产品覆盖范围，在保持低成本优势的基础上，使产品盈利能力持续提高。

① 炼钢系统　大河钢铁冶炼车间采用公称容量150t直流电炉，配备EBT偏心炉底出钢技术，可以满足无渣出钢的要求，电炉最大功率为160MW，能够达到220t/h的冶炼速率。

冶炼车间精炼设备的配置为双工位LF炉+RH炉。LF炉配备接头电极，双工位能够同时运行，功率为25/28MV·A。

RH炉由V形轨道上两辆钢包运转车和配备两个钢包待命工位的快速钢板交换系统同上下游工序连接，在两个钢包待命工位之间为处理工位，真空容器通过钢包顶部连接到气体冷却装置。一旦车间吊车吊起第一个钢包并转移到CSP连铸机时，第二辆钢包转运车会将第二个钢包转移到处理工位，通过两辆钢包转运车依次循环，实现缩短RH炉的处理时间。大河钢铁RH炉循环脱气时间约为30～50min，抽气能力在0.67mbar（1bar=0.1MPa）压力下为650kg/h，顶部喷枪加热速率不低于50℃/h。

RH炉还配备一套蒸气喷射真空泵，是顶部真空室的关键部件，用于在真空处理期间强制脱碳或吹氧进行化学加热，在非真空处理期间用氧气燃烧气体使真空室耐火材料保持在工作温度。RH炉通过各种监测和控制系统来实现设备运行的自动化，在基础自动化系统之外，还配有工艺过程控制计算机，能够提供加热和工艺过程相关信息，收集加热数据，跟踪和监测加热过程的物理化学状态，以最终确定随时间变化的在处理过程中的添加物的类型和数量。

大河钢铁冶炼车间的配置既能够实现高效率生产普通钢铁产品，又能够满足高附加值产品的生产需求，如IF钢、HSLA钢、AHSS钢以及无取向电工钢。

② CSP产线　CSP产线包括一台CSP薄板坯连铸机、一座隧道式辊底炉、一台6机架热轧机和一台地下卷取机。CSP产线整体采用西马克X-Pact电气自动化控制系统来配置过程模型二级及一级系统。

连铸机钢包容量150t，中间包容量38t，薄板坯厚度规格范围为55～85mm，厚度规格采用液芯压下（LCR plus）技术控制，能够获得高生产率。薄板坯宽度规格范围为900～1930mm，是目前全球CSP生产连铸坯的最宽规格。连铸过程中采用动态凝固控制（DSC）模型优化冷却速度，配合动态轻压下技术以获得更好的铸坯质量。

在连铸机与除鳞机之间放置一部摆剪，标称最大剪切力为12500kN，是目前全球CSP产线中剪切力最大的摆剪。

辊底炉布置于连铸机和轧机之间，采用天然气加热，能够实现连铸机同轧机在生产工艺上的动态连接，是CPS产线的核心设备。辊底炉最高炉膛温度为1250℃，出口板坯温度为1050～1220℃，辊底炉长度为291m，烧嘴数量为232个。在减排技术上，使用环保的超低NO_x烧嘴，同时燃烧空气被回热器回收用于炉内预热。炉内炉底辊带水冷式节能纤维隔热层，具体是采用由硅酸铝棉制成的耐火隔热层，能够在尽可能减少能量损失的情况下获得更高温度。薄板坯通过辊底炉第一炉区被快速加热到轧制过程所需温度，在之后的均热段保持该温度，并保证板坯内部轧向和横向上的温度分布均匀。辊底炉可以满足诸如管线钢和AHSS钢等高等级钢种的生产需求，同时板坯出口温度能够达到1200℃以上，以满足无取向电工钢的生产。

在未来，还可以在隧道炉最后部分加装多模块感应加热系统，能够提高薄板坯出炉温度，扩大生产工艺窗口，有利于生产更多种类的产品。在加热炉控制上，采用动态炉温控制，通过3D板坯温度监控技术来实现。

轧机为6机架热连轧机，配单卷取机，带钢宽度规格范围为900～1930mm，厚度规格范围为1.55～25.4mm，单卷最大重量40.3t，热轧卷年产能150万吨。轧制生产自动化不仅包括轧钢模型，还包括再结晶模型和材料特性模型，可以实现对材料性能的预测。在输出辊道上部和下部配备带最新的边部出水系统的增强层流带钢冷却系统，驱动侧和操作侧的集水器可分别独立运行，与边部遮挡技术共同使用，可以保证带钢的良好板型。

单卷取机安装在层流冷却出口后，最大驱动功率达到1000kW，是全球CSP配备的最大功率卷取机。

③ PLTCM酸轧产线　大河钢铁PLTCM酸轧产线产能90万吨/年，配备X-Pro激光焊接机、氧化铁皮粉碎机、紊流酸洗产线和5机架4辊冷连轧机。此外，还包括一台DUMA-BANDZINK涂油机。

　　大河钢铁激光焊接机具备焊接高合金、高碳和高硅含量带钢的能力，保证带钢在整个生产过程中的安全运行。紊流酸洗产线由27m长的塑料容器组成，每个容器均有自己的酸液循环，操作工可以主动调节和优化工艺参数。

　　在冷连轧机组中配置的X-Shape平整度测量辊能够准确在线测量钢板平整度，并通过光学无损信号传递检测信息。冷连轧机组中还采用了CVC plus技术、正向和负向工作辊弯辊技术、高度动态液压调节系统，在最后机架上能够对带钢进行多区域冷却，以提高带钢头部平整度和厚度公差。

　　冷连轧出口区域有两台张力卷取机，用于连续卷取轧制的带钢。在冷连轧产线上还装备了在线带钢检查系统Rotary Inspect，能够实现在线检测以提高带钢表面质量。冷连轧换辊采用全自动换辊系统，减少了非生产时间。产线配备的现代化排烟系统，能够使工厂满足美国的气体排放法律。

　　④ 连续退火/热镀锌产线　大河钢铁的连续退火/热镀锌产线（CAL/CGL），设计产能为47.6万吨/年，配备有带钢清洗部、一座Drever炉、FOEN气刀系统、拉伸矫直机组和喷雾钝化部等。

　　锌罐可以利用液压平台降低到底部停靠位，然后安装冷导辊，产线变为纯连续退火线，这可以使该产线生产两种不同的产品（退火产品和镀锌产品），提高了生产的灵活性。

　　带钢先通过直接燃烧和辐射管在炉内加热，镀锌处理后，在冷却部分采用超快冷冷却系统，主要为生产高强度汽车板服务。在带钢镀锌后，FOEN气刀系统可以在整个带钢宽度上均匀去除多余的锌液，以确保涂层厚度在 $30 \sim 235g/m^3$。再往后，带钢分别经过平整机、矫直机、钝化部和DUMA-BANDZINK涂油机，最后在质检站检查质量情况。

　　⑤ 罩式退火炉　除连续退火/热镀锌产线外，大河钢铁还装备了用于冷轧带钢加工的罩式退火炉（BAF），用于冷轧卷的分批退火和冷却。罩式退火炉最大堆叠高度为6.4m，最大堆叠重量为140t。

　　根据材料不同，退火时间需要 $42 \sim 55h$，目前共有24座罩式退火炉，产能超过40万吨/年，可以在纯氢气气氛中对碳钢如CQ钢、DQ钢、EDDQ钢、HSLA钢以及无取向电工钢进行退火热处理。为符合美国环保标准，炉子使用了特殊的低 NO_x 排放技术。罩式退火炉使用空冷或水冷两种冷却方式。

　　⑥ 离线平整机　大河钢铁装备单机架4辊离线平整机（SPM）一部，设计产能为40万吨/年。作为非连续产线的一部分，平整机安装在罩式退火炉（BAF）后面，主要用于加工退火碳钢板和部分无取向电工钢产品。

　　平整机可以根据材料屈服点以及带钢粗糙度和平整度进行调节，在平整机出口采用了液压间隙控制（HGC）技术和带钢吹离系统。根据加工材料的不同，有两种不同的工作辊直径范围（650/660mm 和 450/400mm），通过不同的工作辊直径与轧制力相结合，实现平整机在不同情况下的灵活调整。平整机最大轧制力高达 18MN，能够通过带钢表层将变形延伸至内部，实现 8.5% 的最大伸长率。出口侧有一台涂油机，钢卷车直接将成品钢卷运出。

⑦ 气体净化系统　转速可控的径向风扇有助于将钢厂内各部分产生的气体通过分支管道输送至袋式除尘器。袋式除尘器采用脉冲喷射技术。在进入除尘器之前，一台混合器可以平衡气体温度并分离出热颗粒，对除尘器的过滤性形成保护。被过滤的粉尘通过气力输送系统输送到筒仓中临时封存，然后装入罐车运走处理。整个气体净化系统实现完全自动化控制，以确保低排放和高效运行。

参考文献

[1] 张楠. 南钢 JIT+C2M 智能工厂智能化系统 [J]. 冶金管理，2021(19): 98-99.

[2] 文华. 5G+ 智慧钢铁解决方案 助力华菱湘钢转型升级 [J]. 通信世界，2021(2): 48.

[3] 孟双鹏，魏孟宇. 首钢迁钢煤气系统动态优化及仿真应用 [C]. 北京金属学会第八届冶金年会，2014: 539-545.

[4] 张雨恬. "数字鞍钢" 实现 "数" "智" 蝶变 [J]. 班组天地，2022(2): 78-79.

[5] 缪晓琴. 中信泰富特钢集团：乘风扬帆 "智造蓝海" [N]. 中国经济导报，2022-10-11(004).

[6] 温存. 宁钢公司智能管控平台达到国际先进水平 [J]. 中国设备工程，2021(22): 2.

[7] 余光光，曾智. 简述国内外钢铁企业智能制造现状及其发展思路 [J]. 连铸，2020, 45(3): 69-72.

大数据和人工智能驱动的先进钢铁材料制造技术

Big Data and AI-Driven
Manufacturing Technologies for
Advanced Steels

第6章　钢铁工业智能制造标准体系

标准是数字世界与物理世界交汇的"通用语言"。本章立足钢铁流程复杂系统特征，系统梳理德国RAMI4.0、日本IVRA、美国IIRA等国际参考架构，对标《国家智能制造标准体系建设指南（2021版）》相关要求，聚焦数据编码、数字孪生、全流程协同、工艺在线管控四大钢铁亟需的空白标准，提出边缘 – 平台 – 应用三级递进的钢铁智能制造体系架构，并以5级成熟度矩阵为标尺，为企业自评、对标与持续演进提供可量化路径。通过"标准领航"，为跨工序、跨基地、跨产业的智能制造转型奠定共通技术底座。

6.1　国际智能制造标准体系

　　欧盟、美国和日本在智能制造标准体系方面开展了深入系统的研究工作，取得了富有成效的研究成果[1-2]。德国提出了"工业4.0"参考架构模型RAMI4.0[3]，日本工业价值链促进会提出了工业价值链参考架构IVRA[4]，美国提出了NIST-RCS递阶智能控制体系结构[5]，美国工业互联网联盟（IIC）提出了工业互联网参考体系结构[6]，欧盟I2M提出了钢铁集成智能制造技术架构[7]。

6.1.1　"工业4.0"参考架构模型RAMI4.0

　　德国"工业4.0"在德国工程院、弗劳恩霍夫协会等德国学术界和产业界的建议和推动下形成，由德国联邦教研部与联邦经济和能源部联手支持，在2013年4月的汉诺威工业博览会上正式推出并逐步上升为国家战略。其目的是提高德国工业的竞争力，在新一轮工业革命中占领先机。2015年3月，德国正式提出了"工业4.0"的参考架构模型（reference architecture model industrie 4.0，RAMI4.0）。其是从产品全生命周期和价值流、层次结构和类别三个维度，分别对"工业4.0"进行多角度描述的框架模型，如图6-1所示。

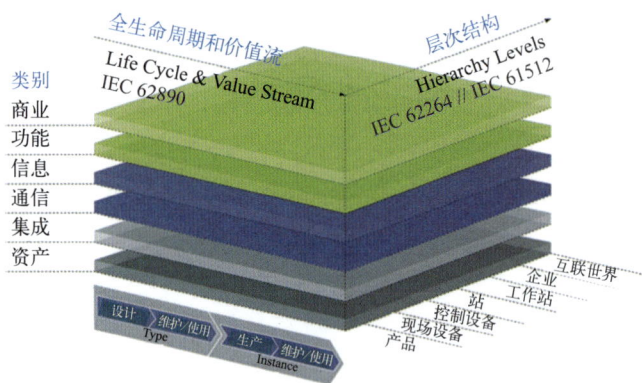

图6-1　德国RAMI4.0的三个维度

　　第一个维度（Layers）是信息物理系统的核心功能，以类别进行体现。具体来看，资产层是指机器、设备、零部件及人等生产环节的实体元素；集成层是指传感器和控制实体等；通信层是指专业的网络架构等；信息层是指对数据的处理、分析与决策过程；功能层是企业运营管理的集成化平台；商业层是指各类商业模式、业务衔接、任务下发等，体现的是制造企业的各类业务活动。如图6-2所示为RAMI4.0类别维度。

图6-2　RAMI4.0功能维度

　　RAMI4.0的第二个维度是层次结构（Hierarchy Levels），在IEC 62264企业系统层级架构标准基础之上（该标准是基于ISA-95模型，界定了企业控制系统、管理系统等各层级的集成化标准）补充了产品（product）的内容，并由单体工厂拓展至"互联世界（connected world）"，从而体现"工业4.0"针对产品服务和企业协同的要求，如图6-3所示。

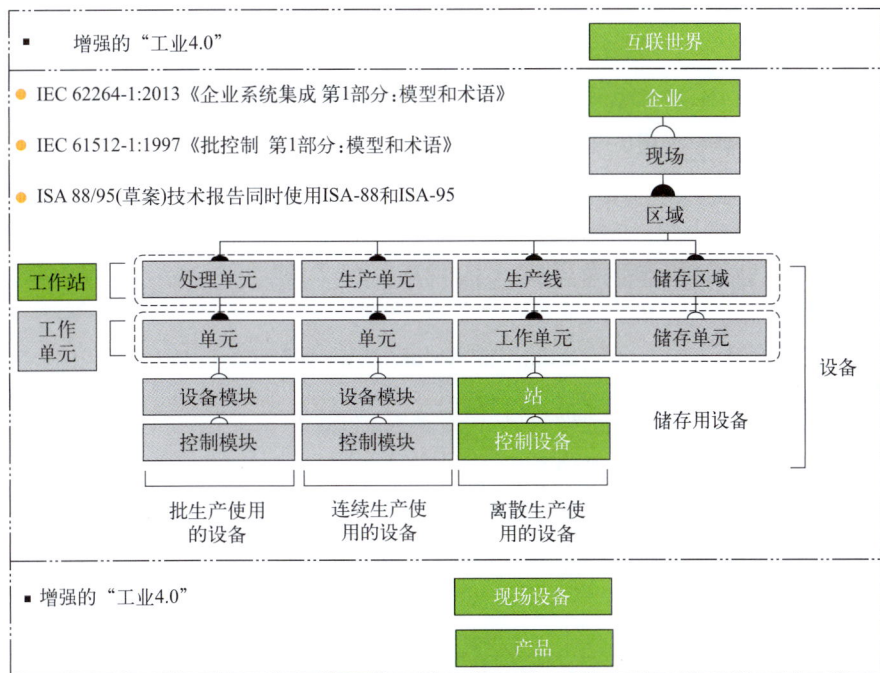

图6-3　RAMI4.0的层次结构维度

第三个维度是全生命周期和价值流（Life Cycle & Value Stream）。基于 IEC 62890 生命周期管理标准，描述了以部件、设备和工厂为典型代表的工业要素从虚拟原型（type）到实物（instance）的全过程。具体体现为三个方面：一是将其划分为模拟原型和实物制造两个阶段；二是突出零部件、机器和工厂等各类工业生产部分都要有虚拟和现实两个过程，体现了全要素"数字孪生"特征；三是在价值流构建过程中，工业生产要素之间依托数字系统紧密联系，实现工业生产环节的链接。如图6-4所示为不同对象的全生命周期及相互关系。

目前公布的RAMI4.0已经覆盖有关工业网络通信、信息数据、价值流、企业分层等领域。对现有标准的采用将有助于提升参考架构的通用性，从而能够更广泛地指导不同行业企业开展"工业4.0"实践。

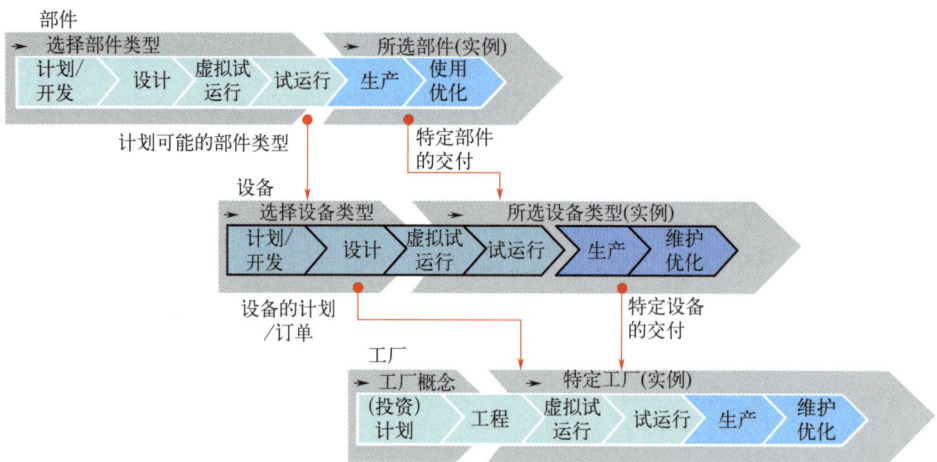

图6-4　不同对象的全生命周期及相互关系

6.1.2　日本工业价值链参考架构（IVRA）

日本工业价值链促进会（Industrial Value Chain Initiative，IVI）于2016年12月，基于日本制造业的现有基础，推出了智能工厂的基本架构"工业价值链参考架构（industrial value chain reference architecture，IVRA）"。

IVRA提出了一种可互联的智能制造单元（smart manufacturing unit，SMU）作为描述制造活动的基本组件，并从资产、活动、管理的角度对其进行了详细的定义，如图6-5所示。

从工程/知识流、需求/供应流和层次结构三个方面构建了通用功能模块（general function blocks，GFB），借助通用功能模块展现制造价值链（见图6-6）。通过多个SMU

的组合，不仅可以全方位地展现制造业产业链和工程链情况，也可以根据需要体现企业的单项优势。

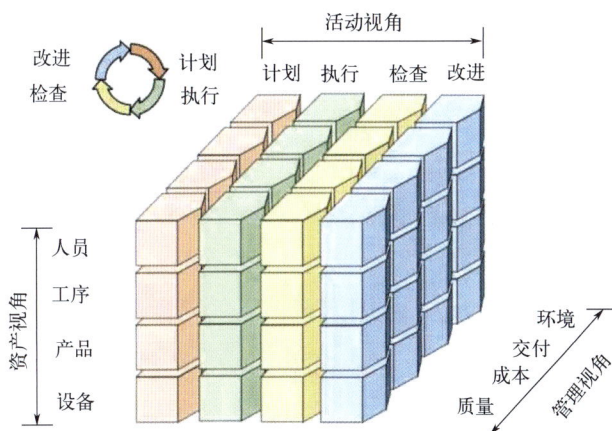

图6-5　智能制造单元的三个视角

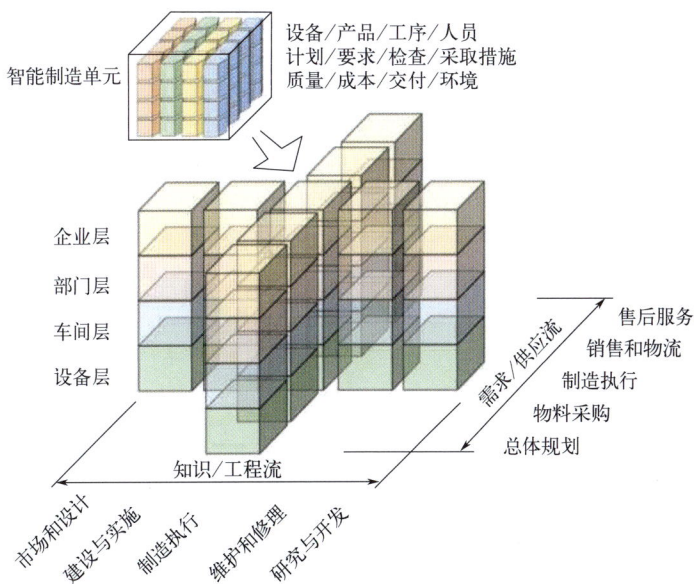

图6-6　智能制造通用功能模块（GFB）

　　SMU之间可靠的价值转移媒介，采用便携装载单元（portable loading unit，PLU），在保证安全和可追溯的条件下，实现了不同SMU之间资产的转移，模拟了制造活动中物料、数据等有价资产的转化过程，从而真实地反映了企业内和企业间的价值转换情况，充分体现了价值链的思想，如图6-7所示。

　　工业价值链参考架构嵌入了"日本制造业"特有的价值导向，借鉴了精益制造、KAIZEN（持续改善）的经营思想等。

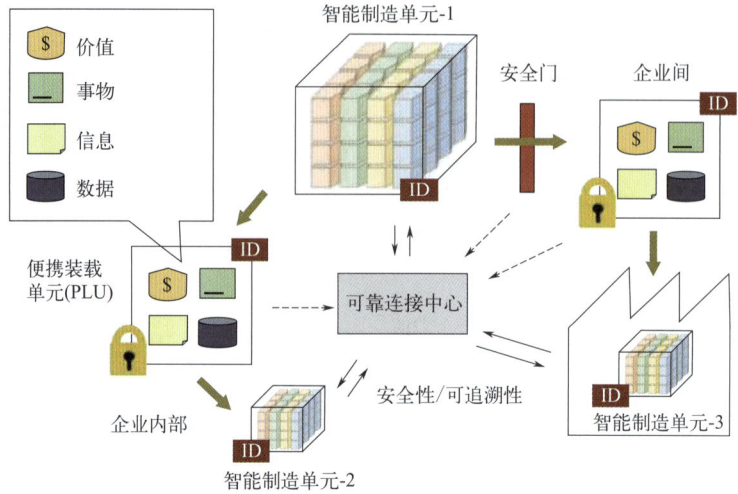

图6-7　便携装载单元

（1）SMU的建模方法不是单纯地将智能制造技术对应至模型中，而是更多地融入了先进的管理思想（例如PDCA等），突出了SMU的资产价值属性，体现了伴随制造过程的价值变化。同时，兼顾制造的过程与结果，明确了人员在制造体系中的重要作用，坚持人员是制造过程中的关键因素。所构建的信息物理平台中，不仅能够实现物理设备和信息数据的实时有效关联，而且将人视为信息和物理世界映射过程中的重要元素，充分考虑了人在制造活动中的地位和作用，使"人员"有机参与到"制造活动"中，从而更贴切地描述具体工业场景。

（2）在GFB的建模过程中，突出专家知识库的重要意义，将知识/工程流作为一个单独维度论述，其中包括了市场和设计、建设与实施、制造执行、维护和修理、研究与开发过程中积累的专业知识和经验，突出了专家知识库对制造过程的重要影响。

6.1.3　NIST-RCS智能控制体系结构

美国A.M. Meystel和J.S. Albus等提出了实时控制系统（RCS），进而形成了美国国家标准和技术研究院的智能控制系统设计参考结构NIST-RCS，在此基础上，搭建了制造业的智能系统结构（intelligent system architecture for manufacturing，ISAM）。

（1）工业智能控制系统设计参考结构　任何智能系统都由两部分组成：内部的（或计算的）以及外部的（或应用实现的界面）。内部的部分可以分解为四个智能的内部部件（子系统）：感知处理（sensory processing，SP）、环境模型（world model，WM）、行为生成（behavior generation，BG）和判值（value judgement，VJ）。外部的部分到智能系统内部部分的输入和从智能系统内部来的输出，都由被认为是外部的部分的传感器（sensors）和执行器（actuators）来实现。组成智能系统的各部分功能关系和信息流如图6-8所示。系统内的节点和计算模块之间由通信系统相互连接。

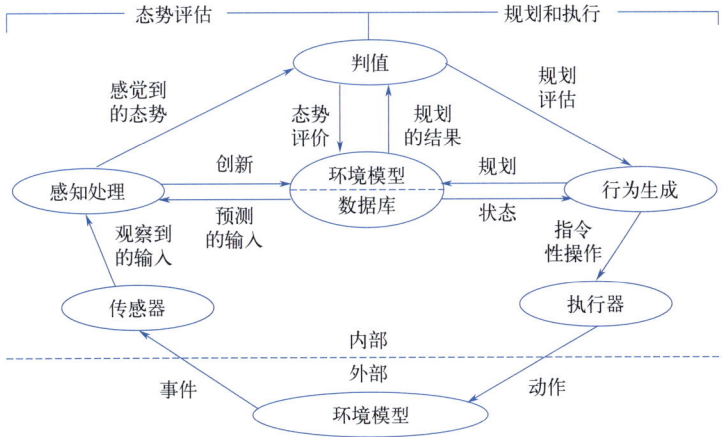

图6-8 NIST-RCS各部分功能关系和信息流

① 感知处理　感知发生在一个感知处理系统的元件中，该元件将传感器的观测与内部环境模型所产生的期望进行比较。感知处理算法在时间和空间上整合观测和期望之间的异同，以便检测事件并识别环境中的特征、对象和关系。来自种类繁多的传感器且在持续的时间周期中的感知输入数据，融合成一个对环境状态相容的统一的感知。感知处理相当于生物的感知子系统。

② 环境模型　环境模型是智能系统对环境状态的最好估计。环境模型包括一个关于环境的知识库和一个存储与检索信息的数据库管理系统。环境模型具有仿真能力，产生期望和预测。环境模型为有关环境状态的目前、过去和将来的信息请求提供答复。为了做出智能规划和行为选择，环境模型给行为生成系统单元提供信息服务。它给感知处理系统单元提供信息，以实现相关性分析、模型匹配以及基于模型的状态、对象和事件的辨识。它给判值系统单元提供信息，以计算诸如费用、利益、风险、不确定性、重要性和吸引性的值。环境模型由感知处理系统单元维持更新。

③ 判值　判值系统决定优与劣、奖与惩、重要和琐碎、确定和不可能。判值系统评估观测到的环境状态和所假定的规划预测结果；计算观测到的情况和所规划的活动费用、风险和利益；计算正确性概率和分配的可信度以及状态变量的不确定性参数。它还为对象、事件、空间区域和其他事物等分配吸引度或排斥度。判值系统为决策或选择一个动作代替另一个动作提供基础。

④ 行为生成　由行为生成系统产生的行为结果是选择目标和规划并执行任务。任

务被回归分解为子任务，子任务被排序以实现目标。目标选择和规划产生是由行为生成、环境建模和判值元件之间的一个交互回路实现的。行为生成系统设想规划，环境模型预测这些规划的结果，判值元件评价这些结果，然后行为生成系统选取具有最高评价的规划来执行。行为生成系统还监督规划的执行，当情况需要时，修改现有规划。

基本作用回路（elementary loop of functions，ELF）如图6-9所示。这个回路阐明了一个明显的事实，W（环境中感兴趣的子集）中的所有事件应该是可"感知"（SP）的。感知的结果应该进行编码（转换成符号）、组织（假定执行某些基本的辨识），并提交给环境模型（WM）。WM被用作能立即被感知的环境的知识集合，同时WM支持行为生成（BG）子系统，BG对所有必要的活动做出决策（这个子系统有时候称为"决策"或"规划控制"）。BG将这种决策提交给执行系统（A）。

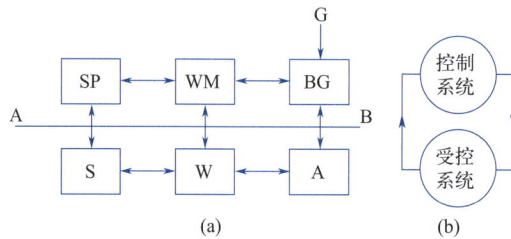

图6-9　基本作用回路（ELF）

图6-9给出了现实与物理器件（直线AB下方，受控系统）以及在计算机系统的软硬件中认知活动（直线AB上方，控制系统）的一个近似镜像。在WM和环境子集W之间的箭头表示现实环境（W）和环境模型（WM）中的表示之间的一个虚拟对应。WM中的知识是环境实际状态的最好估计。

在RCS结构中，较低层次的控制系统可以看作是受控系统的一部分。如图6-10中矩形所示，分界线AB只对ELF的第一层起作用，第二层有自己的分界线$A_v B_v$。

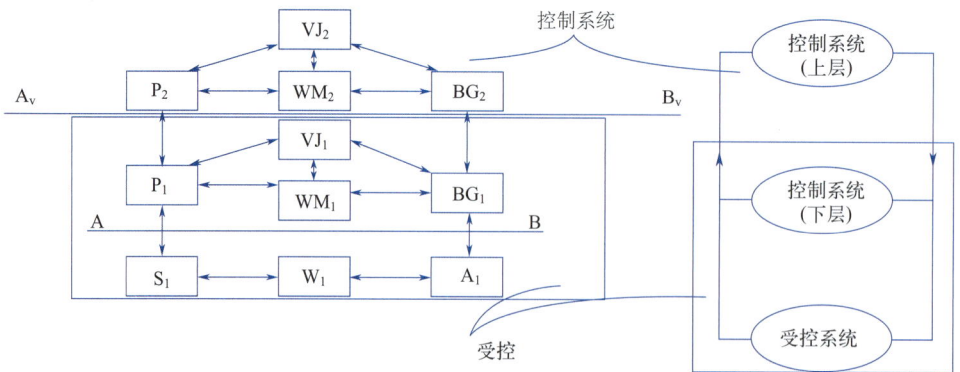

图6-10　紧凑形式的两层NIST-RCS模块

（2）制造业的智能系统结构　制造业的智能系统结构（intelligent system architecture for manufacturing, ISAM）概念框架试图将智能控制概念应用到制造领域，以至于能实现全范围的灵活制造概念。ISAM 是一个参考模型结构，由递阶布局的智能处理节点的集合组成，这些节点组成嵌套的控制回路串。在各节点，分解任务、规划产生、维护环境模型、处理来自传感器的反馈信号，并闭合控制回路。较高层次的节点处理协作和进行生产管理，而较低层次的节点处理机器协调和进行过程控制。ISAM 把拟定的规划和反应式控制功能进行集成和分布。节点它遍及整个递阶结构，并在所有层次上具有全部的空间和时间标度。

在各递阶结构层，环境模型、感知处理及判值模块给行为生成模块提供决策和控制所需的信息。在各递阶结构层次，行为生成模块把任务分解为下属行为生成的子任务。同一层的知识库之间共享环境模型知识，并在较高层次和较低层次的知识数据结构之间建立关系指针。

6.1.4　美国工业互联网联盟《工业互联网参考体系结构》

美国工业互联网联盟于 2015 年 6 月发布了《工业互联网参考体系结构》（IIRA），从业务视角、使用视角、功能视角和技术实现视角四个视角展开，如图 6-11 所示。

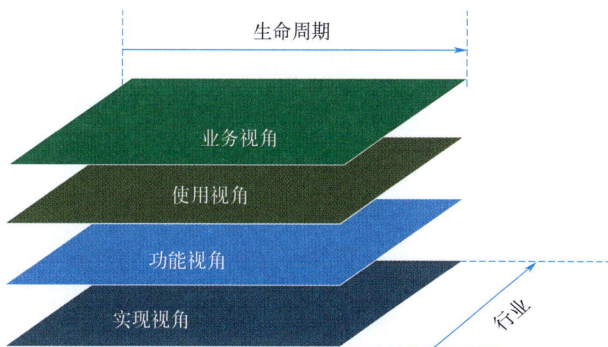

图 6-11　工业互联网参考体系结构四个视角

业务视角从愿景和价值出发导出关键目标和基本能力。图 6-12 所示为愿景和价值驱动模型。

使用视角关注信息系统如何实现在业务视角中识别的基本能力，描述协调系统各部分的活动，如图 6-13 所示。

功能视角展示系统功能元件间的相互关系、结构、接口、交互以及与外部的相互作用。该视角确定了五个功能域组成：业务、运行、信息、控制、应用，如图 6-14 所示。

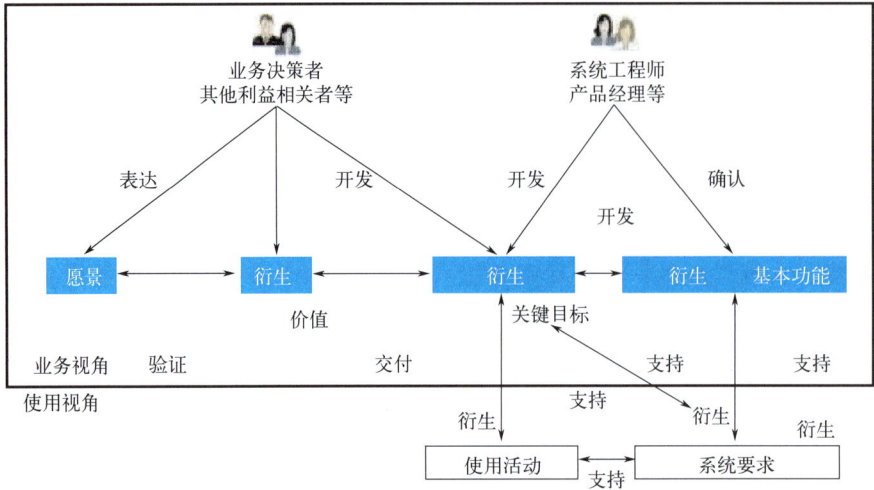

图6-12 愿景和价值驱动模型

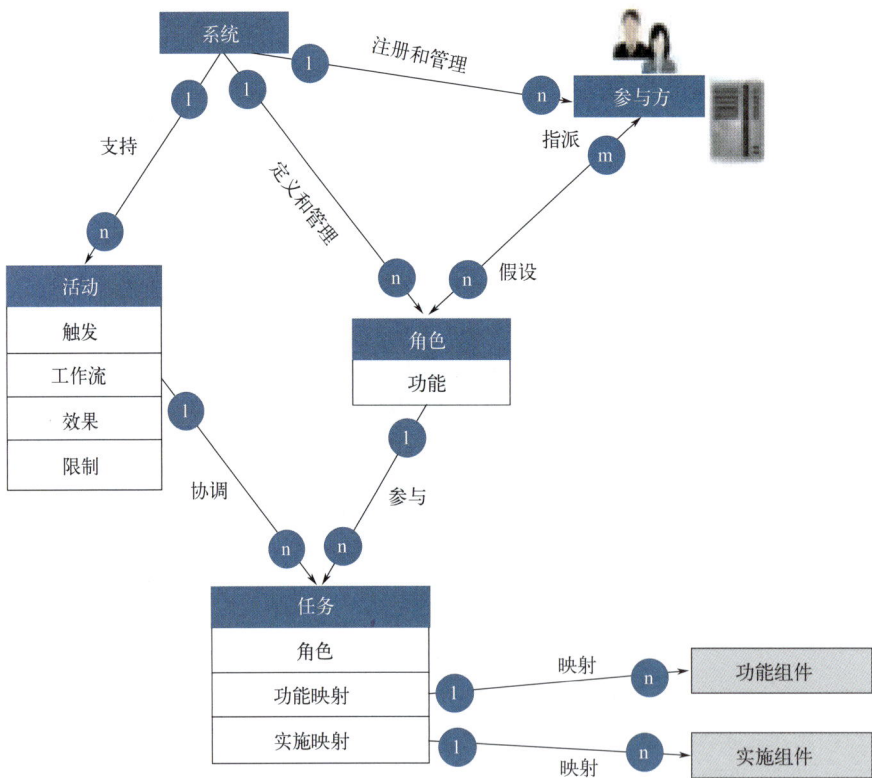

图6-13 使用视角

在功能域需要考虑交叉功能以及系统特性（见图6-15），包括物理安全、网络安全、数据恢复弹性（容错、自修复、自组织等）、可靠性、连接、分布式数据管理、工业分析、智能与弹性控制、动态组合等。

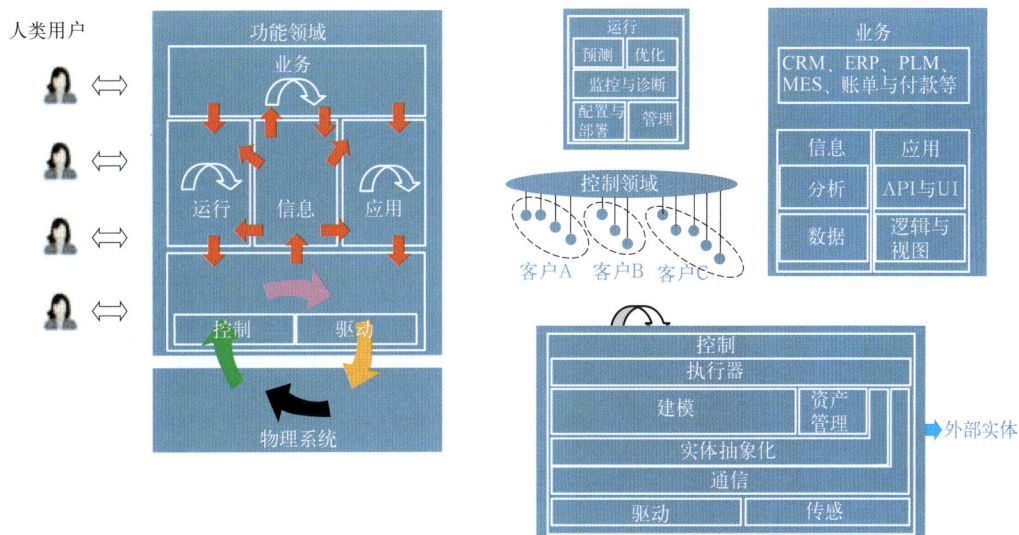

图6-14　功能视角及各功能主要活动

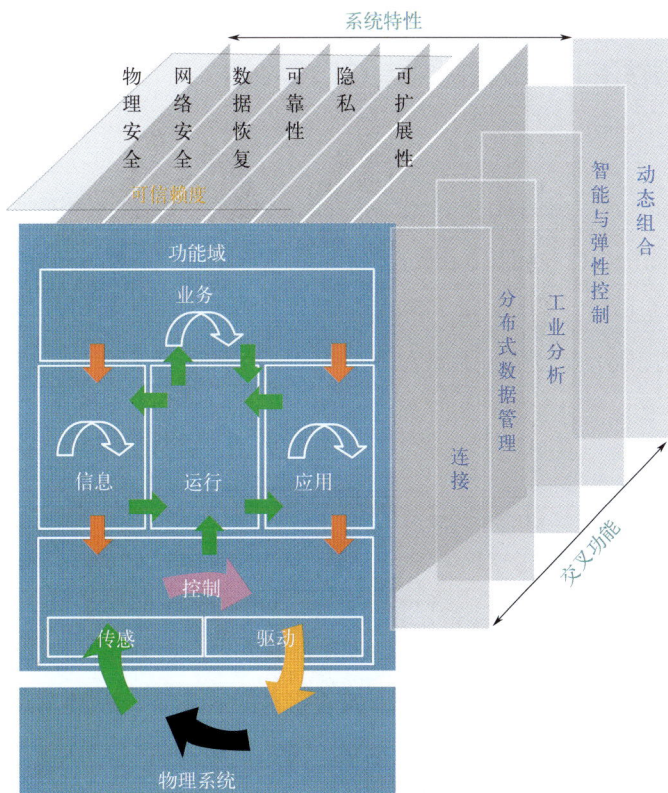

图6-15　功能域、交叉功能以及系统特性

实现视角关注系统的技术表示以及实现上述活动和功能的系统构成。图6-16中给出了一种三层（边缘层、平台层、企业层）工业互联网架构方案。

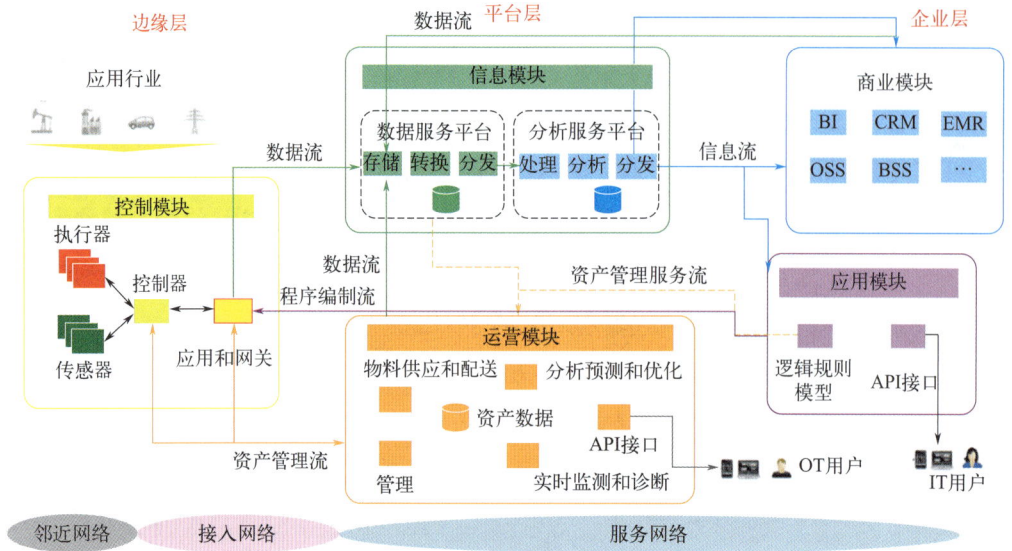

图6-16 三层工业互联网架构方案

6.1.5   欧盟钢铁工业集成智能制造I2MSteel

欧盟提出了钢铁工业集成智能制造概念，于2006年发布了钢铁技术平台计划ESTEP（european steel technology platform vision 2030），提出钢铁工业智能制造技术重大研究项目（intelligent manufacturing），如图6-17所示。优先研发领域包括高度自动化的生产链技术、全面过程控制技术和模拟仿真优化技术。通过新检测技术或改进物理模型，在线测量和控制力学性能；集成过程监控、控制和技术管理，实现钢铁生产多目标优化，包括生产率、资源效率和产品质量。

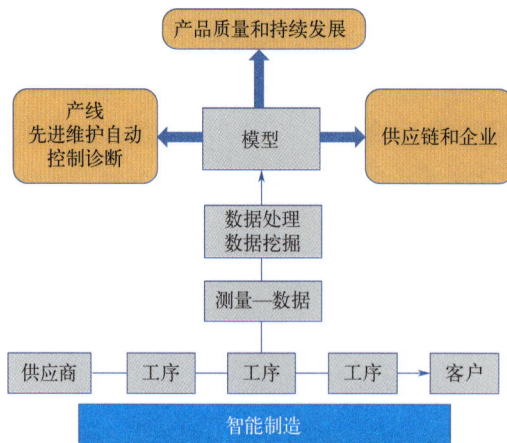

图6-17   欧盟钢铁工业集成智能制造

欧盟2012年成立了钢铁集成智能制造（Integrated Intelligent Manufacturing，I2M）小组，并于2012年、2014年、2016年召开了三次讨论会，其愿景是以整体视角整合传感器、数据处理、模型和工艺知识，提升人与制造过程之间的交互能力。钢铁集成智能制造特征如图6-18所示。

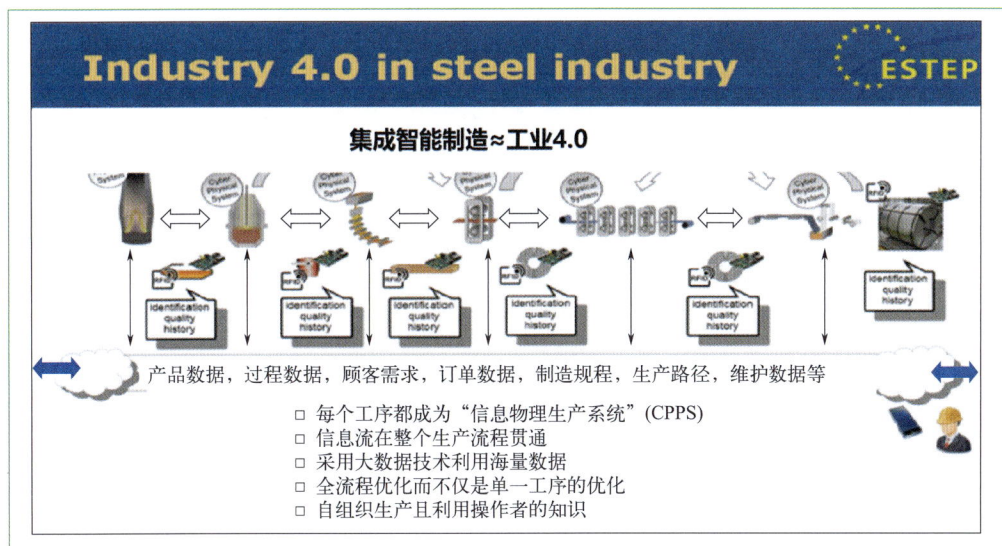

图6-18　钢铁集成智能制造特征

2012—2015年，欧盟启动了I2MSteel（integrated intelligent manufacturing for steel industries）项目，开发新的满足集成互操作性、功能可扩展性、系统可移植性的集成智能制造的自动化和信息化架构，研究建立集成智能制造（I2M）的全厂、全公司自动化、信息化体系，实现全供应链的无缝、灵活的协作和信息交换，如图6-19所示。

新的架构基于三大支柱技术，高级任务智能体（产品跟踪、过程控制、过程计划、全过程质量控制、信息存储、物流等）、SOA（面向服务架构）、制造链的语义描述。

在I2MSteel基本架构中，运行的解决方案具有通用的特质，即开发的智能体中定义的算法可以独立于真实工厂布局配置，而工厂布局配置信息存储在本体（ontology）中，通过SMW（semantic media wiki）管理。与过程数据库的连接通过SOA（service oriented architecture）实现统一的工厂IT信息存取。

自主智能体之间可以独立地相互联系，也可以与其他智能体合作。一个智能体可提供或请求一个特定的服务。在多智能体系统（MAS）中，引入所谓的经纪人（broker）机制。每个智能体都在经纪人那里登记，宣布它可以提供的服务。对应地，当一个智能体需要特定的服务时，它也联系经纪人，请经纪人给出能提供这一特定服务的智能体。总而言之，经纪人起着协同、居间调节的作用，管理智能体及其技术（服务）。

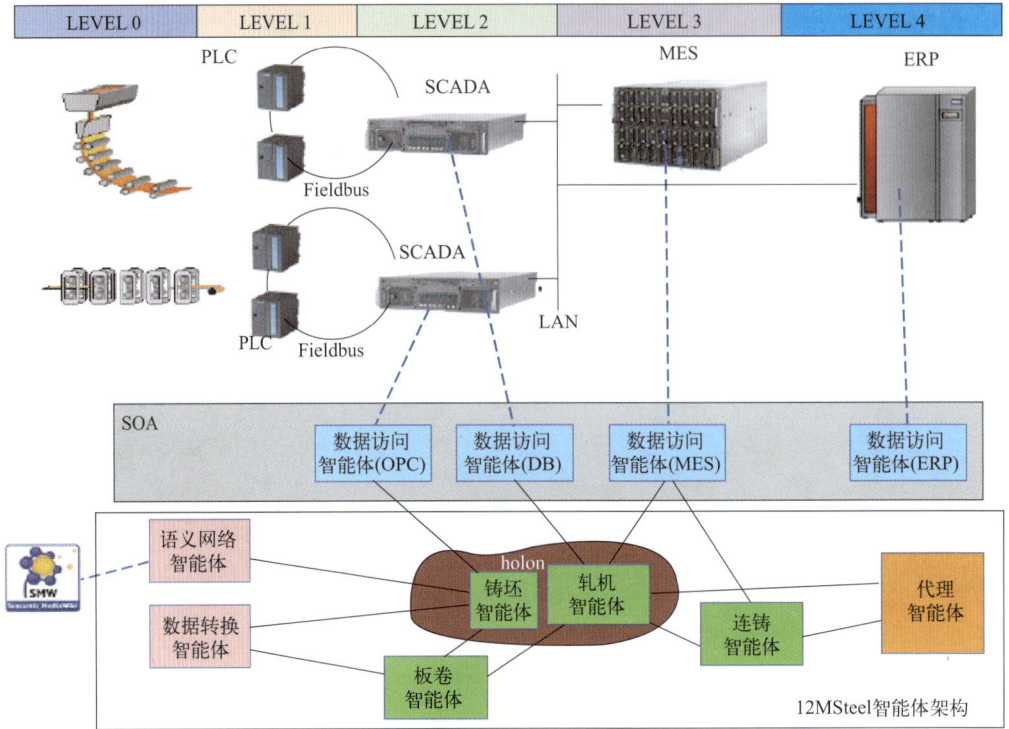

图 6-19 I2MSteel 基本架构（General）

　　当智能体形成一组（group）以解决某一问题时，这组智能体叫做智能体结合体。如果智能体结合体是解决这一问题的唯一可能的用例时，结合体就变成了子整体（holon），功能智能体的集合组成了功能子整体（functional holon）。此外，为了解决多智能体中交互或谈判活动，在多智能体框架（MAS framework）中引入了市场（market place）的概念。

6.2　国家智能制造标准体系

　　标准是经济活动和社会发展的技术支撑，是国家基础性制度的重要方面。标准化在推进国家治理体系和治理能力现代化中发挥着基础性、引领性作用。新时代推动高质量发展、全面建设社会主义现代化国家，迫切需要进一步加强标准化工作。根据《国家智能制造标准体系建设指南（2021版）》[8]的指导，我国在智能制造标准建设方面日臻完善，建立了国际先进的国家智能制造标准体系，取得了丰硕的标准研制成果。《十四五"智能制造发展规划》提到，我国发布智能制造国家标准285项，牵头制定国际标准28项，涵盖了企业生产制造的全流程，建成600多个具有先进水平的智能工厂，由此我国进入全球智能制造标准体系建设先进行列。

我国发布了国家智能制造标准体系建设指南和智能制造系统架构，并不断更新版本。《国家智能制造标准体系建设指南（2021版）》（以下简称《指南》）于2021年11月发布。《指南》通过智能制造系统架构明确智能制造的标准化对象和范围。智能制造系统架构如图6-20所示。智能制造系统架构从生命周期、系统层级和智能特征等3个维度对智能制造所涉及的要素、装备、活动等内容进行描述。

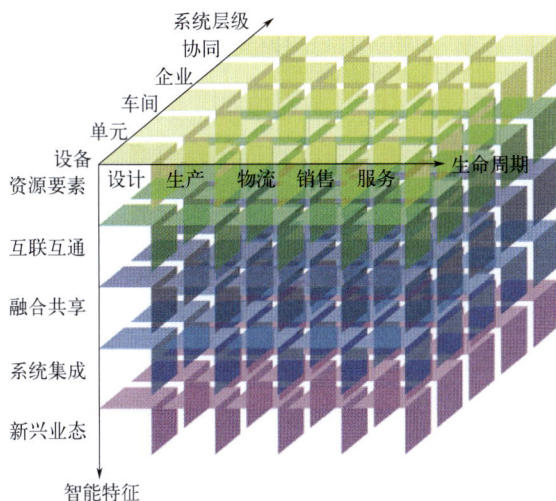

图6-20　智能制造系统架构

（1）生命周期　生命周期涵盖从产品原型研发到产品回收再制造的各个阶段，包括设计、生产、物流、销售、服务等一系列相互联系的价值创造活动。生命周期的各项活动可进行迭代优化，具有可持续发展等特点，不同行业的生命周期构成和时间顺序不尽相同。

① 设计是指根据企业的所有约束条件以及所选择的技术来对需求进行实现和优化的过程；

② 生产是指对物料进行加工、运送、装配、检验等活动创造产品的过程；

③ 物流是指物品从供应地到接收地的实体流动过程；

④ 销售是指产品或商品等从企业转移到客户手中的经营活动；

⑤ 服务是指产品提供者与客户接触过程中所产生的一系列活动的过程及其结果。

（2）系统层级　系统层级是指与企业生产活动相关的组织结构的层级划分，包括设备、单元、车间、企业和协同。

① 设备是企业利用传感器、仪器仪表、机器、装置等实现实际物理流程并感知和操控物理流程的层级；

② 单元是用于企业内处理信息、实现监测和控制物理流程的层级；

③ 车间是实现面向工厂或车间生产管理的层级；

④ 企业是实现面向企业经营管理的层级；

⑤ 协同是企业实现其内部和外部信息互联和共享，实现跨企业间业务协同的层级。

（3）智能特征　智能特征是指制造活动具有的自感知、自决策、自执行、自学习、自适应之类功能的表征，包括资源要素、互联互通、融合共享、系统集成和新兴业态等5层智能化要求。

① 资源要素是企业从事生产时所需要使用的资源或工具及其数字化模型所在的层级；

② 互联互通是通过有线或无线网络、通信协议与接口实现资源要素之间的数据传递与参数语义交换的层级；

③ 融合共享指在互联互通的基础上，利用云计算、大数据等新一代信息技术实现信息协同共享的层级；

④ 系统集成是企业实现智能制造过程中的装备、生产单元、生产线、数字化车间、智能工厂之间，以及智能制造系统之间的数据交换和功能互连的层级；

⑤ 新兴业态是基于物理空间不同层级资源要素和数字空间集成与融合的数据、模型及系统建立了涵盖了认知、诊断、预测及决策等功能，且支持虚实迭代优化的层级。

《指南》明确了智能制造标准化发展目标。到2023年，制修订100项以上国家标准、行业标准，不断完善先进适用的智能制造标准体系。加快制定人机协作系统、工艺装备、检验检测装备等智能装备标准，智能工厂设计、集成优化等智能工厂标准，供应链协同、供应链评估等智慧供应链标准，网络协同制造等智能服务标准，数字孪生、人工智能应用等智能赋能技术标准，工业网络融合等工业网络标准，支撑智能制造发展迈上新台阶。到2025年，在数字孪生、数据字典、人机协作、智慧供应链、系统可靠性、网络安全与功能安全等方面形成较为完善的标准簇，逐步构建起适应技术创新趋势、满足产业发展需求、对标国际先进水平的智能制造标准体系。

《指南》还发布了各个行业智能制造行业应用标准重点研制需求，4项"钢铁行业智能制造行业应用标准重点研制需求"列入其中。

① 数据分类与编码。钢铁工业是工艺复杂、设备密集的行业，数据量庞大、复杂，各系统之间的数据传输不畅，亟需制定统一的数据编码，实现系统互联，为建设大数据平台，利用数据做分析决策，提供有力支撑。本标准规定了钢铁工业数据的术语和定义、分类与编码原则、分类方法、编码方法和分类代码表。

② 数字孪生系统技术要求与规范。该标准的建立对于钢铁工业发展具有重要意义：

解决智能化建设关键技术难题，促进关键技术持续优化发展；提升我国钢铁制造核心竞争力，满足产业升级的迫切需求；钢铁工业的数字孪生系统可对产品制造过程乃至整个工厂进行虚拟仿真，升级现有制造模式，打造柔性化、数字化和智能化的生产体系，提高企业产品研发、生产的效率；形成行业和区域示范效应，进一步夯实全球领先地位。本标准适用于智能化车间数字孪生系统的相关应用。

③ 全流程一体化协同管控技术要求。随着新一代信息技术、现代管理科学的不断深入应用，钢铁企业更高效率、更加扁平化的管控需求越来越强烈，企业信息化由单点分散控制向连续协同、管控扁平、管控业务一体化方向快速推进。钢铁工业信息化一直存在大量的信息"孤岛"，离线开展业务的现象突出，各系统始终难以支撑企业一体化协同管控的需求。需要以钢铁企业各生产单元和生产活动为对象，从生产管控涉及的销售、采购、财务、生产、能源、质量、设备、物流、安环、物资计量等业务入手，进行一体化协同设计和建模，实现钢铁企业全流程一体化协同管控。本标准建议生产管控数据包括原料场、烧结、焦化、球团、高炉、炼钢、轧钢等钢铁企业全生产工序的数据，生产管控业务场景包括销售、采购、财务、生产、能源、质量、设备、物流、安环、物资计量等业务场景。

④ 工艺参数在线检测与预测。钢铁工业对产品质量的稳定性有很高的要求，传统信息技术下的软件系统集成无法从根本上解决工艺质量问题，导致国内钢铁工业的产品质量稳定性普遍低于国外。目前，将生产过程实时数据应用于工艺质量在线控制处于萌芽阶段，尚不存在系统的钢铁工业工艺质量在线控制解决方案与标准。为了加快我国钢铁工业数字化转型，快速提升行业智能制造进步速度，需要制定钢铁工业基于数字化技术的工艺质量在线控制技术规范。本标准用于钢铁工业生产制造过程中，统一制定了工艺参数在线检测标准、接口标准、参数预测与实时调整标准。

6.3　钢铁工业智能制造标准体系现状

6.3.1　钢铁工业智能制造标准体系结构

依据《指南》，钢铁智能工厂标准体系结构如图6-21所示，包括"A基础标准"和"B关键技术标准和行业应用标准"组成。

"A基础标准"包括通用、安全、可靠性、检测、评价等五大类，位于智能工厂标准体系结构的最底层，是"B关键技术标准和行业应用标准"的支撑。"B关键技术标

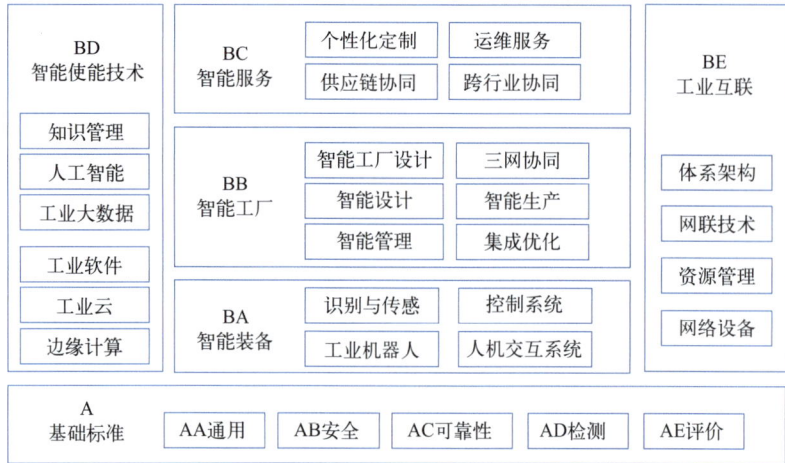

图 6-21   钢铁智能工厂标准体系结构

准和行业应用标准"是钢铁智能制造参考模型智能特征维度在生命周期维度和系统层级维度所组成的制造平面的投影。其中，BA 为智能装备，BB 为智能工厂，BC 为智能服务，BD 为智能使能技术，BE 为工业互联。

钢铁智能制造团体标准涵盖三种主要类型：

① 钢铁工业智能制造领域通用的技术术语、数据接口标准、数字化编码等通用技术语言要求和互换配合要求等基础标准；

② 钢铁工业智能制造领域检测仪表、控制系统、信息化系统产品、工艺、检测试验方法等技术、产品、系统标准；

③ 钢铁工业智能制造领域通用的管理技术要求和服务标准。

团体标准的内容涉及广泛，包括智能测试分析、在线检测仪表、智能机器人、智能工艺装备、设备故障诊断、智能工艺过程控制、智能化车间（炼铁、炼钢、轧钢）、全生命周期产品质量管控、先进计划调度、能源优化、产业链优化、智慧钢铁企业、钢铁工业物联网、钢铁工业云和大数据平台、钢铁智能制造服务等。

6.3.2   钢铁工业智能制造标准发展迅速

标准作为推动智能制造技术应用的重要支撑，对钢铁工业实现智能化转型及高质量发展具有非常重要的作用。2020 年，钢铁工业全面启动智能制造标准化工作，全国钢标准化技术委员会冶金智能制造标准化工作组构建并逐步完善了《钢铁行业智能制造标准体系》建设方案，并按照"共性先立、急用先行"的原则，启动了钢铁工业智能制造领域国家标准、行业标准，以及团体标准的申报与研制工作。截至 2021 年 12 月，全国钢标委冶金智能制造标准工作组已向工信部申报了36项行业标准计划，向钢铁工业协会申报了90项团体标准计划。

　　智能工厂标准作为《指南》的关键核心内容之一，对于指导各行业智能工厂建设、帮助企业建立智能化改造的实施规划具有重要意义。全国钢标委冶金智能制造标准工作组也启动了与智能工厂相关的标准的研制工作。在国际标准方面，全国钢标委冶金智能制造标准工作组已经参与到IEEE智能工厂评价标准工作组《智能工厂评价通则》《智能工厂中的物流运作流程》等两项国际标准的研制中。在国家标准方面，《智能制造 钢铁行业应用 冶金智能原料场技术要求》已通过国家智能制造标准化总体组的审查，准备报送国标委。在行业标准方面，已向工信部提出《钢铁行业冶金工程数字化交付》系列标准、《钢铁行业智能工厂集控中心建设要求》《钢铁行业炼铁智能化车间技术要求》《板带轧制智能化车间通用技术要求》等行业标准立项申请。在团体标准方面，为满足市场急需，积极开展《钢铁行业智能工厂评价导则》《冷轧智能工厂体系架构》《轧钢工序厚板制造智能化车间技术规范》《智能化炼钢车间连铸工序单元技术规范》《智能化炼钢车间转炉工序单元技术规范》《钢铁行业智能磨辊间建设技术要求》《长材车间数字孪生系统技术要求与规范》等团体标准的研制工作。

　　以上标准的制定，对于规范钢铁工业智能工厂建设，指导钢铁企业进行智能化改造具有重要作用。

6.4　钢铁工业智能制造体系架构

6.4.1　目前体系架构

　　智能制造是基于新一代信息技术、人工智能与先进制造技术深度融合，贯穿于设计、生产、管理、服务等制造活动的各个环节，具有自感知、自学习、自决策、自执行、自适应等功能的新型生产方式，具有优质、高效、柔性与绿色等特征。智能制造所催生的智能化技术装备、协同化创新生态体系、敏捷/柔性化定制生产方式、集约化资源利用、精准化质量管理模式正在重塑新时期国际制造业竞争的新优势。

　　目前，钢铁工业普遍采用的体系架构是ISA-95的ERP-MES-PCS三层架构，并细化为五级系统，这种体系架构已满足不了钢铁工业两化深度融合和智能制造发展需要。主要体现在以下几个方面：

　　① 这种体系架构更多是从信息化视角对管控功能进行层次划分、界面和数据交换

界定，限制了智能制造横向集成、纵向集成和端端集成。需要打通信息孤岛，贯通生产流程，闭环管控活动，融合信息物理，建立新的体系架构。

② 新型钢铁生产趋向可循环流程，具有生产钢铁产品、能源高效转化和环境保护诸多功能。目前的体系架构主要面向钢材生产。需要进行功能扩展，实现物质流、能量流、信息流协同，以满足智能化、绿色化制造多目标需求。

③ 随着钢铁工业转型升级，新业务模式和商业模式不断涌现，目前的体系架构更多强调大规模高效率生产。需要提升钢铁制造的柔性、快速响应、自适应能力，满足规模化定制、服务转型等新需求。

同时，工业互联、大数据、云计算等新一代信息技术为智能制造提供了有力支撑，边缘计算、数据中心、数字孪生、信息物理系统、移动互联和App等技术，为扁平、协同、高效、可扩展新体系结构的出现提供了可能。

面对智能制造发展的新形势、新机遇和新挑战，在分析现有体系架构痛点、明悉智能制造需求的基础上，结合钢铁工业制造特点，重新界定和梳理智能制造管控范围和执行流程，研究提出钢铁工业智能制造体系架构非常必要，对钢铁智能制造顶层设计和有序实施具有现实意义。

6.4.2   钢铁工业智能制造体系架构设计原则

钢铁工业智能制造体系架构设计主要考虑了业务集成协同、信息物理融合、人机增强智能、自主分布智能等设计原则。

（1）业务集成协同   钢铁企业目前采用的ERP-MES-PCS信息化体系架构，很好地支撑了前一阶段钢铁企业的发展。要实现智能制造，不仅要关注单一业务水平提升，更要加强两个或两个以上的业务部门或功能活动之间的管理协同、集成与优化。实现系统之间的信息共享和同步沟通、系统之间一体化运作，以及业务流程优化、整合和变革等会对互联互通和信息融合不断提出新的挑战。

智能制造的价值体现在贯穿企业设备层、控制层、管理层等不同层面的纵向集成、跨企业价值链的横向集成（包括制造流程横向贯通），以及产品全生命周期的端到端集成，实现整体协同、全局优化。

因此，需要提升制造执行系统与过程控制系统、企业资源计划系统之间的集成度，加强供应链上下游企业间以及钢铁生产全流程工序间的协同和共享能力，以达到降低原燃料采购成本，降低原燃料、在制品和成品总体库存水平，降低全流程生产运作成本，提高生产效率，缩短产品制造周期和提升精准服务能力的目的。

在业务架构设计中，强调了钢铁企业的系统集成和管控协同，主要包括供应链协同、产供销一体化、一体化计划调度、全流程产品质量管控、生命周期设备管理、业财无缝衔接等。有机衔接用户需求、产品研发、工艺设计、生产制造、交付使用、服役周期等各环节，形成产品质量动态、PDCA 闭环管控；贯通上游、下游企业间的产业链，实现信息协同、资源协同、业务协同；通过企业资源计划、制造执行系统与过程控制之间的信息融合和功能集成，实现管控动态衔接和实时优化。

（2）信息物理融合　从钢铁制造流程角度，要实现制造流程结构优化和运行优化，包括物质流网络、能量流网络、信息流网络"三网"融合及协同运行[1,2,9,10]。物质流网络优化的方向是动态有序、协同连续，包括炼铁、炼钢、轧钢等各工序优化，炼铁与炼钢、炼钢与连铸、连铸与轧钢之间的界面优化，以及全流程物流网络优化等。能量流网络优化的方向是动态平衡、能质匹配，包括余热余能高效回收利用、多能源介质之间高效转化、能源管网适当的缓冲能力、减少能量流网络损耗。信息流网络优化的方向是全面感知、优化决策、精准执行，包括在线检测、工业互联、数据集成、数字模型、优化设定和精准控制，实现全流程质量管控、一体化计划调度、物质能量协同优化、多工序优化控制等。

从企业运营管理角度，要实现供应链结构优化、经营管理组织结构重构和管控流程集成，创新市场经营模式和生产管控模式。协同营销、研发、销售、生产、供应、服务等环节，通过互联互通打破部门信息孤岛，促成多源异构信息的集成、交换和共享的闭环自动流动，实现市场、用户、供应商、企业运营信息全面感知，市场态势、成本构成、盈利能力深度分析，发展战略、经营策略、产品组合和生产规模科学决策，快速响应市场变化，柔性配置企业资源，实现价值链全局优化，提升企业竞争力。

从智能制造体系架构角度，信息物理融合意味着构建物理系统和信息系统无缝衔接的信息物理系统（CPS）。通过计算进程与物理进程实时交互、虚实映射、反馈循环、深度融合，实现自感知、自学习、自决策、自执行、自适应。其中，工厂数据中心和数字孪生是物理系统和信息系统之间衔接的关键环节。工厂数据中心是物理系统和信息系统之间衔接的关键纽带，将从用户需求到销售、订单、计划、研发、设计、工艺、制造、采购、供应、库存、发货和交付、售后服务等各个环节产生的各类数据进行收集、汇集，并进行时间、空间精准匹配和自动流转。数字孪生是物理系统和信息系统深度融合的关键枢纽，借助工业模型、虚拟现实、可视化仿真、优化、数据分析等技术实现钢铁制造过程场景重现与优化，工艺和质量设计、生产计划和作业计划仿真和优化，产品质量分析和预测，能耗分析和预测等，为钢铁企业提供优化与智能化的可持续解决方案。

（3）人机增强智能　中国工程院《面向新一代智能制造的人–信息–物理系统（HCPS）》报告提出了由相关的人、信息系统以及物理系统有机组成的新一代智能制造 HCPS 2.0 的范式（见图6-22）[11-14]，认为传统制造向智能制造发展的过程中，制造系统经历了从原来的"人–物理"二元系统进入"人–信息–物理"三元系统，进入新一代"人–信息–物理"三元系统（HCPS 2.0）的过程。新一代智能制造的 HCPS 2.0 既是一种新的制造范式，也是一种新的技术体系，是有效解决制造业转型升级的方案。

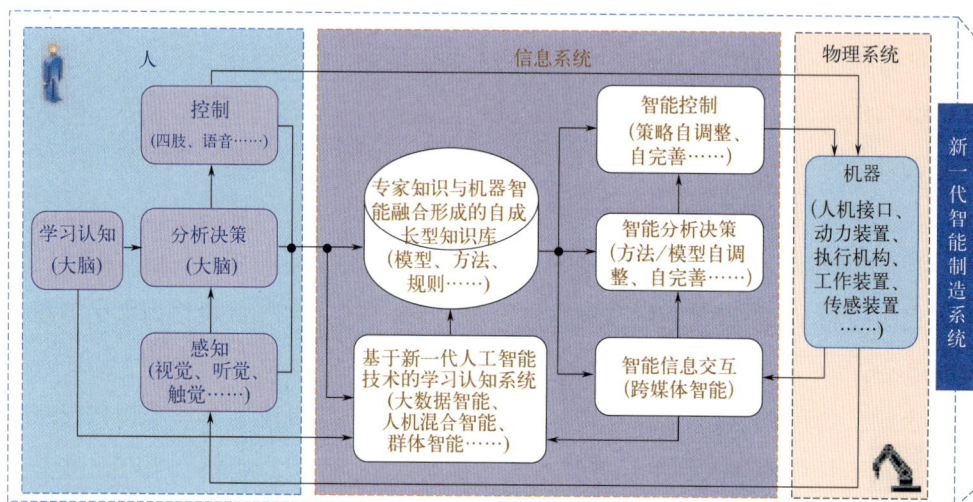

图6-22　HCPS 2.0

新一代智能制造系统最本质的特征是其信息系统扩充了学习认知功能，使系统不仅具有强大的感知、计算分析与控制能力，更具有学习提升、产生知识的能力。新一代智能制造系统的"知识库"是由系统研发人员和智能学习认知系统共同建立的，它不仅包含系统研发人员所能获取的各种知识，同时还包含研发人员难以掌握或难以描述的知识规律，而且在系统使用过程中还可通过自学习而不断成长和完善。

从 HCPS 向 HCPS 2.0 的演变，可极大提高制造系统处理复杂性、不确定性问题的能力，有效实现产品及其生产和服务过程的最优化。新一代智能制造进一步突出了人的中心地位，在 HCPS 2.0 中，人类智慧的潜能将得以极大释放。一方面，新一代人工智能通过将人的作用或认知模型引入系统中，使人和机器之间能够相互理解，形成"人在回路"的混合增强智能，人机深度融合将使人的智慧与机器的智能相互启发性地增长；另一方面，知识型工作自动化将使人类从大量体力劳动和脑力劳动中解放出来，人类可以从事更有价值的创造性工作。

（4）自主分布智能　工业互联网、大数据、云计算、边缘计算、数字孪生、人工智能、移动互联和 App 等信息与通信技术，不仅丰富了智能制造的功能，而且为智能制造系统的软硬件实现提供了更多选项。体系架构设计充分利用信息与通信技术，构建自主、分布、开放、共享、可扩展、迭代优化的智能制造体系架构。

钢铁工业智能制造的实现是一个渐进过程，需要持续优化，因此，要求应用系统满足集成互操作性、功能可扩展性、系统可移植性要求；同时，钢铁工业智能制造系统是复杂巨系统，远非几个封闭的集中管控系统所能覆盖，需要将集中管控功能解构，将其拆分成多个有机联系的、具有自主智能的智能体（agent）功能组件，构成自主、分布的多智能体系统（MAS）。智能体是处于某个特定环境中的信息系统实现方式，可以根据自身对环境的感知，按照已有的知识或者通过自主学习，并与其他智能体进行沟通协作，在其所处的环境中自主地完成设定的目标。单个智能体求解问题的能力通常是十分有限的，将多个自主的智能体组合起来协作求解某些问题的能力很强大。多智能体系统就是指可以相互协作的多个智能体为完成某些全局目标使用相关技术组成的分布式智能系统。

钢铁工业智能制造需要强大的数据处理、信息交互、知识管理能力的支撑。工业互联网平台为钢铁工业智能制造开放、共享、可扩展提供了解决方案。通过面向服务架构（service oriented architecture，SOA）和数据中心建设，用以实现不同系统之间的数据交互，避免传统系统架构中网状的数据交互模式，做到统一的数据传输管理和监控，便于新建系统与已投用系统的快速链接。通过 SMW 和知识中心建设，实现知识的获取、积累、管理和传承。

6.4.3　钢铁工业智能制造体系架构主要内容

钢铁工业智能制造体系架构包括业务架构、HCPS 架构和 IT 实现架构，如图 6-23 所示。其中，业务架构为 HCPS 架构提供功能需求，为 IT 实现架构提供应用场景。HCPS 架构为业务架构中集成优化业务提供能力提升，为 IT 实现架构提供结构需求。IT 实现架构支撑业务架构集成优化的应用实现，支撑 HCPS 架构的系统实现。

6.4.3.1　业务架构

为满足钢铁工业发展需求，钢铁工业智能制造体系架构中业务架构需要具有以下特征。

（1）流程数字化设计　基于流程机理建立物理系统模型和数字化"虚拟工厂"模型，通过人机交互和仿真模拟，动态模拟钢铁生产全过程，支持新生产流程动态精准设计和现有产线优化改造，实现生产流程物质流网络、能量流网络本身的结构优化。

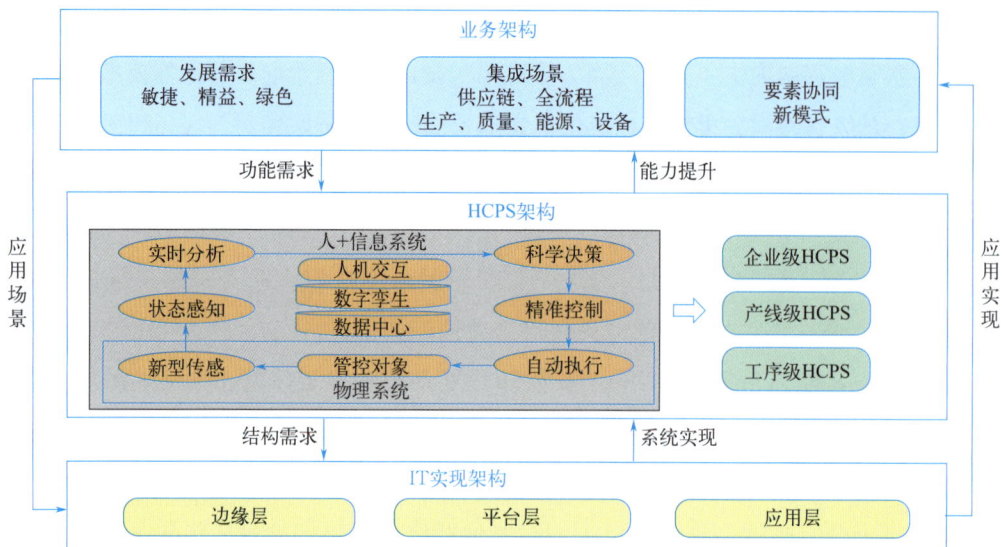

图6-23　钢铁工业智能制造体系架构

（2）生产智能化管控　工艺变量实时在线监控、工艺过程闭环控制、工序界面协同优化、全流程产品质量窄窗口控制、物质流能源流协同调配等关键技术取得突破，形成全流程动态有序-连续运行的高效低"耗散"运行生产模式，并大幅提高了产品质量稳定性、适用性、可靠性。

（3）经营精益化协同　建立产品全生命周期质量管控、产供销一体化、供应链全局优化、业务财务一体化系统，形成纵向-横向集成优化的钢铁智能工厂科学决策和运营支撑保障体系，企业品牌化、绿色化水平和综合效益显著提升。

（4）系统开放性架构　通过工业互联和数据中心，打破业务、层级间信息孤岛；通过机理解析、经验分享和数据挖掘，建立融合物理系统模型、数学模型和规则模型的人机融合的管控决策机制；基于人-信息-物理系统（HCPS）构建开放、可扩展、迭代优化的智能制造体系架构。

钢铁企业主要管控活动如图6-24所示，具有流程多工序、管控多层级、要素强耦合、以人为主的特征。

钢铁企业面临市场竞争激烈、用户对产品质量要求高、社会环保压力大的环境变化，企业间竞争更多体现在整个企业体系竞争，企业效益最大化取决于高价值产品组合（新产品、品牌质量）、产能最大化（生产率）以及成本最小化（原料、能源、维护、库存、物流、人工、资金、环保）等综合因素。需要考虑质量品牌化、管控精益化、环保绿色化等多元化目标综合优化，才能实现可持续发展。同时，企业间竞争优势除了体现在装备水平、生产技术水平上，更体现在人机协同的知识管理应用水平上。

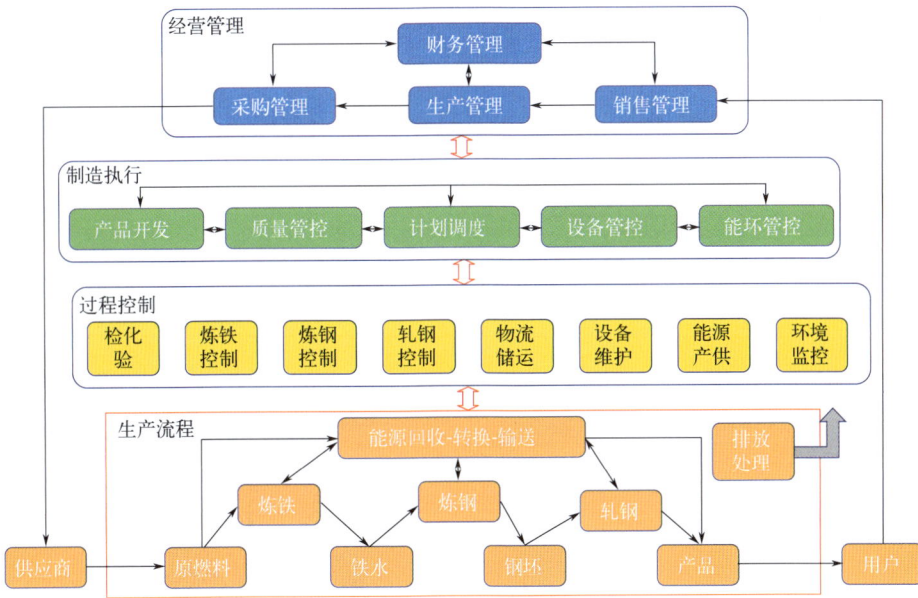

图6-24 钢铁企业主要管控活动

企业智能制造旨在构建信息物理系统（CPS），实现各种业务活动横向集成、纵向集成、端端集成，围绕价值链，以用户满意、降本增效、节能减排为目标，以人机协同知识管理应用为手段，集成优化管控环节，加大内部协同，加快外部响应，增强企业竞争能力。

钢铁工业智能制造需要整合原有分立的管控活动，支撑信息流在各个功能模块间自由流动和互操作。图6-25所示为企业智能制造主要集成应用场景，通过各层次业务的横向协同、纵向贯通，实现多业务协同、多目标优化。

根据钢铁工业智能制造的敏捷化、精益化、绿色化等发展需求，构建业务集成应用

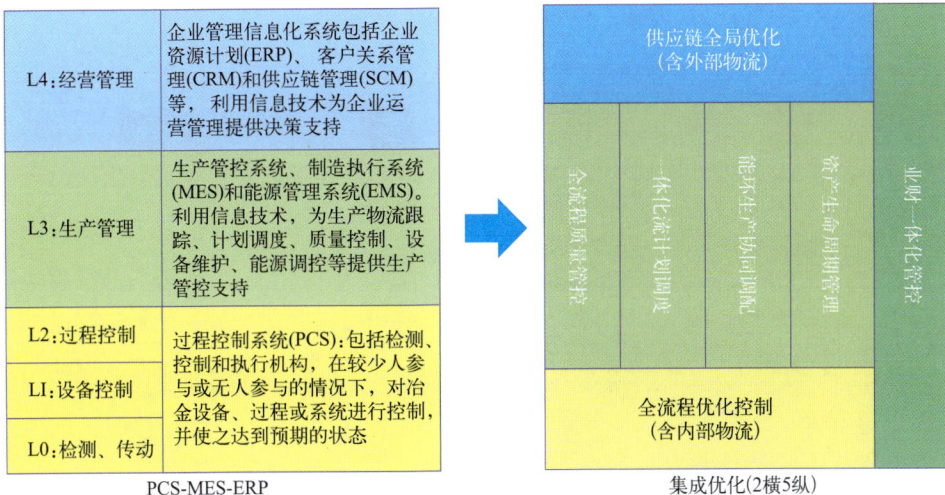

图6-25 企业智能制造主要集成应用场景

场景，包括供应链全局优化、全流程优化控制横向集成，以及全流程质量管控、一体化计划调度、能环生产协同调配、资产生命周期管理、业财一体化管控等纵向集成，通过多要素管控的协同集成，支撑模式创新。如图6-26所示为钢铁工业智能制造业务架构。

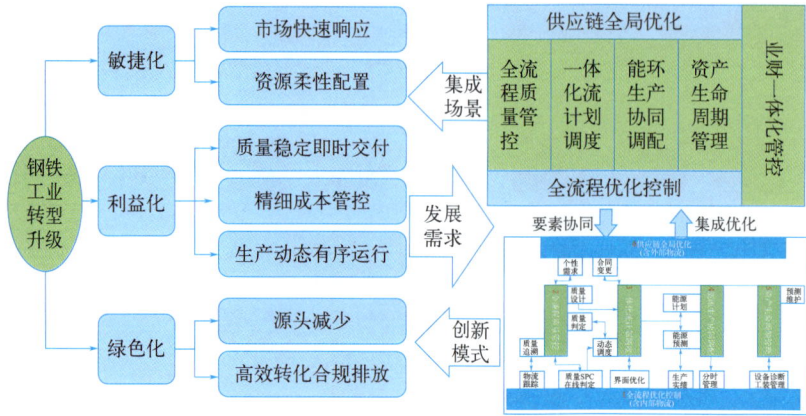

图6-26　钢铁工业智能制造业务架构

　　以上主要管控活动强调的是产供销、计划调度、质量、能源、设备、生产过程控制等要素的闭环管控和集成优化，事实上，各要素之间存在着信息紧密关联和耦合关系。因此，在此基础上，还需要进一步厘清各要素之间的关联、主从、制约关系，确定各要素管控活动和功能之间的信息沟通和协作机制，实现多要素管控的协同集成，追求综合效益最大化。图6-27为各要素管控活动之间的关联关系图。单箭头表示主从或制约关系，双箭头表示交互协调关系。

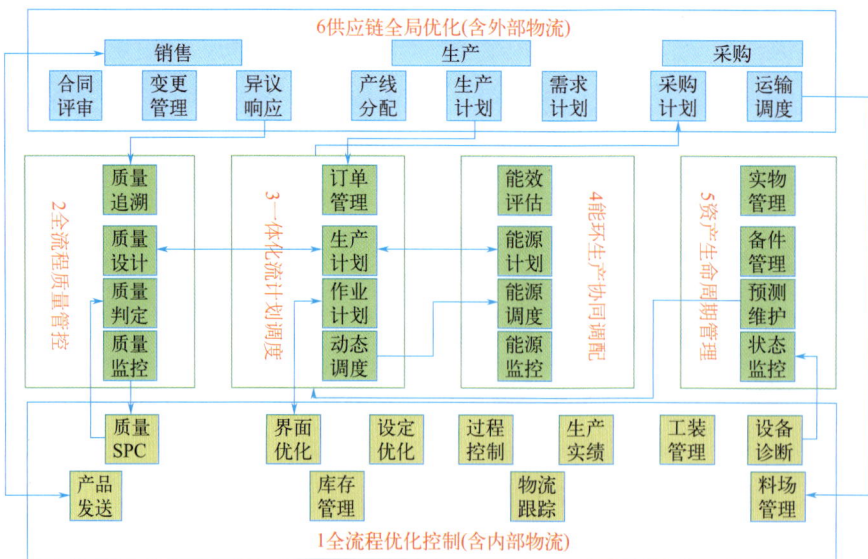

图6-27　各要素管控活动之间的关联关系图

需要指出的是，图6-27中给出的管控活动强调的是管控活动的闭环、完整、集成和协同，并不代表企业实际实施的层级，或对应几级信息化软件系统。事实上，图6-27中一些管控活动存在着功能重叠，需要根据企业管理水平、业务能力和管控流程等实际情况进行合并或简化，部署在某一要素管控功能中，或进行进一步扁平化归集，如6中的生产计划（企业）与3中的生产计划（流程），3中的作业计划（全流程一体化）与1中的界面优化，5中的状态监控和1中的设备诊断（重要设备），2中的质量监控（工序）和1中的质量SPC等。

此外，上述讨论未涉及企业关注的成本、资金、利润等要素，这些要素可以通过上述6部分管控活动体现、反映出来，如物料成本、能源成本、质量成本、设备成本、人工成本、库存和资金占用等，并通过这6部分管控活动集成协同优化实现企业综合效益最大化。

随着各要素管控活动的智能化水平的提升，多要素管控的协同集成也体现在各要素管控活动的相互促进和共同提升，从而涌现出新的智能制造模式。图6-28给出了几种可能性。

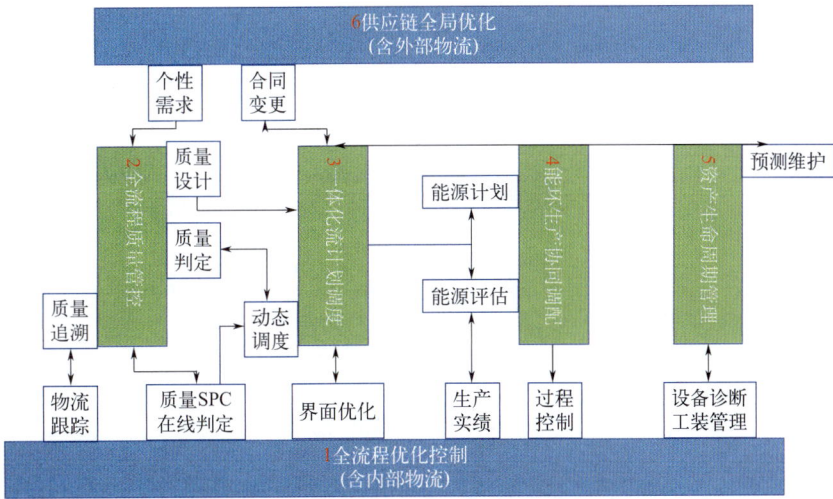

图6-28　各要素管控活动相互促进和共同提升（新模式）

例如，在6—3—2之间，通过质量设计和动态调度水平提升，可以更好地满足用户的个性需求，即时响应合同变更。在1—2之间，通过物流跟踪的精细化可以提升质量追溯的水平，质量管控工艺规程的数字化可以为工序过程质量SPC提供科学依据，后者又会进一步提升在制品质量在线判定的水平。在3—4—1之间，能源计划、生产实绩信息可以提升能源评估水平，为能源计划和能源调度优化提供条件，实现能源精细化过程控制。在1—5—3之间，通过过程控制和设备诊断信息汇集，可以提升预测维护水平，后者通过设备高效可靠运行，反过来支撑生产组织和流程的优化控制。

6.4.3.2　HCPS架构

如图6-29所示，管控活动由感知—分析—决策—控制四个环节实现。

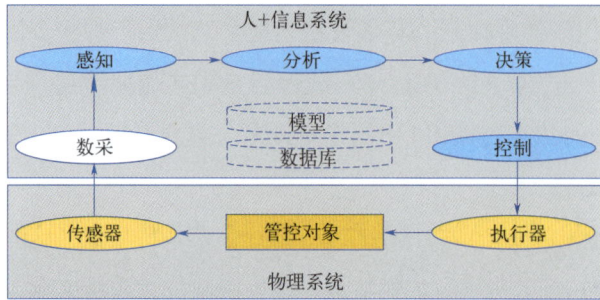

图6-29　管控活动的感知—分析—决策—控制四环节

为实现智能制造，需要提升各环节智能化能力，构建人、信息虚体、物理实体之间实时交互的系统，即人–信息–物理系统（HCPS）。图6-30所示为HCPS基本单元，通过人机交互、数据中心、数字孪生的支撑，形成状态感知—实时分析—科学决策—精准控制的闭环循环，并不断迭代优化，以安全、可靠、高效和实时的方式驱动管控对象，实现既定目标。

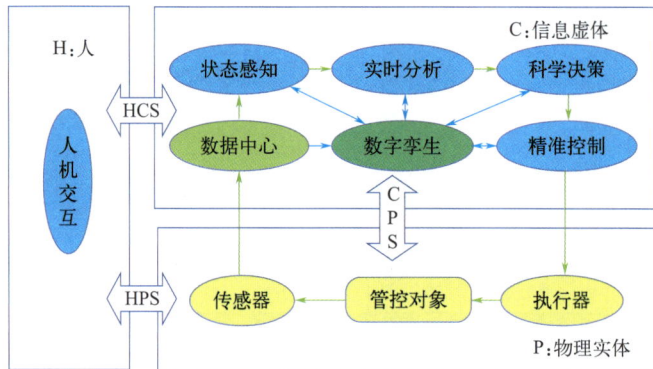

图6-30　HCPS基本单元

按照管控对象和管控活动不同，钢铁工业HCPS架构可分为工序级、产线级和企业级，形成多级嵌套结构。

（1）工序级HCPS　工序级HCPS的物理实体（P）为炼铁、炼钢和轧钢等冶金工序，人（H）为操作人员，数字孪生为过程模型，数据中心汇集过程数据，信息虚体（C）为控制系统，完成过程预报、工况判断、优化设定和自动控制功能，如图6-31所示。

以现有的基础自动化系统和过程控制系统为基础，主要功能是根据生产计划和作业计划要求，对炼铁、炼钢、轧钢各工序进行优化设定和工艺装备精准控制，同时实时采集现场实绩，进行过程预报、工况判断和实时优化（优化设定在线调整）。目前，钢铁企业已广泛应用不同类型的 PCS 和 PLC 系统，实现了底层的自动化控制，但是缺乏自主感知、自主优化和自主控制能力。各工序中经过工业验证后的工艺过程模型以数字孪生形式嵌入 HCPS 中，提升自学习、自适应、自决策、自控制能力。

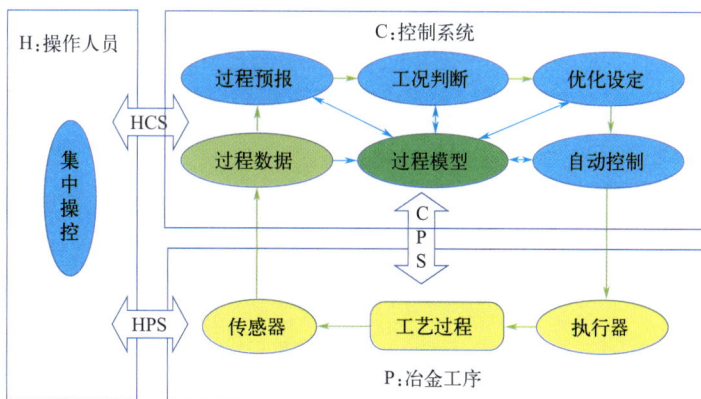

图6-31　工序级 HCPS

（2）产线级 HCPS　产线级 HCPS 的物理实体为炼铁、炼钢和轧钢组合的长流程，或电炉炼钢和轧钢组合的短流程，人为生产指挥人员，数字孪生为流程仿真，数据中心汇集全产线数据，信息虚体为执行系统，完成生产监控、生产判断、计划优化和动态调度能，如图6-32所示。

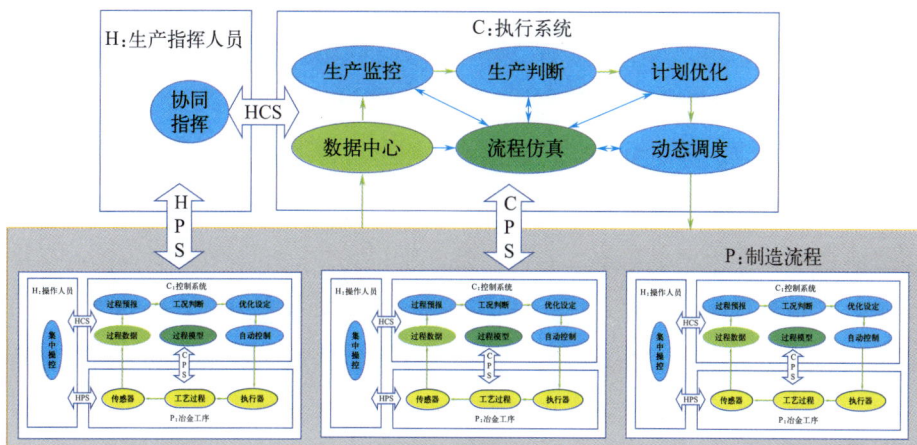

图6-32　产线级 HCPS

在现有制造执行系统、能源中心、质量管理和物料跟踪基础上，通过内部的宽带高速互联网、现场总线、无线网络，实现不同工序间生产计划、工艺数据、质量数据、检测数据、物料数据、装备数据、能源需求数据的互联互通和集成。建立全流程数字化制造系统，通过钢铁智能制造过程的数字孪生模型，实现信息空间与物理空间的整体协同与优化。数字化制造系统通过数据挖掘技术与人工智能方法，建立各工序精准的数字孪生模型，实现生产计划、产品质量、生产成本、产线绩效的在线协同优化。

（3）企业级HCPS　企业级HCPS的物理实体为供应商、多生产基地（产线）和用户构成的供应链（或价值链），人为经营管理人员，数字孪生为市场模拟，数据中心汇集全供应链数据，信息虚体为经营系统，完成市场信息收集、市场研判、供应链协同优化和资源配置功能，如图6-33所示。

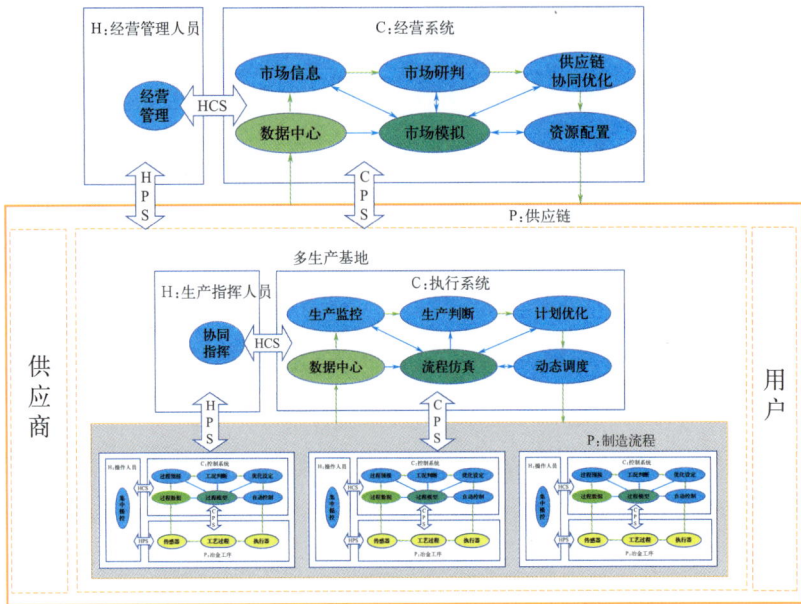

图6-33　企业级HCPS

在现有资源计划系统、用户关系管理系统和供应链管理系统基础上，围绕供应链（或价值链），通过数据集成与融合平台感知不断变化的市场信息，运用大数据分析和人机交互研判市场变化趋势和用户需求，为企业在经营过程中的精益决策提供信息集成和决策支持。通过数据挖掘与决策支持平台，实现制造过程中战略发展规划、市场需求分析、经营决策分析、企业资源规划、产品研发计划、产品质量管理、用户关系管理、供应链管理等环节的协同优化，实现产品与服务过程的全要素、全价值链、全流程、全生命周期的整体协同与优化。

将上述各级HCPS进行综合集成，可得到图6-34所示钢铁工业智能制造HCPS整体架构。其中，工序、产线、企业不同层次的（全面感知—实时分析—科学决策—精准执行）四个环节完成各种管控活动，人机交互、数据中心和数字孪生提升四个环节的智能化水平。此架构具有以下特点：

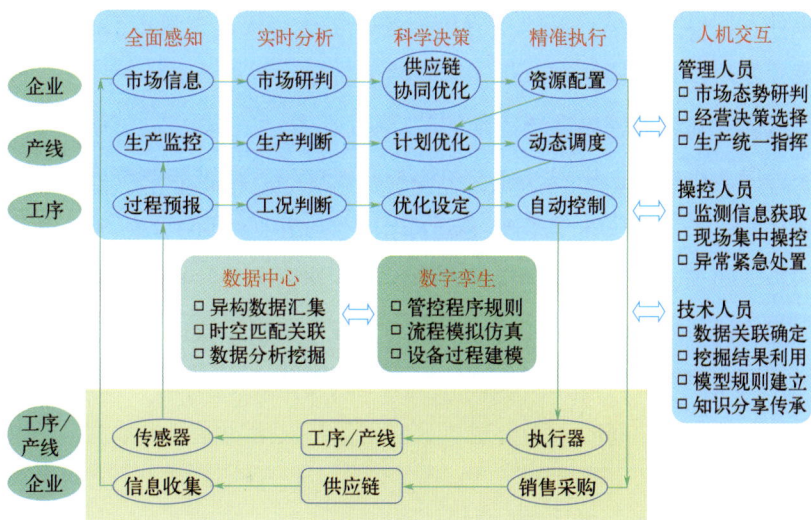

图6-34 钢铁工业智能制造HCPS整体架构

① 强调全面感知—实时分析—科学决策—精准执行四个环节与物理系统构成闭环。图中箭头表明数据/信息在工序、产线、企业不同层次的四个环节和物理系统中的闭环流动。向上箭头表示物理对象数据的反馈，水平箭头表示数据到信息到决策/控制指令的转换，向下箭头表示决策/控制指令的下达。

② 强调工序、产线、企业不同层次之间的功能衔接和数据/信息交互，便于集成业务场景和要素协同优化的实现。

③ 强调人机交互、数据中心、数字孪生的支撑作用。管理人员、技术人员、操控人员在全面感知—实时分析—科学决策—精准执行四个环节执行过程中以及数据中心、数字孪生的构建过程中不可或缺。数据深入分析挖掘、物理对象模型构建为四个环节智能化提供重要支持。

6.4.3.3　IT实现架构

IT实现架构描述智能制造业务架构以及HCPS架构如何在工业互联网平台中实现和部署，完成智能制造业务架构管控活动的集成、协同和优化。

本节在参考美国工业互联网参考体系结构[6]、中国工业互联网产业联盟（AII）的工业互联网体系架构、中国工业互联网平台体系架构[9,15]，以及欧盟钢铁工业智能制造技术架构[7]的基础上，给出钢铁工业智能制造IT实现架构，并介绍了从原系统向新系统的迁移路径。

钢铁工业智能制造IT实现架构分为边缘层、平台层、应用层三大核心层级。

（1）边缘层　通过工业互联、设备接入、协议解析实现时序数据、关系数据、非结构对象（事件、图像、声音、文本）等的汇集，运用边缘计算技术实现错误数据剔除、数据缓存等预处理以及边缘实时分析，降低网络传输负载和云端计算压力。同时，边缘层也是实时监控、在线管控等功能实现的载体。

（2）平台层　包括数据中心、知识中心和开发中心。通过数据中心，为工业用户提供海量工业数据的管理和分析服务；通过知识中心，积累沉淀常规和AI算法组件以及钢铁工业的机理知识、经验规则等组件，通过工业建模平台，构建数据模型与工业知识融合的语义网络，形成价值判断和行为生成（决策、控制）模块，支撑人机结合的知识管理；通过开发中心，将开放的开发环境以工业微服务的形式提供给开发者，用于快速构建定制化的工业App。同时，平台层也为应用层各应用功能提供数据、信息、知识的支撑。

（3）应用层　针对不同应用场景，构建经营、执行、控制等智能体组件，集成实现钢铁工业智能制造各项功能，为用户提供设计、生产、管理、服务等一系列创新性应用服务，实现价值的挖掘和提升。

边缘层、平台层和应用层之间有着紧密的关联，如图6-35所示为层级关联关系。

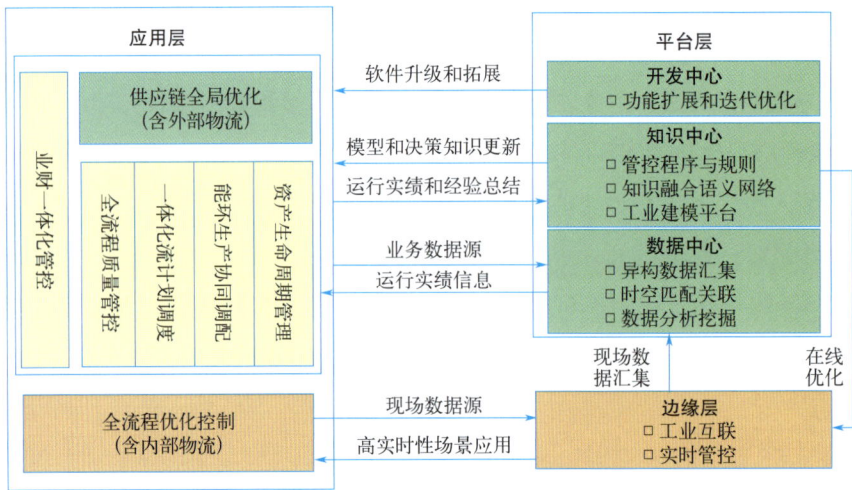

图6-35　钢铁工业智能制造IT实现架构的层级关联

边缘层是应用层实时监控、在线管控等功能实现的载体。同时，边缘层可以起到以下作用：强化协议转换能力，实现不同工业网络协议的转换；强化边缘计算能力，利用边缘网关剔除冗余数据，在边缘侧运行分析算法，实现实时反馈控制；强化边缘与云端协同能力，将云端模型导入边缘设备进行实时分析，并根据反馈数据进一步优化云端模型，实现双向迭代。

平台层的数据中心、知识中心为应用层、边缘层各应用功能提供数据、信息、知识的支撑。

应用层实现智能制造各项集成优化功能，同时为边缘层和平台层数据中心提供各种数据和信息，应用层的实践为平台层知识中心提供源源不断的素材。

基于工业互联网平台三层 IT 实现架构，可以构建钢铁工业智能制造系统架构。其中，物理系统及全流程优化控制对应三层 IT 实现架构的边缘层；信息系统对应三层 IT 实现架构的应用层的除全流程优化控制以外的管控功能，以及平台层的开发中心；工厂数据中心对应三层 IT 实现架构的平台层的数据中心；数字孪生对应三层 IT 实现架构的平台层的知识中心。图 6-36 所示为钢铁工业智能制造业务架构、HCPS 架构与三层 IT 实现架构之间的关联关系。

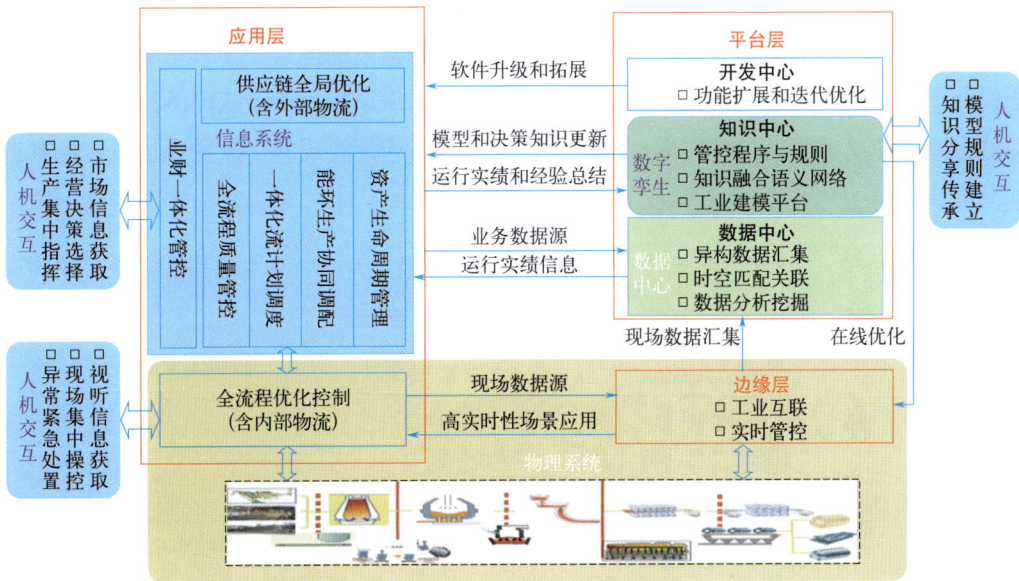

图6-36　钢铁工业智能制造业务架构、HCPS架构与三层IT实现架构之间的关联关系

6.5　钢铁工业智能制造成熟度评价标准

6.5.1　智能制造能力成熟度模型和评估方法

2021 年 5 月，《智能制造能力成熟度模型》（GB/T 39116—2020）和《智能制造能力成熟度评估方法》（GB/T 39117—2020）两项国家标准正式发布实施，这 2 项国家标准是在工业和信息化部指导下，由电子标准院联合 40 余家相关企事业单位共同研制的[16]。标准聚焦"企业如何提升智能制造能力"的问题，提出了智能制造发展的 5 个等级、4

个要素、20个能力子域以及1套评估方法，引导制造企业基于现状合理制定目标，有规划、分步骤地实施智能制造工程，有效推动产业生态良性循环、健康发展。依据标准可对制造企业的智能制造能力水平进行客观评价。标准是制造企业识别智能制造现状、明确改进路径的有效工具，也是掌握智能制造产业发展情况的重要抓手。

智能制造的发展（能力成熟度）分为5级，如图6-37所示。

1级：规划级。企业有了实施智能制造的想法，开始进行规划和投资。部分核心的制造环节已实现业务流程信息化，具备部分满足未来通信和集成需求的基础设施，企业已开始基于IT进行制造活动，但只是具备实施智能制造的基础条件，还未真正进入智能制造的范畴。

2级：规范级。企业已形成了智能制造的规划，对支撑核心业务的设备和系统进行投资，通过技术改造，使得主要设备具备数据采集和通信的能力，实现了覆盖核心业务重要环节的自动化、数字化升级。通过制定标准化的接口和数据格式，部分支撑生产作业的信息系统能够实现内部集成，数据和信息在业务内部实现共享，企业迈进智能制造的门槛。

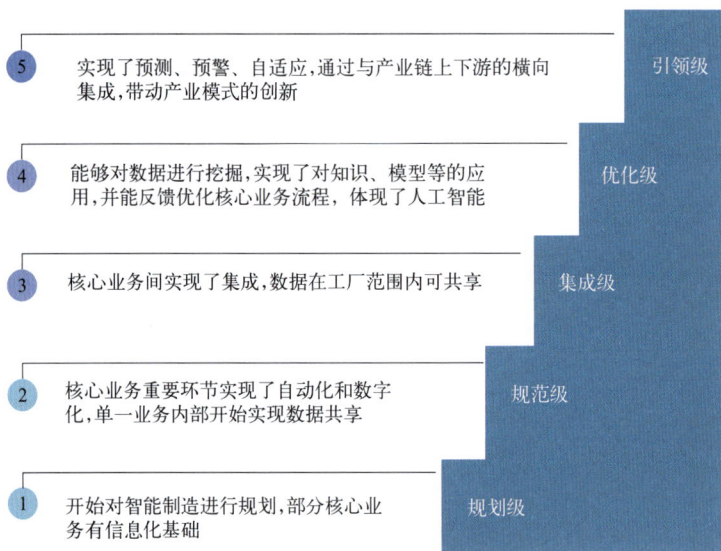

⑤ 实现了预测、预警、自适应,通过与产业链上下游的横向集成,带动产业模式的创新　引领级

④ 能够对数据进行挖掘,实现了对知识、模型等的应用,并能反馈优化核心业务流程,体现了人工智能　优化级

③ 核心业务间实现了集成,数据在工厂范围内可共享　集成级

② 核心业务重要环节实现了自动化和数字化,单一业务内部开始实现数据共享　规范级

① 开始对智能制造进行规划,部分核心业务有信息化基础　规划级

图6-37　5级智能制造能力成熟度

3级：集成级。企业对智能制造的投资重点开始从对基础设施、生产装备和信息系统等的单项投入向集成实施投入转变，重要的制造业务、生产设备、生产单元完成数字化、网络化改造，能够实现设计、生产、销售、物流、服务等核心业务间的信息系统集成，开始聚焦工厂范围内数据的共享。企业已完成了智能化提升的准备工作。

4级：优化级。企业内生产系统、管理系统以及其他支撑系统已完成全面集成，实现了工厂级的数字建模，并开始对从人员、装备、产品、环境处采集的数据以及生产过程中形成的数据进行分析，通过知识库、专家库等优化生产工艺和业务流程，能够实现信息世界与物理世界互动。从3级到4级体现了量变到质变的过程，企业智能制造的能力快速提升。

5级：引领级。引领级是智能制造能力建设的最高程度，在这个级别，数据的分析使用已贯穿企业的方方面面，各类生产资源都得到最优化的利用，设备之间实现自主的反馈和优化，企业已成为上下游产业链中的重要角色，个性化定制、网络协同、远程运维已成为企业开展业务的主要模式，企业成为本行业智能制造的标杆。

6.5.2　钢铁企业智能制造能力成熟度评价

智能制造能力成熟度矩阵涵盖了智能制造能力成熟度模型所涉及的核心内容，由维度、类、域、等级和成熟度要求等内容组成。

不同行业，智能制造能力要求不同，评价体系不同。针对钢铁工业，按"制造+智能"两个维度将智能制造核心能力分解为生产、经营、战略、互联互通、系统集成、信息融合6大类并细化为11个要素域，对每个域进行分级，每一级别对应相应的成熟度要求，从而构成钢铁智能制造能力成熟度矩阵，如表6-1所示。

表6-1　钢铁智能制造能力成熟度矩阵

维度（2）							制造维			智能维		
类（6）		生产						经营	战略	互联互通	系统集成	信息融合
域（11）		检测	设备控制和过程控制	设备管理	质量管控	能源与环保	计划调度	采购、销售、生产、物流、财务	需求与规划	网络环境和网络安全	生命周期管控、供应链协同、管控衔接、产供销一体、业财无缝	数据融合和数据应用
等级（5）	5	√	√	√	√	√	√	√	√	√	√	√
	4	√	√	√	√	√	√	√	√	√	√	√
	3	√	√	√	√	√	√	√	√			
	2	√	√	√	√	√	√	√	√			
	1	√	√	√	√	√	√	√	√			

（1）维度　智能制造能力成熟度模型分为"智能+制造"两个维度。

制造维体现了面向产品的全生命周期或全过程的智能化提升，包括生产、经营、战略3类，涵盖了从接收用户需求到提供产品及服务的整个过程。与传统的制造过程相比，智能制造过程更加侧重于各业务环节的智能化应用和智能水平的提升。

智能维是智能技术、智能化基础建设、智能化结果的综合体现，是对信息物理融合的诠释，完成了感知、通信、执行、决策的全过程，包括互联互通、系统集成、信息融合3大类，引导企业利用数字化、网络化、智能化技术向模式创新发展。

（2）类和域　类和域代表了智能制造关注的核心要素，是对"智能+制造"两个维度的深度诠释。其中，域是对类的进一步分解。将各种制造资源要素与制造过程等物理世界的实体及活动数字化并接入互联互通的网络环境中，对信息融合的数据进行挖掘利用并反馈优化制造过程和资源要素，对各种数字化应用进行系统集成，推动企业最终实现个性化定制、远程运维与协同制造的新兴业态。

（3）等级　等级定义了智能制造的阶段水平，描述了一家企业逐步向智能制造最终愿景迈进的路径，代表了当前实施智能制造建设的水平，同时也是智能制造评估活动的结果。单项能力成熟度共分为5个等级，如图6-38所示。

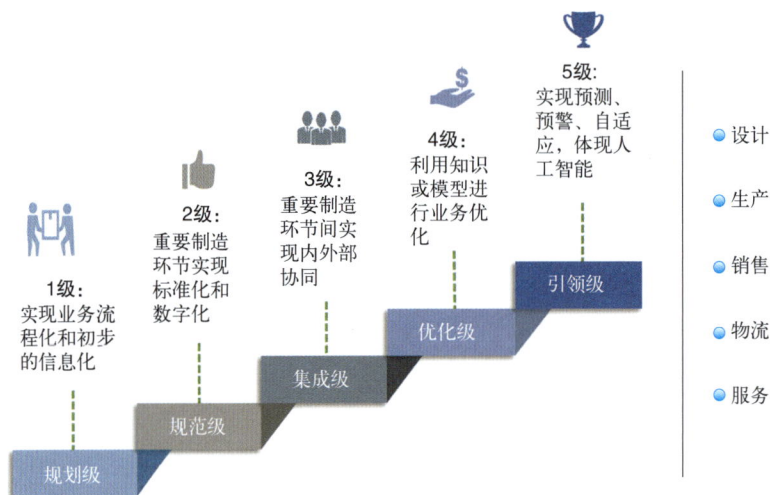

图6-38　单项能力成熟度

成熟度要求描述了为实现域的特征而应满足的各种条件，是判定企业是否实现对应级别的依据。每个域下分不同级别的成熟度要求，其中对制造维的要求是从1级到5级，对互联互通、系统集成的要求是从3级到5级，对信息融合的要求是从4级到5级。

（4）综合成熟度　根据建立的钢铁智能制造能力成熟度矩阵，选择并评价域是否满足成熟度要求，并依据满足程度进行打分，对单项成熟度要求打分后，加权平均形成域的得分，进而计算类的得分，最终得到企业的钢铁智能制造能力成熟度的总分值，并对5级成熟度要求给出等级。最终得分与等级对应关系如表6-2所示。

表6-2 智能制造能力成熟度评分

等级	对应评分区间
5级 引领级	$4.8 \leqslant X \leqslant 5$
4级 优化级	$3.8 \leqslant X < 4.8$
3级 集成级	$2.8 \leqslant X < 3.8$
2级 规范级	$1.8 \leqslant X < 2.8$
1级 规划级	$0.8 \leqslant X < 1.8$

6.6 钢铁工业智能制造标准体系存在的问题及未来展望

6.6.1 钢铁工业智能制造标准体系存在的问题

钢铁工业智能制造标准化工作有力地促进了钢铁工业智能制造技术发展。由于起步晚，经验不足，还存在着一些问题。

① 标准主要由各单位自发提出，标准的要素覆盖、技术深度、标准测试验证等质量水平不一。

② 内容侧重具体技术点的标准多，系统总结归纳形成体系化的标准少。

③ 标准缺乏与国内外同类标准的比较和借鉴。

④ 通用标准支撑不足，有待加快发展。目前还存在多项智能赋能技术相关标准缺失。根据智能制造标准体系架构，智能赋能技术包括人工智能、工业大数据、工业软件、工业云、边缘计算、数字孪生及区块链等相关技术。其中，工业云已经发布了多项国家标准，工业大数据相关多项标准、工业软件相关多项标准正在制定中，人工智能、边缘计算、工业知识图谱、数字孪生及区块链等相关标准目前还是待立项状态。

⑤ 钢铁工业应用标准支撑不足，有待加快发展。钢铁工业目前还存在多项重点标准有待研制，如数据分类与编码、数字孪生系统技术要求与规范、全流程一体化协同管控技术要求、工艺参数在线检测与预测等。

6.6.2 未来展望

钢铁行业智能制造标准体系建设是一项重要且具有深远意义的工作，是国家智能制造标准体系细分领域的重要组成部分。《"十四五"智能制造发展规划》提出开展"智能制造标准领航行动",从标准体系建设、研制、推广应用和国际合作等四个方面,推动智能制造标准化工作走深走实。

① 重视钢铁工业智能制造体系架构研究。借鉴国内外智能制造体系架构研究成果,结合钢铁工业特点,提出具有本国特色的钢铁工业智能制造体系架构,包括业务架构、功能架构和信息架构,满足技术演进和产业发展需求。

② 构建钢铁工业智能制造标准的"提出—验证—评价—推广"平台,形成良好的"钢铁工业智能制造标准化生态"。建设"提出—验证—评价—推广"平台有利于标准的征集,标准的验证,以及标准的贯彻执行和标准的完善,加速新技术在钢铁工业的推广应用,对于带动整个钢铁工业的智能化水平提升具有重要意义。

③ 凝练钢铁工业智能制造团体标准,逐渐提升为行业标准、国家标准、国际标准。《"十四五"智能制造发展规划》提出要持续优化标准顶层设计,统筹国家和行业标准体系建设;加快基础共性和关键技术标准制修订,在智能装备、智能工厂等方面推动形成国家标准、行业标准、团体标准、企业标准相互协调、互为补充的标准群。团体标准研制周期短、机制灵活,能及时快速满足市场需求,团标提升为行标、国标,可以进一步扩大推广标准的引领指导作用,更好地推动行业发展。

④ 加强国际合作。加强中德智能制造/"工业4.0"标准合作,拓展中日、中英等合作,积极参与国际标准化活动,持续提升中国方案在国际标准中的贡献度,深化双边、多边标准化交流机制,形成一批标准化成果。国际标准的合作对于消除技术壁垒、推动中国标准的快速发展等具有重要的意义。

参考文献

[1] 殷瑞钰. 关于智能化钢厂的讨论——从物理一侧出发讨论钢厂智能化 [J]. 钢铁,2017, 52(6):1-12.

[2] 殷瑞钰. "流"、流程网络与耗散结构——关于流程制造型制造流程物理系统的认识 [J]. 中国科学:技术科学,2018, 48(2): 136-142.

[3] RAMI 4.0 Reference Architectural Model for Industrie 4.0[EB/OL]. https://www.isa.org/intech-home/2019.

[4] 日本工业价值链促进会(IVI). 工业价值链参考架构IVRA(Industrial Value Chain Reference Architecture) [S]. 2016.

[5] Meystel A M,Albus J S,等. 智能系统—结构、设计与控制(Intelligent Systems: Architecture, Design and Control) [M]. 冯祖仁,李人厚,等译. 北京:电子工业出版社,2005.

[6] 美国工业互联网联盟 IIC. The Industrial Internet of Things Volume G1: Reference Architecture[S].

[7] 欧盟钢铁工业集成智能制造 I2MSteel 报告 [R].

[8] 工业和信息化部,国家标准委. 国家智能制造标准体系建设指南(2021年版)[S].

[9] 中国信息物理系统发展论坛. 信息物理系统白皮书 [R]. 2017.

[10] 中国工业互联网产业联盟. 工业互联网平台白皮书 [R]. 2017.

[11] 王柏村,臧冀原,屈贤明,等. 基于人-信息-物理系统(HCPS)的新一代智能制造研究 [J]. 中国工程科学,2018, 20(4): 29-34.

[12] 柴天佑，丁进良. 流程工业智能优化制造 [J]. 中国工程科学，2018, 20(4): 51-58.

[13] 中国工程院. 中国智能制造发展战略研究报告 [R]. 2018.

[14] 周济，周艳红，王柏村，等. 面向新一代智能制造的人 - 信息 - 物理系统（HCPS）[J]. 中国工程院院刊，2019, 8(21).

[15] 工业互联网产业联盟（AII）. 工业互联网体系架构（版本1.0）[S]. 2016.

[16] 中国电子技术标准化研究院. 智能制造能力成熟度模型白皮书（1.0）[S]. 2016.

大数据和人工智能驱动的先进钢铁材料制造技术

Big Data and AI-Driven Manufacturing Technologies for Advanced Steels

第7章　钢铁工业智能制造发展展望与保障措施

在全球制造业智能化转型浪潮中，钢铁工业智能制造正面临专业化人才短缺、核心技术薄弱、标准体系缺失、基础发展不均衡及系统集成不足等严峻挑战。针对集团型、中小型和特钢企业差异化需求，本章提出阶梯式实施路径，并明确强化顶层设计、完善标准体系、夯实数字基础、突破核心技术、构建工业互联网平台、创新数据驱动应用等十二项重点任务。同时，建议构建政府引导、市场主导、多方协同的可持续生态，为钢铁工业智能化转型提供系统性支撑。

7.1 钢铁工业智能制造面临的挑战

（1）专业化人才缺失 受限于国内人工智能产业起步较晚、前期积累不足，我国人工智能产业面临有效人才供给不足的窘境。据测算，目前我国人工智能产业有效人才缺口达30万人以上。钢铁工业受限于无法提供有竞争力的薪资、社会对钢铁工业发展前景存在偏见等因素，导致企业很难招到需要的高学历、高技能人才，致使智能制造方向的人才缺失问题尤为突出。

（2）核心技术掌握不足，对智能制造体系认识不深 我国钢铁工业智能制造虽然已取得了一定的进展，但基础理论研究滞后，自主研发能力薄弱，关键技术及核心基础部件仍依赖进口，许多重要装备和制造过程尚未掌握其系统设计与核心制造技术。对智能制造体系认识不深，钢铁工业的"新四基"中，硬件投入比例较大，但工业软件投入比例相对较低，重视智能化硬件建设轻智能集成升级问题突出，各类复杂产品设计和企业管理的智能化高端软件产品缺失，计算机辅助设计等关键技术与发达国家差距较大。智能决策水平有待提高。钢铁企业智能制造的核心是对信息资源的高效开发，提高信息资源的全局利用率，实现全流程数据流通；依据业务数据分析，实现智能化决策。数据作为新型生产资料，是实现企业智能决策的关键要素，但很多企业过于注重业务系统建设，对于数据的集成及数据应用价值挖掘不足，仅仅做了数据采集，没有深入进行数据分析及数据挖掘，数据没有发挥最大应用价值。尽管有一些钢铁企业建立了用于数据可视化的综合管控平台，但仅仅实现了数据的多维度展示，达到数字化水平，没有挖掘出每个业务数据背后深层次的价值并借助数据助力企业智能化转型。

（3）钢铁工业智能制造标准缺失 标准的制定是智能制造实现互联互通和信息融合的必要前提，有助于推进智能制造健康有序发展，但目前钢铁工业的智能制造标准体系尚未形成。钢铁工业是我国自动化程度最高、制造流程最长的行业之一，大数据、物联网、工业机器人等关键技术已有不同程度的应用，但由于国内外的系统实施企业对智能制造理解的差异及构建产品竞争壁垒的需要，产品在兼容性及集成度方面较差，同时也缺乏成型的行业智能制造标准体系的引领和指导，导致钢铁工业在未来智能制造发展过程中缺乏清晰的路径。

（4）智能制造基础不均衡 行业内企业智能制造发展水平参差不齐，大型企业发展水平较高，部分中小型企业由于资金、成本等因素限制，智能化投入较少，智能制造基础有待进一步提高。2020年，冶金行业大型企业两化融合总体水平得分达到58.4，中型企业两化融合水平为 51.0，小微企业两化融合水平为 40.5，行业平均水平 54.3。

按照智能制造能力成熟度模型分析，各钢铁企业智能制造水平相差较大，一些先进钢铁企业智能制造水平较高，但仍存在大量钢铁企业工业化和信息化融合水平不高，信息化框架只实现到 L3 级，生产与经营相结合的运营管理及数据决策属于空白，智能化应用处于初级阶段。虽然目前一些智能化水平相对来说比较高的企业已经开始着手建立数据中台或者数据中心，但是数据源头各应用系统之间的串接缺乏规范性，系统之间出现数据断层，同一项指标数据源头不一致，导致信息系统业务价值大打折扣。

（5）系统集成程度不足　业务系统之间的高效集成是企业实现资源整合、优化调度的基础。目前，很多钢铁企业都建设了制造执行系统、企业资源计划系统与过程控制系统，但在系统建设或升级过程中过度注重局部优化，忽略了系统之间的集成，各个系统之间存在信息孤岛问题，对企业高效运转支撑尚有不足。据《中国两化融合发展数据地图（2020）》，2020 年，冶金行业综合集成指标得分为 43.2，低于全国总体水平 47.6，两化融合发展水平较好的大型冶金企业，综合集成水平也仅为 48.0，刚刚达到总体水平线，如表 7-1 和表 7-2 所示。

经过多年发展，钢铁工业基础设备自动化、生产过程自动化、企业经营管理系统等方面有较大提升，为钢铁工业智能制造提供了较好基础。但全流程计划调度水平有待加强，多数生产管控需要人工干预，未从分厂扩展到全流程，上下游、生产-能源-物流等动态协同调度有待加强。动态、闭环的全生命周期质量管控尚待形成，与能够实现信息、资源、业务、市场协同的供应链协同存在较大差距，企业信息化系统缺少信息融合和功能集成，管控一体化水平待提高。

表7-1　冶金行业两化融合发展全景图（2020）

内容	指标	大型企业	中型企业	小微企业	总体水平
总体水平	总分	58.4	51.0	40.5	54.3
	基础建设	66.3	57.3	44.4	62.0
	单项应用	61.1	52.7	41.1	56.5
	综合集成	48.0	38.6	27.3	43.2
	协同与创新	34.6	34.0	27.3	33.2
发展阶段	起步建设	8.4%	19.1%	30.2%	25.4%
	单项覆盖	44.9%	49.5%	55.8%	53.3%
	集成提升	36.2%	22.3%	10.7%	16.1%
	创新突破	10.5%	9.1%	3.3%	5.2%

续表

内容	指标	大型企业	中型企业	小微企业	总体水平
关键指标	信息化投入占比	0.15%	0.22%	0.24%	0.20%
	生产设备数字化率	49.8%	45.2%	33.9%	46.9%
	数字化研发设计工具普及率	63.4%	62.0%	52.8%	56.2%
	关键工序数控化率	73.3%	48.5%	29.9%	64.6%
	关键业务环节全面数字化的企业比例	41.2%	43.5%	30.2%	34.1%
	应用电子商务的企业比例	58.4%	53.4%	53.6%	54.4%
	实现管控集成的企业比例	28.5%	21.9%	14.6%	18.4%
	实现产供销集成的企业比例	36.9%	25.9%	14.9%	21.2%
	实现产业链协同的企业比例	8.0%	11.6%	8.6%	9.5%
新模式新业态	重点行业骨干企业"双创"平台普及率	77.9%			
	实现网络化协同的企业比例	—			
	开展服务型制造的企业比例	—			
	开展个性化定制的企业比例	—			
	智能制造就绪率	—			

表7-2　全国两化融合发展全景图（2020）

内容	指标	大型企业	中型企业	小微企业	总体水平
总体水平	总分	63.4	52.8	46.1	56.0
	基础建设	70.1	61.4	50.0	63.7
	单项应用	65.3	53.6	46.4	57.1
	综合集成	55.8	43.2	36.5	47.6
	协同与创新	50.3	38.2	38.0	43.3
发展阶段	起步建设	22.6%			
	单项覆盖	51.9%			
	集成提升	19.2%			
	创新突破	6.3%			
关键指标	信息化投入占比	0.24%	0.30%	0.31%	0.27%
	生产设备数字化率	51.2%	48.0%	44.3%	48.7%
	数字化研发设计工具普及率	83.8%	77.7%	68.6%	71.5%
	关键工序数控化率	57.7%	49.3%	39.3%	51.1%
	关键业务环节全面数字化的企业比例	63.5%	55.4%	43.5%	47.4%
	应用电子商务的企业比例	69.3%	64.9%	61.8%	63.0%

续表

内容	指标	大型企业	中型企业	小微企业	总体水平
关键 指标	实现管控集成的企业比例	37.6%	27.2%	19.9%	22.9%
	实现产供销集成的企业比例	49.5%	37.6%	22.4%	27.3%
	实现产业链协同的企业比例	16.4%	13.3%	11.4%	12.1%
新模 式新 业态	重点行业骨干企业"双创"平台普及率	84.2%			
	实现网络化协同的企业比例	36.5%			
	开展服务型制造的企业比例	26.8%			
	开展个性化定制的企业比例	9.1%			
	智能制造就绪率	8.6%			

7.2　钢铁工业智能制造蓝图设计

7.2.1　钢铁工业智慧制造远景

未来，数字化转型和智能制造将是我国钢铁企业高质量发展的必由之路，如图7-1所示为钢铁工业智慧制造愿景蓝图，数字化、网络化、智能化将为钢铁工业全面赋能。新技术、新产品、新模式、新业态层出不穷，我国钢铁企业"智慧智造"新局面将全面形成，如图7-2所示为钢铁企业智慧制造愿景蓝图。

钢铁企业将基于工业互联网平台，实现设备、物料、能源等制造资源要素的数字化

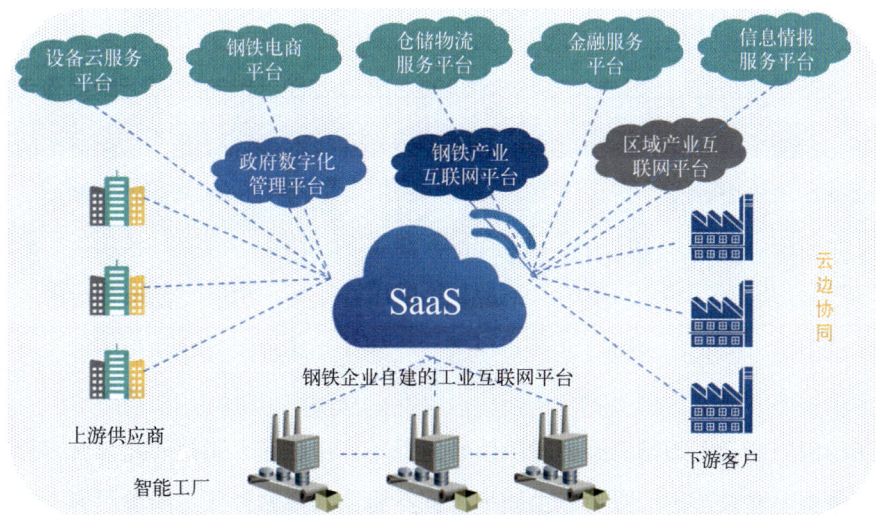

图7-1　钢铁工业智慧制造愿景蓝图

汇聚、网络化共享和平台化协同，具备在工厂层面全要素数据可视化在线监控、实时自主联动平衡和优化的能力，打造自感知、自学习、自决策、自执行、自适应的智能工厂。对于普钢企业，实现大规模、标准化、高效率的规模化制造；对于特钢企业，实现小批量、个性化、准时制的柔性制造。

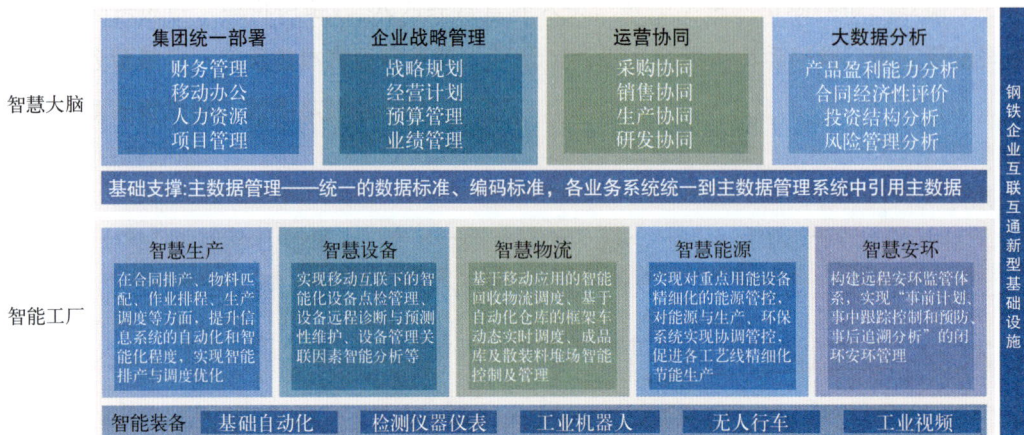

图7-2　钢铁企业智慧制造愿景蓝图

7.2.2 转型支撑

（1）组织结构优化　随着企业规模的不断扩张，内部分工逐步细化，传统的科层制逐步向扁平化的组织平台化方向转变。例如，韶钢将铁区原料、烧结、焦化、高炉、能源等所有工序纳入到一个统一规划建设的集控中心，覆盖了原分散在铁区及能源介质区域的42个中控室功能，实现了以高炉为中心的铁区一体化协同，以及铁区和能源介质区域跨区域的大协同，打破了区域和工序间的传统边界。

（2）生产效率提升

① 夯实自动化基础　普及并优化基础自动化和工艺控制模型，实现智能装备和生产工艺深度融合，实现生产过程自动记录、分析、诊断及快速故障定位等功能，提升了产线的生产控制精度和工艺质量水平。

② 机器人无人化　对于重复性强、劳动强度大的作业，机器人作业可以大大减轻劳动者的劳动强度，避免重复劳动造成伤害；保持生产和作业的稳定性，保证产品质量的稳定性；提高产线信息传递的快速性、准确性，提升劳动效率。

③ 建设集控中心　产线实现集控模式，所有操控室合并、人员整合，实现扁平化管理，提高管理效率；操作人员实现知识共享，提高操控水平。减少了劳动岗位，节约了劳动成本，实现了工序间的共享协同。

（3）商业模式展望

① 推动工业互联网深度应用，打造行业示范　构建基于钢铁工业的工业互联网平台，建设一体化智慧中心，使决策、研发、采购、营销、生产、物流、质检、财务等各相关环节互联互通，实现上下游企业间的数据快速共享，促进供应链资源的高效整合与利用，实现个性化定制、网络化协同、智能化生产和服务化延伸的商业模式创新。

② 以数据驱动智慧工厂

a. 以数据驱动产品设计：通过数据驱动，帮助研发设计人员快速检索和虚拟验证材料数据；在工厂产线设计环节，为设计人员提供工厂建模、模拟仿真等应用，支撑数字化协同设计，提升研发设计效率，缩短新产品上市周期；为智慧工厂建设积累数据。

b. 以数据驱动生产制造：面向生产、质量、设备、能源、安全、环保、低碳等业务环节，按场景、按角色提供各类工业应用，不断提升产品质量和生产效率，提升制造稳定性和灵活性，实现产能和劳动效率的提升，降低吨钢能耗和制造成本。

c. 以数据驱动管理决策：通过数据驱动，实现原燃料价格预测、产品质量预测、设备故障预测等，为管理决策提供支持；对面向客户行为的营销大数据进行、采集、处理、建模分析，围绕客户、产品、消费开展数据挖掘，制定营销策略，定位最有价值客户群及潜在市场和潜在客户，实现商务撮合，促成营销行为。

d. 以数据驱动业务创新：结合在运营中产生的海量数据，利用大数据等技术驱动业务创新，基于数据融合应用，打破企业和上游供应商、下游客户系统之间的边界，推动大数据与钢铁工业的融合，培育新动能，实现整体效益大幅提升，构建钢铁服务共享生态圈。

③ 做大做强新产业，助力钢铁企业转型升级　坚持把培育发展战略性新兴产业作为新的效益增长极，重点发展政策扶持引导、具有发展前景的高科技产业，培育效益增长点。依托钢铁主业，盘活存量、做好增量，拓展外部市场，打造盈利能力新的增长点。整合钢铁企业内部资源，引入战略合作伙伴，推动高科技新兴产业快速发展壮大，助力钢铁企业转型升级。

7.3　钢铁工业智能制造实施路径

7.3.1　集团型钢铁企业

集团型钢铁企业智能制造的发展，基本以宝武集团为蓝图。集团层面，打造"一总部多基地"的管控模式，构建智慧高效的总部，打造智能敏捷的制造基地，形成"一个智慧决策中心+系列智慧工厂"的"1+N"的智慧时代网络型钢企，并逐步向无边界、开放、共赢、互信的One Mill演进；专业层面，打破地域边界、行政边界、层级边界，利用工业互联网实现同专业（如高炉、热轧）的互联互通和数据远程智能应用，从而实现跨地域、跨单元的专业化协同共享。具体如下。

一是推进新型基础设施建设。企业需打造生态圈互联互通基础设施底座，即建设覆盖全国的高速承载网络；建设集团型工业互联网平台，实现全要素、全产业链、全价值链的全面连接，支撑全局可控、全产业链协同；建设统一云化部署的大数据中心架构，为实现数据变资产、以数据驱动创新业务新模式奠定基础；建设集团分布式云计算中心，为工业互联网生态圈客户提供数据中心及云计算服务能力。

二是推进智慧决策中心建设。以"标准统一、执行分离、分析统一"为基本原则，以运营高效、资源共享、制造协同为目标，打造统一的协同运营平台，实现各基地采购协同、销售协同、生产协同、研发协同，支撑集团实现战略规划—经营计划—预算管理—业绩评价的闭环管理和运营改善。

三是推进各基地智能工厂建设。通过智慧生产、智慧设备、智慧物流、智慧能源、智慧安环等建设，着力提升各制造基地新钢种高效研发能力、产品质量稳定生产能力、柔性化生产组织能力、能效成本综合控制能力。

7.3.2　中小钢铁企业

对于单一基地生产普钢的中小企业，智能制造实施路径主要为数据采集自动化—业务流程规范化—信息系统集成化—运营状态可视化—管理决策智能化。

数据采集自动化：实现生产、质量监测、计量仪表等数据的自动采集，标准化数据存储，规范化数据管理，在部分岗位应用智能设备。

业务流程规范化：优化生产工艺流程，规范化业务流程，提升管理水平。

信息系统集成化：建设智能制造管理与执行系统，打通系统接口，实现系统集成。

运营状态可视化：实现全流程物料跟踪与质量追溯，生产管理可视化、透明化。

管理决策智能化：通过构建智能算法、大数据分析等手段为企业决策提供科学的依据。

对于设备自动化水平低、年限长、资金薄弱的电炉企业，基本不具备实施大型信息系统的条件，尚不能借助自动化降低成本、提高劳动生产率和保证产品质量。该类企业智能制造基础薄弱，企业可以通过构建数据采集平台，实现全流程物料跟踪，并在此基础上，根据不同主题，构建智能决策分析平台。

7.3.3　特钢企业

对于设备较先进、设备自动化水平较高的特钢企业，建议搭建钢铁智能制造基础体系，主要包括数据采集与应用系统、制造执行系统、制造管理系统、高级计划与排程系统。

（1）数据采集与应用系统　数据采集与应用系统是构建透明工厂的基础，可以实现各分厂设备状态的监视与分析，覆盖范围涉及铁钢轧、公辅及能源的相关数据。

① 覆盖全厂产线，实现全厂数据采集；

② 自动采集数据，支撑 iMES 过程跟踪；

③ 运行状态监视，实现全厂设备运行监控；

④ 历史统计分析，指导工艺设备优化参数。

（2）制造执行系统　制造执行系统面向炼铁、炼钢、轧钢、能源动力等分厂，指导各分厂按照计划及质量要求进行生产，同时准确及时跟踪物料信息，根据不同的精度要求实现按炉次、批次、件次的跟踪。

① 覆盖全厂产线，实现全厂物流跟踪；

② 能源全厂统计，实现全厂能源归集；

③ 覆盖全厂工序，实现各维度成本归集。

（3）制造管理系统　制造管理系统面向企业管理层，实现企业级全局资源掌控，与 ERP 系统及生产执行系统进行全面集成。

① "标准 +α 冶金规范"实现质量一贯制管理；

② 按合同组织生产，提升客户服务水平；

③ 工序成本实现精细化管控。

（4）高级计划与排程系统　高级计划与排程系统推进企业实现大规模定制生产模式，缓解产销矛盾，宏观至微观优化排产，实现个性化最优生产。

特钢企业智能制造的实施路径如下：企业基础设施改造—数据采集与应用系统建设—制造管理与执行系统建设—高级计划与排程系统建设—与客户系统及电商平台进行集成。

7.4　钢铁工业智能制造实施重点任务

（1）做好智能制造顶层设计，提高智能战略定位　推进智能制造是一项复杂而庞大的系统工程，需要不断地探索、试错，难以一蹴而就，这就需要统一规划，做好顶层设计，系统推进智能制造工作。

一是相关政府部门要统筹协调钢铁工业智能制造发展的全局性工作，加强顶层设计，提高战略定位，将智能制造作为钢铁工业发展的重中之重。努力用好技术革新和产业变革带来的新机遇，将发展智能制造作为一项基础性、引领性的战略工程，为钢铁工业高质量发展注入新动力。围绕特定领域智能制造产业进行探索，规划、制定智能制造发展路线图，明确智能制造发展方向。

二是企业要做好规划，要充分认识到智能制造在企业高质量发展中的战略地位，做好顶层设计工作，明确智能制造发展方向。要因地制宜，从经济性、适用性和先进性等角度出发，建立科学的决策机制与流程系统，构建有效的组织管理体系，实现各类要素的有序高效组合。

三是强化战略引领作用，完善智能制造推进机制，充分发挥政府各部门之间的协调推进作用，加强各部门间的密切配合、统筹协作，提高政策供给的系统性、协同性、针对性和实效性。要促使各级政府、企业形成合力，进一步推进落实相关政策。

（2）完善智能制造标准体系，发挥标准引领作用　要推动实施钢铁工业智能制造标准化战略，构建支撑钢铁工业高质量发展的新型智能制造标准体系。充分发挥标准在推进钢铁工业广泛应用智能制造成熟技术中的引导性作用，加大钢铁工业智能制造领域国家标准和行业标准的研制。

按照"共性先立、急用先行"原则，以解决实际问题为切入点，以保障行业智能制造技术应用为着力点，全面开展基础共性标准、关键技术标准、行业应用标准研究，通过构建先进适用的钢铁工业智能制造标准体系，积极引领行业智能制造水平整体提升。针对当前推进钢铁智能制造工作中遇到的数据集成、互联互通等关键瓶颈问题，优先制定数据接口、通信协议、语义标识等基础共性标准。鼓励通信设备、装备制造、软件开发、工业自动化、系统集成等领域的企业及科研院所联合参与标准制定，建立可以与市场协同发展、协调配套的新型标准体系。

鼓励企业积极开展标准化建设，以标准化思维推动企业技术创新和管理模式创新，以标准促进企业智能化转型升级。强化标准的宣传、实施和推广应用，逐步提高企业标准化意识。

（3）完成数字化网络化补课，夯实智能制造基础　强化钢铁工业自动化、数字化、智能化基础技术和产业支撑能力，推动重点企业实施数字化、网络化、智能化改造，完善智能化基础设施和数字化生态体系，夯实智能制造基础。

一是鼓励重点钢铁企业通过改造或新建产线，强化数字化支撑体系，提高行业整体数字化水平；建立生产工艺数字化模型，实现生产流程数据可视化和生产工艺优化；建立数据采集和监控系统，对生产设备运行状态、能耗信息、生产信息等数据进行实时采集，实现对工艺和质量过程的深度感知，实现对物质流、能量流、信息流的全流程监控，建立实时的设备预警、质量预警等。

二是加强企业内部网络技术改造和建设部署，支持有条件的企业开展针对既有生产设备与系统的网络化二次开发，支持工业以太网、工业无线网等网络技术提升改造；支持有条件的企业加快5G网络部署，扩大网络覆盖范围和终端连接数量，优化企业网络架构，实现钢铁企业人员、设备、物料、产品的海量互联，为企业实现智能生产、协同制造和柔性制造提供网络支撑。

三是提高装备智能化水平，进一步提升自主感知、自主决策、自主控制能力。提高各类经营管理、产品研发、生产管控等软件的信息系统的资源整合、信息共享能力，实现企业内部各类生产和资源要素信息共享。

（4）提高行业自主创新能力，攻克关键核心技术　钢铁智能制造的实施需要突破关键信息技术，重点包括关键工艺装备智能控制专家系统、智能机器人应用技术、基于物联网的智能安全管控技术、关键工艺装备在线监测及远程诊断技术、基于大数据的钢铁生产全流程质量分析与优化技术、基于物质流能量流协同的能源优化调度技术、基于互联网的企业智能排产与资源协同优化技术等。

一是大力推进科技创新，坚定不移地走中国特色的自主创新发展之路，依托国内国际双循环的大好机遇，不断借鉴国内外先进技术，提高科技创新能力。抓好国家层面的重大科技专项、行业共性技术研发、企业层面技术革新三个层面的科技攻关，提升数字化智能化高端装备、柔性制造工艺技术、智能控制技术的融合连接应用和对制造业生产加工全过程的有机组织及有效管理、研发、设计和集成制造。

二是要提升基础研究和原始创新能力，加强关键核心技术攻关，提高关键环节和重点领域的创新能力。加强钢铁工业智能制造领域创新中心建设，制定钢铁工业智能制造领域技术创新路线图，研发原创成果，提前布局专利、培养技术人才，实现核心技术的自主可控，掌握发展主动权。

三是通过体制机制创新增强创新主体活力，提高持续创新能力。通过加大科研单位改革力度、设立重大科技专项、建立新型研发机构等方式，实现关键核心技术的重大突破。

四是依托行业骨干企业，联合高校、科研院所、下游客户、智能制造公共服务平台等多方资源，推进产学研用协同创新。如针对钢铁工业生产流程化、高端产品个性化、安全生产要求高、能源消耗量大、环保监管严等痛点问题，搭建开发及实验平台，共同开展产品研发设计、过程控制优化、生产运作管理、工业机器人、能源管控等信息系统的开发。

（5）创新智能产业推进机制，构建协同发展平台　着力创造公平诚信的市场竞争环境，依靠创新驱动的内涵性增长，使企业成为创新要素、科技成果转化的主力军。发挥企业在技术攻关中的主导作用，联合高校、科研院所等，形成产学研用紧密结合、充满活力的社会创新生态，实现技术创新的社会化、产业化、市场化，实现科技创新成果的共创共享。

一是支持第三方机构作为公共服务平台，规范服务标准，开展技术研发、检验检测、技术评价、技术交易、质量认证、人才培训等专业化服务。

二是搭建钢铁工业智能制造技术服务平台，扶持更多专业性服务机构，重点支持自主创新型机构稳步发展壮大，打造一批服务能力强、技术水平过硬的专业化智能制造服务机构。

三是鼓励智能制造领域装备企业、软件企业、系统集成企业通过兼并重组、股权合作等方式做大做强，形成具有国际竞争力的智能制造服务提供商。

（6）加强数据资产有效利用，提高智能决策水平　推动大数据在钢铁企业经营决策中的应用，贯彻用"数据说话、数据管理、数据决策、数据创新"的理念，在信息、数据即时化的基础上，充分挖掘大数据资产价值，提高企业资源优化配置能力和智能决策水平，全面提升企业运营管理效率和决策精准度，推动行业从粗放型生产走向精细化运营、从生产型企业向服务型企业转型。

鼓励构建基于工业大数据的协同创新平台，推进在设备预防性维护、产品全生命周期质量管理等方面开展大数据挖掘工作。如在设备预防性维护方面，通过对基础数据采集降噪，形成设备故障状态、使用情况数据库，结合专家知识、历时经验等形成故障处理及状态分析知识库，通过大数据分析技术，分析设备使用寿命异常原因，进而提升设备可靠性，降低设备运维成本；在产品全生命周期质量管理方面，依托制造执行系统，汇聚从产品设计到最终成品的全过程数据，利用现代信息技术和大数据分析方法，实现制造过程中全流程的实时工艺参数监控、产品质量预测、在线质量判定、产品质量回放与追溯，为质量定责、为质量判定和为质量优化等，实现全流程生产工艺质量管控与优化。

鼓励企业搭建智能分析平台，制定科学合理的指标体系与分析主题，形成以数据为驱动的智能化决策能力，重塑企业价值链，突破发展瓶颈，构建竞争优势，推动企业战略落地与竞争力的提升。

（7）加强行业工业互联网建设，打造钢铁生产新模式　工业互联网是新一代信息技术与工业系统全方位深度融合所形成的产业和应用生态，是工业智能化发展的关键综合性信息基础设施。要加快构建工业互联网基础设备，助力钢铁企业完成数字化转型，通过政策引导、资金支持、试点示范、宣传推广等方式，全面推进钢铁工业工业互联网平台建设，有效建立钢铁工业企业间的连接，打通、开放和共享业务系统。不断吸收先进的理念和技术，找到新的经济增长点，鼓励企业建立"平台协同运营、工厂智能生产"两个层面的业务管理控制系统，将基于传统 IT 架构的信息系统作为工业互联网平台的数据源，发挥原有信息系统价值的同时逐步推进传统信息化业务云化部署，实现全流程的智能生产、供应链协同与服务模式创新。

一要着力打造工业互联网行业应用平台。以钢铁工业龙头企业为主体建设企业级工业互联网平台，让工业互联网平台植根于大型企业，分布于垂直行业。推动企业级平台在满足企业自身应用需求的同时向本行业内其他企业提供开放、实用的基础性应用服务，聚集一批中小企业，形成产业链共同参与、上下互联的行业工业互联网平台。加强公有云协同，各行业平台逐步实现左右互通，融合形成跨行业、跨领域的工业互联网平台，通过对产品从设计研发到生产销售全流程数据的打通，由服务全生命周期的数据驱动构建开放、合作、共赢的生态体系，促进信息共享和数据开放，推动大数据在钢铁企业经营管理中的应用。

二要着力构建工业互联网应用配套服务。实施工业互联网应用配套服务培育工程，依托工业互联网平台企业，采取培育打造、引进合作等方式，集成研发设计、物流配送、融资租赁、节能环保、检测认证、电子商务、服务外包、售后服务、人力资源服务和品牌建设等生产性服务能力，提供与工业互联网平台相配套的联合研发创新、产业链配套、供应链协同、企业公共服务、开发者社区等服务内容，引导工业生产服务有关配套资源和服务能力向平台汇集。

三要大力培育工业互联网 App。支持工业互联网平台企业建设微服务资源池，开放开发环境、工具和开发接口，提升工业互联网平台 App 的汇聚、管理和服务供给能力；支持面向研发设计、生产制造、运营维护和经营管理等企业关键业务环节开发普适性强、复用率高的基础共性 App、行业通用 App 和各类专用 App。支持和鼓励 App 开源社区建设，构建 App 培育新模式，形成开放、共享、资源富集、创新活跃的 App 开发生态。

四要构建工业互联网平台实验测试中心。以测带建，以测促用，支持平台企业联合制造业龙头、科研院所、高校等合作共建工业互联网公共技术测试和实验中心，支持建设面向重点行业和领域的工业互联网应用知识库、案例库、工具库和标准化解决方案库，逐步提升完善工业互联网平台的技术服务能力。

（8）建立新型信用评价体系，打造产融结合生态　建立基于区块链的新型信用评价体系。鼓励行业搭建基于区块链的可信的数据认证平台，利用区块链技术特性保障交易信息在源头上的有效性、数据存储的可追溯性和不可篡改性，确保交易信息真实可信。鼓励信用主体、信用数据服务方、监管部门通过基于区块链的可信的数据认证平台获得信用数据，消解传统征信机构对信用数据的垄断，解决传统设备信用体系长期面临的信息孤岛问题，完善、健全、深化金融体系，解决中小企业融资难的问题。

在此过程中，要建立基于区块链的新型信用评价体系的建设的推进机制，充分发挥政府部门、供应链上下游企业、金融服务机构的协同作用，建立起新型信用评价体系技术标准、规范。要加强新型信用评价体系与传统信用评价体系的有效衔接，与现有基础设施和平台进行资源共享和信息整合，在充分整合现有资源的基础上，实现新型信用评价体系与传统信用评价体系融合共生。与此同时，要建立新型信用评价体系监管机制，加强监管，根据区块链技术及特征，运用有效监管手段，防范新型信用评价体系运行中的风险，促进行业健康稳定发展。

（9）加快安全技术体系构建，提供安全可靠保障　随着企业信息化、数字化水平越来越高，构建安全技术体系和管理机制为工业智能化提供安全可靠保障变得越来越重要。为此需要根据行业发展及安全技术现状，加快对安全技术体系的构建与应用。

一要加快构建企业信息安全保障体系。建立和完善钢铁工业信息安全监管制度和规范，加固等级保护体系。按照预防监测和安全防护相结合的原则，在人防、技防和组织管理等方面进行重点管控，整体提高企业信息安全的保障能力。坚持信息安全保障与建设"同规划、同建设、同部署"，围绕设备、网络、控制、数据和应用五个重点环节，系统构建钢铁工业智能制造信息安全保障体系。

二要夯实安全保障基础。鼓励行业企业实施安全防护能力提升工程，建设企业信息安全监管、应急处置和风险防范平台，提升安全态势感知和综合保障能力。督促行业重点企业履行网络安全主体责任，加大工控系统安全保障投入，落实检查评估、监测预警、通报应急等保障制度，加强安全防护和检测处置手段建设，提升安全防护能力。

三要加强技术手段提高防范能力。督促企业全面分析企业端口探测、漏洞利用、木马病毒等风险，合理部署安防设备，加强对防火墙、交换机、服务器、操作系统等的安全审计信息的合理备份，建成"综合防范、实时预警、上下联动"的企业全面保密防御体系。

四要加强多级联动。建立网络与信息安全通报机制，加强与国家网信安全部门、公安部、保密局、国资委、工信部等国家主管部门的联动。上级单位要加强对下级单位网信安全的指导与考核，下级单位要及时了解信息安全动态，掌握信息安全和防护技术和方法，反馈信息安全问题，为企业信息安全提供保障。要以信息中心为主、二级单位为辅建设企业信息安全管理体系，在物理安全、网络安全、主机安全、应用安全和数据安全等方面实施联动。

（10）培育智能制造试点示范项目，推进行业融合发展　培育智能制造试点示范项目对智能制造基础共性、关键技术、行业应用标准的研究与制定具有重要意义，对提升行业智能水平、推进行业融合发展具有引领作用。

一要加快推进各项智能制造试点示范专项行动。仔细制定各级智能制造试点示范培育行动实施方案，并要求各实施单位结合实际、认真落实。建立合理的激励机制，通过龙头牵引、逐步提升的模式，发挥标杆引领作用，循序渐进培育智能制造能力，使智能制造成为制造业转型升级的新动能。

二要加快试点企业智能制造经验教训分享。重点遴选一批智能化改造成效突出、智能化水平高、推广应用价值大的标杆项目和工厂，总结其模式、流程、关键技术及标准的经验，形成一批具有自主知识产权的产品和技术，推广智能制造新模式，不断提升行业智能制造水平。

（11）培育智能制造专业人才，增强智能人才储备　打造多种形式的智能制造高端人才培养体系，建立完善的人才培养机制，培育一批既熟悉钢铁工艺流程，又掌握先进信息技术，还具备管理知识的钢铁工业智能制造领域的领军人才和高水平创新团队，加强领军人才对行业智能制造发展的带领作用。

（12）加大对外开放力度，加强国际交流合作　智能制造是一项系统工程，内容复杂而庞大，不仅涉及研发设计、生产制造、市场应用等多个环节，而且涵盖商业模式变革等众多内容。推进智能制造需要"天时、地利、人和"。从全球范围看，只有加强国际合作智能制造才能更进一步，因此要加大对外开放力度，加强对外交流合作。

一要坚持开放、合作、共赢的原则。通过积极开放的战略，统筹国内外智能制造相关资源，拓展国外市场，将引进来和走出去紧密结合，坚持智能制造共商、共建、共享，遵循市场原则和国际通行规则，取长补短积极学习国际上先进的制造理念和制造经验，实现互利共赢，共同提升智能制造整体发展水平。

二要积极开展智能制造国际合作。随着全球化不断发展，制造业将从中心式制造转变为融合式制造和分布式制造，智能制造整体水平的提升依赖于参与制造的各个环节的智能制造水平的提升。因此，要加强国际合作，积极举办国际会议，开展国际交流，从而提升智能制造水平。

三要发挥企业主体作用。推动基础设施互联互通，借助工业互联网平台与国外企业建立有效的对话机制，搭建产业与技术的合作平台，有效进行供需对接，实现供给侧自我更新和优化，培育经济增长动力。

7.5   政策建议

（1）加强财政支持，引导行业智能化升级   一是设立专项基金支持发展智能制造，为钢铁工业发展智能制造的企业提供强有力的资金保障。加快设立政府引导、服务于智能制造发展的单一产业投资基金，每年注入智能制造集聚发展专项资金，将智能制造作为重点进行支持。鼓励社会资本投向钢铁工业智能制造建设，扩大资金来源渠道，建立专项投资平台，帮助资金和企业有效对接，提高资金利用效率。

二是加大投资改善行业新型数字基础设施。《关于促进钢铁工业高质量发展的指导意见》提出要加快新型数字基础设施建设，建设钢铁工业大数据中心，提升数据资源管理和服务能力。钢铁工业大数据中心建设是夯实行业数字化"底座"的重要手段。随着新一代信息技术快速发展，行业对数据的存储、计算和应用需求大幅提升，新型数据中心的"高技术、高算力、高能效、高安全"特点将有力支撑钢铁工业数字化转型，要通过多渠道筹措资金，有序合理地集中改善行业新型数字基础设施。

三是减免智能制造科技攻关企业税费。针对技术研发涉及的税费，给予适当减免，给予中小企业研究税费更高的减免比例。出台首台套/批次重大技术装备和研发费用加计扣除等支持政策。对提供钢铁工业智能制造解决方案的高新企业，为其提供适当比例的增值税退税。对开展智能化改造的示范企业，在土地使用税、增值税、契税、印花税上提供适当优惠政策。

（2）精准对接，加大金融服务对企业智能化改造的倾斜   一是降低钢铁工业智能制造重点项目资金获取难度。鼓励金融机构予以企业在加快贷款审批程序、提高信用额度、放低贷款要求等方面的支持，帮助企业更快获得资金支持。引导金融机构为企业智能化改造提供中长期贷款支持，开发符合智能制造特点的供应链金融、融资租赁等金融产品。针对智能制造升级改造的大型钢铁企业，研究银行主动给予资金支持政策，同时在小企业申请贷款时适当降低贷款要求，加强金融机构对钢铁工业企业智能制造建设的投资，为智能制造企业提供更加高效、便捷的金融服务。

二是打造金融服务平台。利用国家、省级专项资金建设制造业金融服务平台，同时引导企业建立内部智能制造发展专项基金，从不同的层面来解决企业融资困难、资金成本较高、金融信息缺失等诸多难题。政府为发展良好且规模较大的智能制造企业提供一定程度内的担保，增加企业的信贷额度。政府、相关企业、金融机构可利用平台实现信息共享，更好地在政策引导下发展智能制造。支持产融合作试点城市扩大对钢铁工业智能制造的投入，推动金融机构创新金融产品和服务，面向钢铁工业智能制造解决方案企业、网络安全企业扩大信贷投放，支持符合条件的钢铁企业以发行公司债券和非金融企业债务融资工具等方式筹集资金[1]。

三是鼓励社会资本探索建立市场化运作的产业投资基金。鼓励地方设立 5G、工业互联网、IPv6 网络等数字基础设施发展专项资金。联合相关部门继续加大对钢铁工业 5G、千兆光纤、数据中心、IPv6 网络等数字基础设施供电、建设、应用的政策支持，鼓励和支持钢铁工业高水平"走出去"。

（3）整合科研力量，突破智能制造"卡脖子"技术　一是加大基础研究力量。通过政府牵引、企业主导、高校等基础科研机构支持，建立面向重要应用领域的综合性研发机构，加强目标导向的基础研究和应用研究，推动关键共性技术、前沿引领技术的研发和突破，解决一批制约行业发展的关键共性问题和"卡脖子"技术。结合国家、地方的科技中长期发展战略以及高校、科研院所的发展规划，紧紧围绕各单位的学科优势，以智能制造技术前沿领域热点问题为基准点，明确不同科研院所各具特色的发展方向。

二是建立产学研用结合更加紧密的研发平台。打通基础理论研究、应用基础研究、关键技术攻关和产业发展的协同创新链。组建一批拥有上游高校和下游产业公司作为支撑的行业共性技术平台型研发机构。增强研究机构的独立性和自主权。在"联合、开放、流动、竞争"运行机制的基础上，建设人财物相对独立的管理运营模式，使资源配置更加灵活，对广泛、多样的创新需求可以快速响应。

三是坚持高度开放共享，注重提升协同创新能力。相关科研设施可向工业界、学术界和其他研究人员开放，各实验室之间通过多学科、多研究单位协作，提高综合解决复杂问题的协同创新能力。

（4）搭建平台，提升行业公共服务能力　建设智能制造公共服务平台。鼓励行业组织、地方政府、产业园区、高校、科研院所、龙头企业等建设智能制造公共服务平台，支持标准试验验证平台和现有服务机构提升检验检测、咨询诊断、计量测试、安全评估、培训推广等服务能力。制定智能制造公共服务平台规范，构建优势互补、协同发展的服务网络。建立长效评价机制，鼓励第三方机构开展智能制造能力成熟度评估，研究发布行业和区域智能制造发展指数。

（5）标准引领，推进钢铁工业智能制造标准体系建设　结合部委、行业力量加快建设钢铁工业智能制造标准体系。《国家智能制造标准体系建设指南（2021版）》中提出钢铁工业要发挥基础共性标准和关键技术标准在行业标准制定中的指导和支撑作用。工信部、市场监管总局、行业协会等要推进钢铁工业智能制造标准体系建设，组织各方力量围绕生产智能控制，制定5G应用、无人行车、特种机器人应用等规范标准；围绕生产智能管理，制定质量、物流、能源、环保、设备、供应链全局优化等规范标准；围绕智能工厂建设，制定工厂设计与数字化交付、数字孪生模型等规范标准。

7.6　保障措施

（1）建立多部门协同的智能制造推进合作机制，健全实施组织　一是强化部际、部省、央地间协同合作。统筹国家发展改革委、工信部、科技部等的智能制造相关业务处室职责，成立智能制造专班，协同推进工业互联网创新发展、钢铁工业数字化转型、智能制造、工业大数据发展等重点工程和行动计划。发挥科协会、研院所、钢铁智能制造联盟等多元主体的桥梁作用，强化协同联动。

二是统筹政府与市场的关系，推动资源配置市场化。进一步激发市场主体活力，推动有效市场和有为政府更好结合。建立健全平台经济治理体系，推动平台经济规范、健康、持续发展。统筹政策落实，健全国家大数据发展和应用协调机制，在政策、市场、监管、保障等方面加强部门联动。加强央地协同，建立统一的大数据产业测算方法，指导地方开展定期评估和动态调整。

（2）转变思维模式，提升数字化发展意识　一是加强大数据知识普及，通过媒体宣传、论坛展会、赛事活动、体验中心等多种方式，宣传产业典型成果，提升全民大数据认知水平。加大对大数据理论知识的培训，提升全社会获取数据、分析数据、运用数据的能力，增强利用数据创新各项工作的本领。推广首席数据官制度，强化数据驱动的战略导向，建立基于大数据决策的新机制，运用数据加快组织变革和管理变革。

二是强化技术供给能力。改革技术研发项目立项和组织实施方式，强化需求导向，建立健全市场化运作、专业化管理、平台化协同的创新机制。鼓励有条件的地方深化智能制造技术相关科技成果使用权、处置权和收益权改革，开展赋予科研人员职务科技成果所有权或长期使用权试点，健全技术成果转化激励和权益分享机制。培育发展钢铁工业智能制造领域技术转移机构和技术经理人，提高技术转移专业服务能力。

（3）加强行业智能制造复合人才培养　一是加强高校专业人才培养力度。鼓励高等学校加强智能制造相关学科专业建设，建立智能制造实验室，引导职业学校培养智能制造产业发展急需的技能型人才；联合高校、科研院所等机构，开展钢铁工业智能制造培训工作，鼓励搭建开放式共享培训平台，聚集和培养优秀人才；鼓励对智能制造专业人才进行职业技能等级认定，由相关部门颁发认定证书，助推其职业技能提升。

二是打造智能制造人才培训基地。支持校企合作，加强校企联动，依托重大工程项目，建立实训基地，对接工业生产实践，形成智能制造"学习工厂"，培养一批专业素养过硬的复合型人才；支持智能制造企业在高等院校设立培训基地，为企业培养、储备创新人才，通过基地培训、定向培养等多形式培养人才，并设立奖学金来鼓励人才，扩大人才储备。

三是加大国外优秀人才引进。在国外钢铁工业智能制造高层次研发人才、高级管理人才、高级技术工人及团队的引进上，为其提供长期签证，争取永久在华居住资格，并帮助解决未成年子女上学的问题、住房和生活配套问题，在权限范围内制定人才引进优惠政策和实施办法。

（4）保障钢铁工业智能系统安全　一是实现钢铁工业控制系统本质安全。定期开展钢铁工业软件数据安全、内容安全评估审查，加强软件源代码检测能力和安全漏洞管理能力，提升开源代码、第三方代码使用的安全风险防控能力。鼓励第三方服务机构积极提升软件安全咨询、培训、测试、认证、审计、运维等服务能力。开展工业信息安全防护能力贯标，持续完善国家工业控制系统信息安全态势感知网络，鼓励产业链开展典型工业控制系统的联合攻关和集成应用，提升工业控制系统本质安全水平。

二是持续推进钢铁数据安全法律法规建设。严格落实《中华人民共和国数据安全法》《中华人民共和国个人信息保护法》《关键信息基础设施安全保护条例》，积极推动《电信法》等立法工作，加快完善信息和通信行业相关规章制度。围绕数据确权、数据流转和交易、数据跨境流动等方面，推动修订相关法律法规。加强法治宣传和教育，提升信息和通信领域依法行政的能力和水平。系统推进普法工作，为钢铁工业发展创造更好的法制环境。

（5）加强国际交流合作　一是充分利用双多边国际交流合作机制加强合作。深化智能制造、工业互联网、开源软件、供应链金融等领域的国际合作，加强国际标准化工作，开展知识产权海外布局。扩大钢铁工业智能制造对外开放，鼓励外资企业在境内设立研发机构。落实"一带一路"倡议，支持优秀企业、产品、技术全球化协作，加强钢铁智能制造"中国方案"的国际推广[2]。

二是加强钢铁工业大数据技术国际合作，支持国内外钢铁企业和大数据企业在技术研发、标准制定、产品服务、知识产权等方面开展深入合作。推动钢铁企业"走出去"，在"一带一路"沿线国家和地区积极开拓国际市场。鼓励跨国公司、科研机构在国内设立大数据研发中心。积极参与钢铁工业数据安全等国际规则和数字技术标准制定。

参考文献

[1] 邢雯雯．黑龙江省智能制造扶持政策研究[D]．哈尔滨：哈尔滨商业大学，2019．
[2] 工业和信息化部．"十四五"信息化和工业化深度融合发展规划[EB/OL]．https://www.miit.gov.cn/jgsj/ghs/zlygh/art/2022/art_21ab63dacb6a49b4b6072498abf3ecfc.html．